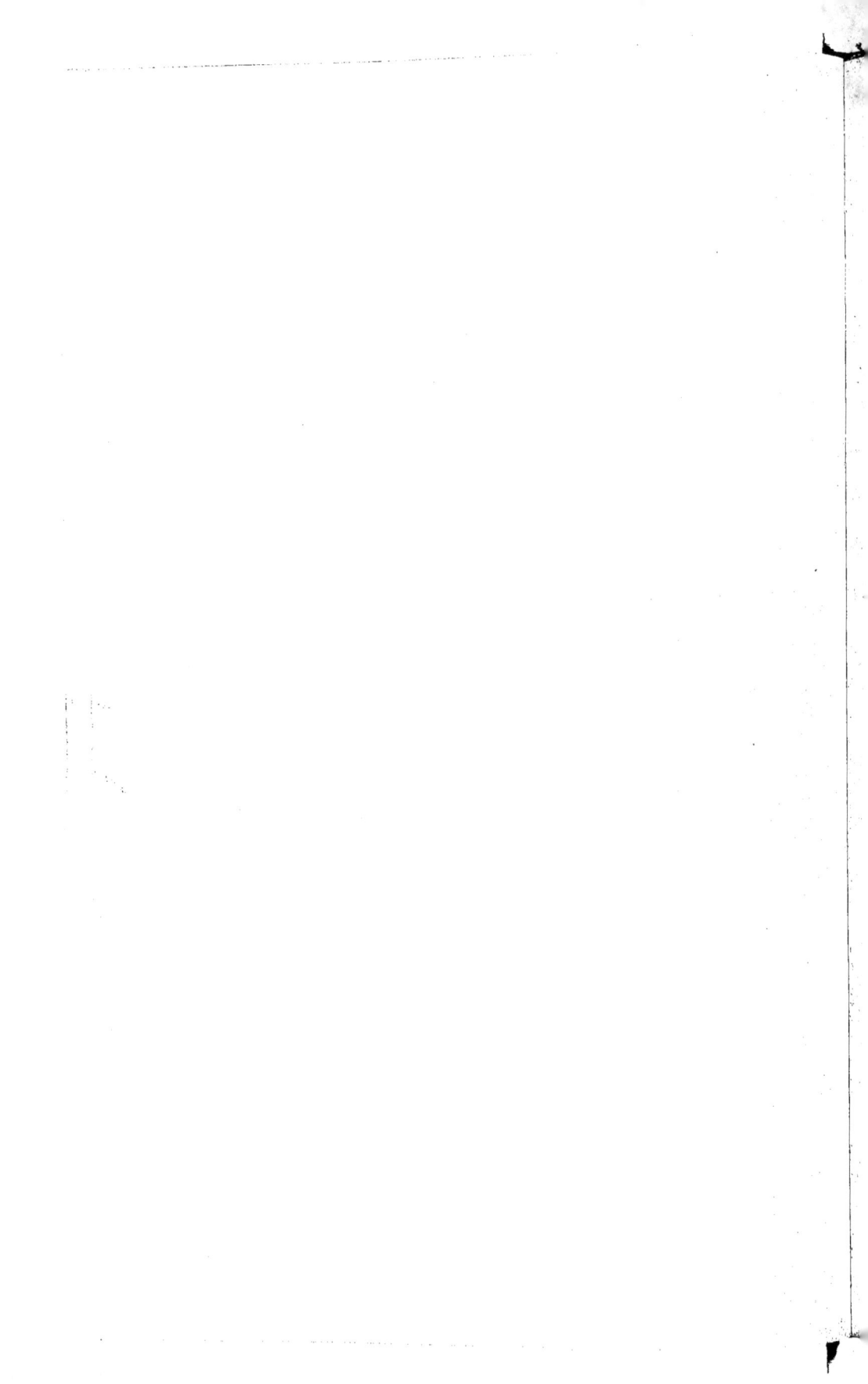

DICTIONNAIRE
ÉLÉMENTAIRE
DE BOTANIQUE,

O U

EXPOSITION PAR ORDRE ALPHABÉTIQUE,
des Préceptes de la Botanique, & de tous les Termes, tant françois que
latins, consacrés à l'étude de cette Science ;

Par M. BULLIARD.

[Les Figures dont cet Ouvrage est enrichi, ont été dessinées par M. BULLIARD, & gravées &
imprimées en couleurs à l'imitation du pinceau, sous ses yeux & à ses frais, dans le même genre
que les plantes qui composent L'HERBIER DE LA FRANCE, à l'introduction duquel cet Ouvrage est
principalement destiné.]

Il se distribue séparément. Prix 15 liv.

19

A PARIS,

Chez l'AUTEUR, rue des Postes, au coin de celle du Cheval-Vert ;

Et chez { DIDOT le jeune, Libraire-Imprimeur de MONSIEUR, quai des Augustins.
{ BARROIS le jeune, Libraire, quai des Augustins.
{ BELIN, Libraire, rue S. Jacques.

M. DCC. LXXXIII.

AVEC APPROBATION, ET PRIVILÈGE DU ROI.

S

792

DISCOURS
PRÉLIMINAIRE.

J'ANNONÇAI en 1780, que, defirant concourir à rendre familière l'étude de la Botanique, j'allois donner fucceffivement, fous le titre général d'HERBIER DE LA FRANCE, les plantes du royaume coloriées au *moyen de l'impreffion*, & accompagnées des détails caractériftiques par lefquels nous pouvons le plus fûrement les diftinguer à l'aide des méthodes. J'ajoutai que j'y joindrois leurs noms françois & latins, avec citation des ouvrages le plus avantageufement connus, & une courte defcription fur l'anatomie de *chaque plante*, fur fes propriétés en médecine & dans les arts, fur le temps de fa floraifon, les lieux qu'elle habite, fon odeur, fa faveur, &c.

Tout le monde s'occupe des moyens d'étendre l'empire de la Botanique ; moi, c'eft ce dont je m'occupe le moins : je n'envifage cette fcience que du côté de fon utilité ; mon objet eft de mettre fur la voie des découvertes importantes qu'il refte à faire dans cette partie de l'Hiftoire naturelle, plufieurs claffes de citoyens utiles, qui n'ont pas plus de temps qu'il leur en faut pour s'acquitter convenablement des devoirs de leur état. Je n'emploie pour cela ni le choix des mots, ni le tour des phrafes : mon crayon me fuffit pour remplir la tâche que je me fuis impofée.

J'aurois pu donner, à l'exemple de tant d'autres, un fyftême nouveau ou quelque méthode rajeunie, qui, promettant les plus grands avantages, auroit été avidement faifi de tout le monde ; mais, de bonne foi, à quoi cela eût-il fervi ? N'exifte-t-il pas déjà affez de méthodes botaniques, fans chercher encore à en créer de nouvelles ? Je pense qu'il vaut mieux s'occuper à perfectionner & à simplifier celles qui sont reçues : il en est plusieurs qui sont susceptibles de la dernière perfection , & qui deviendront infaillibles , sitôt que l'on aura pris le parti de joindre à chaque description , une image exacte de chaque plante.

En vain l'on s'efforceroit de prouver que sur de simples descriptions, celui qui fait les premiers pas dans la carrière de la Botanique , peut apprendre à connoître les plantes : sans le secours des figures , l'ouvrage le plus méthodique n'est pour lui qu'une étincelle électrique , dont l'éclat aussi vif que peu durable , vient échauffer pour un moment son imagination , mais ne la satisfait point.

J'ai divisé l'Herbier de la France en plusieurs parties , lesquelles feront , au besoin , autant d'ouvrages particuliers , afin que celui qui se trouve forcé de mesurer ses desirs à ses facultés , soit libre de ne prendre de cette collection , que ce qui lui sera nécessaire.

La première partie de l'HERBIER DE LA FRANCE (l'*histoire des plantes vénéneuses du royaume*) , est finie ; le discours qui doit la précéder , ainsi que sa table & son titre , vont être mis incessamment sous presse. La seconde partie de cet Ouvrage (l'*histoire des plantes médicinales du royaume*) , sera faite sur le même plan. On verra paroître successivement la troisième partie (l'*histoire des champignons*) avec une petite méthode pour cette partie de la Botanique seulement. La quatrième (la *collection des plantes grasses*) , c'est-à-dire , la collection des plantes qu'on ne peut conserver en herbier , parce qu'elles ne sont pas susceptibles de dessiccation. La cinquième (la *collection des frumentacées & des plantes qui peuvent faire les meilleurs fourrages*) , & ainsi de suite.

Ce plan de division ne nuira en rien aux personnes qui auront la collection entière. Comme chaque épreuve porte sur la même feuille ,

feuille, & l'image de la plante, & fa defcription, il eft facile à chaque perfonne, de diftribuer ces plantes à mefure qu'elle les reçoit, felon fa volonté, fa méthode particulière, ou fuivant les principes d'une des deux méthodes dont elle trouvera l'expofition dans cette Introduction élémentaire, comme elle pourroit faire des plantes mêmes qu'elle recueilleroit à la campagne, dans l'intention de s'en faire un Herbier, fuivant les principes de telle ou telle méthode botanique.

Dès les premiers temps que l'Herbier parut, le plus grand nombre des perfonnes qui fe le procurèrent, me firent part du defir qu'elles avoient qu'il y eût en tête de cet Ouvrage, une Introduction élémentaire qui pût familiarifer avec le langage de la Botanique, rendre plus facile l'étude des principes de cette fcience, tracer un plan méthodique à celui qui defire la cultiver, & remplir à peu près le même objet que des démonftrations, en employant pour cela un certain nombre de figures, deftinées à faciliter l'intelligence de chaque précepte, & à aider le commençant à en faire de lui-même une jufte application.

Si j'ai fi long-temps différé de fatisfaire à leur defir, ce n'étoit pas que je n'euffe, avant même de commencer l'Herbier de la France, recueilli fuffifamment de matériaux pour faire l'expofition la plus complette de tout ce qu'on peut regarder comme notions élémentaires de Botanique. Mon goût pour cette belle partie de l'Hiftoire naturelle, & le defir d'y acquérir quelques connoiffances, m'ont fait rechercher de tout temps avec le plus grand empreffement, ce qui pouvoit fervir à mon inftruction; mais la néceffité d'ajouter de bonnes figures à un Ouvrage de cette efpèce, & la grande difficulté de les faire exécuter au moyen de l'impreffion, avec toute l'exactitude, toute la précifion qu'exigent des détails de cette nature, voilà ce qui en avoit retardé jufqu'ici la publication.

b

On se rappellera sans doute, que lorsque j'annonçai que mon intention étoit de faire servir à l'exécution de l'Herbier de la France, l'art de la gravure, & celui de l'impression en couleur, pour suppléer à l'usage du pinceau, on regarda ce projet comme un excès de démence: on avoit raison, c'en étoit un en effet : un simple particulier, qui fait à ses frais une telle entreprise, est un véritable fou ; mais nous vivons dans un siècle où le desir de concourir à l'avancement des sciences & aux progrès des arts, excite parmi nous une noble émulation ; nous tenterions l'impossible ; n'obtiendrions-nous qu'une lueur de succès, rien n'égale notre satisfaction, & dès cet instant-là, nous ne songeons plus à ce qu'il nous en a coûté de peines & de dépenses.

J'ai cru devoir adopter de préférence l'ordre de Dictionnaire dans l'exposition des notions élémentaires de la Botanique, parce que cet ordre m'a paru celui qui rempliroit le mieux mon objet. Un dictionnaire, lorsqu'il est bien fait, peut faire germer le talent dans les esprits susceptibles de culture, & suppléer en même temps à la privation du talent : il épargne des recherches toujours arides & souvent infructueuses, & nous rappelle ce que le laps de temps a effacé de notre souvenir ; d'ailleurs, le seul moyen, à mon avis, de se familiariser avec les termes consacrés à l'étude de la Botanique, c'est de profiter de l'occasion où un terme, dont on ignore la signification, se présente pour apprendre dans quel cas on doit employer ce terme, & quelle est au juste l'acception selon laquelle il est le plus généralement reçu ; quelque attention qu'on apportât à une étude méthodique de ce langage barbare, on ne l'auroit pas plutôt appris qu'il seroit oublié ; c'est l'usage seul qui a le droit de nous le rendre familier.

Comme il étoit cependant essentiel pour ceux qui desirent se faire un plan d'étude, de trouver ces notions élémentaires dans leur progression naturelle, & tout ce qui a un rapport immédiat à la Botanique

lié à l'expofition des faits & au développement des préceptes , j'ai fait
enforte que cet ouvrage pût procurer en même temps , & les avantages d'un Dictionnaire , & ceux que l'on doit attendre d'un difcours
fuivi.

A l'article VÉGÉTAL , on trouvera un tableau détaillé , où j'ai rappelé par ordre progreffif, tout ce qui conftitue effentiellement la partie élémentaire de la Botanique , en montrant les développemens fuc-
ceffifs d'une plante , depuis le premier inftant de fon exiftence jufqu'au dernier.

A l'article PRINCIPES , on pourra voir de quelle manière il faut s'y
prendre pour s'engager avec fuccès dans la carrière de la Botanique ,
foit que l'on fe trouve à même de profiter des fecours d'un jardin botanique , d'un herbier naturel ou artificiel , ou foit qu'abfolument
éloigné du commerce des lettres , on n'ait aucunes de ces reffources
à fa difpofition.

A l'article MÉTHODE , j'ai fait voir qu'une méthode botanique ,
pour être bonne , ne doit être qu'un tranfparent , au travers duquel on
puiffe reconnoître aifément tous les objets : j'ai fait voir qu'une méthode eft d'une néceffité indifpenfable ; que c'eft un fil qui nous guide,
nous ramène au but lorfque nous nous égarons ; mais j'ai montré en
même temps l'abus que l'on ne fait que trop fouvent des méthodes , &
combien , en changeant tous les jours la furface de la Botanique , elles
s'oppofent à ce qu'on puiffe diriger cette fcience vers l'utilité publique.

On trouvera auffi dans cet article l'expofition des principes généraux de la Méthode de Tournefort , & du Syftême fexuel de Linnæus,
avec une figure prife au hazard parmi celles qui compofent l'Herbier
de la France, afin que le commençant puiffe apprendre de lui-même
à mettre ces méthodes en pratique.

Pour ne rien omettre de ce qui pouvoit rendre cet Ouvrage plus complet, j'y ai ajouté la traduction du *Termini Botanici* de Linnæus, & des meilleurs Ouvrages latins que nous ayions fur cette partie de l'Hiftoire naturelle, afin que celui qui voudra étudier fur des Ouvrages écrits en langue latine, puiffe trouver la fignification d'un grand nombre de termes techniques, qu'il chercheroit en vain dans les Dictionnaires claffiques.

Il n'y a pas encore eu jufqu'ici d'Ouvrage élémentaire fur cette fcience, où l'on ait autant multiplié les exemples & les figures, que dans celui-ci; mais, fans le fecours des exemples, toute traduction de cette efpèce devient inutile; fans le fecours d'une figure, un terme que l'on n'entend pas, fe trouveroit traduit par un autre terme que l'on n'entendroit pas mieux; c'eft pourquoi je me fuis principalement attaché à donner un exemple pris fur la nature, pour tout ce qui m'a paru en avoir befoin.

Trop heureux fi je puis me flatter d'avoir fait en faveur des commençans, ce que j'aurois defiré que l'on eût fait pour moi lorfque je m'engageai dans les routes tortueufes de la Botanique! La fupériorité de la nature fur l'art; la multiplicité des objets; la difficulté d'accorder fur un grand nombre de points les différens Auteurs qui ont écrit fur la Botanique, & fouvent même un Auteur avec luimême, font des obftacles qu'il n'a pas toujours été en mon pouvoir de vaincre; cependant j'efpère que les foins que j'ai pris, rendront cet Ouvrage élémentaire auffi utile que je le defire.

DICTIONNAIRE

DICTIONNAIRE

ÉLÉMENTAIRE

DE BOTANIQUE.

A.

ABRI des plantes, *plantarum suffugium.* Il y a des abris naturels pour les plantes , & il y a aussi des abris artificiels. Dans les uns, elles trouvent réuni tout ce qui doit favoriser leur accroissement , & c'est de la nature seule qu'elles reçoivent les secours qu'elles attendroient en vain des soins du plus vigilant Jardinier ; dans les autres , c'est à l'art qu'elles doivent leur asile ; c'est lui qui les défend contre les injures du temps , la rigueur des saisons , & de lui seul dépend presque toute leur existence. On peut regarder aussi les CALICES , les BOURGEONS, & les CAYEUX , comme des abris particuliers.

ACCOLER , terme d'agriculture, qui signifie attacher une *plante* à un corps quelconque. Il y a des plantes , telles que la vigne , le houblon , qui s'accolent d'elles-mêmes à d'autres plantes pour étayer la foiblesse de leurs tiges , soit en s'y entrelaçant, soit en s'y accrochant au moyen de leurs VRILLES. *Voyez* ce mot.

ACCROISSEMENT des plantes , *plantarum incrementum ;* c'est le développement successif des parties du végétal , depuis l'instant de sa germination , jusqu'à la première époque de son dépérissement.

A

On donne à l'accroissement des plantes le nom d'accroissement par *intus-susception*, parce qu'il se fait à l'aide des sucs nourriciers qui ont été préparés intérieurement par des organes, & chariés par des vaisseaux destinés à cet usage.

Le premier degré du développement d'une plante s'annonce par un gonflement sensible de sa graine; sa tunique propre *A, B, C, fig. 6, 7, 8, pl. V*, se déchire; la radicule *D, fig. 9* s'enfonce dans la terre; les lobes *E, fig. 9, & H, fig. 10*, s'écartent, livrent passage à la plantule *F, fig. 9, L, fig. 11*, & la jeune tige continue de s'accroître jusqu'au moment où les fluides cessant d'être en juste proportion avec les solides, la plante décroît, pour ainsi dire, au lieu de croître. *Voyez* AGE.

ACOTYLEDONE, *voyez* EMBRYON.

ADHÉRENT, *voyez* PÉTIOLE.

AGE des plantes, *ætas plantarum*. Il y a des plantes qui ne vivent que quelques heures; d'autres qui naissent & meurent dans l'espace d'un jour; d'autres qui durent un, deux ou trois ans; d'autres enfin qui vivent un grand nombre d'années, même pendant plusieurs siècles. *Voyez* PLANTES ÉPHÉMÈRES, PLANTES ANNUELLES, BISANNUELLES, TRISANUELLES, VIVACES.

Les plantes varient nécessairement par l'âge; il y en a même qu'on a de la peine à reconnoître d'un âge à l'autre; mais la grande habitude d'observer, apprend à l'homme à déterminer, à la simple inspection, l'âge des plantes; les couches concentriques du bois indiquent celui des arbres.

On distingue trois âges dans les plantes; 1°. celui pendant lequel la plante croît; 2°. celui pendant lequel elle ne croît plus; & 3°. celui pendant lequel, après avoir cessé de croître, elle dépérit & meurt.

AGRAFFES, *hami*; on donne ce nom à des poils durs plus ou moins longs, & recourbés en hameçon : on les nomme aussi poils crochus, *pili hamosi*.

AGRÉGATION, assemblage, amas de plusieurs parties qui n'ont point entre elles de liaison naturelle.

AGREGÉES, *voyez* FLEURS AGREGÉES.

AGRESTES, *voyez* PLANTES.

AGRICULTEUR, *Agricultor*; celui qui par état, par goût ou par économie, s'occupe de l'agriculture ou de la culture des terres (des champs). Le Laboureur, le Vigneron sont des Agriculteurs ou des Cultivateurs; mais le Pepiniériste, le Jardinier, le Fleuriste sont des Cultivateurs & non pas des Agriculteurs : Agriculteur & Cultivateur ne sont donc pas toujours synonymes.

AGRICULTURE , *agricultura*, l'art de cultiver la terre ou les champs. C'eſt le plus ancien & le plus précieux des arts; il multiplie les plantes qui ſervent continuellement aux beſoins des hommes , & les force , pour ainſi dire , de produire les grains & les fruits dont ils attendent preſque toute leur exiſtence.

AIGRETTE , *pappus* ; c'eſt un aſſemblage de ſoies, de poils ou de filets, qu'on rencontre ſur les graines d'un très-grand nombre de plantes; elles ſont deſtinées , à n'en pas douter, à faciliter la diſperſion des ſemences des plantes à qui elles appartiennent : la nature inépuiſable dans ſes reſſources , ſemble avoir fait un effort de plus en faveur de ces plantes pour que rien ne pût s'oppoſer à ce qu'elles fuſſent ſemées ſur certains points de la terre, où d'autres graines n'arrivent jamais par des moyens naturels. *Voyez* SEMENCE aigrettée.

On appelle aigrette pédiculée , *pappus ſtipitatus, fig. 14, 16 , pl. V*, celle qui eſt portée par un pédicule ; aigrette ſeſſile , *pappus ſeſſilis , fig. 13 , pl. V*, celle qui n'a point de pédicule ; aigrette ſimple , *pappus ſimplex , fig. 13 A , 14 B , pl. V*, celle qui n'eſt compoſée que d'un ſeul faiſceau de poils ; & aigrette plumeuſe , *pappus plumoſus, fig. 16 A, pl. V*, celle dont chaque poil en porte pluſieurs autres diſpoſés en barbes de plume .

AIGRETTÉE , *voyez* SEMENCE aigrettée.

AIGUËS , *voyez* FEUILLES.

AIGUILLONS , *aculei , fig. 22 & 23 , A , B , C , D , E , F , pl. X.* Ce ſont des productions dures & pointues comme les épines , mais qui ne ſont que contiguës avec les tiges , avec les rameaux , les feuilles , les fruits, &c. de la ſuperficie deſquels on les détache ſans déchirement ſenſible , & ſans éprouver beaucoup de réſiſtance. Les aiguillons diffèrent des épines , en ce que celles-ci ſont continues , & ſont corps avec les tiges & les rameaux , dont on ne peut les ſéparer ſans les caſſer : les piquans du *rubus idæus* , du *roſa centifolia*, ſont des aiguillons ; les piquans de l'*ononis ſpinoſa* , du *rhamnus catharticus*, de l'*ilex aquifolium* , du *datura ſtramonium* , du *carduus ſtellatus*, & l'*onopordum acanthium* , &c. ſont des épines.

Quelques Botaniſtes regardent les aiguillons & les épines , comme les armes des plantes; ils comparent les épines aux cornes des animaux, & les aiguillons aux griffes.

AIGUILLONS courbés en dehors , *aculei recurvi , fig. 23 D , E , F , pl. X* ; ceux qui ont leur pointe recourbée du côté de la racine , au lieu de l'avoir tournée du côté du ſommet de la tige. On appelle ſimplement ceux dont la pointe eſt tournée du côté du ſommet, aiguillons crochus, *aculei incurvi , fig. 22 A , B , C , pl. X.*

AIGUILLONS droits , *aculei recti ;* ceux qui diminuent insensiblement de la base à la pointe , & qui n'ont aucune courbure.

AILÉ , ÉE , *voyez* PÉTIOLE　　SEMENCE, TIGE.

AILÉES avec interruption , avec impaire, sans impaire, *voyez*
FEUILLES ailées avec , & FEUILLES ailées sans.

AILES, *alæ* , *fig. 70 A, & 71 , pl. IV.* On donne ce nom aux deux
pétales latéraux des fleurs légumineuses ou papilionacées , parce
qu'on les compare à des ailes de mouches avec lesquelles ils ont quelque ressemblance.

AISSELLE des feuilles , des branches & des rameaux; c'est l'angle
supérieur que forme une feuille , une branche , ou un rameau, à l'endroit de son insertion sur la tige ; tout ce qui est implanté dans l'angle
de l'aisselle, est axillaire. *Voyez* FEUILLES, FLEURS , PÉDICULES, PÉ-
DUNCULES , RAMÉAUX.

ALÈNE , *voyez* FILET en , STYLE en.

ALIMENTAIRES , *voyez* PLANTES.

ALTERNES , *voyez* FEUILLES , FLEURS , FRUITS , PÉDICULES ,
PÉTIOLES, RAMEAUX.

ALVÉOLÉ , *voyez* RÉCEPTACLE.

AMENTACÉS , *voyez* ARBRES.

AMINCI , *voyez* PÉDUNCULE.

AMPLEXICAULE , *voyez* PÉTIOLE.

AMPLEXICAULES , *voyez* FEUILLES.

ANALOGIE , rapport, proportion , convenance , qu'une chose a ou
paroît avoir avec une autre chose. Il y a des plantes , telles que le po-
lype , qui paroissent avoir autant d'analogie avec le règne animal qu'avec
le règne végétal ; & d'autres dont quelques-unes de leurs parties
seulement, telles que les racines , les noyaux, paroissent avoir de l'analogie avec le règne minéral.

ANALYSE des plantes , *plantarum analysis ;* en Botanique , analyser
une plante , c'est, à proprement parler, l'anatomiser ; c'est travailler
à connoître le nombre , la forme , la situation , & les différens usages
des parties qui la composent. L'analyse chimique au contraire n'est , pour
ainsi dire , que la balance des propriétés des plantes; c'est une décomposition , une séparation de leurs parties constituantes , une opération enfin par laquelle on apprend à connoître, d'après les principes
constitutifs des plantes , de quelle utilité elles peuvent être.

ANATOMIE,

ANATOMIE végétale ou anatomie des plantes ; c'est , si l'on peut s'exprimer ainsi , une espèce de dissection , au moyen de laquelle nous nous assurons de l'existence , de la forme, de la situation, & de la nature des différentes parties qui composent les plantes , & du rapport médiat ou immédiat que ces différentes parties ont entre elles. L'anatomie végétale nous enseigne combien il y a de sortes de vaisseaux ; quels sont les fluides qui y circulent ; ce que c'est que la racine, le tronc ou la tige ; ce que c'est que boutons, fleurs, fruits, & nous démontre les fonctions respectives de ces différentes parties.

ANDROGYNES , voyez PLANTES.

ANGULEUX, SE , SES , voyez PÉTIOLE , voyez CAPSULE , TIGE , voyez FEUILLES.

ANNEAU , voyez COLLET.

ANNULLÉ , qui a un anneau , voyez PÉDICULE.

ANNUELLES , qui durent un an , voyez PLANTES.

ANOMALES , voyez FLEURS.

ANTHÈRE, anthera ; c'est le sommet ou la partie supérieure de l'étamine : les anthères sont regardées dans le végétal , comme les testicules le sont dans l'animal ; elles font à peu près les mêmes fonctions. Sitôt que l'anthère est parvenue au degré de maturité nécessaire, la petite outre dont elle a presque toujours la forme , s'ouvre spontanément ; il s'en échappe , souvent même avec une petite explosion , une poussière pour l'ordinaire jaune ou rougeâtre , qu'on nomme poussière fécondante , poussière prolifique, pollen , pl. IV, fig. 7 A, B. Cette poussière tombe sur les parties supérieures des pistils , qu'on nomme stygmates ; & , soit qu'un simple contact suffise , soit qu'il faille qu'elle soit portée jusqu'à l'ovaire , c'est d'elle que dépend la fécondation.

Les anthères ne sont pas toujours distinctes , toujours constantes dans leur nombre , dans leur proportion & leur disposition ; cependant elles fournissent à l'observateur des caractères qui lui deviennent d'un grand secours. Le système sexuel de Linnæus , fondé sur la considération des étamines , est avec raison regardé comme un chef-d'œuvre ; mais nous sommes bien loin d'en tirer tous les avantages qu'il semble nous offrir ; tantôt l'extrême finesse des parties qui servent de base à ce système , les dérobe à nos yeux ; tantôt un léger accident , un rien en a dérangé l'économie , & nous voilà égarés.

On considère dans les anthères la forme , le nombre , la proportion, la disposition , l'insertion & la manière dont elles s'ouvrent. 1°. (La forme). Les anthères sont arrondies ou globuleuses, antheræ globosæ vel subrotundæ , fig. 5 , pl. IV ; alongées, elongatæ , fig. 3 ; alongées comme un fil ou filiformes , filiformes , fig. 4 ; anguleuses , angulata , fig. 17 ;

B

trigones, *trigonæ* ; tétragones, *tetragonæ* ; cordiformes, *cordatæ* , *fig.* 8 ; en fer de flèche, *fagittatæ* , *fig.* 20 ; en forme de rein , *reniformes*, *fig.* 9 ; cornues , *cornutæ* , vel *bicornes, bifurcatæ* , *fig.* 18 , 19 ; en zig-zag , *flexuofæ, fig.* 23 , 24, 25, 26 ; continues , *continuæ* , *fig.* 3 & 4 : (dans ce dernier cas , on feroit embarraffé de déterminer avec jufteffe où commence précifément l'anthère). 2°. (Le *nombre*). Quand chaque filet ne porte qu'une anthère, les anthères font appelées folitaires, *antheræ folitariæ* , *fig.* 5, 6 , 7 , 8 , 9 , 10 ; dans ce cas, ou elles font fimples , *folitariæ fimplices* , ou didymes , *folitariæ didymæ* ; quand chaque filet porte deux anthères, on appelle les anthères binées , *antheræ binæ* , *fig.* 11 , 12 , 13 , 16 : on les nomme trinées , *antheræ trinæ* , *fig.* 15 , quand chaque filet en porte trois. 3°. Leur *proportion* ; fi elles font à peu près toutes de la même longueur , on dit qu'elles font égales entre elles , *antheræ æquales* ; fi elles font de longueur très-difproportionnée entre elles , *antheræ inæquales* ; fi c'eft à la longueur du filet ou à celle du ftyle, que l'on compare celle des anthères , on dit *antheræ filamento vel ftylo longiores*, quand elles font plus longues ; *breviores* , quand elles font plus courtes. 4°. Leur *difpofition* ; fi elles font réunies deux à deux ou trois à trois fur le même filet , on les nomme *antheræ binæ* , *trinæ* , *fig.* 16 , 15 ; fi elles font réunies en gaine ou connées , *coalitæ, connatæ* , *fig.* 57 , 58 ; fi elles font fimplement conniventes , *conniventes* , *fig.* 42 ; fouvent elles font très-écartées & diftinctes , *feparatæ, diftinctæ* , *fig.* 35 , 36 ; vacillantes , *verfaliter incumbentes* , *fig.* 12 , 14 ; latérales , *laterales* , *fig.* 11 , &c. 5°. Leur *infertion*: quand elles font inférées fur le filet qui leur fert de pédicule, on dit *antheræ ftypitatæ, antheræ filamento adnatæ* , *fig.* 5 , 6 , 7 , 8 , 9 , 10 , 20 ; quand elles font fur la corolle ; *corollæ adnatæ, fig.* 21 ; fur le ftyle ou fur le germe , *ftylo vel germini affixæ* ; fur le ftyle à la bafe du ftygmate , *ftylo ad bafin ftygmatis* , &c. 6°. La *manière dont elles s'ouvrent*: on obferve que les anthères s'ouvrent de cinq manières ; par leur extrémité fupérieure , par leur extrémité inférieure , par les côtés , en travers, & longitudinalement.

ANTHÈRES connées , *voyez* ANTHÈRES réunies.

ANTHÈRES conniventes ou rapprochées , *antheræ conniventes* vel *approximatæ* , vel *contengentes, fig.* 42 , *pl. IV* , celles qui , au lieu d'être réunies & de ne former qu'un corps , font feulement rapprochées les unes des autres , fe touchent , mais ne fe tiennent point ; il faut prendre garde de les confondre avec les anthères réunies. *Voyez* ce mot. Les anthères du pain de pourceau font conniventes : celles des morelles le font auffi.

ANTHÈRES diftinctes , *antheræ diftinctæ* , *fig.* 34, 36, *pl. IV* ; celles qui ne font pas réunies , qui ne fe touchent même pas , & qui paroiffent bien fenfiblement féparées les unes des autres , fans qu'on foit obligé de s'en convaincre à l'aide de la loupe & du stylet : telles sont les anthères du pavot, celles des jusquiames, &c.

ANTHÈRES filiformes, *antheræ filiformes*, *fig. 4*, pl. *IV* ; celles qui ne paroissent être qu'une continuation de leur filet, & dont le diamètre est presque égal d'une extrémité à l'autre.

ANTHÈRES latérales, *antheræ laterales*, *fig. 11*, pl. *IV* ; celles qui sont insérées sur le côté du filet, & non à son extrémité supérieure : telles sont les anthères de la parisette à quatre feuilles.

ANTHÈRES mobiles, vacillantes, *antheræ versaliter incumbentes*, *fig. 12, 14*, pl. *IV* ; celles qui ont toujours un mouvement & une oscillation qui dépend de la manière dont le filet a son point d'insertion sur elles : les anthères des graminées, des plantains, sont mobiles & presque toujours vacillantes.

ANTHÈRES réunies ou connées, *antheræ connatæ* vel *coalitæ*, *fig. 28, 57, 58*, pl. *IV*, cl. *XIX*, pl. *II* ; celles qui, par leur réunion, ne forment qu'un corps : dans les fleurs composées, les *anthères* sont réunies, & forment un anneau *ou une gaîne* plus ou moins alongée *que traverse le pistil.*

Quelquefois les anthères paroissent réunies, *fig. 42*, pl. *IV*, comme dans les *morelles* où elles ne sont que rapprochées ; c'est ce dont il faut nécessairement s'assurer.

APATHIQUE, qui ne donne aucun signe de sensibilité. Les étamines de l'épine-vinette sont sensitives ou mimeuses, & ses pétales sont apathiques.

APPÉTALES, *voyez* FLEURS.

APPENDICE d'une feuille, *fig. 26* A, B ; & *67* L, M, pl. *VIII*, c'est le nom que l'on donne à une espèce de prolongement qui accompagne le pétiole presque jusqu'à son insertion sur la tige ou sur les rameaux.

APPENDICULÉ, *voyez* PÉTIOLE.

APPLIQUÉES, *voyez* FEUILLES.

APPROCHE, *voyez* GREFFE par.

APPUYÉES, *voyez* FEUILLES.

APRE, *voyez* TIGE.

AQUATIQUES, *voyez* PLANTES.

AQUEUSE, *voyez* CHAIR, SUBSTANCE.

ARBORÉE, *voyez* TIGE.

ARBRES, *arbores*. Les arbres font des plantes d'une confiftance ligneufe plus ou moins folide : ils portent des bourgeons , s'élevent à une grande hauteur, & vivent long-temps, quelques-uns même plufieurs fiècles.

On appelle arbre à plein vent, l'arbre fruitier à qui l'on a laiffé toutes fes branches ; & arbres nains, ceux à l'élévation defquels on s'eft oppofé par différens procédés connus des Cultivateurs.

Quand , à la fuite d'une defcription botanique, on trouve la fig. h , cela tient lieu des mots arbre , arbriffeau , arbufte.

ARBRES amentacés, ou arbres à chatons, *arbores amentacei ;* ceux dont les fleurs font difpofées fur des chatons : ils compofent la claffe XIX de la Méthode de Tournefort. *Voyez pl. I*, & les claffes XXI & XXII du Syftême fexuel de Linnæus, *voyez pl. II.*

ARBRES ou arbriffeaux toujours verts, *arbores* vel *frutices femper virentes ;* ceux dont les feuilles réfiftent à la rigueur des faifons, & qui confervent toujours leur couleur verte.

ARBRES nains , *arbores nani* vel *pumili ;* ceux qui ne s'élèvent que très-peu , foit que l'art fe foit oppofé à leur élévation , foit qu'ils foient de nature à ne pas s'élever davantage.

ARBRISSEAUX , *frutices.* Les arbriffeaux ne diffèrent des arbres que par leur élévation : ils font compofés de même, portent des bourgeons comme eux, mais produifent plus fouvent qu'eux plufieurs tiges de la même racine. Il eft des cas où il feroit difficile de dire d'une plante , fi c'eft un arbre ou un arbriffeau : l'un dira que c'eft un petit arbre ; l'autre que c'eft un grand arbriffeau.

ARBUSTES ou fous-arbriffeaux, *arbufculæ* vel *fuffrutices.* Les arbuftes diffèrent des arbres & des arbriffeaux, non-feulement par leur élévation , mais encore par le défaut de bourgeons ; ce ne font, pour ainfi dire , que des herbes, dont les tiges ligneufes perfiftent pendant plufieurs hivers.

ARGOT , terme de jardinage qui fignifie l'extrémité d'une branche morte ou un chicot de bois mort. Argoter un arbre , c'eft en retrancher tous les chicots : on ne doit pas confondre l'ARGOT avec l'ERGOT, *voyez* ce mot.

ARRONDIES, *voyez* ANTHÈRES , FEUILLES.

ARTICULATION, *articulatio ;* c'eft le lieu de la réunion de deux pièces mifes bout à bout : on donne auffi le nom d'articulations à des gonflemens & des étranglemens qu'on rencontre alternativement fur plufieurs parties des plantes.

ARTICULÉ, ÉE, ÉES, *voyez* PÉDUNCULE, *voyez* BULBE , RACINE SILIQUE, *voyez* FEUILLES.

AUBIER ,

AUBIER, *alburnum*, *pl. IV*, *fig.* 68 *A*; c'eſt le nouveau bois qui ſe forme chaque année ſur le corps ligneux; il ſe trouve ſous l'écorce; eſt ordinairement blanc, plus ou moins épais, d'une conſiſtance beaucoup moins dure que le reſte du bois, parce qu'il eſt compoſé des membranes réticulaires du livret, qui ne ſont pas encore converties en un bois parfait. *voyez* BOIS.

AUTUMNALES, *voyez* FLEURS.

AVORTEMENT. Lorſque l'embryon ou le germe n'a pu être fécondé par la pouſſière ſéminale des anthères, ſoit par le défaut de réunion des deux ſexes, ſoit par quelque accident, tel que la gelée, une pluie trop abondante, &c. les ſemences avortent, *voyez* POUSSIÈRE SÉMINALE.

AXE. On donne ce nom à une partie de la plante quelconque, autour de laquelle d'autres parties ſont placées, comme les rayons ſur le moyeu d'une roue.

AXILLAIRE. On appelle axillaire tout ce qui naît dans l'angle formé par la réunion d'une branche avec la tige, ou d'un pétiole avec un rameau; cependant on appelle auſſi axillaires les *feuilles qui*, au lieu d'être inſérées dans l'angle. *Voyez pl. X, fig. 17 EE*, ſont inférées *ſous l'angle*, *fig.* BB, de manière que ce ſont les rameaux qui, dans ce cas, ſont axillaires, & non pas les feuilles : il me ſemble qu'il ſeroit plus à propos de les nommer *ſous-axillaires*, parce qu'il ſe rencontre des plantes qui ont des feuilles axillaires EE, *fig.* 17, & en même temps des feuilles ſous-axillaires GG. *Voyez* ÉPINES, FEUILLES, FLEURS, PÉDICULE, PÉDUNCULE, VRILLES.

B.

BACCIFÈRE, *voyez* PLANTE baccifère.

BAIE, *bacca*, *fig.* 38, 39, 40 *A*, BB, *C*, *D*, *pl. V*; c'eſt la ſeptième eſpèce de péricarpe; elle renferme des ſemences éparſes dans une pulpe ſucculente, lorſque le fruit eſt parvenu à ſon degré de maturité; ſi l'on y rencontre des loges, elles ne ſont pas formées, comme dans les fruits à pepin, par des membranes coriaces; & ſi elles ſont ombiliquées, on n'y retrouve pas les débris d'un calice perſiſtant, comme celui qui forme l'ombilic des pommes, des poires, &c.

On donne aſſez communément le nom de grains à de petites baies : on dit grains de raiſin, grains de groſeille, grains de ſureau, au lieu de dire baies de raiſin, baies de groſeille, &c.

C

La baie monofperme, *bacca monofperma*, eft celle qui ne contient qu'une femence; elle eft difperme, *difperma*, quand elle en contient deux; trifperme, *trifperma*, quand elle en contient trois; tétrafperme, *tetrafperma*, quand elle en contient quatre; & polyfperme, *polyfperma*, *fig. 38 A*, & *fig. 40 D*, *pl. V*, lorfqu'elle en contient un nombre indéterminé, ou lorfqu'elles font fi fines ou en fi grand nombre, qu'on ne peut les compter.

On appelle baie ombiliquée, celle qui porte encore le figne de l'exiftence du ftyle; c'eft quelquefois une petite protubérance, quelquefois une petite cavité, quelquefois ce n'eft qu'un point.

BALE, *gluma*, *fig. A*, *claffe III*, *pl. II*; c'eft la corolle des graminées; elle eft compofée d'écailles ou de valves difpofées fur les côtés d'un péduncule commun, *fig. L, M, N*, *claffe XV*, *pl. I*, & ne font point, comme les corolles des autres plantes, inférées autour d'un axe formé par l'extrémité du péduncule qui les porte. *Voyez* VALVES.

On ne regarde plus aujourd'hui les graminées, comme des plantes à fleurs apétales, c'eft-à-dire, fans pétales: on eft convenu, pour éviter toute équivoque, d'appeler pétale ou corolle, toute partie qui environneroit immédiatement les organes de la fructification, voyez COROLLE.

BARBE, *arifta*; c'eft le nom qu'on donne à cette efpèce de filet grêle, barbu, plus ou moins long, qui furmonte les valves de la bâle, *fig. B*, *claffe III*, *pl. II*, *voyez* VALVES.

BARBUES, *voyez* FEUILLES.

BASE, *bafis*. On prend ce mot en Botanique fous différentes acceptions; tantôt il fignifie le lieu d'une partie fur lequel eft ajuftée, ou fur lequel repofe une autre partie; tantôt il fignifie l'extrémité inférieure d'une partie quelconque: on dit, par exemple, qu'une feuille eft échancrée, arrondie à fa bafe, c'eft-à-dire, à fa partie inférieure. La bafe du ftyle eft cette efpèce de gonflement qu'on remarque à fa partie inférieure; c'eft fouvent le germe ou l'embryon même, *pl. IV*, *fig. 51 A*.

BASSIN, fleurs en baffin, *voyez* COROLLE campaniforme.

BATARDES, *voyez* PLANTES.

BATTANS, *voyez* VALVULES.

BERCEAU de la femence. Les lobes ou cotyledons font regardés comme les mamelles deftinées à allaiter la jeune plante, & c'eft leur enveloppe propre que l'on regarde comme fon berceau.

BICAPSULAIRE, *voyez* PÉRICARPE.

BICOTYLEDONE, femence qui a deux cotyledons ou deux lobes, *voyez* SEMENCE.

BIENNE, fynonyme de bifannuelle.

BIFIDE, ES, fendu en deux; *voyez* STYLE, *voyez* FEUILLES.

BIFLORE, qui porte deux fleurs, *voyez* PÉDUNCULE.

BIFURCATION, *bifurcatio;* c'eft le lieu où une tige, une branche, une racine, &c. fe divife en deux & fait la fourche. On dit d'un ftygmate qu'il eft bifurqué, quand il eft tel que la *fig. 45 A*, & *49 H, pl. IV*, le repréfente.

BIGÉMINÉES, *voyez* FEUILLES.

BIJUGUÉES, *voyez* FEUILLES.

BILOBE, fynonyme de bicotyledone, *voyez* SEMENCE.

BILOCULAIRE, qui a deux loges, *voyez* CAPSULE.

BINÉES, *voyez* FEUILLES.

BIPINNÉES, *voyez* FEUILLES.

BISANNUELLE ou bienne, qui dure deux ans, *voyez* PLANTE, RACINE.

BITERNÉES, *voyez* FEUILLES.

BIVALVE, qui a deux valves ou battans; *voyez* CAPSULE.

BLANC, maladie qui attaque les plantes; les Cultivateurs en diftinguent deux efpèces.

BLANC DE CHAMPIGNON. Les bornes que je me prefcrites dans cet Ouvrage élémentaire, ne me permettent pas d'entrer dans les détails où m'entraîneroit néceffairement cet article important: je dirai feulement que le champignon de couche vulgaire, *agaricus campeftris*, Lin. l'AGARIC comeftible de l'HERBIER DE LA FRANCE, vient fpontanément par-tout; qu'il faut conféquemment bien moins de circonftances réunies pour favorifer le développement de fes graines, qu'il en faudroit pour d'autres efpèces de champignon que l'on defireroit cultiver, mais qui ne viennent précifément que dans tel terrain & qu'à tel degré de chaleur de l'atmofphère; que cette pouffière que l'on trouve entre les feuillets de ce champignon, lorfqu'il a acquis un certain développement, n'eft autre chofe que fa graine, qui, vue au microfcope, reffemble affez à des graines de pavot. J'ajouterai que ces graines, femées avec profufion par-tout, font en fi grand nombre, que celles d'un feul individu de cette efpèce, fuffiroient, à en juger par leur extrème fineffe, pour couvrir de champignons des terreins immenfes; mais que malgré qu'il faille peu de circonftances réunies pour favorifer leur développement, il en faut encore auxquelles l'art a fouvent moins de part que le hazard, & que c'eft par cette raifon que ces graines ne lèvent pas par-tout où elles font femées. J'ajouterai encore que, femées naturellement fur des terreins convenables, elles produifent ce qu'on appelle *blanc de champignon*, c'eft-à-dire, de petits plants enracinés, que les Maraichers trouvent tout formé fur du fumier ou fur d'anciennes couches, & qu'ils fement fur de nouvelles couches préparées pour cet effet ; que ces mêmes couches, fans qu'on y eût mis du *blanc*, auroient pu produire à la longue des champignons de cette efpèce, mais que le Cultivateur fait en bien moins de temps, avec ces plants enracinés, ce que la nature auroit fait avec les graines.

BOIS. Ce mot dans notre langue a plufieurs fignifications très-étendues. On appelle bois, *filva*, un lieu planté d'arbres, & l'on dit bois de haute futaie, bois taillis, bois touffu, &c. On appelle auffi bois de charpente, bois de charronnage, bois de chauffage, bois médicinaux, bois de couleur, bois de teinture, &c. différentes efpèces de bois employés à divers ufages dans les arts & metiers.

La feule efpèce de bois, dont il foit queftion ici, eft le *lignum* des Botaniftes, cette fubftance dure & compacte, qui compofe le tronc & les branches des arbres & des arbriffeaux. Au centre du bois, on trouve la moëlle, *fig. 68, pl. IV.* Chaque couche circulaire qui la recouvre, eft formée de fibres ligneufes, de vaiffeaux lymphatiques, de vaiffeaux propres, de trachées & du tiffu cellulaire. Les couches ligneufes font d'autant plus dures, qu'elles font plus près de la moëlle ; & par la même raifon, celles qui en font plus éloignées, les dernières couches concentriques qui forment l'aubier, ont d'autant moins de denfité, qu'elles font plus près du liber.

BOIS blanc. Il y a plufieurs efpèces de bois, qu'on nomme vulgairement bois blancs ou *blancs bois* : ils n'acquièrent jamais plus de folidité que l'aubier, couche ligneufe imparfaite qui recouvre le vrai bois.

BORD d'une corolle, d'un champignon, d'une feuille, d'une fleur, &c. *margo* : on dit le bord ou les bords. On n'entend parler fous cette dénomination, que de la lifière ou de la bordure des différentes parties des plantes ; & l'on dit d'une corolle, qu'elle eft ciliée à fon bord ; d'un champignon, qu'il eft frifé à fon ou fes bords ; d'un pétale, qu'il eft denté, échancré, velu, &c. à fon bord.

Les bords ou la bordure d'une feuille, d'une fleur, du chapeau d'un champignon, fourniffent au Botanifte des caractères affez conftans, mais qui ne font pas toujours faciles à faifir ; ils pourroient induire en erreur, fi l'on n'avoit pas l'attention de comparer dans tous les états de développement l'individu qu'on obferve. Les bords d'un champignon font fouvent réguliers, ciliés, unis, &c. dans l'état de jeuneffe ; mais,

fi

fi on l'obferve dans un âge plus avancé, on les retrouve fouvent irréguliers, nus, rayés, frangés, ondulés, frifés, &c.

BORDS amincis ou minces, *margo tenuis*; en parlant d'un champignon, l'on dira que fon bord eft aminci, quand fon épaiffeur fera
très-difproportionnée à celle du refte du chapeau : dans l'*agaricus fter-
corarius*, par exemple, les bords du chapeau, quoique d'une minceur
étonnante, ne pourront pas être appelés bords amincis, parce que
tout le refte du chapeau n'a guère plus d'épaiffeur; mais on donnera
ce nom aux bords de l'*agaricus aurantiacus*, parce que leur épaiffeur
eft très-difproportionnée avec celle du refte du chapeau.

BORDS colorés, *margo colorata* : on dit que les bords du chapeau
d'un champignon font colorés, quand toute la fuperficie du chapeau
n'eft pas colorée, & que fes bords feulement le font : fi les bords étoient
d'une autre couleur, ou que leur couleur eût plus d'intenfité que
celle de tout le refte du chapeau, on fpécifieroit la couleur ou les degrés d'intenfité de la couleur, & l'on diroit bords blancs, jaunes,
rouges, noirs, &c. bords plus colorés, moins colorés.

BORDS égaux, *margo æqualis*. Les bords du chapeau d'un champignon font égaux quand ils font également éloignés du pédicule,
c'eft-à-dire, quand le pédicule eft central; ils font inégaux, par la
même raifon, quand le pédicule eft latéral, ou quand il n'exifte pas
de pédicule, & que le chapeau eft attaché latéralement au corps d'où
il tire fa fubfiftance.

BORDS épais, *margo craffa*; ceux dont l'épaiffeur comparée à celle
du chapeau, eft égale ou prefque égale, ou du moins ceux qui font
plus épais que ne le font ordinairement les bords d'un champignon.

BORDS feftonnés, *margo finuata*; ceux qui font découpés plus ou
moins profondément, mais dont les divifions font arrondies : fi les
découpures font égales entre elles, on dit qu'ils font feftonnés régulièrement : fi elles font inégales, on dit qu'ils font feftonnés
irrégulièrement.

BORDS frifés, *margo crifpa*; ceux qui font irrégulièrement ondés
& comme crépus : on emploie quelquefois le mot *frifé*, pour fignifier
roulés en deffus ou en deffous, *voyez* BORDS roulés.

BORDS glabres, *margo glabra*; ceux fur lefquels on ne rencontre
ni duvet, ni coton, ni poils, ni écailles, &c. quoique le refte du chapeau foit recouvert de duvet, de coton, ou d'écailles, &c.

BORDS inégaux, *margo inæqualis*; les bords du chapeau d'un champignon font inégaux quand le chapeau n'a pas de pédicule, & qu'il
eft attaché latéralement aux corps d'où il tire fa fubfiftance, ou quand
il a un pédicule, mais qui n'eft point naturellement central; je dis

naturellement, parce qu'il arrive quelquefois que si deux champignons se touchent par leur chapeau, un des deux, & quelquefois tous deux ont leurs bords inégaux ; mais on doit toujours s'assurer par l'inspection de plusieurs individus, pour ne pas y être trompé.

Quelquefois on dit que les bords sont inégaux, parce qu'ils sont déchirés, festonnés, laciniés ; mais il vaut mieux décrire leur état, en disant bords laciniés, bords frangés, &c.

BORDS laciniés ou déchiquetés, *margo laciniata* ; ceux dont les découpures sont encore une ou plusieurs fois découpées.

BORDS lisses, *margo lævis* ; ceux qui sont unis & polis sans être luisans ; quand ils le sont, on les appelle bords luisans, *margo lucens*.

BORDS membraneux, *margo membranacea* ; ceux qui conservent encore une partie de la membrane qui recouvroit les feuillets du champignon ; ceux en général qui sont remarquables par une peau membraneuse qui les dépasse.

BORDS roulés ; ceux qui sont courbés sur eux-mêmes, comme une boucle de cheveux ; ils sont roulés en dessus, *margo involuta*, quand ils sont tels que la *fig. 12 H*, *pl. VI* les représente ; ils sont roulés en dessous, *margo revoluta fig. 1 A, B, pl. VI* ; & quelquefois, au lieu d'être roulés en dessous, ils sont simplement réfléchis & comme tombans, *margo reflexa*.

BORDS striés, *margo striata* ; ceux qui sont remarquables par des lignes formées par l'empreinte des feuillets dont on pourroit savoir le nombre par celui des stries, c'est-à-dire, des petits enfoncemens qui se rencontrent sur leur superficie : les bords amincis sont communément striés.

BORDS velus, *margo hirsuta* vel *pilosa*, quand les poils qui les recouvrent sont simples & distincts, sans être durs au toucher : lorsque ces poils sont simples, distincts, durs & fragiles, on dit bords hérissés, *margo hirta* vel *hispida* : s'ils ressemblent à de la barbe, on dit bords barbus, *margo barbata* : s'ils ressemblent à des cils, on dit bords ciliés, *margo ciliata* : s'ils font paroître les bords comme satinés, on dit bords satinés ou soyeux, *margo sericea* : s'ils représentent un tissu cotonneux, on dit bords cotonneux ou tomenteux, *margo tomentosa* : s'ils représentent un tissu drapé ou laineux, on dit bords laineux, *margo lanata* ; & s'ils ressemblent à du poil follet ou à un duvet très-fin, on les appelle bords pubescens, *margo pubescens*.

On pourra voir à la *pl. X, fig. 12*, les différentes espèces de poils ; pour éviter les répétitions dans le corps de cet Ouvrage, on renverra à cet article.

BORDURES ou BORDS, *margo* ; c'est en général ce qui borne la circonférence d'une partie quelconque.

BOTANIQUE ou PHYTOLOGIE , *res herbaria* vel *phytologia*. La Botanique eſt cette partie de l'Hiſtoire naturelle , qui a pour objet la connoiſſance méthodique des végétaux , & de tout ce qui a un rapport immédiat avec le règne végétal. La Botanique n'eſt pas ſimplement l'art de reconnoître ce qui a déja été connu ; tous les jours elle étend ſon empire *par* de nouvelles découvertes ; & , d'après une juſte appréciation des rapports que les plantes qu'on ne connoiſſoit pas , ont avec celles qui compoſent telle ou telle famille , elles ſe trouvent claſſées , & font partie d'un tableau général, auquel on donne le nom de méthode ou de ſyſtême. L'Agriculture , la Médecine , & la plupart des arts ne ſeroient preſque rien ſans le ſecours de la Botanique : à chaque pas cette ſcience les éclaire de ſon flambeau ; ſans ceſſe elle vient au devant des beſoins des hommes , & les conduit , comme par la main , au milieu des richeſſes immenſes du règne végétal, afin qu'ils puiſſent ſe les approprier.

L'objet du Botaniſte eſt quelquefois la connoiſſance de tout ce qui a un rapport immédiat avec le règne végétal. Quelquefois auſſi ſon objet eſt reſtreint à une partie de ce règne , ou à une ſeule de ſes branches ; ſouvent il ſe borne à connoître les plantes indigènes d'une province ; ſouvent même il s'arrête à la connoiſſance de *quelques plantes particulières , & quelquefois il n'étudie les* rapports que les plantes ont entre elles , que pour ſe frayer une route plus facile à d'autres ſciences , telles que l'Agriculture & la Médecine.

De-là vient la grande difficulté qu'on éprouve , toutes les fois que l'on veut tirer une ligne entre ce que l'on doit ou ce que l'on ne doit pas appeler Botanique : de-là vient auſſi qu'on a preſque toujours éludé la queſtion ſans y répondre.

Voyez à l'article PRINCIPES *de Botanique , en quoi conſiſtent ces principes ou élémens , & comment on peut les étudier avec fruit.*

BOTANISTE , *Botanicus.* Puiſque la Botanique eſt la ſcience qui a pour objet la connoiſſance acquiſe par principes , des végétaux , de leur nature & de leurs propriétés , il n'y a donc véritablement de *Botaniſte* , que celui qui connoît les plantes *méthodiquement* , & qui , ſachant ſaiſir les vrais rapports que les plantes ont entre elles , détermine avec préciſion leur reſſemblance & leur différence reſpective , tant ſpécifiques que relatives.

On diſtingue le BOTANISTE *en Botaniſte du premier ordre , & en Botaniſte du ſecond ordre.*

Le BOTANISTE du premier ordre eſt celui qui s'occupe de la Botanique en grand ; celui qui voit cette ſcience dans toute ſon étendue & ſous tous les points de vue poſſibles , dans l'enſemble & dans les détails.

Le BOTANISTE du ſecond ordre au contraire , loin d'enviſager la

Botanique dans son ensemble , & sous tous ses différens points de vue, ne s'attache qu'à une de ses branches ; & par l'ordre & l'accord qu'il y fait regner , par les découvertes intéressantes dont il l'enrichit , il lui donne tout le degré de perfection dont elle est susceptible: quelquefois son objet est bien plus louable encore , c'est lorsqu'il tend à répandre utilement dans la société le fruit de ses recherches , & à faire connoître au commun des hommes même , que la Botanique est pour eux une source intarissable de bienfaits toujours en leur pouvoir. Que de précieuses découvertes en effet ne doit-on pas à cette classe de Botanistes ? Les arts, en moins d'un siècle , ont plus que doublé leurs richesses. De tous les coins du monde, des savans se sont réunis ; chacun d'eux a senti la nécessité de se borner à une partie de la Botanique , considérée du côté de son utilité : les uns ont fixé toute leur attention sur la connoissance des meilleurs grains , sur celle des meilleurs pâturages : d'autres ont sacrifié leur fortune & leur loisir , au plaisir de se livrer tout entiers aux soins de diverses branches de l'agriculture ; & d'autres , en épiant continuellement la nature, lui ont , pour ainsi dire , dérobé tous ses secrets.

BOTTE. *On dit* vulgairement qu'une plante a ses racines en botte, quand elles tiennent ensemble près de la tige, & quand elles s'écartent les unes des autres en s'alongeant. On les nomme en Botanique RACINES FASCICULÉES ou en faisceau , *fig. 23 , pl. VII.*

BOUQUET , *thyrsus.* Le bouquet porte des fleurs disposées par étages sur un axe commun , ou sur un péduncule commun & droit. La seule différence qu'il y ait entre le bouquet & la grappe , c'est que le péduncule commun qui sert de base aux péduncules propres des fleurs en grappe , est toujours dans une situation pendante , au lieu qu'il est droit dans le bouquet.

BOURGEONNER. On dit qu'un arbre commence à bourgeonner, quand, au renouvellement de la saison, ses jeunes pousses se développent.

BOURGEONS , *surculi. Les Cultivateurs appellent œil ,* oculus *, le bouton dans son état de jeunesse ; bouton, gemma , l'œil plus formé, qu'ils distinguent en bouton à fruit & en bouton à bois ; & bourgeon , surculus , le bouton développé. Ils appellent aussi bourgeons , les jeunes pousses de l'année ; & faux bourgeons , les jeunes pousses qui n'ont pas été produites par des boutons nés dans les aisselles des feuilles. Ils disent ébourgeonner un arbre , quand , pour prévenir l'étiolement , ou pour rendre l'arbre plus vigoureux , &c. ils retranchent des boutons à bois ou des jeunes pousses superflues.* BOURGEONS & BOUTONS, en Botanique, sont synonymes.

BOURRELET ; c'est le nom que l'on donne à un renflement

d'une

d'une partie quelconque , qui paroît dans cet endroit garnie d'une efpèce d'anneau.

BOURSE , *volva* ; enveloppe radicale des champignons , *voyez* **VOLVA.**

BOUTONS , *gemmæ* , *oculi* , *hybernacula* ; ce font de petits corps arrondis & un peu alongés , qui naiffent en été fur les branches des arbres & des arbuftes aux aiffelles des feuilles : ils font compofés d'écailles dures ; velues en dedans, ferrées les unes contre les autres, & difpofées de manière à former un afile fûr aux jeunes parties de la plante qui y font renfermées pendant l'hiver.

On diftingue trois efpèces de boutons : le *bouton à bois* , le *bouton à fruit* & le *bouton mixte.* 1°. Le bouton à bois ou à feuilles , que les Cultivateurs nomment *bourgeon* , *gemma foliifera* vel *ramifera* , *pl. VII*, *fig. 1* , eft celui qui ne doit produire que des feuilles & du bois. 2°. Le bouton à fleur & à fruit , *gemma florifera* vel *frudifera* ; *pl. VII* , *fig. 2 & 3* , eft celui qui doit produire une ou plufieurs fleurs , & fucceffivement des fruits. 3°. Le bouton mixte , *gemma mixta* , eft celui qui doit donner en même temps des fleurs & des feuilles ou du bois.

L'ufage apprend aux Cultivateurs à déterminer affez juftement , à la feule infpection du bouton , fi c'eft un *bourgeon* ou *bouton à bois* , ou fi c'eft un *bouton à fruit* : ceux-ci font affez ordinairement plus gros , plus courts , moins unis , moins pointus que les boutons à bois ou bourgeons , & leurs écailles font plus velues en dedans.

Il me femble que la forme & la difpofition des boutons , fuffiroient à l'œil exercé pour reconnoître l'efpèce de chaque plante qui en feroit pourvue. Les boutons qui naiffent fur les racines , *portent le nom de* CAYEUX.

BOUTURES , *taleæ* ; ce font des parties détachées du corps d'une plante , privées de racine , & qui , mifes en terre , reproduifent un individu femblable à celui à qui elles appartenoient. Il y a des plantes qui viennent facilement de boutures ; d'autres qui viennent difficilement , & d'autres qu'on n'a pas encore pu multiplier de cette efpèce.

BRACTÉES ou feuilles florales , *bracteæ* ; ce font de petites feuilles qui naiffent avec les fleurs , & qui font toujours différentes du refte des feuilles de la plante , foit par leurs formes , foit par leur couleur. Les bractées font aux fleurs & aux fruits , ce que les ftipules font à la tige , aux rameaux & aux feuilles. Quand on ne rencontre fur un péduncule ou à la bafe d'une fleur , qu'une feule bractée , on la nomme bractée folitaire ; *bractea folitaria.* Les bractées font deux à deux ou géminées , *bracteæ geminæ* ; articulées , *bracteæ articulatæ* ; axillaires, *axillares* ; caduques , *caducæ* ; perfiftantes , *perfiftentes* ; ciliées, *ciliatæ* ; tomenteufes , *tomentofæ* ; colorées , *coloratæ* ; dentées , *dentatæ* ; dentées en fcie , *ferratæ* ; ramaffées en touffe au deffus des fleurs , *comofæ* ;

E

très-entières, *integerrimæ*; multifides, *multifidæ*; latérales, *laterales*; pétiolées, *petiolatæ*; amplexicaules, *amplexicaules*.

Les bractées fourniffent au Botanifte plufieurs caractères pour la diftinction des efpèces ; ils font tirés, tantôt de leur couleur, tantôt de leur forme, tantôt de leur fituation, tantôt de leur nombre, de leur durée, de leur différence ou de leur reffemblance refpective, &c. Les figures & les définitions qu'on a données des feuilles fimples, ferviront à faciliter l'intelligence de ce qu'on a dit fur les bractées.

BRACTÉIFÈRE; qui porte des bractées. On appelle (*flores*, *rami*, *pedunculi*, *bracteiferi*), les fleurs, les rameaux, les péduncules qui portent des bractées.

BRACTÉIFORMES, *voyez* FEUILLES.

BRANCHES, *rami*. La tige ou le tronc en s'élevant jette de côté & d'autre différentes productions, qu'on nomme branches ou rameaux. Les branches font compofées à peu près comme la tige ou le tronc; &, par leurs divifions & fubdivifions, ce font elles qui déterminent la forme de l'individu à qui elles appartiennent. On diftingue les branches en *mères branches* ou *branches du premier ordre*, en *branches moyennes* ou *branches du fecond ordre*, & en *petites branches* ou *branches du troifiéme ordre*. On appelle *branches à bois*, *rami ligniferi*, celles qui ne donnent ni fleurs, ni fruits; *branches à fruits*, *rami fructiferi*, celles qui portent des fleurs & des fruits; *branches de faux bois*, celles qui percent à travers l'écorce, & qui n'ont pas été produites d'un *œil* ou *bouton*; *branches gourmandes*, celles qui abforbent toute la nourriture des branches voifines ; *branches chiffonnes*, celles qui font grêles, maigres, mal conftituées & qui nuifent à l'arbre; & *brindilles*, des petites branches à fruits qui portent des feuilles ramaffées en touffes.

BRANCHU, UE, qui eft ramifié, qui porte des branches; *voyez* TIGE.

BROU, *gullioca*; c'eft le nom de cette écorce verte qui recouvre extérieurement la noix, l'amande, &c.

BUISSON, *dumus*, *dumetum*; c'eft une touffe d'arbriffeaux fauvages ou épineux; il y a cependant des arbuftes qu'on élève pour la décoration des parterres, & que l'on taille en buiffon; & il y a auffi quelques arbres fruitiers que l'on taille de la même manière, & que l'on appelle arbres en buiffon.

BULBE, *bulbus*. On donne le nom de bulbe ou d'oignon à la racine d'une plante, quand elle eft compofée d'un corps charnu plus ou moins arrondi. *fig. 17*, 20, *pl. VII*, dont la fubftance eft tendre & *fucculente*, recouverte d'une ou de plufieurs tuniques, & lorfqu'à fon extrémité inférieure, on trouve une excroiſſance charnue, ſur laquelle toutes les fibrilles radicales ont leur point d'inſertion, comme on le voit fig. 17 *E*, & 20 *I*.

Il s'enſuit donc que toute racine compoſée d'un corps charnu, dont le diamètre excédera celui de la tige, mais qui ne ſera pas recouvert de tuniques, & qui n'aura pas un point d'inſertion commun à toutes ſes fibres radicales, ne ſera pas une BULBE, mais u ne RACINE TUBÉREUSE. *Voyez* ce mot. Je dois cependant avertir que quelques Auteurs étendent plus loin la ſignification du mot bulbe, & que l'on eſt unanimement convenu d'appeler bulbe, comme par exception à la régle générale, cette eſpèce de gonflement qui termine inférieurement les pédicules des champignons bulbeux.

On regarde la bulbe comme faiſant à peu près les mêmes fonctions que les boutons, *hybernacula* : elle ſert de berceau à la jeune plante qu'elle renferme pendant l'hiver dans ſon ſein, & la met à l'abri des intempéries des ſaiſons. Elle produit latéralement de nouvelles petites bulbes qu'on nomme CAYEUX. La bulbe eſt, où *ſimple*, où *compoſée* ; ou *adhérente* à la tige, ou *ſéparée* de la tige par un étranglement particulier ; ou *ſolide*, ou *écailleuſe*, ou *membraneuſe*, ou *arrondie*, ou *articulée*, ou *ſuſpendue*, &c.

BULBE adhérente à la tige, *bulbus ſeſſilis* ; celle qui ne paroît être qu'une continuation de la tige, & qui n'a point de collet.

BULBE articulée, *bulbus articulatus* ; celle qui eſt plus alongée qu'orbiculaire, & qui eſt remarquable par des gonflemens & des étranglemens alternatifs.

BULBE compoſée, *bulbus compoſitus* ; celle qui eſt compoſée de pluſieurs autres bulbes ou cayeux renfermés ſous une enveloppe commune, comme dans la *fig. 17*, *pl. VII*, qui repréſente une tête d'ail.

BULBE double, *bulbus duplex* ; celle qui eſt compoſée de deux bulbes ſimples, *fig. 37*, *pl. VII*.

BULBE écailleuſe, *bulbus ſquammoſus* ; celle qui eſt compoſée d'écailles diſpoſées circulairement ou par couches, comme dans le lis.

BULBE membraneuſe, *bulbus membranaceus* ; celle qui eſt compoſée de membranes circulaires.

BULBE ſimple, *bulbus ſimplex* ; celle qui eſt toujours ſeule à l'extrémité d'une tige.

BULBE ſolide, *bulbus ſolidus* ; celle qui eſt compoſée d'une ſubſtance ferme & charnue.

BULBE ſuſpendue, *bulbus pendulus* ; celle qui eſt portée par un fil qui la ſuſpend.

BULBES rapprochées, *bulbi aggregati* ; celles qui font plufieurs enfemble, mais qui ne font pas renfermées dans une enveloppe commune.

BULBEUX, SE, qui a pour racine une bulbe ; *voyez* PÉDICULE, RACINE.

BULBIFÈRE, qui porte une bulbe.

BULBIFORME, qui a la forme d'une bulbe.

BULLÉES, *voyez* FEUILLES.

C.

CADUC, QUES, Lorfqu'on a égard à la durée refpective des différentes parties qui compofent les plantes, on appelle *caduque* une partie qui tombe avant une autre ; *tombante*, une partie qui tombe avec une autre ; & *perfiftante*, une partie qui ne tombe qu'après une autre partie, ou qui fubfifte long-temps après. Ainfi le *calice qui tombe avant la corolle*, fe nomme calice caduc, *calix caducus* ; le calice qui tombe avec la corolle, porte le nom de calice tombant avec, *calix deciduus* ; & celui qui ne tombe qu'après les pétales, ou qui perfifte même avec le fruit, eft appelé calice perfiftant, *calix perfiftens*. Le mot caduc ou caduque s'applique dans le même fens à toutes les autres parties des plantes. *Voyez* CALICE, BRACTÉES, FEUILLES, STIPULES, &c.

CALENDRIER de Flore, *calendarium Floræ*. Si l'époque de la floraifon des plantes ne tenoit à une infinité de circonftances, telles que la diverfité des climats, la nature des terrains, les degrés de température, le *calendrier de Flore* feroit la méthode la plus fimple, & peut-être en même temps la plus fûre pour apprendre à connoître les plantes. Les perfonnes qui ne s'occupent de la Botanique que par récréation, & fans vouloir en faire une étude approfondie, préfèrent avec raifon cette méthode ; elles ont des herbiers où les plantes font rangées felon l'ordre des faifons ; &, avec un peu de patience, cela remplit affez bien leur objet.

CALICE, *calix*, c'eft la partie de la fleur qui fert d'enveloppe immédiate à la corolle, & d'enveloppe fecondaire aux organes fexuels. Lorfqu'il s'agit donc de déterminer avec précifion ce qui, dans une fleur, doit porter le nom de calice & celui de corolle, il eft néceffaire de fe rappeler que poftérieurement aux favans écrits de Linnæus, on eft convenu d'établir pour principe général, que l'enveloppe immédiate des étamines & des piftils porteroit le nom de corolle, fans avoir aucun

égard

égard ni à fa forme, ni à fa couleur, & que leur enveloppe fecondaire feroit appelée calice. *Voyez pl. IV. fig. 1, A*, le lieu que doit occuper le calice dans une fleur complète.

Cet Ouvrage étant fait pour faciliter l'intelligence des méthodes créées, & pour en donner la clef, on ne pouvoit fe difpenfer de dire un mot des différentes efpèces de calice, dont TOURNEFORT, LINNÆUS, *& leurs Sectateurs ont parlé dans leurs ouvrages.*

TOURNEFORT diftingue le calice en *calice proprement dit*, & en *calice improprement dit*; le premier fait partie de la fleur; & le fecond (qu'on ne regarde plus aujourd'hui comme un calice), n'en fait point partie, malgré qu'il l'ait renfermée avant fon développement.

Le CALICE proprement dit eft divifé en *calice proprement dit*, *propre ou particulier*, & en *calice proprement dit, commun* : le premier eft celui qui ne renferme qu'une feule fleur, *pl. I, fig. 3 A, fig. 7 B ; & pl. IV, fig. 65 & 70 B ;* & le fecond celui qui renferme plufieurs fleurs, *voyez pl. IV, fig. 66 H.* Les calices qui renferment les fleurons & les demi-fleurons, des flofculeufes, femi-flofculeufes & radiées, font des calices proprement dits, communs.

Le CALICE improprement dit eft auffi divifé en *propre ou particulier*, *& en commun.* Le *fpathe*, cette efpèce de *gaîne dans laquelle font contenues les fleurs liliacées* avant leur développement, eft le calice improprement dit, *propre*, parce que ces fleurs n'ont pas d'autre calice, *fig. 67 T, pl. IV.* La *collerette*, qui fe trouve à la bafe des rayons des ombelles, *fig. 17 A*, eft un calice improprement dit ; & *commun*, parce que les fleurs ombellées, outre leur calice général, ont encore un calice particulier.

Le chevalier LINNÆUS compte fept efpèces de calice, 1°. le *périanthe* ; 2°. l'*enveloppe* ou *collerette* ; 3°. le *fpathe* ; 4°. la *bale* ; 5°. le *chaton* ; 6°. la *coiffe* ; & 7°. la *bourfe* ou *volva*. *Voyez* ces mots chacun dans la place qu'il doit occuper dans ce Dictionnaire.

La première efpèce de calice de LINNÆUS, *le périanthe, c'eft-à-dire, l'enveloppe immédiate de la corolle, eft la feule dont il foit queftion dans cet article ; ainfi calice ou périanthe feront fynonymes. On confidère dans le calice, la forme, la fituation, la couleur & la durée.*

CALICE anguleux, *calix angulofus* ; celui fur les côtés duquel on rencontre quelques angles, quelques cannelures, ou quelques fillons.

CALICE arrondi, *calix fubrotundus* ; lorfque fes divifions font difpofées en rond, ou bien encore lorfqu'on ne rencontre fur fes côtés ni angles ni cannelures.

CALICE caduc, *calix caducus* ; celui dont la chûte précède toujours celle des pétales. Il y a beaucoup de plantes, comme le pavot, la chélidoine, dont les fleurs font privées de calice avant même qu'elles foient

F

épanouies. On appelle calice tombant, *deciduus*, celui dont la chûte ne précède pas celle des pétales, mais qui tombe avec eux.

CALICE caliculé, *calix caliculatus* ; celui qui eſt ſimple, mais qu'on pourroit confondre avec un calice double, parce qu'on trouve à ſa baſe extérieure, un rang de petites écailles beaucoup plus courtes que lui.

CALICE coloré, *calix coloratus* ; celui qui, au lieu d'être de couleur verte, comme le ſont ordinairement les calices, eſt d'une autre couleur, de manière qu'on pourroit le prendre pour la corolle, de laquelle il ne diffère quelquefois que parce qu'il enveloppe médiatement les organes ſexuels, au lieu que la corolle les enveloppe immédiatement.

CALICE commun, *calix communis* ; celui qui renferme pluſieurs fleurs toutes diſpoſées ſur le même réceptacle, *pl. II*, *fig. 53 M*. Quelquefois les fleurs que cette eſpèce de calice renferme, ont en outre un calice propre ou particulier, & quelquefois elles n'en ont pas. Le calice commun eſt quelquefois ſimple, quelquefois double.

CALICE corollifère, *calix çorolliſèrus* ; celui qui porte immédiatement la corolle.

CALICE double, *calix duplex* ; celui qui eſt compoſé de pluſieurs pièces à peu près égales, & diſpoſées ſur deux ou ſur pluſieurs rangs, *voyez pl. IV*, *fig. 66*.

CALICE imbriqué ou tuilé, *calix imbricatus*. Le calice double eſt embriqué, quand ſes folioles ou les écailles qui le compoſent ſont diſpoſées ſur pluſieurs rangs, & dans le même ordre que des tuiles ſur un toît *pl. I*, *fig. 29 A*.

CALICE inférieur, *calix inferus* ; celui qui eſt au deſſous du fruit, *pl. V*, *fig. 28 L*, *& fig. 39 R*.

CALICE monophylle, *calix monophyllus* ; celui qui eſt d'une ſeule pièce. Le calice n'étant que l'épanouiſſement du péduncule, on pourroit être embarraſſé lorſqu'il s'agira de diſtinguer un calice monophylle d'avec un calice polyphylle, parce qu'on n'a pas toujours la même reſſource que pour diſtinguer une COROLLE monopétale d'avec une corolle polypétale; mais toutes les fois qu'un calice ne ſera pas diviſé juſqu'à ſa baſe, & que ſes diviſions ne s'étendront qu'au tiers ou qu'aux deux tiers de ſa hauteur, il ſera monophylle, *fig. 65*, *pl. IV*, *& fig. 72 R*: quand au contraire ſes diviſions ſeront continuées juſques près de l'extrémité du péduncule qui le porte, *fig. 36 A*, *pl. IV*, il ſera polyphyle, c'eſt-à-dire qu'on le regardera comme compoſé de pluſieurs pièces.

On appelle calice diphylle *calix diphyllus*, celui qui eſt compoſé de deux pièces; triphylle, *triphyllus*, celui qui eſt compoſé de trois pièces;

quadriphylle ou tétraphylle, *tetraphyllus*, celui qui eſt compoſé de quatre pièces ; pentaphylle, *pentaphyllus*, celui qui eſt compoſé de cinq ; & polyphylle, *polyphyllus*, celui qui eſt compoſé d'un nombre indéterminé de pièces. Quand le calice monophylle eſt diviſé en deux parties, on le nomme calice à deux diviſions, *calix bipartitus* ; quand il eſt à trois diviſions, *tripartitus* ; quand il eſt à quatre diviſions, *quadripartitus* ; à cinq, *quinque partitus* ; quand il a plus de cinq diviſions, *multipartitus*.

CALICE perſiſtant, *calix perſiſtens* ; celui qui ſubſiſte encore après la chûte des pétales.

CALICE propre, *calix proprius* ; celui qui eſt immédiatement ſous la corolle, & qui ne renferme qu'une ſeule fleur.

CALICE raboteux, *calix ſquarroſus* ; celui ſur la ſuperficie duquel on rencontre des aſpérités, des rugoſités.

CALICE ſimple, *calix ſimplex* ; celui qui n'eſt qu'à un rang ; il peut être ou monophylle, ou polyphylle, ou propre, ou commun.

CALICE ſtaminifer, *calix ſtaminiferus* ; celui qui porte immédiatement les étamines *pl. I, fig. 18 B.*

CALICE ſupérieur, *calix ſuperus* ; celui qui couronne le fruit, *pl. II, fig. 28.*

CALICE tombant avec les fleurs, *calix deciduus* ; celui dont la chûte ne précède pas celle des pétales, mais qui tombe avec eux : tels ſont ceux des renoncules, des ſenevés, &c.

CALICE tubulé, *calix tubulatus* vel *tubuloſus* ; celui qui eſt alongé en tube.

CALICINAL, LE, qui vient ſur le calice. On appelle épines calicinales celles qui naiſſent immédiatement ſur le calice.

CALICULÉ, *voyez* CALICE.

CAMPANIFORME ou CAMPANULÉ, ÉE, qui a la forme d'une cloche ; *voyez* FLEUR, COROLLE.

CANALICULÉ, ÉE ; ce qui eſt creuſé d'un petit canal ou d'une rainure, *voyez* PÉTIOLE, *voyez* FEUILLES.

CANNELURES, eſpèce de rainures longitudinales qu'on rencontre ſur pluſieurs parties des plantes. On dit cannelures à côtes, cannelures à vives arêtes.

CAPILLAIRE, ES ; ce qui a une forme grêle & alongée ; ce qui approche de la figure d'un cheveu, *voyez* FEUILLES, FILET.

CAPSULE, *capſula* ; eſpèce de boîte ou d'étui, qui renferme les ſemences, & qui s'ouvre de différentes manières pour les laiſſer fortir, lorſqu'elles ont acquis un degré de maturité ſuffiſant. Tantôt la capſule eſt d'une ſeule pièce, tantôt de pluſieurs pièces, tantôt eſt à une loge, tantôt à pluſieurs loges ; l'une s'ouvre par le haut, l'autre par le bas, l'autre en travers ; celle-ci a une forme qui lui eſt particulière, celle-là en a une autre, &c. Des huit eſpèces de PÉRICARPE, c'eſt-à-dire, d'enveloppe des ſemences, la capſule eſt celle de laquelle on peut le plus difficilement donner une juſte idée ; il faut néceſſairement connoître les ſept autres eſpeces, avant de ſe flatter de bien diſtinguer celle-ci. La *fig. 8*, *pl. I*, & les *fig. 19*, *20*, *21*, *22*, *pl. V*, en repréſentent différentes eſpèces.

Le Botaniſte ſait trouver dans le nombre & la forme des capſules, dans le nombre des pièces qui les compoſent, dans les différentes manières dont elles s'ouvrent, & dans le nombre de leurs cavités, une foule de caractères ſaillans ; il eſt néceſſaire pour cela que les graines ſoient à leur degré de maturité.

CAPSULE anguleuſe, *capſula angulata ;* celle dont la ſuperficie eſt remarquable par des angles ſaillans.

CAPSULE courbée en dedans, *capſula incurvata ;* en dehors, *capſula recurvata ;* celle qui a une courbure naturelle plus ou moins ſenſible, ſoit que l'extrémité recourbée regarde le ſommet de la plante, ſoit qu'elle ſoit tournée du côté de la racine.

CAPSULE cylindrique, *capſula cylindrica ;* celle qui eſt plus longue que large, & qui eſt arrondie dans toute ſa longueur.

CAPSULE globuleuſe, *capſula globoſa ;* celle qui eſt ronde comme une boule, & qui peut rouler en tout ſens ſur un plan incliné.

CAPSULE ovale, *capſula ovata ;* celle qui a la forme d'un œuf.

CAPSULE ſcrotiforme, *capſula ſcrotiformis ;* celle qui a la forme de teſticules ou de deux globes réunis, & un peu comprimés du côté où ils ſe touchent.

CAPSULE torce, *capſula contorta ;* celle dont les panneaux ſont diſpoſés comme la mêche d'un tire-bouchon, ou celle ſur la ſuperficie de laquelle on remarque des lignes ſpirales.

CAPSULE uniloculaire, *capſula unilocularis ;* celle qui n'eſt qu'à une ſeule loge ; celle qui n'a qu'une ſeule cavité. Une capſule peut être uniloculaire & bivalve, *capſula unilocularis bivalvis ;* elle peut être auſſi univalve & biloculaire, *capſula univalvis bilocularis ;* elle peut même être univalve & quinqueloculaire, *univalvis, quinquelocularis.* La capſule biloculaire, *capſula bilocularis*, eſt celle qui a deux cavités ; la triloculaire, *trilocularis*, eſt celle qui en a trois ; la quadriloculaire, *quadrilocularis*, eſt celle qui en a quatre ; la quinqueloculaire, *quinquelocularis ;* la ſexloculaire, *ſexlocularis ;* la multiloculaire *multilocularis*, eſt celle qui en a cinq, ſix ou un grand nombre.

CAPSULE

CAPSULE univalve, *capfula univalvis ;* celle qui eſt d'une ſeule pièce, & qui ne s'ouvre que d'un côté. Elle eſt bivalve, *bivalvis,* quand elle eſt compoſée de deux pièces ou panneaux ; trivalve, *trivalvis,* quand elle eſt compoſée de trois ; quadrivalve ; *quadrivalvis,* quand elle eſt compoſée de quatre ; quinquevalve, *quinquevalvis,* quand elle eſt compoſée de cinq ; & multivalve, *multivalvis,* quand le nombre des panneaux qui la compoſent eſt au-deſſus de cinq.

CARACTÈRES d'abréviation en uſage dans les deſcriptions botaniques. ⊙ ſignifie herbe annuelle ; ♂ ſignifie herbe biſannuelle ; ♃ ſignifie vivace ; ♄ ſignifie arbre & arbriſſeau.

CARACTÈRES des plantes, *plantarum charaĉteres ;* toutes les parties qui appartiennent naturellement aux végétaux, & par leſquelles ils ſe reſſemblent ou diffèrent entre eux, les organes de la fructification ſur-tout, ſont les vrais caraĉtères ſur leſquels les Botaniſtes doivent fonder leurs principes de diviſions, de méthodes, d'analyſes, de ſyſtêmes, en conſidérant ces différentes parties, toutes les fois qu'elles leur paroîtront conſtantes, ſous trois attributs *principaux : la forme, le nombre & les proportions reſpeĉtives.*

Les caraĉtères des plantes ſont nommés caraĉtères claſſiques, caraĉtères génériques, & caraĉtères ſpécifiques, quand ils ſont employés à former les claſſes & leurs ſeĉtions, les genres, les eſpèces. Tournefort tira des fleurs ſes caraĉtères claſſiques ; il tira des fruits ceux de ſes ſeĉtions ; il employa tous ceux que purent lui fournir les parties de la fruĉtification, pour former ſes caraĉtères génériques, & il chercha dans toutes les parties étrangères à la fruĉtification, ſes caraĉtères ſpécifiques. Le Chevalier Linnæus prit auſſi dans les fleurs ſes caraĉtères claſſiques, mais il ne s'arrêta qu'aux étamines : les piſtils lui fournirent les caraĉtères de ſes ordres ; la conſidération de toutes les parties de la génération lui fournirent ceux de ſes genres ; & toutes les parties viſibles & palpables, quelquefois même les parties de la fruĉtification, quand elles n'étoient pas néceſſaires à la formation de ſes genres, lui fournirent ſes caraĉtères ſpécifiques. Prenons pour exemple une plante décrite par Linnæus, & voyons ce qu'on entend par caraĉtères *claſſiques, génériques & ſpécifiques.* La bugle, par exemple, a deux grandes étamines & deux petites ; elle eſt de la XIVᵉ. claſſe, la *didynamie :* ſes graines ſont nues au fond de ſon calice ; elle eſt de la première diviſion de cette claſſe, la *gymnoſpermie :* les différences caraĉtériſtiques que Linnæus a obſervées dans le détail des parties de la fruĉtification de cette plante, ont déterminé un genre qu'il a nommé *ajuga : ce* mot générique *ajuga* convient à toutes les eſpèces de plantes qui ont les mêmes caraĉtères. C'eſt un *ajuga reptans,* parce que ſes tiges ſont rampantes ; c'eſt un *ajuga pyramidalis,* parce que ſa tige eſt droite ; & ſi l'on rencontroit une plante qui eût les caraĉtères génériques de l'*ajuga,*

G

mais dont les feuilles, je suppose, seroient épineufes, on pourroit la nommer *ajuga fpinofa*, &c.

CARÈNE, *carina*, *pl. IV*, *fig. 72 s*; c'eft le nom qu'on donne au pétal inférieur des fleurs papilionacées; il renferme prefque toujours les parties fexuelles de la fleur, qui prennent la même courbure que lui. Quelquefois la carène eft compofée de deux pièces, mais le plus fouvent elle n'eft que d'une feule pièce qui a prefque toujours deux onglets.

CARIE, efpèce de maladie qui attaque le froment.

CARINÉES, creufées en gouttière ou en forme de bateau; *voyez* FEUILLES.

CARTILAGINEUSES, *voyez* FEUILLES.

CASQUE, *galea*; c'eft le nom que l'on donne à la lèvre fupérieure des corolles labiées, qu'on nomme auffi fleurs en gueule. *Voyez* FLEURS labiées.

CASTRATION des plantes; *opération par laquelle on ôte à une* plante la faculté de féconder fes graines, foit en lui enlevant les parties de l'un ou l'autre fexe, avant que la fécondation ait eu lieu, foit en s'oppofant à ce que la pouffière prolifique des anthères foit reçue par les ftygmates. Lorfque les étamines ou les piftils ont été rongés par quelque infecte, ou altérés par des pluies de longue durée, par une gelée ou par un coup de foleil, c'eft une efpèce de caftration qui rend ftériles les graines, ou qui même en détruit entièrement les embryons.

CAULESCENTE, *voyez* PLANTE.

CAULINAIRE, ES; ce qui appartient à la tige; ce qui naît immédiatement fur la tige; *voyez* PÉDUNCULE, *voyez* FEUILLES.

CAVITÉS du fruit, *voyez* LOGES.

CATALEPSIE; c'eft l'état d'une plante ou de quelques parties d'une plante qui confervent l'inclinaifon qu'on leur donne.

CATALEPTIQUE, ES, qui n'a pas la faculté de changer de fituation; *voyez* PLANTES.

CAYEU, *adnatum*, *bulbulus*. Le cayeu eft un petit oignon ou une petite bulbe produite par une racine bulbeufe, par une bulbe proprement dite: il devient bulbe à fon tour, & donne naiffance à de nouveaux cayeux qui doivent lui fuccéder. On fait que la bulbe périt toujours après avoir donné des fleurs un certain nombre de fois, & que c'eft au cayeu que la nature confie le foin de la reproduction de l'efpèce pour l'année fuivante.

CELLULAIRE, qui a des cellules.

CELLULES, *cellulæ*. On donne ce nom à ces espèces de vides que l'on rencontre dans certains fruits.

CEP : on appelle ainsi le pied de vigne.

CENTRAL, qui occupe le centre ; *voyez* PÉDICULE.

CHAIR, *caro* ; substance plus ou moins ferme qui compose certaines plantes, comme les champignons, & certaines parties des plantes, comme les fruits, les feuilles, les racines. On dit que telle partie a la chair aqueuse, molle, ferme, cassante, spongieuse, subéreuse, blanche, noire, jaune, &c.

CHALUMEAU ou chaume, tige des graminées.

CHANCISSURE, c'est un assemblage de petits filamens produits par du fumier de mauvaise nature, ou par les racines de quelques plantes malades : on regarde cette espèce de moisissure, comme le signe de l'épuisement, & comme l'effet de la *décomposition des corps qui la produisent*, & *l'on conclut mal-à-propos* delà, *que les champignons naissent de la putréfaction*, parce que le premier état de leur développement s'annonce sous la forme d'une espèce de chancissure, connue sous le nom de *blanc de champignon*. *Voyez* ce mot.

CHAPEAU, *pileum* vel *capitulum*. On donne le nom de chapeau à la partie supérieure d'un champignon, quand elle est évasée, & quand elle a plus de diamètre que le pédicule ou le pied qui la porte.

On remarque dans le chapeau d'un champignon, 1°. la *forme*, 2°. la *situation*, 3°. la *consistance*, 4°. l'*épaisseur*, 5°. la *couleur*, 6°. la *superficie*, & 7°. les *bords*

CHAPEAU alongé, *pileum oblongum* ; celui qui, dans son parfait développement, est plus long que large.

CHAPEAU arrondi, *pileum subrotundum* ; celui qui, en naissant, a une forme arrondie, qu'il conserve même dans son parfait développement. La plupart des chapeaux des champignons commencent par être ronds ; ils passent ensuite de la forme ronde à l'hémisphérique, delà à la forme horizontale, & souvent même deviennent concaves. Ce qui rend dans l'étude des champignons, les méprises si fréquentes, c'est la ressemblance que beaucoup d'espèces différentes ont entre elles, jusqu'à ce qu'elles aient acquis un certain degré de développement. On ne peut avancer d'un pas assuré dans cette carrière nouvelle encore, qu'à la lueur du flambeau de l'expérience.

CHAPEAU concave, *pileum concavum* ; celui qui, en naissant, a une forme concave qu'il conserve dans tous ses états de développement. Il n'y a qu'un très-petit nombre de champignons, dont le chapeau foit concave dans l'état de jeuneffe : la plupart le deviennent en vieilliffant ; mais on dit en ce cas, qu'ils deviennent concaves dans l'état de vieilleffe.

CHAPEAU conique, *pileum conicum ;* celui qui a une forme conique en naiffant, & qui là conferve même dans l'état de vieilleffe.

CHAPEAU applati, *pileum planum ;* celui dont tous les points de la fuperficie forment une ligne parallèle ou à peu près parallèle avec l'horizon : quand le chapeau n'eft pas tout-à-fait plat, on dit *pileum planiufculum.*

CHAPEAU campaniforme, *pileum campaniforme ;* celui qui approche de la forme d'une cloche.

CHAPEAU contigu, *pileum contiguum.* Parmi les caractères qui peuvent le plus fûrement fervir à la diftinction des efpèces de champignon, le figne de la contiguité ou de la continuité de la chair du chapeau avec celle du pédicule, eft en même temps & le plus certain, & le plus facile à faifir. On dit que le chapeau d'un champignon eft contigu avec fon pédicule, quand il y a une forte d'étranglement, qui femble faire du chapeau & du pédicule deux parties diftinctes ; & on dit qu'il eft continu, *pileum continuum,* quand le pédicule s'évafe à fon extrémité fupérieure pour former la chair du chapeau : le chapeau & le pédicule, dans ce dernier cas, ne paroiffent point être de deux pièces. L'extrémité fupérieure du pédicule *pl. VI, fig. 6,* eft contiguë ; elle eft continue dans la *fig. 1 ;* ce n'eft que lorfque le champignon eft parfaitemment développé, que l'on peut déterminer avec précifion s'il y a contiguité ou continuité de la chair du chapeau avec celle du pédicule : quelquefois le chapeau eft fufceptible d'être enlevé de deffus le pédicule qui le porte, fans qu'il y ait le moindre déchirement fenfible ; & quelquefois auffi, malgré qu'il y ait étranglement, on ne peut le détacher fans le rompre ; mais cela devient prefque indifférent pour celui qui obferve. On fent bien que la continuité eft indifpenfable dans ces deux parties ; puifque l'une eft le prolongement de l'autre, il n'eft queftion que du figne.

CHAPEAU convexe, *pileum convexum.* Il y a beaucoup plus de champignons, dont les chapeaux font convexes dans l'état de jeuneffe, qu'il n'y en a où ils font concaves. Celui qui, dans fon parfait développement, ne devient jamais horizontal ni concave, & qui conferve toujours une partie de la convexité qu'il avoit dans l'état de jeuneffe, eft appelé chapeau convexe ; c'eft pourquoi il eft toujours néceffaire de défigner l'état de développement, & de comparer les individus de la même efpèce dans des âges différens.

CHAPEAU doublé de feuillets, *pileum pronâ parte lamellatum ;* celui qui

qui eſt doublé en deſſous de lames ou de feuillets : tels ſont les chapeaux des agarics de Linnæus, *pl. V*, *fig.* 5, 6, 8 ; quelquefois les
feuillets ſont adhérens à la chair, & quelquefois ils ne le ſont pas. *Voyez*
FEUILLETS.

CHAPEAU doublé de pores, *pileum pronâ parte poroſum ;* celui qui
eſt doublé en deſſous d'un ou de pluſieurs rangs de pores ou tuyaux :
tels ſont les chapeaux des bolets de Linnæus, *fig. 18, 19 :* ſouvent les
pores ou tuyaux ſont corps avec la chair, & quelquefois ils ne ſont
que comme appliqués ſur la chair, de laquelle on les ſépare très-aiſé-
ment. *Voyez* PORES.

CHAPEAU doublé de pointes ou de piquans, *pileum pronâ parte
erinaceum ;* celui dont le deſſous paroît recouvert de pointes qui reſſemblent à celles d'un hériſſon : tels ſont les chapeaux des hydnes de
Linnæus, *fig. 23.*

CHAPEAU écailleux, *pileum ſquammoſum ;* celui qui eſt recouvert
d'écailles ou de portions membraneuſes & épaiſſes. Quand elles ſont
rangées comme des écailles de poiſſon, ou comme des tuiles ſur un
toit, on dit qu'il eſt imbriqué, *imbricatum.*

CHAPEAU farineux, *pileum farinoſum ;* celui qui eſt recouvert d'une
pouſſière blanche qui s'attache aux doigts.

CHAPEAU humide, *pileum humidum ;* celui dont la ſuperficie eſt
toujours humide en quelque temps qu'on l'obſerve : dans les temps de
pluie, la ſuperficie de preſque tous les champignons eſt humide &
gluante ; mais il y en a qui ſont humides même dans les plus beaux
temps.

CHAPEAU infundibuliforme, *pileum infundibuliforme ;* celui qui eſt
creuſé en deſſus, & dont la forme approche aſſez bien de celle d'un
entonnoir. Ce caractère eſt commun à un très-grand nombre de champignons, lorſqu'ils ſont parvenus à un âge avancé ; il n'y en a qu'un
petit nombre dont le chapeau ſoit infundibuliforme dans l'état de jeuneſſe.

CHAPEAU laiteux ou lacteſcent, *pileum lactifluum* vel *lacteſcens ;*
celui qui donne une liqueur blanche comme du lait. Quand cette liqueur eſt âcre, & qu'elle produit ſur la langue l'effet qu'y produiroit
du poivre, ou un cautère potentiel, on dit qu'il eſt *lactifluum acre vel
urens ;* quand cette liqueur eſt douce, *lactifluum dulce.*

CHAPEAU liſſe, *pileum leve ;* celui qui eſt uni, mais qui n'eſt pas
luiſant.

CHAPEAU luiſant, *pileum lucens* vel *nitens ;* celui qui eſt uni,
liſſe & luiſant.

CHAPEAU mamelonné, *pileum mammoſum ;* celui qui eſt remar-
H

quable à sa partie supérieure par une petite élévation qu'on pourroit comparer à un mamelon.

CHAPEAU mince, *pileum tenue* ; celui qui n'a point de chair, ou qui a peu de chair relativement à sa grandeur ou à la hauteur du pédicule qui le porte.

CHAPEAU ombiliqué, *pileum umbilicatum* ; celui qui a un petit enfoncement à son centre.

CHAPEAU orbiculaire, *pileum orbiculare* vel *orbiculatum* ; celui dont les points de la circonférence sont également éloignés du centre.

CHAPEAU pédiculé, *pileum pediculatum* vel *stipitatum* ; celui qui est soutenu par un pied qu'on nomme PÉDICULE.

CHAPEAU ridé, *pileum rugosum* ; celui qui est remarquable par de petits enfoncemens & de petites élévations que l'on peut comparer à des rides.

CHAPEAU sec, *pileum siccum* ; celui dont la superficie est toujours sèche, en quelque temps qu'on l'observe.

CHAPEAU sessile, *pileum sessile* vel *acaule* ; celui qui n'a point de pédicule.

CHAPEAU strié, *pileum striatum* ; celui sur la superficie duquel on rencontre des lignes, par le nombre desquelles on pourroit souvent compter celui des feuillets.

CHAPEAU subéreux, *pileum suberosum* ; celui qui est composé d'une substance molle & élastique comme du liège.

CHAPEAU susceptible d'être desséché, *pileum desiccuum* ; celui qui se dessèche naturellement à l'air libre, & que la dessiccation ne rend pas méconnoissable. On appelle *pileum putrescens* vel *putrescibile*, celui qui ne se dessèche point naturellement, ou qui devient méconnoissable par la dessiccation.

CHAPEAU susceptible d'être pelé, *pileum decorticans* ; celui qui est recouvert d'une peau qu'on peut enlever plus ou moins facilement.

CHAPEAU velu ; celui qui est recouvert de poils quelconques. *Voyez*, pour les figures des différens poils, la *pl. X*, *fig. 12*, & leurs différences respectives à l'article BORDS velus.

CHAPEAU visqueux, *capitulum visquosum* ; celui dont la superficie est gluante comme si elle étoit recouverte d'un blanc d'œuf. Il y a quelques champignons qui sont naturellement visqueux ; mais il faut observer que presque tous le sont par un temps pluvieux.

CHARBON ; espèce de maladie qui attaque les parties de la fructification de quelques plantes, & particulièrement celles des graminées, & qui les rend noires comme du charbon.

CHARNU , UE , qui a de la chair. On dit qu'un fruit eſt charnu, quand il eſt compoſé d'une ſubſtance épaiſſe & plus ou moins ferme.

CHATON , *amentum, julus ;* c'eſt une eſpèce de réceptacle commun à un grand nombre de petites fleurs incomplètes , ordinairement uni‑ ſexuelles. La reſſemblance qu'il a avec la queue d'un chat, lui a fait donner ce nom. *Voyez pl. I , fig. 36 A P.* *On obſerve dans le chaton la forme & la diſpoſition des parties qui le compoſent.*

CHAUME , *culmus ;* eſpèce de tuyau fiſtuleux , garni de pluſieurs nœuds ou articulations : c'eſt la tige des graminées qu'on nomme vul‑ gairement paille. Le chaume du bled , le chaume du ſeigle. On appelle culmifères les plantes qui ont pour tige un chaume.

CHEMISE, *voyez* VOLVA.

CHEVELURE , *voyez* BRACTÉES en.

CHEVELU. On dit communément retrancher le chevelu d'une ra‑ cine , quand on lui enlève une partie de ſes fibrilles radicales.

CILIÉ , ÉE, qui eſt recouvert de cils ; *voyez pl. X , fig. 12 D.*

CILS , eſpèces de poils qui reſſemblent aſſez à ceux que nous avons aux paupières.

CIME , *vertex ;* c'eſt le ſommet ou la partie ſupérieure d'un arbre & même d'une herbe. On dit que telle plante eſt chargée de poils ou d'écailles depuis ſa racine juſqu'à ſa cime , &c.

CIRCONFÉRENCE. C'eſt le tour , le bord d'une partie quelcon‑ que. On l'exprime en latin par les mots *margo* , *circumferentia :* on dit *capitulum* vel *pileum margine revolutum* , du chapeau d'un champignon dont les bords ſont roulés en deſſous ; *folium margine dentatum* , d'une feuille dentée à ſes bords.

CIRE, *cera.* Les abeilles ſavent trouver dans la pouſſière fécondante des étamines, la matière de la cire brute ; elles la recueillent à l'aide des broſſes de poils dont leurs cuiſſes ſont couvertes ; & , après avoir été préparée dans leur eſtomac , elle devient la vraie cire.

CIRRHIFÈRE , *cirrhiferus* vel *cirrhoſus*, qui porte une vrille. On appelle feuilles cirrhifères ou vrillées , *folia cirrhoſa* , celles qui por‑ tent des vrilles ou mains ; péduncule vrillé , *pedunculus cirrhoſus*, celui qui porte une vrille.

CLASSES , *claſſes.* On a diviſé les trois règnes de la Nature en claſſes , en genres, en eſpèces & en variétés. Les claſſes botaniques , *claſſes botanicæ* , ſont les premières diviſions du règne végétal ; elles font elles-mêmes divifées par les GENRES , & les genres font divifés en ESPÈCES , *voyez* MÉTHODE botanique.

CLOCHE , *voyez* FLEURS en cloche , *voyez* COROLLE campaniforme.

CLOISON , *diffepimentum.* On nomme cloifon, cette membrane longitudinale , qui fe trouve entre les deux panneaux de la filique & de la filicule. Quand cette cloifon s'infère dans les deux futures des panneaux , on dit qu'elle eft parallèle , *diffepimentum parallelum ;* quand elle eft pofée en travers , on dit qu'elle eft tranfverfale , *diffepimentum tranfverfum.*

COADNÉES , *voyez* FEUILLES.

CŒUR , *voyez* FEUILLES en , *voyez* SILICULE en.

COHÉRENT , ES ; *voyez* PÉTIOLE, *voyez* STIPULES.

COIFFE , *calyptra, pl. VI, (organes de la fructification des mouffes) , operculum ;* c'eft une enveloppe mince & membraneufe, qui recouvre l'urne dans laquelle font renfermés les organes de la fructification des mouffes ; elle a communément la forme d'un éteignoir. Linnæus la mettoit au rang de fes calices ; elle en étoit la fixième efpèce.

On obferve dans la coiffe, 1°. *la forme,* 2°. *la grandeur ;* 3°. *la couleur ;* 4°. *la fituation ;* 5°. *la durée ; &* 6°. *l'infertion fur l'urne. On dit que la coiffe ou toque eft pointue , courbée , échancrée , cannelée , velue , mince , épaiffe , plus ou moins alongée , blanche , rouge , noire , verticale , oblique , horizontale , de longue ou de courte durée , inférée fur les bords de l'urne , ou la recouvrant entièrement ou en partie , &c.*

COLLERETTE , *involucrum ;* c'eft le nom que l'on donne à cette efpèce d'enveloppe commune ou partielle des ombellifères ou des fleurs compofées : elle n'occupe jamais la place du calice proprement dit , c'eft-à-dire , qu'elle n'a jamais fon point d'infertion à l'extrémité du péduncule , elle eft toujours à une certaine diftance du lieu où font immédiatement inférés les pétales des fleurs. La collerette eft prefque toujours horizontale ; elle eft communément de plufieurs pièces ou d'une feule divifée affez profondément en plufieurs parties difpofées en rayons ou en étoiles. Il y en a auffi quelques-unes qui font ovales , arrondies , creufées en foucoupe , &c. La collerette ou l'enveloppe étoit la deuxième efpèce de calice de Linnæus ; & la feconde efpèce de calice de Tournefort *Voyez* CALICE.

On diftingue la collerette , en *collerette univerfelle* & en *collerette partielle.* La collerette univerfelle , *involucrum univerfale ,* eft celle qui eft fituée à la bafe des péduncules communs aux péduncules propres qui portent immédiatement les fleurs. La collerette partielle , *involucrum partiale ,* eft celle qui eft fituée à la bafe des péduncules propres. Dans la plupart des ombellifères , on diftingue deux efpèces de colleretes, la

collerette

collerette univerfelle, *pl. I, fig. 17 A,* & la collerette partielle, *fig. 17 B*; comme on diftingue auffi deux efpèces d'ombelles, *l'ombelle univerfelle* & *l'ombelle partielle.* La collerette univerfelle eft placée à la-bafe de l'ombelle univerfelle, & la collerette partielle à celle de l'ombelle partielle.

Les caractéres que fournit l'infpection de la collerette, font en général affez certains : on les tire de fa forme, du nombre de fes divifions, & du nombre des parties qui la compofent. On dit qu'elle eft d'une feule pièce ou monophylle, *involucrum monophyllum*; diphylle, *diphyllum*; triphylle, *triphyllum*; quadriphylle, *quadriphyllum*; pentaphylle, *pentaphyllum*; hexaphylle, *hexaphyllum*; polyphylle, *polyphyllum.*

COLLET, *annulus.* On appelle collet ou anneau, cette efpèce de couronne membraneufe qu'on trouve attachée à la partie fupérieure des pédicules des agarics; tantôt c'eft une production membraneufe, tantôt un anneau charnu & épais, tantôt un tiffu filamenteux; quelquefois même ce n'eft qu'une efpèce de rebord, &c. On donne auffi le nom de *collet* à une efpèce d'étranglement ou de rebord, qui fépare une tige d'avec fa racine.

Le collet paroît être au champignon, ce que les pétales & les calices font aux fleurs des autres plantes : c'eft un abri fûr pour les graines qui font probablement fécondées avant que le collet fe détache du chapeau. On remarque dans le collet, la forme, la confiftance, la durée & l'infertion.

COLLET aranéeux ou rétiforme, *annulus araneofus vel retiformis*; celui qui eft compofé de fibrilles tendues comme les fils d'une toile d'araignée; quand les bords du chapeau s'éloignent du pédicule, ces fibrilles fe rompent peu à peu, & retombent fur le pédicule. Il y a beaucoup de champignons dont le collet eft aranéeux, & qui ne paffent même pas pour des champignons à collet, parce que cette efpèce de collet difparoît prefque auffi-tôt que le champignon fe développe.

COLLET caduc, *annulus caducus*; celui qui tombe avant que le champignon foit développé.

COLLET impropre, *annulus improprius*; *pl. VI, fig. 5 M, & fig. 6 A*; celui qui ne tapiffe jamais la tranche des feuillets, mais qui fert feulement à luter les bords du chapeau contre le pédicule, afin d'empêcher la communication de l'air extérieur avant qu'elle foit néceffaire : on ne peut mieux s'affurer de fon exiftence, qu'en obfervant le champignon qui en eft pourvu dans l'état de jeuneffe. *Voyez* COLLET propre.

COLLET perfiftant, *annulus perfiftens*; celui qui perfifte *autant que le champignon même, ou du moins qui refte attaché au pédicule jufqu'à ce que le champignon foit parfaitement développé.*

COLLET propre, *annulus proprius, pl. VI, fig. 6 B R*; celui qui

I

tapiſſe toujours la tranche des feuillets, & qui ſert de voile aux organes de la fructification. Il y a des champignons qui n'ont que le collet propre, d'autres qui n'ont que le collet impropre, & d'autres qui ont ces deux eſpèces de collet tout à la fois. Le collet de l'AGARIC oronge vraie eſt un collet propre ; celui de l'AGARIC couleuvré eſt un collet impropre Dans les champignons qui ſont pourvus des deux eſpèces de collet, on remarque aſſez ordinairement que le collet impropre diſparoît peu de temps après le développement du champignon.

COLORÉ, ÉE ; ce qui a une autre couleur que la couleur ordinaire : les feuilles qui ſont ordinairement de couleur verte, ſont appelées *feuilles colorées*, quand elles ſont rouges, jaunes, &c. Il en eſt de même des CALICES, des BRACTÉES, &c.

COMMUN. Le calice eſt commun, quand il renferme pluſieurs fleurs. Le pétiole eſt commun, quand il porte pluſieurs feuilles. Le péduncule & le réceptacle ſont communs, quand ils portent pluſieurs fleurs.

COMPLET, TES ; *voyez* VOLVA, *voyez* FLEURS.

COMPOSÉ, ÉES ; *voyez* GRAPPE, OMBELLE, FLEURS, FEUILLES.

COMPRIMÉ, ÉE ; ce qui eſt ſerré des côtés ; *voyez* SILIQUE, FEUILLES.

CONCAVE ; ce qui eſt creux naturellement ; il eſt oppoſé à CONVEXE : tout ce qui eſt naturellement bombé eſt appelé convexe.

CONDUITS excréteurs. On regarde comme des conduits excréteurs, certains corps glanduleux de différentes formes que l'on rencontre ſur pluſieurs parties des plantes. Dans l'économie végétale, les conduits excréteurs ne ſont pas ce qu'il y a de mieux connu. Tournefort regardoit les étamines comme des conduits excréteurs, parce qu'il n'en connoiſſoit pas les véritables fonctions : on n'a peut-être pas encore aujourd'hui plus de raiſon d'appeler ainſi certains poils, certaines éminences, certaines cavités, auxquels on pourra reconnoître un jour des uſages bien différens.

CONE, *ſtrobilus, pl. V, fig. 41.* Le cône eſt la huitième eſpèce de péricarpe. Ses écailles en font les fonctions, en ſervant d'enveloppes aux ſemences juſqu'au temps de leur maturité : il eſt compoſé d'écailles ligneuſes, appliquées les unes contre les autres, attachées par leur baſe ſur un axe commun qu'elles entourent.

On conſidère dans le cône la forme, la diſpoſition des écailles qui le compoſent, leur grandeur reſpective & leurs différentes figures. On dit que le cône eſt ovale, *ſtrobilus ovatus* ; arrondi, *ſubrotundus* ; ſphérique ou orbiculaire, *orbiculatus* ; obtus, *obtuſus*, &c.

CONFLUENTES, *voyez* FEUILLES.

CONGÉNÈRES. On appelle plantes congénères toutes les efpèces du même genre.

CONGLOBÉES. On donne ce nom aux feuilles & aux fleurs ramaffées en boule.

CONIFÈRE, ES. On appelle arbres conifères, ceux dont les femences font renfermées dans un cône. Le fapin, le melèze font des arbres coniferes; ils forment la claffe XIX de la méthode de Tournefort.

CONJUGUÉES, voyez FEUILLES.

CONNÉES, réunies en gaînes; voyez ANTHÈRES, FEUILLES.

CONNIVENTES, rapprochées, qui paroiffent réunies, mais qui ne le font pas; voyez ANTHÈRES.

CONTIGU, UË. La contiguité, contiguitas, en Botanique, eft l'état de deux chofes qui fe touchent mais ne fe tiennent pas, ou bien qui, fi elles fe tiennent, font fufceptibles d'être défunies fans déchirement fenfible.

CONTINU, UE. La continuité, continuitas, eft l'état de deux chofes qui font fi bien adhérentes entre elles, qu'on ne peut les défunir fans les caffer. Les aiguillons font contigus avec les tiges : les épines font continues.

CONVEXE; ce qui eft naturellement bombé.

COQUE, conceptaculum pl. V, fig. 23; c'eft la feconde efpèce de péricarpe, une enveloppe d'une feule pièce qui s'ouvre de bas en haut d'un côté feulement, fans qu'il y ait de future bien apparente, & à laquelle les femences ne font nullement adhérentes. La coque ou le follicule, folliculus, diffère de la filique avec laquelle on pourroit la confondre, en ce que la filique, fig. 24, eft de trois pièces, fi l'on veut y comprendre la cloifon, unies par deux futures auxquelles les femences font attachées.

CORDIFORME, ES, qui a la forme d'un cœur; voyez ANTHÈRES, FEUILLES, SILICULE.

CORNU, UE, qui fait la fourche, & dont les divifions font recourbées comme deux cornes.

COROLLE, corolla; c'eft dans une fleur l'enveloppe immédiate des organes fexuels; c'eft un prolongement du LIVRET, comme le calice eft le prolongement de l'ÉCORCE. Dans la plupart des plantes, les étamines & les piftils font entourés de deux enveloppes, dont l'extérieure ou médiate communément verte, porte le nom de CALICE; & l'intérieure ou immédiate, plus délicate, & plus fouvent colorée, celui de COROLLE. Lorfqu'elles exiftent toutes deux enfemble, on n'eft pas embarraffé fur leur dénomination; mais fi l'une des deux manque, il devient difficile d'affigner un vrai nom à celle qui fubfifte, parce que jufqu'à préfent on n'a été dirigé fur la dénomination de ces parties, que par des principes purement arbitraires. Tournefort appeloit corolle toutes les enveloppes colorées. Linnæus donnoit le même nom à celles dont les divifions étoient alternes avec les étamines, réfervant le nom de calice à celles dont les divifions étoient oppofées aux étamines. Les définitions de ces deux Auteurs, bonnes dans beaucoup de points, ne le font pas dans tous, puifqu'on trouve quelquefois de vrais calices colorés & de vrais pétales, dont les divifions font oppofées aux étamines. M. de Juffieu, regardant le calice comme plus effentiel aux organes fexuels que la corolle, appelle prefque toujours calice, l'enveloppe qui fubfifte feule; ainfi, felon lui, l'enveloppe colorée des fleurs liliacées eft un véritable calice qui, deftiné à couvrir le piftil, peut faire corps avec lui ou ne lui pas adhérer, tandis que la corolle, felon le même Auteur, ne peut jamais contracter d'union avec le piftil, que par fon point d'infertion.

Les caractères nombreux que fournit la corolle, font tirés de fa forme, du nombre de fes divifions, du nombre des pièces qui la compofent, du lieu de fon infertion, de fa durée & de fa couleur. Elle eft *monopétale* ou *polypétale, régulière* ou *irrégulière.*

COROLLE à éperon, *corolla calcarata;* celle qui a un prolongement plus ou moins confidérable à fa bafe, qu'on nomme vulgairement capuchon; tantôt c'eft une efpèce de corne fort longue, droite ou courbée; tantôt ce n'eft qu'une bourfe ou une efpèce de fachet.

COROLLE caduque, *corolla caduca;* celle qui tombe bientôt après le développement des organes de la fructification.

COROLLE campaniforme ou campanulée, *corolla campaniformis vel campanulata, pl. I, fig. 3;* celle qui eft monopétale, régulière ou non, & qui a la forme d'une cloche: on la nomme quelquefois corolle en baffin, quand elle eft fort évafée.

COROLLE en croix, cruciforme ou cruciée, *corolla cruciata, cruciformis pl. I, fig. 13, 14; & pl. II, fig. 38;* celle qui eft compofée de quatre pétales égaux, & difpofés en croix; de fix étamines, dont quatre grandes & deux petites, toujours oppofées, & qui ont pour fruit une filique ou une filicule.

COROLLE en mafque *corolla ringens, pl. I, fig. 7; & pl. II, fig. 34;* celle qui eft monopétale, irrégulière, dont le lymbe eft toujours divifé plus ou moins profondément en deux lèvres inégales entre elles, & dont les femences font renfermées dans un péricarpe, au lieu d'être nues au fond du calice, comme dans les fleurs labiées. On diftingue les deux lèvres de cette efpèce de corolle en lèvre fupérieure & en lèvre inférieure: on appelle les *fleurs* de cette efpèce, fleurs perfonuées ou fleurs en mafque ou en mufle.

COROLLE

COROLLE en roue, *corolla rotata;* celle qui eſt monopétale, régulière, diviſée ſupérieurement en pluſieurs parties découpées profondément, & étalées en étoile ou en roue.

COROLLE inférieure, *corolla infera;* lorſque l'on conſidère l'inſertion de la corolle, on voit qu'elle ſe fait de trois manières; 1°. ſous l'*ovaire;* 2°. ſur l'*ovaire;* & 3°. ſur le *calice;* lorſqu'elle s'inſère ſous l'ovaire, on la nomme corolle inférieure; lorſqu'elle s'inſère ſur l'ovaire, corolle inférieure; & lorſqn'elle s'inſère ſur le calice; on la nomme corolle inférée ſur le calice.

COROLLE infundibuliforme, *corolla infundibuliformis,* pl. *I*, *fig.* 4, 5, 6; celle qui eſt monopétale, & qui reſſemble à un entonnoir; elle ne diffère de la corolle, que l'on nomme corolle hypocratériforme, que parce que l'infundibuliforme a ſa partie ſupérieure conique en deſſous, au lieu que la corolle hypocratériforme a ſa partie ſupérieure convexe, & qu'elle reſſemble à une ſoucoupe : elles ont l'une & l'autre un tube étroit & circonſcrit.

COROLLE inſérée ſur le calice, *corolla calici adnata;* celle qui a ſon point d'inſertion ſur le calice même, & non pas ſur l'ovaire ou ſous l'ovaire.

COROLLE irrégulière, *corolla irregularis;* celle qui a conſtamment quelque choſe d'irrégulier dans ſa forme, comme un pétale plus court que l'autre, ſi elle eſt polypétale; un côté plus échancré que l'autre, ou une diviſion plus ſenſible, plus profonde, plus élargie que l'autre, ſi elle eſt monopétale.

COROLLE labiée, ou corolle en gueule, *pl. I,* *fig.* 11, 12; & *pl. II,* *fig.* 32; celle qui eſt monopétale irrégulière, compoſée d'un tuyau terminé par le haut en un muſle à deux lèvres; ſes graines ſont nues au fond du calice, & ne ſont point, comme dans les fleurs en maſque, renfermées dans un péricarpe

COROLLE monopétale, *corolla monopetala;* celle qui eſt d'une ſeule pièce, de manière que lorſqu'elle tombe, ou que lorſqu'on la détache du lieu de ſon inſertion, tout le tour ſe détache à la fois. Quand elle eſt diviſée en deux parties à ſon limbe, on dit qu'elle eſt bifide, *corolla bifida;* ſi elle eſt diviſée en trois, *trifida;* en quatre, *quadrifida;* en cinq, *quinquefida;* en plus de cinq parties, *multifida.*

COROLLE papilionnacée ou légumineuſe, *corolla papilionacea,* pl. *I*, *fig.* 22, 23, 24; & *pl. II,* *fig.* 32; celle qui eſt compoſée de quatre pétales, dont un ſupérieur qu'on nomme étendart, *deux latéraux* qu'on nomme ailes; & un inférieur qu'on nomme carène. Il y a des fleurs papilionnacées, qui, au premier coup-d'œil, pourroient être confon-

K

dues avec les fleurs perfonnées ou avec les fleurs labiées ; mais il ne faut que fe rappeler que les corolles des fleurs papilionnacées font po-lypétales , & que les autres font monopétales.

COROLLE perfiftante, *corolla perfiftens* ; celle qui ne tombe que long-temps après le développement parfait des organes de la fructifica-tion, qui fubfifte même quelquefois , jufqu'à ce que le fruit foit près de fon état de maturité.

COROLLE polypétale, *corolla polypetala* ; celle qui eft compofée de plufieurs pièces bien diftinctes qui tombent les unes après les autres: chaque pièce qui compofe la corolle polypétale, porte le nom de PÉ-TALE , *voyez* ce mot. On appelle corolle dipétale , *corolla dipetala* , celle qui eft compofée de deux pièces ; tripétale , *tripetala* , celle qui eft compofée de trois ; tétrapétale , *tetrapetala* , celle qui eft compofée de quatre ; pentapetale , *pentapetala* , celle qui eft compofée de cinq ; hexapétale , *hexapetala* , celle qui eft compofée de fix ; & polypétale , *polypetala* , celle dont le nombre des pièces qui la compofent eft au deffus de fix.

COROLLE régulière , *corolla regularis* ; celle qui eft conftamment d'une forme fymétrique , & où l'on n'obferve point d'irrégularité re-marquable , comme un pétale plus court que l'autre , un côté plus échancré que l'autre , &c.

COROLLE rofacée , *corolla rofacea* ; celle dont les pétales égaux font inférés fur le calice , & difpofés fymétriquement comme ceux de la rofe fimple.

COROLLE fupérieure , *corolla fupera* ; celle qui a fon point d'in-fertion fur l'ovaire qui lui fert de bafe.

COROLLIFÈRE , qui porte une corolle , *voyez* CALICE.

CORTICAL , LE , qui appartient à l'écorce.

CORYMBE , *corymbus* , *pl. X* , *fig. 11*. On appelle fleurs en co-rymbe, *flores corymbofi* , ou fleurs en niveau , *flores faftigiati* , celles dont les péduncules font inégaux en longueur, placés alternativement & comme au hafard le long de l'extrémité d'une tige , & arrivent tous à la même hauteur , comme fi c'étoit une ombelle.

COSSES , *voyez* LÉGUME.

COSSON ; c'eft le nom que les Agriculteurs donnent au nouveau farment qui croît fur le cep de vigne depuis qu'elle eft taillée.

CÔTES , *voyez* FEUILLES.

CÔTÉS des feuilles , des pétales , des fruits ; ce font leurs parties atérales.

COTONNEUX, SE.; ce qui eſt recouvert d'un poil ou d'un duvet qui reſſemble à du coton, *voyez pl.X, fig. 22*, les différentes eſpèces de poils.

COTYLEDONS ou LOBES, *cotyledones;* ce ſont deux eſpèces de lobes charnus qu'on remarque dans la plupart des ſemences prêtes à germer, & dont la tunique propre eſt enlevée; ils ſont appliqués l'un ſur l'autre, convexes extérieurement, applatis du côté ou ils ſe touchent, un peu concaves vers le point de leur réunion qui eſt placé tantôt de côté & tantôt à une de leurs extrémités. Il y a des plantes dont les ſemences ont deux cotyledons, *pl. V. fig. 10, H :* on les nomme plantes dicotyledones, *plantæ dicotyledones.* Il y en a qui n'ont qu'un cotyledon, *fig. 5 A;* on les nomme plantes monocotyledones, *plantæ monocotyledones;* & d'autres, dont les ſemences ne paroiſſent pas avoir de cotyledon, & qu'on nomme plantes acotyledones, *plantæ acotyledones. Voyez* GRAINE, EMBRYON.

COULEUR, *color.* » La couleur plus ou moins vive de la plupart des » fleurs, & principalement de leur corolle, dit M. le Chevalier DE LA » MARK, *Fl. fr.* n'eſt point en *général l'effet direct* d'une organiſation » particulière, favorable à cette couleur, ni d'une partie colorante, » différente de la ſubſtance même de la plante; mais cette couleur » provient très-certainement de l'altération même de la matière colo-» rante, qui ſubit des changemens plus ou moins prompts dans ces » parties où les ſucs nourriciers propres à les conſerver, ne ſe portent » bientôt plus avec la même affluence. « En effet, pourquoi chercheroit-on ſi loin les cauſes de la couleur de certaines parties des plantes? Pourquoi attribueroit-on ces changemens, ces effets ſi naturels, à d'autres cauſes que celles qui nous ſont ſi bien connues dans les animaux? L'altération en eſt véritablement la ſource. Ne voyons-nous pas nos cheveux blanchir ſur nos tempes, lorſque les vaiſſeaux qui charient notre *ſève* animale (ſi l'on peut s'exprimer ainſi), commencent à perdre leur reſſort? Ne voyons-nous pas de vieux animaux avoir changé la *couleur commune* à leur eſpece, contre une parure à laquelle nous attachons ſouvent un grand prix, & les feuiles d'un arbre jaunir lorſqu'il eſt ſur le point de périr?

On dit qu'une fleur ou une corolle eſt blanche, *corolla alba;* cendrée, *cinerea;* brune, *fuſca;* noire, *nigra;* jaune, *lutea;* rouge, *rubra;* pourpre, *purpurea;* bleue, *cœrulea;* verte, *viridis;* baie, *ſpadicea;* ſans couleur & tranſparente comme du verre, *hyalina,* &c.

Il y a des cas où la couleur devient un caractère eſſentiel, & quelquefois même le ſeul qu'on puiſſe employer à la diſtinction des eſpèces. On ſait qu'un ſol étranger, une culture forcée, font éprouver aux plantes des changemens conſidérables dans leurs couleurs; mais ſi la nature ſeule veilloit à la conſervation des individus, on ne verroit pas tant de monſtruoſités, pas tant d'altération dans les eſpèces.

COULURE, avortement du germe, *voyez* FRUIT. Les Cultivateurs difent que le fruit a coulé, quand quelques accidens, comme une gelée, uu coup de foleil en ont détruit le germe, ou fe font oppofés à ce qu'il fût fécondé.

COURANT, fynonyme de DECURRENT, *voyez* ce mot.

COURBÉ, ÉE; ce qui étoit originairement droit & qui s'eft courbé.

COURONNÉ, ÉE. On dit qu'un arbre fe couronne, quand les branches du fommet fe deffèchent. On appelle auffi femences couronnées, celles qui portent encore les divifions du CALICE fupérieur.

COURT, TE. Lorfque l'on compare la longueur d'une partie avec celle d'une autre, on dit que l'une eft plus courte que l'autre; *voyez* FILET, PÉDUNCULE, PÉTIOLE.

CRENELÉ, ÉE; ce qui a des dents arrondies; *voyez* FEUILLES, STIPULES.

CRÊTE, *voyez* FEUILLES en.

CREUX, SE; *voyez* FISTULEUX.

CREVASSÉ, ÉE, parfemé de crevaffes ou de petites fentes.

CROCHETS, *hami*. On donne ce nom à des poils durs recourbés en hameçon.

CROCHUS, ES, qui fait le crochet.

CROISÉES, oppofées en croix, *voyez* FEUILLES.

CROISSANT, *voyez* FEUILLES en.

CRUCIFÈRES ou cruciformes. On appelle fleurs crucifères ou fleurs en croix, celles qui ont quatre pétales difpofés en croix.

CRYPTOGAMES, *voyez* PLANTES.

CRYPTOGAMIE, *cryptogamia*; c'eft le nom de la XXIVᵉ claffe du fyftème fexuel de Linnæus; le mot cryptogamie eft compofé de deux mots grecs qui fignifient noces cachées: cette claffe renferme les plantes dont Linnæus n'a pu diftinguer les parties de la fructification, ou qu'il n'a diftinguées qu'en partie.

CUISANTE, *voyez* TIGE.

CULMIFÈRE. Une plante dont la tige eft un chaume, eft appelée plante culmifère. Les *graminées* font dans ce cas.

CULTIVATEUR, *cultivator*; celui qui s'occupe de quelques branches de l'agriculture, comme de la culture des arbres fruitiers, de celle des plantes botaniques, des plantes d'agrément, &c.

CULTURE, *cultura*. La culture dirigée par les principes de la Phy-fique

fique, eſt le flambeau qui nous conduit avec certitude à la connoiſſance des loix de la végétation. *Tant que la culture n'eſt que la ſimple
imitatrice de la Nature, elle ne change rien de l'ordre ſi ſagement
établi dans ce que nous appelons* ÉCONOMIE VÉGÉTALE ; *mais quand
elle veut eſſayer ſes forces, il arrive ſouvent qu'elle trouble cet
ordre mereilleux,* & *qu'elle produit (ce qu'on appelle en hiſtoire
naturelle) des* MONSTRUOSITÉS.

CUNÉIFORME, ES, qui a la forme d'un coin.

CUPULES, *cupulæ.* Il y a des plantes, comme les lichens, où les
ſeules parties apparentes de la fructification ſont des cupules tantôt orbiculaires, tantôt concaves, tantôt campanulées ou infundibuliformes,
quelquefois planes, pédiculées, quelquefois tuberculeuſes, feſſiles,
&c. *Les ſentimens ſont encore très-partagés ſur leur uſage ; mais l'opinion la plus commune eſt que ce ſont les fleurs mâles de ces ſortes de
plantes.*

CYLINDRIQUE, ES ; ce qui eſt d'une figure ronde, alongée, & à
peu près de même groſſeur dans toute ſa longueur ; *voyez* PÉDUN-
CULE, *PÉTIOLE, STYLE, TIGE; voyez* FEUILLES.

D.

D ÉBILE, foible, *voyez* PÉDUNCULES.

DÉCANDRIE, *decandria,* de deux 'mots grecs qui ſignifient dix
maris. La décandrie eſt la claſſe X du ſyſtême ſexuel, *pl. II, fig. 19,*
Elle renferme les plantes dont les fleurs ont dix étamines diſtinctes.

DÉCHIQUETÉES, *voyez* FEUILLES.

DÉCURRENT, TE ; une feuille dont l'extrémité inférieure ſe prolonge ſur la tige ou ſur les rameaux, & qui y forme une eſpèce d'angle,
eſt appelée *feuille décurrente.* Lorſque la décurrence des feuilles ſur
leurs tiges, ou des feuillets d'un champignon ſur leur pédicule, eſt
très-marquée, on dit que la décurrence eſt déterminée ; ſi au contraire
une feuille eſt à peine décurrente, ou ſi, parmi les feuillets décurrens, il s'en trouve qui ne ſe ſoient pas, on donne à ce caractère
équivoque de décurrence, le nom de décurrence indéterminée. *Voyez*
FEUILLES, FEUILLETS, PÉTIOLE, TIGE.

DÉFENSES. On regarde les aiguillons & les épines, *comme les dé-
fenſes des plantes.*

DELTOIDES, *voyez* FEUILLES.

L.

DEMI-CYLINDRIQUE ; ce qui eft arrondi d'un côté & un peu comprimé de l'autre ; *voyez* PÉDICULE, PÉDUNCULE.

DEMI-FLEURON, *femi-flofculus*, vel *corollula ligulata*, pl. *II*, *fig. 51 ; & pl. IV, fig. 56, 60, 61*. On appelle demi-fleurons, de petites fleurs monopétales, dont le lymbe, au lieu d'être terminé régulièrement comme celui des fleurons, eft remarquable par une languette plus ou moins alongée : ils renferment ordinairement, comme les fleurons, cinq étamines réunies en gaîne par leurs anthères. Les FLEURS SEMI-FLOSCULEUSES font compofées de *demi-fleurons.*

DÉMONSTRATIONS de Botanique, *demonftrationes botanicæ*. On pourroit dire que ce ne fut qu'à l'époque de l'établiffement des jardins de Botanique, dans les lieux les plus confidérables de la terre, que la Botanique commença à être regardée comme une fcience. On vit auffitôt naître par-tout le goût pour cette belle partie de l'hiftoire naturelle. Les Savans detoutes les parties du monde établirent entre eux des correfpondances, pour fe communiquer réciproquement leurs découvertes ; ce font ces vraies richeffes que l'on s'empreffe de rendre publiques par la voie des démonftrations.

DENTÉ, ÉES, DENTELÉES, *voyez* FEUILLES.

DÉPRIMÉ, ÉE, ou COMPRIMÉE ; ce qui eft applati des côtés ; *voyez* FEUILLES.

DESCRIPTIONS botaniques, *defcriptiones botanicæ*. Décrire une plante, c'eft en faire l'hiftoire dans un ftyle didactique, & conforme aux principes de la Botanique. La defcription eft une peinture verbale, & la peinture une defcription muette. Le véritable figne auquel on puiffe reconnoître le Botanifte, eft l'art de faire, avec la plus fcrupuleufe exactitude, l'hiftoire des végétaux fous fept attributs principaux ; 1°. le nombre ; 2°. la forme ; 3°. la fituation ; 4°. la couleur ; 5°. l'odeur ; 6°. la faveur ; & 7°. les circonftances, c'eft-à-dire, tout ce qui peut occafionner quelques changemens remarquables dans l'économie végétale, comme la différence des climats, la nature du fol, la culture, &c.

DESSICCATION des plantes, *plantarum defficcatio*. Il y a des plantes qui fe deffèchent à l'air libre fans la moindre altération apparente ; d'autres qui exigent des foins pour être deffêchées ; d'autres qui deviennent méconnoiffables, quelques foins qu'on apporte à leur defficcation ; & d'autres qu'on ne peut jamais deffécher. On trouvera au mot HERBIER, les moyens qui réuffiffent le mieux pour deffécher les plantes.

DÉVELOPPEMENT. Une plante, depuis l'inftant où elle a été animée, jufqu'à celui où elle n'eft plus fufceptible d'aucun accroiffement, s'étend en longueur & en largeur, par le développement fucceffif des parties qui la compofent. On dit que les parties d'une plante font à leur dernier degré de développement, quand elles ne font pas fufceptibles de fe développer davantage ; qu'une fleur bien épanouie eft dans fon état de développement parfait.

DIADELPHIE, *diadelphia*, de deux mots grecs qui fignifient deux frères. La diadelphie eft la claffe XVII du fyftême fexuel, *pl. II, fig. 45, 48.* Elle renferme les plantes dont les fleurs ont les étamines réunies en deux corps par leurs filets.

DIANDRIE, *diandria*, de deux mots grecs qui fignifient deux maris. La diandrie eft la claffe II du fyftême fexuel, *pl. II, fig. 2, 3.* Elle renferme les plantes qui ont deux étamines.

DICOTHOME, qui fait la fourche.

DICOTYLEDONE ou BICOTYLEDONE, qui a deux cotyledons ; *voyez* EMBRYON.

DIDYME, fynonyme de géminé. Deux chofes qui ont la même origine, le même point d'infertion, font didymes ou géminées.

DIDYNAMIE, *didynamia*, de deux mots grecs qui fignifient deux puiffances. La didynamie eft la claffe XIV du fyftême fexuel, *pl. II, fig. 32, 33, 34.* Elle renferme les plantes dont les fleurs ont quatre étamines (deux grandes & deux petites).

DIFFUS, SE ; ce qui eft lâche, étalé & difpofé avec confufion ; *voyez* PANICULE, TIGE.

DIGITÉ, ÉE ; ce qui eft à plufieurs divifions, difpofées comme les doigts de la main. *Voyez* FEUILLES.

DIGYNIE, *digynia*, de deux mots grecs qui fignifient deux femelles. La digynie eft le fecond ordre des claffes du fyftême fexuel. Les plantes, dont on a déterminé la claffe par le nombre ou la difpofition des étamines, font du fecond ordre, *digynie*, quand elles ont deux piftils. *Voyez* l'expofition du SYSTÈME fexuel de Linné.

DIŒCIE, *diœcia*, de deux mots grecs qui fignifient deux maifons. La diœcie eft la claffe XXII du fyftême fexuel, *pl. II, fig. 56, 57, 58, 59, 60, 61.* Elle renferme les plantes, dont les fleurs font mâles & femelles féparément fur deux individus.

DIOIQUES. On appelle ainfi les plantes qui font de la claffe *diœcie* ; *voyez* PLANTES.

DIPHYLLE, qui eft de deux pièces diftinctes ; *voyez* CALICE monophylle.

DIRECTION ; ligne felon laquelle une chofe eft dirigée. On dit que les tiges de telle plante font dans une direction droite ou verticale, oblique ou penchée, horizontale ou paralléle à l'horizon, &c.

DISPERME, qui a deux femences; *voyez* BAIE.

DISPOSITION, arrangement, fituation, *difpofitio*. Il eft effentiel de connoître la difpofition des parties organiques des végétaux, parce que c'eft par là principalement qu'ils fe reffemblent ou différent. On reconnoît la difpofition des *tiges*, des *rameaux*, des *feuilles*, des *fleurs* & des *organes fexuels*, par le point d'infertion de ces différentes parties.

DISQUE, *difcus*, fignifie le milieu, le centre d'un corps quelconque. On entend par le difque d'une feuille, *difcus folii*, toute la feuille, excepté les bords, & par le difque d'une fleur, le centre, le milieu de la fleur; & l'on dit que les fleurs radiées font compofées de demi-fleurons à la circonférence, & de fleurons dans le difque.

DISSÉMINÉ, ÉE; ce qui eft répandu çà & là, & clair-femé.

DISTIQUES. On appelle diftiques les feuilles qui font difpofées fur les rameaux de deux côtés & fur deux rangs, *pl. X, fig. 13.*

DIURNE, ES, qui ne dure qu'un jour; *voyez* PLANTES.

DIVERGENS. On appelle divergens les péduncules, les rameaux qui ont un point d'infertion *commun, & qui s'écartent enfuite.*

DIVISÉ, ÉE, ce qui eft d'une feule pièce, mais qui fe divife en deux ou plufieurs parties. Une corolle peut être d'une feule pièce, *fig. 3, pl. I*, & divifée en plus ou moins de parties.

DODÉCANDRIE, *dodecandria*, de deux mots grecs qui fignifient douze maris. La dodécandrie eft la claffe XI du fyftème fexuel, *pl. II, fig. 22, 23, 24*. Elle renferme les plantes dont les fleurs ont douze étamines.

DOLOIRE, *voyez* FEUILLES en.

DORSIFÈRES. On dit que les feuilles des fougères font dorfifères, parce qu'elles portent fur leur dos les parties de la fructification.

DOUBLE, ES, qui eft compofé de deux ou plufieurs rangs; *voyez* CALICE, FLEURS.

DRAGEONS ou REJETS, *ftolones*: ce font des branches enracinées qui accompagnent le pied ou le tronc de l'arbre qui les a produites, & dont on peut les détacher fans leur ôter la faculté de reprendre racine en les tranfplantant.

DRAPÉ, ÉE, qui eft recouvert de poils qui forment un tiffu laineux, comme celui qu'on remarque fur le drap.

DROIT, TE; ce qui eft perpendiculaire à l'horizon, ou bien encore ce qui eft alongé & fans aucune courbure; *voyez* AIGUILLON, PÉDICULE, PÉDUNCULE, RAMEAU, TIGES, FEUILLES, FLEURS.

DURÉE des plantes; efpace qui s'écoule entre la vie & la mort des végétaux; *voyez* AGE des plantes.

E.

E.

EBOURGEONNER. Ebourgeonner un arbre, c'est en retrancher les jeunes pousses superflues.

EBRANCHER. Ebrancher une plante, c'est lui enlever une partie de ses branches, pour lui donner une forme particulière.

ECAILLES, *squammæ* : ce sont des productions minces applaties, & souvent sèches & coriaces. Les écailles recouvrent entièrement ou en partie seulement les tiges, les rameaux, les péduncules, les pétioles, les racines de plusieurs plantes ; elles forment une ou plusieurs couches sur la bulbe écailleuse ; elles servent d'enveloppe aux boutons des arbres & des arbrisseaux ; elles tiennent lieu de corolle dans les graminées : on en trouve à la base des calices, des pétales, & quelquefois même parmi les organes sexuels, &c.

ECAILLEUX, SE, qui porte des écailles ; *voyez BULBE, RACINE, TIGE.*

ECHANCRÉ ; ÉE, qui a une entaille, une échancrure.

ECHANCRURE ou sinus ; espèce d'entaille assez profonde & élargie, comme si on l'eût faite avec l'ongle ou avec des ciseaux.

ECHINÉ, ÉE, qui est recouvert de pointes dures & *piquantes* ; *voyez* SEMENCE, TIGE.

ECIMER, couper la cîme.

ECONOMIE végétale ; c'est l'harmonie, l'organisation proprement dite, des différentes parties qui composent les végétaux ; cet ordre merveilleux avec lequel les plantes naissent, croissent, vivent & se reproduisent. *Voyez* PLANTE.

ECORCE, *cortex* ; c'est cette enveloppe générale qui recouvre une tige, ses rameaux & ses racines : elle est composée, 1°. de l'*épiderme* ; 2°. de l'enveloppe cellulaire ; 3°. de *couches corticales* ; & 4°. du *tissu* cellulaire. Ce qu'on appelle le LIVRET, est l'assemblage des couches les plus intérieures de l'écorce, qui se détachent assez ordinairement comme les feuillets d'un livre.

On regarde les calices comme un prolongement de l'écorce.

ECUSSON, petit morceau d'écorce garni d'un œil ou bouton que l'on enlève de dessus un arbre quelconque, que l'on taille en *losange*, ou en triangle alongé, & que l'on insère entre le bois & l'écorce d'un autre arbre, après y avoir fait une entaille en manière de T.

M

ECUSSONNER un arbre, c'est le GREFFER en écusson; *voyez* ce mot.

EFFEUILLAISON, *defoliatio*; moment où les plantes se dépouillent de leurs feuilles. Il y a des plantes qui perdent leurs feuilles sitôt qu'elles ont donné des fruits; d'autres qui les conservent jusqu'aux premiers froids; d'autres qui ne les perdent que lorsque les froids sont très-rigoureux; quelques-unes même, comme la *rue*, les conservent jusqu'au printemps.

EFFEUILLER ou EFFANNER. Effeuiller une plante, ou l'effanner, c'est la dépouiller de ses feuilles.

EFFILÉ, ÉE; ce qui est alongé & très-mince; *voyez* PÉDICULE, TIGE.

EGAL, LE, ÉGAUX; ce qui est de la même hauteur. Lorsque l'on compare la longueur d'une partie avec celle d'une autre partie, on dit qu'elle est égale ou qu'elle est inégale. Les stygmates sont égaux entre eux, quand ils sont tous de la même longueur; ils sont égaux aux étamines, quand ils arrivent à la même hauteur que les anthères, &c.

EGALE, *voyez* POLYGAMIE.

ELANCÉ, ÉE; ce qui est trop grêle pour sa hauteur

ELÉMENS de Botanique, *elementa botanicæ*: ce sont les premiers préceptes, les premières règles de la Botanique, la clef de la science, si l'on peut s'exprimer ainsi; *voyez* PRINCIPES de Botanique.

ELLIPTIQUE, ES; ce qui a une forme alongée, & dont les deux extrémités sont arrondies & de même largeur; *voyez* FEUILLES.

EMBRASSANT, TE. Les feuilles, les stipules sont embrassantes ou amplexicaules, quand elles se terminent par une membrane qui enveloppe la tige ou les rameaux. *Voyez* FEUILLES, STIPULES, PÉTIOLE.

EMBRYON, *corculum*. On peut ainsi nommer les parties essentielles de la graine qui constituent les rudimens de la nouvelle plante. L'embryon est composé de la plume ou plumule, de la radicule & du lobe ou cotyledon qui est simple ou double, & quelquefois nul. Dans beaucoup de plantes, l'embryon occupe tout l'intérieur de la graine; dans quelques-unes, l'enveloppe propre recouvre de plus un corps farineux ou charnu, ou corné, ou ligneux qui se confond avec l'embryon.

C'est sur le nombre des parties de l'embryon, que sont fondées les premières divisions de la méthode naturelle de M. DE JUSSIEU. Les plantes acotyledones sont celles dont l'embryon est composé seulement de la plume & de la radicule. Les monocotyledones, celles qui n'ont qu'un lobe ou cotyledon, *pl. V, fig. 4, 5;* & les dicotyledones, *fig. 6, 7, 9, 10*, qui forment la classe la plus nombreuse, celles dont l'embryon est à deux lobes.

Quoique le mot latin *germen* soit appliqué par les Botanistes à la partie du piftil qui conftitue proprement le fruit avant la fécondation, & que l'on appelle plus communément ovaire, nous penfons que le nom françois GERME doit être fynonyme d'EMBRYON, puifque germination doit fignifier développement du germe. *Voyez* OVAIRE.

L'embryon ou le germe varie par fa fituation dans la graine, & par la direction de fa radicule qui pointe vers la terre, & fa plumule vers le ciel.

EMOUSSÉ, ÉE; ce qui eft alongé & terminé en pointe, mais dont la pointe eft obtufe; *voyez* FEUILLES.

EMOUSSER un arbre, c'eft en détacher la mouffe.

EMPAN, eft la mefure d'une main étendue.

EMPANÉE ou EMPENNÉE, ÉES ou AILÉES; *voyez* FEUILLES.

EN DESSOUS, *pronâ parte;* EN DESSUS, *fuperâ parte.*

EN GAINE, *voyez* FEUILLES, STIPULES.

ENGAINÉ, ÉE; ce qui eft entouré d'une membrane qui a la forme d'une gaîne; *voyez* PÉDICULE, PÉDUNCULE, TIGE.

ENNÉANDRIE, *enneandria,* de deux mots grecs qui fignifient neuf maris. L'ennéandrie eft la claffe IX du fyftême fexuel, *pl. II, fig. 17, 18.* Elle renferme les plantes qui ont neuf étamines.

ENSIFORME, ES, qui a la forme d'une lame d'épée; *voyez* FEUILLES.

ENTAILLÉ; ÉE; ce qui eft remarquable par une entaille, un cran dans lequel s'emboîte une autre partie.

ENTE ou GREFFE : ces deux mots font fynonymes, tantôt ils fignifient la petite branche ou l'œil qu'on fe propofe de greffer, tantôt la partie d'un arbre greffée.

ENTER, *voyez* GREFFER.

ENTIER, RE; ce qui n'a aucune irrégularité dans fes contours; *voyez* FEUILLES.

ENTONNOIR, *voyez* COROLLE infundibuliforme, ou corolle en entonnoir.

ENTORTILLÉ, ÉE; ce qui eft entouré par les circonvolutions d'une partie quelconque; il fe dit auffi quelquefois d'une partie qui eft roulée fur une autre.

ENTRÉE d'une corolle : on emploie plus fouvent les mots GORGE, EVASEMENT.

ENVELOPPE, *involucrum.* On diftingue en Botanique *plufieurs* fortes d'enveloppes. L'enveloppe florale, que l'on *nomme* COLLERETE; l'enveloppe féminale, que l'on appelle TUNIQUE PROPRE, *involucrum proprium;* L'ENVELOPPE CELLULAIRE, qui, dans l'écorce, tient le milieu entre l'épiderme & les couches corticales, & plufieurs autres encore, tels que le COLLET, le VOLVA, la GAINE, le SPATHE, &c.

EPAIS, SE. On donne ce nom à tout ce qui eft d'une épaiffeur qui n'eft pas ordinaire.

EPANOUISSEMENT des fleurs; lorfque toutes les parties d'une fleur font parfaitement déployées, on dit que la fleur eft épanouie : on compare l'épanouiffement d'une fleur à l'état d'un animal qui veille; & l'état oppofé, à celui d'un animal qui dort.

EPARS, SE, qui eft difpofé fans ordre; voyez FEUILLES, FLEURS, PÉDUNCULES, RAMEAUX.

EPERON, efpèce de prolongement en forme de corne, qui accompagne les fleurs de plufieurs plantes; voyez NECTAIRE.

EPI. On diftingue deux fortes d'épi, l'EPI PROPREMENT DIT, *fpica*, & l'EPI FAUX, ou EPI CHATONNIER, *fpica amentacea*. Le premier, *fig. 3*, *pl. X*, eft compofé de fleurs pédunculées & difpofées en long aux extrémités des tiges ou des rameaux, comme dans la gaude, le réféda, la bétoine; le fecond, *fig. 32*, *pl. I*, porte des fleurs feffiles, difpofées fur un réceptacle commun, que l'on nomme RAPE, *pl. X, fig. 4*; il eft toujours entaillé & *évidé dans tous les endroits où les fleurs ont leur point d'infertion*, comme dans le froment, le feigle, l'orge, &c.

On diftingue le nombre des épis, leur forme, leur difpofition, & le nombre, la forme & la difpofition des parties qui les compofent. On appelle épi folitaire, *fpica folitaria*, celui qui vient toujours feul à l'extrémité d'une tige; épi nombreux, *fpicæ numerofæ*, ceux qui font en grand nombre fur la même tige; épi fimple, *fpica fimplex*, celui qui n'eft pas compofé d'épilets; épi rameux, *fpica ramofa*, celui qui eft compofé de plufieurs petits épis ou épilets; épi terminal, *fpica terminalis*, celui qui eft toujours porté par l'extrémité d'une tige; épi latéral, *fpica lateralis*, celui qui a fon point d'infertion fur le côté de la tige.

EPIDERME ou SURPEAU, *cuticula*: on apelle ainfi cette peau mince qui fert d'enveloppe générale & extérieure aux différentes parties des plantes; elle eft affez ordinairement liffe fur le tronc & les branches des jeunes arbres : elle devient raboteufe & crevaffée à mefure qu'ils avancent en âge.

EPINES, *fpinæ*, *pl. X, fig. 24*: ce font des productions dures & pointues qui font continues, qui font corps avec les différentes parties des plantes qui en font pourvues, de manière qu'on ne peut les en féparer fans les caffer. On remarque dans les épines, la forme, la difpofition & le lieu qu'elles occupent. On les appelle fimples, *fimplices*, quand elles n'ont aucune divifion; divifées, *partitæ*, quand elles ont deux ou plufieurs divifions à leur fommet; compofées, *compofitæ*, quand elles

portent

portent plufieurs autres épines ; terminales, *terminales*, quand elles fe trouvent aux extrémités des feuilles, des tiges ou des rameaux ; axillaires, *axillares*, quand elles font placées aux aiffelles des rameaux ou des feuilles ; calicinales, *calicinales* ; foliaires, *foliares*, quand elles ont leur point d'infertion fur les calices, ou fur les feuilles ; florales, *florales*, quand elles accompagnent les fleurs ou quelques-unes des parties qui les compofent.

EPILET, *fpicula*, *locufta*. On donne ce nom aux petits épis *L M N*, qui compofent ordinairement l'épi chatonnier, *fig. 32*, *pl. I*. L'épilet eft formé de l'affemblage de plufieurs bales. Chaque entaille de la rape, *fig. 4*, *pl. X*, porte un épilet *A*, *B*.

EPINEUX , SE, qui porte des épines.

EQUINOXIALES, *voyez* FLEURS.

ERGOT. On rencontre fur les épis de plufieurs graminées, & plus communément fur ceux du feigle, des efpèces de cornes plus ou moins alongées, qu'on nomme ergot à caufe de la reffemblance qu'elles ont avec les ergots de coq. *Voyez* DISCOURS SUR LES PLANTES VÉNÉ-NEUSES DU ROYAUME, l'article *feigle ergoté*.

ESPÈCES, *fpecies*. Les efpèces appartiennent à un genre par des caractères communs, comme nous l'avons déja dit à l'article CARAC-TÈRES botaniques, & divifent ce genre en autant de parties qu'il y a d'individus, parce que chaque plante, outre les caractères géné-riques, communs à toutes les efpèces du même genre, a des caractères particuliers, des caractères qui lui font propres, & qui la diftinguent de toutes les autres efpèces.

ESTIVALES , *voyez* FLEURS.

ETALÉ , ÉE. Les tiges, les rameaux, les péduncules font étalés, quand l'extrémité oppofée à celle qui a fon point d'infertion fur la tige, s'éloigne beaucoup de la perpendiculaire à l'horizon.

ETAMINES, *ftaminæ*. On regarde les étamines comme les organes mâles de la fleur ; & les piftils, comme fes organes femelles ; c'eft pourquoi on a donné le nom de SYSTÈME SEXUEL à la méthode de Linnæus, qui a pour bafe les étamines & les piftils. Les étamines font ordinairement compofées d'un pédicule plus ou moins long, que l'on nomme FILET, *filamentum*, *pl. IV*, *fig. 7 D*, & d'une efpèce de bouton, que l'on appelle SOMMET ou ANTHÈRE, *anthera*, *fig. 7 C* ; elles n'occupent jamais le centre des fleurs ; ce lieu eft deftiné aux piftils, de manière que ce font toujours les organes mâles qui en-tourent les organes femelles, *pl. IV*, *fig. 1*. On confidère dans l'étamine l'ANTHÈRE & le FILET, fous fix attributs principaux ; 1°. la préfence ou l'abfence ; 2°. la forme ; 3°. le nombre ; 4°. la difpofition ; 5°. la

N

proportion ; & 6°. l'infertion. *Voyez* ANTHÈRES , FILETS, CARACTÈRES de botanique, & SYSTÈME fexuel.

La fituation refpective des étamines & du piftil , eft le feul caractère commun à ces deux organes ; il eft auffi le plus général , le plus invariable , & s'exprime plus briévement par la feule infertion des étamines. » Elles peuvent (dit M. de Juffieu , Mém. de l'Acad. 1774 , p. 182) , » être portées fur le piftil , ou adhérentes à fon fupport ; » elles peuvent encore tirer leur origine du calice ou de la corolle.... » De ces quatre infertions , les trois premières font effentiellement » diftinctes & incompatibles dans l'ordre naturel ; la quatrième au con- » traire fuit d'autres loix ; elle correfpond aux trois précédentes , & » peut être alliée féparément à chacune d'elles.... On ne voit pas dans » une même famille le mélange des infertions fur le piftil , au fupport » & au calice. Au contraire, l'infertion à la corolle fe confond indiffé- » remment avec l'axe des précédentes dans une même famille..... » cela vient de ce que la corolle portante les étamines , tient alors au » point qu'elles auroient occupé , fi elles ne lui euffent pas adhéré : » dans ce cas , elle peut être regardée fimplement comme un fupport » *intermédiaire* , compatible avec chacune des trois infertions princi- » pales. Son exiftence devient alors *néceffaire* , & *fa propre infertion* » fubftituée à celle des étamines , fait l'office de caractère effentiel. Il » réfulte de cette conformité, que la corolle chargée des étamines , » doit avoir trois infertions auffi diffemblables entre elles , que le font » les trois infertions correfpondantes des étamines ; ce que l'obfer- » vation confirme..... Cette obfervation (*ibid.* p. 185) , peut donc » fournir des diftinctions générales , & partager quelquefois , avec la » graine & les organes fexuels , le privilège exclufif de donner des ca- » ractères primitifs dans l'ordre naturel.... & l'on peut y procéder , » fans ceffer de prendre l'infertion des étamines pour bafe des divifions » fecondaires. Ce moyen confifte à diftinguer cette infertion prife col- » lectivement en deux principales ; l'une *immédiate* , l'autre *médiate*. La » première a lieu toutes les fois que les étamines adhèrent immédia- » tement au piftil , au fupport ou au calice ; la feconde , lorfque la » corolle portant les étamines , fert de point intermédiaire entre elles » & les autres parties.... Elle y eft alors ordinairement d'une feule » pièce.....d'où il eft naturel de conclure , à quelques exceptions près , » que le caractère d'infertion médiate peut être généralement défigné » par le terme de corolle monopétale.

» Quand la corolle (*ibid.* 186) n'exifte pas , les étamines ont ef- » fentiellement une infertion immédiate aux trois points d'attache , » puifqu'elles ne peuvent avoir de fupport intermédiaire ; fi au con- » traire la corolle exifte , cette infertion eft fimplement immédiate , » parce que les étamines n'adhèrent pas alors effentiellement aux trois » points d'attache , & que le voifinage de la corolle , qui a avec elles

» une origine commune, peut faire varier leur insertion.... On
» remarque que la corolle, dans cette dernière insertion, est ordinai-
» rement de plusieurs pièces.... Il en résulte (*ibid.* p. 188), que par
» le terme de plantes apétales, on peut désigner l'insertion *essentiel-*
» *lement immédiate*, & par celui de plantes polypétales, l'insertion
» *simplement immédiate.* Ces conséquences, jointes à celle qui est dé-
» duite de l'insertion médiate, facilitent l'intelligence de la méthode
» dans l'école du jardin royal. «

Voyez pour les différentes insertions des étamines, l'article FILET *, &*
les figures de la pl. IV qui y correspondent.

ETENDARD, *vexillum*; c'est le nom qu'on donne au pétal supérieur des fleurs papilionacées, *pl. II, fig. 48 A;* & *pl. IV, fig. 69,*
70 CC. On le nomme aussi PAVILLON.

ETÊTER un arbre; c'est couper ses branches & ne laisser que le
tronc.

ETIOLÉ, ÉE. On appelle branche étiolée, celle qui s'élève à une
hauteur extraordinaire sans prendre de couleur ni de grosseur. Lorsque
des arbres sont trop près les uns des autres, ils *s'étiolent. (Le bled s'est*
étiolé de ce côté-ci, parce qu'il faisoit trop de vent lorsqu'on l'a semé;
il a été semé trop dru).

ETIOLEMENT. L'étiolement, comme on vient de le voir, est donc
une maladie des plantes; c'est un état de maigreur qui les fait communément périr avant qu'elles aient pu donner des fruits; la privation du
soleil, de l'air ce véhicule si nécessaire, en est ordinairement la cause;
c'est pourquoi les plantes semées trop dru, ou trop voisines les unes
des autres, s'étiolent.

ETOC, signifie une souche morte. Le *bolet oblique* ne vient jamais
que sur les étocs.

ETOILÉ, ÉE; ce qui est d'une seule pièce à plusieurs divisions, ou
de plusieurs pièces disposées en étoile; *voyez* FEUILLES, POILS.

EXCRÉTIONS des plantes. On sait que les plantes transpirent
beaucoup plus abondamment même qu'il ne paroîtroit que l'on dût le
soupçonner, & qu'il se fait dans les différentes parties qui les composent, à l'aide de certains vaisseaux que l'on nomme CONDUITS EXCRÉ-
TEURS ou VAISSEAUX EXCRÉTOIRES, une dissipation de liqueurs superflues, à laquelle on donne le nom d'EXCRÉTION. Les sentimens sont
encore bien partagés sur la manière dont elle s'opère, & sur sa nécessité.

EXCROISSANCES végétales, *voyez* EXTRAVASATION.

EXFOLIATION, *exfoliatio.* On dit qu'une partie s'exfolie, qu'elle
tombe en exfoliation, quand elle se détache par feuillets desséchés de
dessus une autre partie.

EXOTIQUE, ES : les plantes exotiques, *plantæ exoticæ*, font celles qui font étrangères au climat qu'elles habitent. Les plantes indigènes, *plantæ indigenæ*, au contraire, font celles qui font dans leur climat naturel, ou qui, depuis long-temps, y font naturalifées.

EXPOSITION ; fituation par rapport au foleil, au chaud, au froid, &c.

EXTRAVASATION ; l'épanchement ou l'extravafation de la sève ou du fuc propre, par des plaies, des folutions de continuité faites aux différentes parties des végétaux, produit quelquefois des excroiffances monftrueufes, telles que les *pommes de bédéguar*, les *gales* de chêne, de lierre terreftre, les *veffies* de l'orme, & les *loupes* fur la plupart des arbres. Quelquefois auffi ces liqueurs fortent entièrement des vaiffeaux, & fe répandent fur le tronc des arbres, fous la forme de gomme ou de réfine, comme fur le cerifier, le prunier, l'abricotier, le fapin, &c.

F.

FAISCEAU, *fafciculus* ; paquet de plufieurs chofes rapprochées fuivant leur longueur. Quand les feuilles, les fleurs, les racines font raffemblées par faifceaux, on dit qu'elles font FASCICULÉES.

FAMILLES des plantes, *plantarum familiæ*. On entend par famille un affemblage de plufieurs genres de plantes, qui ont entre elles des rapports très-marqués, & des caractères uniformes.

M. DE JUSSIEU, dans fa Méthode naturelle, dont nous attendons la publication avec la plus grande impatience, a divifé par familles naturelles, tout ce qui conftitue le règne végétal. Cet ouvrage, dans lequel on reconnoîtra le génie d'un Botanifte auffi profond que modefte, ne peut manquer de jeter un grand jour fur la Botanique, & d'en faciliter fingulièrement l'étude, parce qu'il fuffit d'avoir une jufte idée des caractères qui diftinguent les familles, pour déterminer fans peine celle d'une plante qu'on n'auroit jamais vue.

Nous aurions defiré pouvoir donner quelques détails fur la Méthode naturelle de M. DE JUSSIEU, & la lifte de fes familles, comme nous avons fait des claffes de la Méthode de TOURNEFORT, & de celles du Syftème fexuel de LINNÆUS ; mais ne le pouvant pas, puifque les changemens que M. de J. a faits dans fa Méthode, ne font pas encore publiques, nous nous réfervons de donner par la fuite, en faveur des Étudians & des Amateurs, une table de ces familles naturelles, & pour chaque femille, une plante extraite de l'HERBIER DE LA FRANCE, &

coloriée

coloriée comme la *planche III* ; ce qui, en facilitant beaucoup l'intelligence de cette Méthode difficile, pour qui n'a pas une connoissance profonde en Botanique, indiquera l'ordre naturel dans lequel font difposées les *plantes* du jardin du Roi, & que l'on pourra fuivre dans l'arrangement de celles que l'on conferve en herbier, ou que l'on cultive dans les jardins botaniques.

FANE. Les Cultivateurs emploient ce mot pour fignifier l'herbe des plantes bulbeufes, ils ôtent la fane du fafran après l'hiver ; ils arrachent les oignons de jacinthe, quand la fane commence à jaunir.

FARINEUX, SE ; qui eft recouvert d'une pouffière fine qui s'attache aux doigts. On appelle auffi femences farineufes, celles qui fervent à faire du pain, de l'amidon, &c.

FASCICULÉ, ÉE ; ce qui eft raffemblé en FAISCEAU ; *voyez* FEUILLES, FLEURS, RACINES.

FAUX, SE, *voyez* ÉPI, OMBELLE, POLYGAMIE.

FÉCONDATION, *fecondatio ;* c'eft cette belle *opération de la Nature, par laquelle une plante devient mère* & *fe trouve en état de perpétuer fon efpèce au moyen de fes graines.*
Pour que la fécondation ait lieu dans les plantes, il faut néceffairement qu'elles foient pourvues d'organes de la génération des deux fexes, foit qu'ils foient réunis dans la même fleur, foit que les fleurs d'une plante portent un fexe, & les fleurs d'une autre plante, un autre *fexe. Les plantes hermaphrodites qui réuniffent les deux fexes dans les mêmes fleurs qu'elles portent,* fécondent leurs graines fans avoir befoin que d'autres plantes foient rapprochées d'elles, parce que, comme je l'ai dèja dit, elles font pourvues d'organes mâles & d'organes femelles. Les plantes dioïques qui ne portent que les organes mâles fur un individu, & les organes femelles fur un autre, ont befoin d'être rapprochées pour que la fécondation ait lieu, ou bien que fi elles font *à une certaine diftance les unes des autres,* rien ne s'oppofe à ce que les plantes femelles reçoivent, par l'intermède de l'air, la pouffière prolifique qui émane des organes mâles. *Voyez* ÉTAMINES, PISTILS, POUSSIÈRE fécondante & CASTRATION.

FEMELLES, *voyez* FLEURS.

FENDU, UE. On dit qu'un pétale, une feuille, un ftyle font bifides, trifides, quadrifides, quinquefides, multifides, quand ils font partagés en deux, trois, quatre, cinq ou plufieurs parties, par des entailles profondes & étroites.

FENTE, *voyez* GREFFE en.

FEUILLAGE. Il ne fe dit guère qu'en parlant des feuilles d'arbres :

O

on dit que le feuillage de tel arbre est touffu & épais ; que celui de tel autre est épars & léger , &c.

FEUILLAISON, *voyez* FOLIATION.

FEUILLÉ , ÉE , qui est garni de feuilles ; *voyez* PÉDUNCULE, VERTICILLE , TIGE.

FEUILLES, *folia.* Les feuilles sont continues avec les tiges , les rameaux ou les racines ; elles sont composées de vaisseaux de toutes les espèces & de fibres plus ou moins solides , qui , après avoir traversé le pétiole , viennent former une prodigieuse quantité de ramifications ou de nervures , dont les dernières sont d'une extrême finesse. Ces ramifications sont le véritable squelette de la feuille ; un tissu cellulaire & communément tendre , que l'on nomme PARENCHIME , remplit les intervalles de ce réseau , & tout cela est recouvert en dessus & en dessous de l'épiderme.

Les feuilles jouent un grand rôle dans l'économie végétale ; une plante que l'on dépouille de ses feuilles , souffre nécessairement & languit ; il y en a même qui périssent pour avoir été effanées sans précaution. Nous n'entrerons point dans les discussions des Physiciens sur les différens usages des feuilles ; ce seroit nous éloigner de notre objet.

On divise les feuilles en *simples* & en *composées.* On considère dans la feuille simple , 1°. la circonscription ou la circonférence ; 2°. les angles ; 3°. les sinus ; 4°. la bordure ; 5°. la surface ; 6°. le sommet ; 7°. les côtés ; & 8°. la base.

Quand on s'arrête à la circonférence , *circumscriptio* , on regarde la feuille comme entière , faisant abstraction des sinus & des angles. Quand on considère les feuilles relativement à leurs angles , *anguli* , on ne comprend point , dans l'examen que l'on fait , les sinus ; & réciproquement , lorsqu'on examine les sinus , *sinus* , c'est abstraction faite des angles ; quand on observe les bords des feuilles , la bordure proprement dite , *margo* , on n'y comprend point le disque , *discus* , ni le sommet ; quand on s'arrête à la surface des feuilles ou à leur superficie , *superficies* , on y comprend le dessus & le dessous , *pagina superior* , *pagina inferior* ; quand on considère le sommet , *apex* , on s'en tient à l'examen de l'extrémité de la feuille opposée au pétiole ; quand on examine les côtés , *latera* , il faut que la feuille soit dans une situation perpendiculaire & en face , pour être vue de droite & de gauche ; & quand on parle de la base d'une feuille , *basis* , c'est du lieu de son insertion sur le pétiole qui la porte.

FEUILLES aiguës , FEUILLES pointues , *folia acuta ;* celles dont l'extrémité opposée au pétiole , se termine en pointe.

FEUILLES ailées ou pinnées , empannées ou empennées , *folia pinnata ;* celles qui sont composées de folioles rangées en manière d'ailes sur un pétiole commun. Quand les folioles sont opposées , on les nomme *folia oppofitè pinnata*, *pl. IX*, *fig. 8*, *11*, *13*; quand elles font alternes fur le pétiole, on les nomme *folia alternè pinnata*, *pl. IX*, *fig. 10*, *12*; quand les folioles font décurrentes fur le pétiole commun, on les nomme *folia decurfivè pinnata*, *fig. 16*; quand elles font terminées par une ou plufieurs vrilles, *folia pinnata cirrhofa*, *fig. 13*, *14*; on dit qu'elles font ailées avec interruptions, *folia interruptè pinnata*, *fig. 9*, quand fes folioles font grandes & petites alternativement, ou bien quand, entre deux paires de grandes folioles, il s'en trouve une ou plufieurs de petites, ou bien encore, quand les folioles font inégales entre elles, que les unes font grandes & les autres petites; elles font ailées avec une impaire, *folia impari pinnata*, *fig. 10*, quand leurs folioles font oppofées deux à deux fur un pétiole commun, terminé fupérieurement par une feule foliole, de manière qu'elles font toujours à nombre impair; elles font ailées fans impaires, *folia abruptè pinnata*, *fig. 11*, quand elles font compofées de folioles pottées fur un pétiole commun, & toujours à nombre pair.

FEUILLES alternes, *folia alterna*, *pl. X*, *fig. 18 G H*; celles qui font difpofées autour de la tige, tantôt d'un côté, tantôt de l'autre.

FEUILLES amplexicaules, *folia amplexicaulia*, *pl. VIII*, *fig. 69*; celles qui font feffiles ou fans queue, mais qui embraffent la tige à leur infertion; telles font celles du pavot des jardins, celles de la jufquiame noire; quand elles n'embraffent la tige qu'en partie, elles font femi-amplexicaules, *femi-amplexicaulia*.

FEUILLES anguleufes, *folia angulofa*; celles qui font entières, & dont les bords font remarquables par un nombre indéterminé d'angles faillans. Quand leurs angles font déterminés, on donne aux feuilles le nom de feuilles fagittées, feuilles cunéiformes, feuilles triangulaires, quadrangulaires, &c.

FEUILLES appliquées contre la tige ou les rameaux, *folia adpreffa*; celles qui font dans une direction parallèle à la tige, qui la touchent fuivant leur longueur, & qui font comprimés de ce côté-là.

FEUILLES appuyées, *folia adnata*, *folia adnexa*; celles qui font feffiles, & dont la furface fupérieure eft comme appuyée fur la tige ou fur les rameaux fans être comprimée.

FEUILLES arrondies, *folia fubrotunda*, *pl. VIII*, *fig. 9*, *10*; celles dont les points de la circonférence font à peu près également éloignés du centre: telles font les feuilles du cochléaria, celles de la renoncule ficaire.

FEUILLES articulées, *folia articulata*, *pl. IX*, *fig. 15*; celles qui naiffent fucceffivement du fommet les unes des autres, comme font les feuilles du *caäus opuntia*.

FEUILLES afcendantes ou droites, *folia afcendentia*, *pl. X*, *fig. 18 E*; celles qui forment, avec la tige, un angle fort aigu, & qui femblent appliquées contre elle.

FEUILLES à deux, à trois nervures; *voyez* FEUILLES nerveufes.

FEUILLES à deux, à trois pointes; *voyez* FEUILLES pointues.

FEUILLES à trois çôtés, *folia triquetra*; celles fur la longueur defquelles on remarque trois faces applaties, & qui fe terminent en pointe.

FEUILLES axillaires, *folia axillaria*, *pl. X*, *fig. 17 EE*; celles qui ont leur attache dans l'angle ou l'aiffelle du rameau avec la tige. Je crois devoir faire obferver que l'on nomme auffi feuilles axillaires, *folia axillaria*, *pl. X*, *fig. 17 BB & GG*, celles qui ont leur infertion immédiatement fous le point de réunion du rameau avec la tige, de manière que ce font les rameaux qui font axillaires, & non pas les feuilles: je voudrois qu'on nommât fous-axiliaires les feuilles de cette efpèce, que Linnæus appelle *folia fubalaria*.

FEUILLES barbues, *folia barbata*; *voyez* FEUILLES velues.

FEUILLES bigéminées, *folia bigemina* vel *bigeminata*. On appelle ainfi les feuilles recompofées, dont chaque pétiole propre eft bifurqué, & foutient deux folioles à chacune de fes extrémités; elles font fimplement géminées, *gemina*, *pl. IX*, *fig. 1*, quand le pétiole eft fimple, & qu'il ne porte que deux folioles.

FEUILLES bijuguées, *folia bijugua* vel *bijugata*; celles qui font compofées de quatre folioles difpofées deux à deux fur un pétiole commun. *Voyez* FEUILLES conjuguées.

FEUILLES binées ou géminées, *folia binata* vel *gemina*, *pl. IX*, *fig. 1*; celles qui font fimplement compofées, & dont le pétiole commun porte deux folioles fur le même point. Il faut que les folioles foient retrécies en pétiole à leur bafe, ou qu'elles foient pétiolées, pour ne pas être confondues avec les feuilles digitées, *folia digitata*.

FEUILLES bipinnées, *folia bipinnata*, *pl. IX*, *fig. 19*. Les feuilles recompofées, font appelées bipinnées ou deux fois ailées, quand elles portent fur un pétiole commun des pétioles particuliers fur lefquels les folioles font inférées & difpofées en manière d'ailes.

FEUILLES biternées, *folia biternata*, *pl. IX*, *fig. 17*. Les feuilles recompofées font appelées feuilles biternées, quand le pétiole commun fe divife en trois parties qui portent chacune trois folioles à leur extrémité.

FEUILLES braƈéiformes, *folia braƈeiformia*; celles qui accompagnent

gnent les fleurs à leur insertion fur la tige , & qui diffèrent des autres feuilles , foit par la forme , foit par la couleur.

FEUILLES bullées , *folia bullata ;* celles fur la fuperficie defquelles on rencontre des rides convexes en deffus , & concaves en deffous.

FEUILLES caduques , *folia caduca ;* celles qui tombent à la fin ou avant la fin de l'été , comme celles du noyer , du faule , & de toutes les plantes vivaces qui perdent leurs feuilles tous les ans.

FEUILLES canaliculées , *folia canaliculata ;* celles qui font creufées dans le milieu & d'un bout à l'autre , en forme de gouttière.

FEUILLES cannelées , *folia ſtriata ;* celles fur la fuperficie defquelles on remarque des nervures longitudinales très-enfoncées , & qui laiſſent de chaque côté des intervalles bombés & arrondis , qui repréfentent des cannelures.

FEUILLES capillaires ou filiformes , *folia capillaria* vel *filiformia ;* celles qui font longues & déliées comme des cheveux. Les feuilles de la renoncule aquatique , de l'afperge commune , font capillaires ou fili- formes.

FEUILLES carinées , *folia carinata ;* celles qui font creufées dans le milieu & d'un bout à l'autre en gouttière profonde , dont les bords font relevés , & dont la nervure majeure forme en deffous une faillie confidérable , & avec le refte de la feuille , un angle aigu.

FEUILLES cartilagineufes , *folia cartilaginea ;* celles dont la bordure eft remarquable par un cartilage , ou une efpèce de bourrelet d'une fubftance plus ferme & plus folide que tout le refte de la feuille.

FEUILLES caulinaires , *folia caulina ;* celles qui s'inferent fur la tige. Les feuilles des jufquiames , des tithymales , des laitues , &c. font cau- linaires.

FEUILLES charnues , *folia carnofa , pl. VIII , fig.* 2 ; celles dont la fubftance eft charnue , épaiffe , compaĉte & fucculente , qu'on deffèche facilement , & qui ne perdent au plus , par la defficcation , que la moitié de leur volume ; quand leur chair eft très-épaiffe , & que le diamètre de fon épaiffeur eft prefque égal à celui de fa largeur , on les appelle feuilles graffes , *fig.* 57 : celles-ci ne font guère fufceptibles de defficc- cation.

FEUILLES ciliées , *folia ciliata ; voyez* FEUILLES velues.

FEUILLES coadnées , *folia coadnata ;* celles qui naiffent plufieurs enfemble & comme par paquets , mais qui ne fe touchent *point* à leur infertion fur la tige.

FEUILLES colorées , *folia colorata ;* celles qui ont quelque chofe

P

de remarquable dans la couleur, qui n'ont pas la couleur verte ordinaire aux feuilles, comme dans l'amaranthe, la sauge à feuilles panachées, &c.

FEUILLES confluentes, *folia confluentia*; celles dont les points d'infertion fur la tige, quoique éloignés & diftincts, paroiffent fe toucher, mais ne fe touchent pas : elles différent par là des fafciculées.

FEUILLES compofées, *folia compofita*. On appelle feuille compofée, celle qui a un pétiole commun à plufieurs feuilles qui ont chacune leur pétiole propre, ou qui font rétrécies en pétiole, *pl. IX, fig. 1, 2, 3, 4, 9 & 10*, &c. On appelle feuille recompofée ou compofée deux fois, celle qui a un pétiole commun fur lequel s'infèrent d'autres pétioles qui portent plufieurs feuilles, *fig. 17, 18, 19, 20*. On appelle feuille furcompofée ou compofée trois fois, celle qui a un pétiole commun fur lequel s'infèrent d'autres pétioles, qui, au lieu de porter les feuilles immédiatement, ne reçoivent encore que des pétioles qui portent plufieurs feuilles, *fig. 21, 22, 23*.

FEUILLES comprimées, *folia compreffa*; celles qui font épaiffes, charnues & fucculentes, & dont les côtés font plus applatis que le difque.

FEUILLES concaves, *folia concava*; celles qui font creufées d'un côté, & bombées de l'autre, & dont les bords font plus élevés que le difque.

FEUILLES conjuguées, *folia conjugata, pl. IX, fig. 14*; ce font des feuilles compofées qui portent fur un pétiole commun une ou plufieurs paires de folioles oppofées : on les nommeroit feuilles bijuguées, *bijugata* vel *bijuga*, fi elles portoient deux paires de folioles A B, *fig. 14*; trijuguées, *trijuga*, fi elles en portoient trois A B C, *fig. 14*; quadrijuguées, *quadrijuga*, fi elles en portoient quatre, *fig. 11*; *quinquejuga*, *fig. 13*, fi elles en portoient cinq; *fexjuga*, fi elles en portoient fix.

On voit que les feuilles conjuguées font des feuilles ailées dont on fpécifie toujours le nombre des paires de folioles.

FEUILLES connées, *folia connata, pl. VIII, fig. 66*; celles qui embraffent la tige, qui font oppofées, & réunies par leur bafe, de manière que les deux feuilles ne paroiffent en former qu'une.

FEUILLES convexes, *folia convexa*; celles dont le difque eft bombé, comme une calotte, d'un côté feulement, ou des deux côtés tout à la fois.

FEUILLES cordiformes, *folia cordiformia* vel *cordata*, *pl. VIII, fig. 41*; celles qui reffemblent, en quelque forte, à un cœur, qui fe terminent en pointe à leur extrémité fupérieure, & qui font échancrées à leur bafe comme celles de la violette, celles du lierre, du pain de pourceau : elles ne différent des réniformes, que parce qu'elles font pointues à leur fommet.

FEUILLES cotonneufes ou laineufes, *folia tomentofa* vel *lanata ;* *voyez* FEUILLES velues.

FEUILLES courbées en dedans, *folia incurvata*, *inflexa* vel *inclinata*, *pl. X, fig. 18 c ;* celles qui fe courbent en arc, & dont l'extrémité fupérieure eft rapprochée de la tige.

FEUILLES crenées ou crenelées, dentées plus ou moins finement; *voyez* FEUILLES dentées.

FEUILLES croifées, *folia cruciatim oppofita*, *folia decuffata, pl. X, fig. 20 b ;* celles qui font oppofées en croix, ou qui font difpofées autour de la tige par paires qui fe croifent, comme dans l'épurge, la croifette, &c.

FEUILLES cunéiformes, *folia cuneiformia, pl. VIII, fig. 46 ;* celles qui font plus longues que larges, & qui fe rétréciffent infenfiblement depuis la partie fupérieure jufqu'à l'inférieure. On leur donne ce nom, parce qu'elles reffemblent, en quelque forte, à un coin à fendre le bois.

FEUILLES cufpidées, *folia cufpidata ;* celles qui font terminées à leur extrémité fupérieure par une pointe ou par des poils rudes.

FEUILLES cylindriques, *folia cylindrica* vel *teretia , pl. VIII, fig. 36, 37 ;* celles qui font alongées & arrondies en forme de cylindre, depuis leur bafe jufqu'à leur extrémité fupérieure qui fe termine en pointe.

FEUILLES déchiquetées, *folia laciniata ; voyez* FEUILLES laciniées.

FEUILLES déchirées, *folia lacera, pl. VIII, fig. 22 ;* celles dont la bordure eft remarquable par des découpures de grandeur inégale & de figures différentes.

FEUILLES décurrentes ou FEUILLES coutantes, *folia decurrentia ;* celles qui font feffiles, & dont la partie membraneufe fe prolonge fur la tige ou les rameaux, & y laiffe une efpèce de faillie qui s'étend fouvent fur la tige d'une feuille à l'autre, comme dans le bouillon-blanc. La *fig. 16, pl. IX*, repréfente une feuille compofée de folioles décurrentes fur leur pétiole commun.

FEUILLES delthoïdes, *folia delthoidea, pl. VIII, fig. 57 ;* celles qui ont quatre angles, dont les deux inférieurs font plus proches de la bafe que du fommet ; quand de ces quatre angles, deux font obtus & deux aigus, on les nomme feuilles rhomboïdes, *folia rhombea.*

FEUILLES dentées, *folia dentata.* La néceffité d'éviter les équivoques dans une langue que tout le monde doit entendre & parler également, nous fait regarder comme fynonymes les mots dentées & crenelées : on appellera donc indifféremment feuille dentée ou feuille crenée, celle dont les bords feront remarquables par des crenelures, & l'on dira que les crenelures où les dents font obtufes, *folium obtufè dentatum, pl. VIII. fig. 32 ;* qu'elles font aiguës, *dentatum acutum, fig. 34;* qu'elles font tournées comme les dents d'une fcie, *ferratum,* *fig. 35, 38, 39, 42 (obfoletè ferratum,* fi ces fortes de dents font ob-tufes); qu'elles font tournées à rebours, *retrorfò dentatum, fig. 26;* qu'elles font dentées elles-mêmes, *duplicatò dentatum & duplicatò fer-ratum, fig. 35,* &c. On emploie quelquefois le mot dentelées, pour figni-fier celles qui font à petites dents, *fig. 41.*

FEUILLES déprimées, *folia depreffa;* celles qui font fucculentes & épaiffes, & dont le difque eft plus applati que les côtés.

FEUILLES deux à deux, *folia bina; voye*ʒ FEUILLES binées.

FEUILLES digitées ou palmées, *folia digitata* vel *palmata.* On appelle ainfi toutes les feuilles fimples qui ont des découpures pro-fondes & étalées comme les doigts d'une main ouverte.

Il faut obferver qu'on pourroit confondre les feuilles quaternées, qui-nées avec les feuilles digitées; les divifions des feuilles digitées ne font point rétrécies en pètiole, ni pétiolées; il faut qu'on puiffe remarquer une communication membraneufe qui les uniffe, & que ce ne foit bien certainement qu'une feuille; au lieu que pour être quaternées, quinées, *quaternata, quinata,* il faut que ce foit quatre ou cinq folioles pétiolées ou rétrécies en pétiole à leur bafe, qui foient inférées fur un pétiole commun en manière de digitations.

FEUILLES diftiques, *folia diftica;* celles qui font rangées alter-nativement fur deux côtés oppofés de la tige ou des rameaux qui leur fervent de pétiole commun. La *fig. 13, pl. X,* repréfente des feuilles d'if; elles font, comme celles du fapin, *diftiques.*

FEUILLES droites, *folia erecta, fricta, pl. X, fig. 18 E;* celles qui font prefque parallèles à la tige, qui forment avec elle un angle très-aigu, & qui ont une direction prefque perpendiculaire à l'horizon.

FEUILLES échancrées, *folia emarginata;* celles qui ont à leur fom-met une petite entaille ou une échancrure qui divife leur extrémité fupérieure en deux parties: quand les divifions font obtufes, on les nomme *folia obtufè emarginata, pl. VIII, fig. 46;* quand elles font aiguës, *acutè emarginata, fig. 47.*

FEUILLES elliptiques, *folia elliptica;* celles qui font plus longues que larges, mais dont les deux extrémités font également rétrécies ou arrondies. La *fig. 8, pl. VIII,* eft une feuille elliptique tronquée: la *fig. 54,* une feuille elliptique pointue.

FEUILLES éloignées, *folia remota;* celles qui ont entre elles un éloignement confidérable, & qui font par conféquent en petit nombre fur la tige; ce qu'on exprime bien par le mot *rara.*

FEUILLES embriquées ou tuilées, *folia imbricata* vel *fquammofa;* celles

celles qui font difpofées fur les tiges & les rameaux, de manière que l'une recouvre la moitié de l'autre, qui font, en un mot, dans le même ordre que des tuiles fur un toit, ou des écailles fur le corps d'un poiffon.

FEUILLES émouffées, *folia retufa pl. VIII, fig. 29 A, B, C*; celles dont le fommet eft très-obtus & comme écrafé, & qui a quelquefois une légère échancrure.

FEUILLES en capuchon, *folia cucullata*; celles qui font creufées en forme de capuchon.

FEUILLES en doloire, *folia dolabriformia, pl. VIII, fig. 48*; celles qui font cylindriques à leur bafe, qui font planes & élargies fupérieurement, épaiffes d'un côté & tranchantes de l'autre. On les compare à la doloire qui eft une efpèce de hache dont fe fervent les Tonneliers : telles font les feuilles du *mefembryanthemum dolabriforme*.

FEUILLES en forme d'écailles, *folia fquammofa*; ce font de petites feuilles qui font coriaces, & qui reffemblent, en quelque forte, à des écailles de poiffon.

FEUILLES en forme d'épingle, *folia acerofa*; celles qui font étroites, pointues, *folides & perfiftantes : telles font les feuilles du genevrier, du pin*, &c.

FEUILLES en gaîne, *folia vaginantia*; celles qui font terminées à leur bafe par une extenfion membraneufe, *fig. 70 A, pl. VIII*, qui embraffe la tige ou les rameaux.

FEUILLES en parabole, *folia parabolica*; celles qui font plus longues que larges, dont l'extrémité fupérieure eft très-arrondie, & l'inférieure rétrécie infenfiblement jufqu'au point de fon infertion avec la tige ou les rameaux, ou même, fi elle eft pétiolée, jufqu'à l'extrémité fupérieure du pétiole.

FEUILLES en fabre, ou qui ont la forme d'une lame de fabre, *folia acinaciformia*; celles qui font alongées, qui ont un bord épais, & l'autre mince & tranchant.

FEUILLES enfiformes ou gladiées, *folia enfiformia* vel *gladiata, pl. VIII, fig. 70 B*; celles qui qui ont la forme d'une lame d'épée, qui font alongées, terminées en pointe, qui font amincies fur les côtés, & dont le difque eft beaucoup plus épais que les bords.

FEUILLES entières, *folia integra, pl. VIII, fig. 3, 43, 44*. On appelle feuilles entières, celles qui n'ont en leurs bords que de légères divifions peu confidérables, peu fenfibles. Elles différent par là des feuilles très-entières, qui font abfolument unies en leurs bords.

FEUILLES épaiffes ou FEUILLES graffes, *folia craffa, pl. VIII,*

Q

fig. 57 ; celles dont le difque a un diamètre confidérable, & qu'on deffèche très-difficilement, parce qu'elles font d'une fubftançe charnue & très-fucculente.

FEUILLES éparfes, *folia fparfa, pl. X, fig. 21 ;* celles qui font difpofées alternativement & fans aucun ordre, autour de la tige & des rameaux.

FEUILLES épineufes, *folia fpinofa ;* celles fur le bord defquelles on remarque des pointes aiguës dures & piquantes, comme font celles des chardons. La culture, l'âge & quelques circonftances encore changent quelquefois la furface des feuilles : celles qui étoient velues, hériffées, épineufes perdent leurs poils & leurs épines ; on les nomme en ce cas *folia mutica.*

FEUILLES fafciculées, *folia fafciculata ;* celles qui font ramaffées en paquet ou en faifceau, & qui n'ont que le même point d'infertion fur la tige, les rameaux ou la racine.

FEUILLES fendues, *folia fiffa ;* celles qui font partagées par des finus aigus, comme fi on les eût faits avec des cifeaux. *Voyez* FEUILLES partagées. Quand les feuilles font fendues en deux, on les nomme feuilles bifides, *folia bifida, pl. VIII, fig. 17, 46, 47 ;* fendues en trois, trifides, *trifida ;* en quatre, quadrifides, *quadrifida ;* en cinq, quinquefides, *quinquefida, fig. 20 ;* en plus de cinq, multifides, *multifida, fig. 23.* Quand les divifions d'une feuille fendue en plufieurs parties, font difpofées comme les barbes d'une plume, les feuilles font pinnatifides, *pinnatifida, fig. 54.*

FEUILLES florales, *folia floralia ;* celles qui avoifinent les fleurs, & qui quelquefois font colorées comme elles : on les nomme *folia floralia pauca,* quand elles font en petit nombre ; *folia floralia numerofa,* quand elles font en grand nombre ; & *folia floralia numerofiffima,* quand elles font en très-grand nombre. *Voyez* BRACTÉES.

FEUILLES filiformes, *folia filiformia ;* celles qui font tellement menues qu'elles reffemblent à du fil.

FEUILLES flottantes, *folia natantia ;* celles qui font portées fur la fuperficie de l'eau, comme les feuilles du ményanthe flottant, celles du nénuphar blanc, du nénuphar jaune, &c.

FEUILLES frifées ou crépues, *folia crifpa, pl. VIII, fig. 31 ;* celles qui font tellement ondées à leur bord, qu'elles ont l'air d'avoir été frtottées. Elles diffèrent des feuilles ondées, parce que les intervalles qui font entre les plis ou entre les ondulations, font beaucoup plus courts que ceux des feuilles ondées.

FEUILLES géminées, *folia gemina, pl. IX, fig. 1 ;* celles qui font attachées deux à deux fur le même point de la tige, ou portées fur le même pétiole.

FEUILLES glabres, *folia glabra* ; celles qui font nues fans être lui-fantes, & fur la fuperficie defquelles on ne rencontre ni poils, ni glandes, ni afpérités,

FEUILLES gladiées ou enfiformes, *folia gladiata* vel *enfiformia* ; *voyez* FEUILLES enfiformes.

FEUILLES glanduleufes, *folia glandulofa* ; celles qui font remarquables par des glandes qu'on rencontre fur leur fuperficie ou fur leur bord.

FEUILLES glauques, *folia glauca* ; celles qui font d'un vert blanchâtre & comme farineux.

FEUILLES godronnées, *folia repanda* ; celles dont la bordure eft remarquable dans toute fa longueur, par des lobes qui font chacun un fegment de cercle entremêlé de finus obtus. Je dois avertir que craignant que l'on ne confondît les mots *godronné* & *ondulé*, j'ai cru devoir en rapprocher les exemples dans la *fig. 40*, *pl. VIII* : par le côté *A*, elle repréfente ce qu'on doit entendre par godronné ; & par le côté *B*, ce qu'on doit entendre par ondulé.

FEUILLES graffes, *voyez* FEUILLES épaiffes.

FEUILLES haftées, *folia haftata*, *pl. VIII*, *fig. 16* ; celles qui imitent un fer de pique ; elles font triangulaires, profondément échancrées à leur bafe & fur leurs côtés ; leurs lobes latéraux font preque horizontaux à la nervure majeure de la feuille confidérée comme ligne verticale, c'eft-à-dire, qu'ils font une faillie très-fenfible en dehors.

FEUILLES horizontales, *folia horizontalia*, *pl. X*, *fig. 18 G* ; celles qui ont une direction très-horizontale, qui forment un angle droit avec la tige, ou qui repréfentent un équerre.

FEUILLES laciniées ou déchiquetées, *folia laciniata*, *pl. VIII*, *fig. 62* ; celles qui font divifées en plufieurs parties par plufieurs finus, & dont chaque divifion eft elle-même découpée ou divifée fans ordre.

FEUILLES lancéolées, *folia lanceolata* ; celles qui ont dans leur longueur trois ou quatre fois leur largeur, & qui font plus élargies à leur bafe qu'à leur extrémité fupérieure : on les nomme lancéolées, parce qu'elles repréfentent affez bien un fer de lance.

FEUILLES ligulées, *folia ligulata* vel *linguiformia*, *pl. VIII*, *fig. 2* ; celles qui font charnues, convexes en deffous, obtufes à leur extrémité, & qui reffemblent à la langue d'un animal.

FEUILLES linéaires, *folia linearia*, *pl. VIII*, *fig. 21* ; celles qui font étroites, & qui ont prefque la même largeur d'un bout à l'autre ; mais dont l'extrémité fupérieure fe termine en pointe.

FEUILLES liffes, *folia lævia* ; celles qui font unies en deffus & en

deſſous , & ſur leſquelles on ne rencontre ni poils , ni glandes , ni aſpérités.

FEUILLES lobées , *folia lobata ;* celles qui ſont fendues en pluſieurs
lobes ou en pluſieurs parties , dont les extrémités ſont arrondies
comme dans les feuilles de vignes : quand elles ſont à trois lobes , on
dit qu'elles ſont trilobes , *folia triloba , pl. VIII , fig. 18 ;* à quatre lobes
ou quadrilobes , *quadriloba ;* en cinq lobes ou quinquelobes , *quinque-*
loba , fig. 20 & 28. La diſpoſition & la forme des lobes ont donné lieu
aux feuilles digitées , palmées , pinnatifides , oreillées , lyrées , &c.
Voyez ces mots.

FEUILLES luiſantes , *folia lucida* vel *nitida ;* celles dont la ſuperficie
eſt glabre & luiſante comme celle des feuilles de lierre , celles du
perſil ; *paginâ ſuperiore lucidum ,* celle qui n'eſt luiſante qu'en deſſus ;
paginâ inferiore vel *pronâ parte lucidum ,* celle qui n'eſt luiſante qu'en
deſſous.

FEUILLES lunulées , *folia lunulata* vel *lunata ;* celles qui ſont en
forme de croiſſant ; elles ſont plus larges que longues , arrondies par
le haut , ou terminées par une pointe courte , échancrées profondément à leur baſe , & ont leurs deux lobes latéraux anguleux.

FEUILLES lyrées , *folia lyrata , pl. VIII , fig. 26 ;* celles qui ſont
en forme de lyre , qui ont latéralement des découpures profondes qui
ne pénètrent pas juſqu'à la côte , & dont les diviſions ſont élargies à
la baſe & pointues à leur extrémité : telles ſont les feuilles de la dent
de lion.

FEUILLES marquées de lignes , *folia lineata ;* celles ſur la ſuperficie
deſquelles on rencontre des lignes longitudinales très-apparentes , mais
qui ne ſont pas enfoncées , & qui ne rendent pas la ſurface des feuilles
cannelées.

FEUILLES membraneuſes , *folia membranacea ;* celles qui ont ſi peu
d'épaiſſeur , qu'elles ne contiennent preſque point de pulpe , & ſemblent n'être compoſées que de membranes.

FEUILLES mamelonnées , *folia papilloſa , pl. VIII , fig. 56 ;* celles
ſur la ſuperficie deſquelles on rencontre des points élevés qu'on nomme
mamelons.

FEUILLES mordues , *folia præmorſa ;* celles dont le ſommet obtus
& tronqué , eſt remarquable par une ou pluſieurs découpures ou dé-
chirures , qui ont l'air d'avoir été faites par les dents d'un animal. *Voyez*
le lobe ſupérieur *A* de la feuille 19 , *pl. VIII.*

FEUILLES mucronées , *folia mucronata , pl. VIII , fig. 52 ;* celles qui
ſe terminent en pointe très-aiguë , ſaillante & alongée.

FEUILLES multifides , *voyez* FEUILLES fendues.

FEUILLES

FEUILLES nerveufes, *folia nervofa ;* celles qui ont des côtes ou des nervures faillantes qui s'étendent d'une extrémité de la feuille à l'autre, fans fe divifer d'une manière apparente ; telles font les feuilles de plantain. On nomme *folia binervia*, celles qui ont deux nervures ; *trinervia*, celles qui en ont trois, *pl. VIII, fig. 51 ; quadrinervia*, celles qui en ont quatre ; *quinquenervia*, celles qui en ont cinq, *fig. 53.*

FEUILLES nues, *folia nuda ;* celles fur la fuperficie defquelles on ne rencontre ni poils, ni épines, ni glandes.

FEUILLES obliques, *folia obliqua ;* celles qui font de biais, dont la furface n'eft ni horizontale, ni verticale ; elles péuvent être obliques de deux manières, ou vers le ciel, *inflexa vel inclinata, fig. 18 c, pl. X*, ou vers la terre, *reflexa vel reclinata, fig. 18 D.* Cependant on emploie plus fouvent le mot *reclinata*, pour fignifier celles qui font tout-à-fait tombantes, *fig. 11.*

FEUILLES oblongues, *folia oblonga ;* celles qui, dans leur longueur, portent plus de deux fois leur largeur

FEUILLES obtufes, *folia obtufa ;* celles dont le fommet eft prefque arrondi & comme émouffé. Quand ces feuilles font furmontées d'une pointe, on les nomme *obtufa cum acumine.*

FEUILLES ombiliquées, *folia umbilicata vel peltata, fig. 43, 44 ;* celles qui font pétiolées & remarquables, par la manière dont le pétiole ou la queue eft inférée à la feuille ; au lieu d'être, comme dans la feuille pétiolée, attaché à une de fes extrémités, & de fe prolonger en une nervure majeure qui traverfe la feuille d'un bout à l'autre, il eft central ou prefque central, comme dans les feuilles de la capucine, celles de l'écuelle d'eau ; les nervures majeures de la feuille partent de ce centre qu'on nomme ombilic, comme d'un point commun, & divergent toutes comme les branches d'un parapluie. On nomme auffi ces fortes de feuilles, feuilles en rondache.

FEUILLES ondées ou ondulées, *folia undata vel undulata ;* celles dont les bords font pliés d'une manière irréguliére, & toujours à angles obtus, *pl. VIII, fig. 40 B.*

FEUILES oppofées, *folia oppofita, pl. VIII, fig. 66 ; pl. X, fig. 18 A, B, C, D, E, F ; & fig. 20 A ;* celles qui font difpofées deux à deux fur des points diamétralement oppofés : telles font celles du chevrefeuille, de la clématire des haies : elles font oppofées en croix, *cruciatim oppofita*, quand elles font par paires croifées. *Voyez* la *pl. X, fig. 20 B.*

FEUILLES orbiculaires, *folia orbiculata, pl. VIII, fig. 9 ;* celles dont les extrémités font également éloignées du centre de la feuille.

FEUILLES oreillées, *folia aurita ;* celles qui portent à leur bafe pétiolée ou rétrécie en pétiole, deux appendices ou oreillettes *L M, fig. 67, pl. VIII.*

R

FEUILLES ouvertes, *folia patentia*, pl. *X*, *fig.* 18 *F*; celles qui s'éloignent de la tige par leur extrémité supérieure, & qui forment avec elle un angle presque droit; si elles formoient avec la tige un angle droit, elles feroient horizontales.

FEUILLES ovales ou ovoïdes, *folia ovata* pl. *VIII*, *fig.* 7; celles qui font plus longues que larges, & qui font plus étroites à leur sommet qu'à leur base; quand, au contraire, elles font plus étroites à leur base qu'à leur sommet, elles font ovales renversées, *obversè ovata*, *fig.* 6.

FEUILLES palmées ou digitées, *folia palmata*, pl. *VIII*, *fig.* 21, 24, 25; celles qui font simples, lobées, & dont les divisions forment l'éventail, ou représentent une main ouverte. On donne aussi quelquefois ce nom aux feuilles composées, quand le nombre des folioles qui les composent font au-dessus de cinq.

FEUILLES panduriformes, *folia panduriformia*, pl. *VIII*, *fig.* 58; celles qui font en forme de violon; elles font oblongues, un peu plus larges à leur base qu'à leur extrémité supérieure; elles font remarquables par une échancrure de chaque côté.

FEUILLES partagées, *folia partita*. Les feuilles partagées par des finus aigus, pl. *VIII*, *fig.* 17, 46, 47, 62, font appelées feuilles fendues; celles qui font partagées par des finus obtus, *fig.* 58, 59, 60, font appelées feuilles finuées; celles qui font divisées en plusieurs parties jusqu'à leur base, ou jusques près de leur base; font ou partagées en deux, *folia bipartita*; en trois, *tripartita*; en quatre, *quadripartita*; en cinq, *quinquepartita*; ou en un nombre indéterminé de parties, *multipartita*. La *fig.* 29, pl. *VIII*, représente une feuille finuée partagée en cinq, & dont les lobes palmés font fendus.

FEUILLES pédiaires, *folia pedata*, *fig.* 7, pl. *IX*; celles qui ont un pétiole qui se bifurque à son extrémité supérieure, & qui porte un nombre indéterminé de folioles attachées aux côtés intérieurs de ses divisions, & non aux côtés extérieurs: telles font les feuilles du pied de veau serpentaire, celles de l'hellébore noir, de l'hellébore vert, &c.

FEUILLES pendantes, *folia dependentia* vel *reflexa*, pl. *X*, *fig.* 18 *H*; celles qui ont l'air d'être suspendues à leur insertion sur la tige, & qui forment avec elle une ligne parallèle.

FEUILLES perfeuillées ou perfoliées, *folia perfoliata*, pl. *VIII*, *fig.* 68; celles qui font traversées par la tige, comme si elles avoient été percées, & qu'on eût laissé la tige dans le trou qu'elle auroit fait: telles font celles du buplèvre perce-feuille, *buplevrum rotundifolium* L.

FEUILLES persistantes, *folia persistentia*, *semper virentia* vel *perennia*; celles qui subsistent pendant l'hiver ou pendant plusieurs hivers, comme celles du buis, de l'if, & de toutes les plantes vivaces qui conservent leurs feuilles pendant plus d'une année.

FEUILLES pétiolées, *folia petiolata*, pl. *VIII*, fig. 49; & pl. *X*, fig. 1 c, D; celles qui sont portées par une queue que l'on nomme pétiole

FEUILLES pinnatifides, *folia pinnatifida*, pl. *VIII*, fig. 64; celles qui sont découpées profondément, & qui ne diffèrent des feuilles ailées, que parce que les découpures ne vont pas jusqu'à la côte principale de la feuille.

FEUILLES pinnées, *folia pinnata*; voyez FEUILLES ailées.

FEUILLES piquantes, *folia aculeata* vel *strigosa*; celles qui sont armées de poils très-aigus & piquants, quoique peu apparens : telles sont les feuilles des orties.

FEUILLES planes, *folia plana*; celles qui ont leurs surfaces supérieure & inférieure, égales, applaties & parallèles dans toute leur étendue.

FEUILLES plissées, *folia plicata*, pl. *VIII*, fig. 30; celles dont les nervures baissent & élèvent alternativement le disque à angles aigus.

FEUILLES pointues, *folia acuta* vel *cuspidata*; celles qui se terminent à leur extrémité supérieure, par une pointe affilée, mais dont la base est élargie. Quand leur sommet est terminé par deux pointes, on les nomme *folia bicuspida*; par trois pointes, *tricuspida*, &c.

FEUILLES ponctuées, *folia punctata*, pl. *VIII*, fig. 49; celles sur la superficie desquelles on rencontre un grand nombre de points creux ou colorés.

FEUILLES pubescentes, *folia pubescentia* vel *villosa*; voyez FEUILLES velues.

FEUILLES pulpeuses, *folia pulposa*; celles qui sont d'une consistance molle, tendre & succulente, qu'on dessèche difficilement, qui perdent, en se desséchant, beaucoup plus de la moitié de leur volume, & qui deviennent souvent méconnoissables.

FEUILLES quadrangulaires, *folia quadrangularia*; celles qui ont en leur bord quatre angles; quand les deux angles latéraux sont obtus, & que les autres sont aigus, elles sont rhomboïdes, p. *VIII*, fig. 45; si les deux angles A B de la même figure étoient plus bas, la feuille seroit appelée delthoïde.

FEUILLES quadrijuguées, *folia quadrijugata*, pl. *IX*, fig. 11; voyez FEUILLES conjuguées.

FEUILLES quaternées, *folia quaterna* vel *quaternata*, pl. *IX*, fig. 3; celles dont le pétiole commun porte quatre folioles pétiolées ou rétrécies en pétiole, & qui ont toutes le même point d'insertion.

FEUILLES quinées, *folia quina* vel *quinata*, pl. *IX*, fig. 4; celles dont le pétiole commun porte fur le même point d'infertion , cinq folioles pétiolées ou rétrécies en pétiole à leur bafe , comme on le voit , *fig. 44.*

FEUILLES rabattues ; *voyez* FEUILLES réfléchies , *fig. 18 H.*

FEUILLES radicales , *folia radicantia ;* celles qui produifent des racines , au moyen defquelles elles s'attachent fur les corps qui les environnent. Les Cultivateurs appellent feuilles radicantes , celles qui font fufceptibles de prendre racines , comme celles des *fedum* , qui n'ont befoin que d'être mifes fur de la terre , pour y produire de nouvelles plantes.

FEUILLES ramaffées , *folia conferta ;* celles qui font en fi grand nombre & fi rapprochées les unes des autres, qu'elles cachent la tige prefque entièrement : telles font les feuilles du tithymale cypariffe.

FEUILLES raméales , *folia ramea ;* celles qui ont leur infertion fur les branches ou rameaux , comme celles de plufieurs arbres & arbuftes. On les nomme feuilles caulinaires , lorfqu'elles font inférées fur la tige; radicales , lorfque c'eft la racine qui les porte.

FEUILLES rapprochées , *folia approximata ; celles dont les points* d'infertion fur la tige , les rameaux , ou même la racine , font très-près les uns des autres.

FEUILLES recompofées ou doublement compofées , *folia recompofita , pl. IX , fig. 17 , 18 , 19 ;* celles qui ont un pétiole commun & des pétioles immédiats , fur lefquels s'inférent les pétioles propres des folioles , ou les folioles rétrécies en pétiole.

FEUILLES réfléchies , rabattues ou tombantes , *folia reflexa , pl. X , fig. 18 H ;* celles qui forment avec la tige , un angle aigu ou prefque aigu à leur infertion , & qui font tombantes ; leur fituation , dans ce cas , eft parfaitement oppofée à celle des feuilles droites.

FEUILLES relevées , *folia affurgentia* vel *inflexa , pl. X , fig. 18 c ;* celles qui , à leur extrémité fupérieure , s'élèvent en fe courbant. Elles diffèrent des feuilles droites , en ce que , avant de s'élever , elles avoient une direction inclinée ou horizontale , au lieu que les feuilles droites , *folia erecta* vel *ftricta* , forment un angle très-aigu avec la tige dès leur infertion.

FEUILLES renflées , *folia gibba ;* celles qui font charnues & plus épaiffes dans le milieu qu'en leurs bords , quoiqu'épais & convexes.

FEUILLES réniformes , *folia reniformia , pl. VIII , fig. 11 ;* celles qui reffemblent à un rein ou à une oreille d'homme , qui font plus larges que longues , échancrées à leur bafe , & arrondies par le haut : telles font les feuilles du cabaret d'Europe , celles du cochléaria.

FEUILLES

FEUILLES renversées, *folia reclinata*, *pl. X*, *fig.* 18 D ; celles qui, à leur insertion, forment avec la tige un angle droit, & dont l'extrémité supérieure est réfléchie, & plus basse que le point d'insertion.

FEUILLES rétiformes, *folia retiformia* ; celles qui sont d'une finesse extrême, qui sont alongées, & qui, par leur entrelacement, représentent un filet dont les mailles sont plus ou moins serrées.

FEUILLES retournées, *folia resupinata* ; celles dont la surface supérieure devient l'inférieure, & par la même raison, la surface inférieure, la supérieure.

FEUILLES rhomboïdes, *folia rhombæa*, *pl. VIII*, *fig.* 45 ; celles qui ont quatre angles, dont deux obtus A, B, & deux aigus C, D, & dont les angles obtus sont plus près du pétiole que du sommet : telles sont les feuilles du *chenopodium vulvaria* L. Lorsqu'elles sont alongées & rhomboïdes, on les appelle *folia rhombæa ovata*.

FEUILLES ridées, *folia rugosa* ; celles sur la superficie desquelles on rencontre des rides causées par l'enfoncement des *nervures*, qui laissent entre elles des inégalités très-sensibles. Elles sont quelquefois lisses & unies en dessus, *superne lævia* ; & ridées en dessous, *inferne rugosa*, comme celles du figuier ; *pl. VIII*, *fig.* 28.

FEUILLES roides, *folia rigida* ; celles qui sont fermes, & qui opposent une certaine résistance quand on veut les ployer.

FEUILLES rondes, *folia rotunda* vel *nummularia*, *pl. VIII*, *fig.* 9, 10 ; celles qui sont arrondies comme une pièce de monnoie. (Rondes , arrondies ou orbiculaires) peuvent s'employer indifféremment.

FEUILLES rongées, *folia erosa*, *pl. VIII*, *fig.* 22 ; celles dont la bordure est remarquable par des échancrures, échancrées elles-mêmes, & dont les sinus sont de formes irrégulières.

FEUILLES roulées en dessus, *folia involuta*, *fig.* 18 A, *pl. X* ; celles qui se roulent sur elles-mêmes de dessous en dessus comme une boucle de cheveux : on dit qu'elles sont roulées en dessous, *revoluta*, *fig.* 18 B , quand elles sont roulées dans le sens opposé ; lorsque les bords d'une feuille sont roulés , on dit *folium margine involutum* vel *revolutum*.

FEUILLES rudes ou raboteuses, *folia scabra* vel *aspera* ; celles sur la superficie desquelles on rencontre de petites inégalités qui les rendent rudes au toucher , & au moyen desquelles elles s'acrochent aux habits.

FEUILLES runcinées, *folia runcinata*, *pl. VIII*, *fig.* 59, 63 ; celles qui sont découpées latéralement, & qui ont des sinus profonds & écartés.

FEUILLES sagittées, *folia sagittata*, *pl. VIII*, *fig.* 14, 15 ; celles qui ont la forme d'un fer de flèche : elles sont profondément échan-

S

crées à leur bafe; elles ont trois angles très-faillans, & terminés en pointe comme celles de la fléchière aquatique, *fagittaria fagittifolia* L; celles du lifcron des champs, *convolvulus arvenfis* L.

FEUILLES fans nervures, *folia enervia*; celles fur la fuperficie defquelles on ne remarque aucunes nervures, comme fur les feuilles des plantes graffes, celles de la tulipe.

FEUILLES fcarieufes, *folia fcariofa* vel *arida*; celles qui font sèches, arides, & qui font du bruit quand on les touche.

FEUILLES féminales, *folia feminalia*, pl. *V*, *fig. 11 A B*; celles qui paroiffent les premières après le développement de la graine. La plumule qui n'eft bien réellement que la tige en petit, porte des feuilles qu'on nomme feuilles féminales, parce qu'elles étoient contenues dans la femence; elles font affez fouvent très-différentes de celles que doit porter la plante par la fuite, & l'on ne doit les confondre ni avec les feuilles de la tige, ni avec les cotyledons.

FEUILLES ferrées contre la tige, *folia adpreffa*; voyez FEUILLES appliquées.

FEUILLES feffiles, *folia feffilia*, pl. *VIII*, *fig. 66, 68, 69*; celles qui n'ont pas de queue, & qui font inférées immédiatement fur la tige, les rameaux ou la racine. Quelquefois on pourroit prendre pour un pétiole ou pour une queue, la prolongation d'une feuille qu'on nomme feuille rétrécie en pétiole, pl. *VIII*, *fig. 67*; mais quand on trouvera de chaque côté de ce prétendu pétiole, une fuite des parties membraneufes & pulpeufes de la feuille L M, ce ne fera plus une queue, mais une feuille rétrécie en forme de queue.

FEUILLES fétacées, *folia fetacea*; celles qui font des plus menues, qui reffemblent à des cheveux, de la foie ou du poil.

FEUILLES fillonnées, *folia fulcata*; celles fur la fuperficie defquelles on rencontre des fillons caufés par l'enfoncement des nervures, ou des efpèces de cannelures parallèles & anguleufes.

FEUILLES fimples, *folia fimplicia*; celles qui font toujours folitaires fur un pétiole: telles font les feuilles du cabaret d'Europe, de la bétoine officinale, de la renoncule ficaire, de la violette de mars, &c. *Voyez* toutes les figures de la pl. *VIII*.

C'eft auffi la feuile fimple qui fait la dernière divifion des feuilles compofées, recompofées & furcompofées; elle porte alors le nom de foliole. On doit confidérer dans les folioles, comme dans les feuilles fimples, 1°. la *circonférence*; 2°. les *angles*; 3°. les *finus*; 4°. la *bordure*; 5°. la *furface*; 6°. le *fommet*; & 7°. les *côtés*.

FEUILLES finuées, *folia finuata*, pl. *VIII*, *fig. 58, 59, 60, 63*; celles qui font partagées par des finus arrondis & très-ouverts, & dont l'extrémité des lobes est arrondie : si les lobes étoient découpés, au lieu d'être appelées feuilles sinuées, on les nommeroit feuilles laciniées, si les échancrures, au lieu d'être arrondies, étoient anguleuses, comme si on les eût faites avec des ciseaux, on les appelleroit feuilles fendues.

FEUILLES sous-axillaires, *folia subaxillaria* vel *subalaria* ; voyez FEUILLES axillaires.

FEUILLES spatulées, *folia spatulata* ; celles qui sont cunéiformes, mais dont la base rétrécie en pétiole, est alongée comme la queue d'une spatule.

FEUILLES stables, *folia stabilia* ; celles qui persistent en hiver : on se sert plus souvent du mot persistantes.

FEUILLES striées, *folia striata* ; celles sur la superficie desquelles on remarque des lignes creusées profondément, & qui en rendent la surface cannelée.

FEUILLES submergées, *folia demersa* vel *submersa* ; celles qui sont entièrement plongées dans l'eau, & qui ne flottent jamais à la superficie.

FEUILLES subulées ou en forme d'alêne, *folia subulata*, *pl. VIII*, *fig. 4* ; celles dont la base est aussi étroite que dans les feuilles linéaires ; mais qui, de leur base à leur extrémité supérieure, se rétrécissent insensiblement, & se terminent en une pointe très-fine.

FEUILLES surcomposées, *folia suprà decomposita*, *pl. IX*, *fig. 21*, *22*, *23* ; celles qui sont composées trois fois ; qui ont 1°. un pétiole commun ; 2°. des pétioles partiels ; & 3°. des pétioles immédiats, sur lesquels les folioles sont insérées, soit qu'elles aient des pétioles propres, soit qu'elles soient seulement rétrécies en pétiole. Les feuilles surcomposées sont triternées, si les pétioles immédiats portent chacun trois folioles sur le même point d'insertion, *fig. 23* ; elles sont tripinnées, quand les pétioles immédiats portent des folioles disposées par paires & en forme d'ailes, *fig. 21*. Elles sont trigéminées ou trigéminées, *tergemina* vel *triplicatò gemina*, quand chaque pétiole immédiat porte deux folioles sur le même point d'insertion.

FEUILLES ternées, *folia terna* vel *ternata*, *pl. IX*, *fig. 1* ; celles qui sont attachées trois par trois sur le même pétiole. On appelle aussi feuilles ternés, celles qui sont disposées trois à trois sur le même point de la tige.

FEUILLES trapésiformes, *folia trapesiformia* ; celles qui ont en leurs bords quatre angles inégaux, & par conséquent quatre faces inégales.

FEUILLES très-courtes, *folia brevissima* ; celles qui sont courtes en raifon de leur largeur : cela fe dit auffi , lorfque l'on compare deux plantes du même genre , dont l'une a les feuilles beaucoup plus courtes que l'autre. Il en eft de même des feuilles très-longues , *folia longiffima*, dont on ne parle guère qu'eu égard au refte de la plante , & fur-tout quand il y a une difproportion remarquable des feuilles d'une efpèce à celles d'une autre efpèce du même genre que l'on compare.

FEUILLES très-entières, *folia integerrima* ; celles dont les bords font naturellement très-unis & entiers , & où l'on ne rencontre ni crénelures , ni dents , ni poils , ni épines , &c. *Voyez* FEUILLES entières.

FEUILLES triangulaires , *folia triangularia* , *pl. VIII* , *fig. 13* ; celles qui ont trois angles faillans en leurs bords , & qui forment un triangle.

FEUILLES tricufpidées , *folia tricufpida pl. VIII* , *fig. 13* ; celles qui font triangulaires , & dont chaque angle eft terminé par une pointe aiguë.

FEUILLES trijuguées , *folia trijugata* ; *voyez* FEUILLES conjuguées.

FEUILLES tripinnées , *folia tripinnata* vel *triplicatò pinnata*, *pl. IX* , *fig. 21* : les feuilles furcompofées font tripinnées *ou trois fois ailées*, quand leurs troifièmes pétioles portent des folioles oppofées en manière d'ailes , foit qu'elles foient en nombre pair ou en nombre impair.

FEUILLES triternées , *folia triplicatò ternata* vel *triternata* , *pl. IX* , *fig. 23*. Les feuilles furcompofées font appelées triternées , quand leur pétiole général fe trifurque ou fe divife en trois parties qui fe fubdivifent chacune en trois autres parties , & qui portent chacune trois folioles fur le même point d'infertion.

FEUILLES trois à trois , *folia trina* ; *voyez* FEUILLES ternées.

FEUILLES tronquées , *folia truncata* ; celles dont le fommet a l'air d'avoir été coupé à angles droits , ou qui fe terminent par une ligne prefque tranfverfale.

FEUILLES tubulées , *folia tubulofa* , *fig. 36* , *pl. VIII* ; celles qui font remarquables par un tube , dont le diamètre eft fort grand , comme dans l'oignon.

FEUILLES veinées , *folia venofa* , *pl. VIII* , *fig. 65* ; celles fur la fuperficie defquelles on rencontre des nervures très-fenfibles , très-ramifiées , mais qui ne rendent pas la fuperficie des feuilles ridées par leur enfoncement.

FEUILLES velues , *folia hirfuta* vel *pilofa*. On dit que les feuilles font velues , *hirfuta* ; hériffées , *hifpida* ; barbues , *barbata* ; ciliées , *ciliata* ; foyeufes ou fatinées , *fericea* ; tomenteufes , *tomentofa* ; laineufes

ou

ou drapées, *lanata* ; pubefcentes, *pubefcentia. Voyez* les différentes efpèces de poils, *pl. X, fig. 12* ; & l'article BORDS velus, pour l'explication de ces figures.

FEUILLES verticales, *folia verticalia*, celles qui font difpofées fur les tiges perpendiculairement à l'horizon.

FEUILLES verticillées, *folia verticillata, folia radiata, pl. X, fig. 19* ; celles qui font difpofées autour de la tige, comme les branches d'un parapluie, ou comme les rayons d'une roue : telles font les feuilles des *gallium*.

FEUILLES vifqueufes ou gluantes, *folia vifcida* vel *glutinofa* ; celles qui font enduites d'une humeur épaiffe & gluante qui poiffe les doigts.

FEUILLES vrillées, *folia cirrhofa, pl. IX, fig. 13, 14* ; celles qui fe terminent par un ou plufieurs filets tournés en fpirale, qu'on nomme VRILLES. *Voyez* ce mot.

FEUILLETÉ, ÉE, *voyez* CHAPEAU, *voyez* TIGE.

FEUILLETS, *laminæ*. On donne le nom de *feuillets* à ces efpèces de lames qui tapiffent la furface interne des chapeaux des agarics de Linnæus. Ils font pour la plupart compofés de deux lames appliquées l'une fur l'autre comme dans l'AGARIC oronge, & quelquefois ils font formés par une feule membrane pliée & repliée en zig-zag comme un furpli ; cela fe remarque principalement dans l'AGARIC contigu : fes feuillets qui fe détachent aifément de la chair, peuvent être dépliés comme un éventail que l'on ouvriroit, & l'on ne peut voir, fans le plus grand étonnement, avec quel ménagement, quelle économie cette membrane eft employée pour former les demi-feuillets & les parties de feuillets, pour qu'ils foient tous difpofés avec la même uniformité.

On ne connoît point encore les véritables fonctions des feuillets ; tout ce qu'on fait, c'eft qu'ils font chargés d'une pouffière femblable à celle que l'on rencontre fur les anthères de certaines fleurs, & que cette pouffière s'en détache avec plus ou moins d'élafticité, & eft portée au loin par l'air qui lui fert de véhicule.

On diftingue dans les feuillets le nombre, la forme & l'infertion. On dit que les feuillets font nombreux, *laminæ numerofæ* ; rares, *raræ* ; qu'ils font aigus, *acutæ* ; obtus, *obtufæ* ; arqués, *arcuatæ* ; bifides, *bifidæ* ; compofés de deux lames diftinctes, *duplicatæ, pl. VI, fig. 9* ; compofés d'une feule membrane pliée en zig-zag, *flexuofæ, fig. 10 & 11* ; minces, *tenues* ; épais, *craffæ* ; larges, *latæ, fig. 13* ; étroits, *arctæ* ; plus ou moins dentés ou crenelés, *dentatæ, fig. 13* ; ondés, *undulatæ*, papilionacés, *papilionaceæ, fig. 7* ; décurrens, *decurrentes, fig. 8* ; continus avec le chapeau ou avec le pédicule, *pileo* vel *pediculo continuæ* ; contigus, *contiguæ* ; connivens, *conniventes*, &c.

T

FIBRES, *fibræ*. Il y a dans toutes les parties qui compofent les plantes, des vaiffeaux deftinés à différens ufages : ces vaiffeaux vus au microfcope, paroiffent formés par de petits filets extrêmement minces, que l'on nomme fibres ; ce ne font peut-être que des vaiffeaux encore plus fins ; c'eft pourquoi l'on emploie affez communément le mot fibre pour le mot vaiffeau.

FIBREUX, SE ; ce qui eft compofé de fibres diftinctes : on dit que tel fruit a la chair fibreufe ou filandreufe. On appelle auffi racines fibreufes, celles qui font menues comme du fil.

FIGURES des plantes, *icones plantarum*. Toutes les plantes, indépendamment des caractères de la fructification qui les diftinguent, ont des formes, des couleurs, des manières d'être, dont l'expreffion eft réfervée à la peinture feule. On fait que rien n'eft plus propre à rendre l'étude de la botanique familière, que l'ufage des figures exactes, dont une courte defcription fait fimplement remarquer les détails : la Botanique dépouillée par-là de cet appareil fcientifique qui la rend impraticable, n'eft plus cette fcience dont l'étude, quelque defir que l'on ait de s'y livrer, rebute, ennuie; mais une fcience charmante où l'homme trouve un objet de récréation, un fujet de délaffement, & une bafe folide fur laquelle il étaie fa confiance dans l'ufage qu'il doit faire des productions du règne végétal pendant le cours de fa vie. *Voyez* HERBIER artificiel, MÉTHODE.

FILETS, *filamenta*, *pl. IV*, *fig. 7 D* ; le filet eft dans l'étamine, le pédicule qui porte l'anthère ; c'eft par les filets que l'efcence qui détermine la fécondation, eft portée aux anthères ; c'eft pourquoi Linnæus compare les fonctions des filets des étamines, à celles des vaiffeaux fpermatiques de l'animal.

Si le nombre des étamines dans chaque fleur ; fi leur proportion comparée avec celle des piftils ou de la corolle, offrent aux Botaniftes un grand nombre de caractères très-avantageux, la préfence ou l'abfence des filets, leur forme, leur grandeur refpective, leur infertion & leur difpofition ne leur font pas d'un moindre avantage.

FILETS capillaires, *filamenta capillaria* vel *filiformia* ; ceux qui font alongés, égaux dans toute leur longueur, & qui, par leur fineffe, reffemblent à des cheveux ou à du fil.

FILETS coniques, *filamenta conica* ; ceux qui repréfentent un cône alongé : on les nomme *fubulata*, quand ils font en forme d'alêne ; *cuneiformia*, quand ils font en forme de coin, &c.

FILETS connivens, *filamenta conniventia* ; ceux qui font rapprochés, & tellement voifins les uns des autres, qu'on les croiroit réunis ; mais, fi on les obferve à la loupe, & qu'on les foulève au moyen du ftylet, on s'assure qu'ils ne sont que rapprochés, sans qu'il y ait entre eux d'adhérence.

FILETS égaux, *filamenta æqualia;* ceux qui sont tous de même grandeur, & qui arrivent à la même hauteur.

FILETS géniculés, *filamenta geniculata, pl. IV, fig. 16;* ceux qui sont remarquables par une espèce de nœud ou d'articulation qui leur donne la forme d'un chevron brisé.

FILETS inégaux, *filamenta inæqualia;* ceux qui n'arrivent point tous à la même hauteur, parce qu'ils sont plus courts les uns que les autres. Dans les fleurs des classes *didynamie & tétradynamie* du système sexuel, les filets sont inégaux. Il ne faut pas les confondre avec les filets irréguliers.

FILETS insérés sur la corolle, sur le calice, sur le pistil, sur le réceptacle: nous avons déja dit que l'on reconnoissoit dans les étamines quatre insertions différentes; 1°. sur la corolle, *filamenta corollæ adnata vel insera, fig. 37, 38, 39, 40, pl. IV;* 2°. sur le calice, *calici insera, fig. 43;* 3°. sur le pistil ou le germe, *pistilo vel germini, fig. 34;* & 4°. sur le réceptacle, *receptaculo, fig. 35, 36.*

FILETS irréguliers, *filamenta irregularia, pl. II, fig. 16;* ceux qui, dans la même fleur, sont différens en grandeur, en figure & en direction.

FILETS libres, *filamenta libera, pl. IV, fig. 35, 36;* ceux qui sont tellement détachés les uns des autres, que l'on n'a besoin ni de la loupe, ni du stylet, pour s'assurer s'ils ne sont pas adhérens entre eux.

FILETS planes, *filamenta plana;* ceux qui sont élargis & applatis dans leur longueur.

FILETS opposés, *filamenta opposita*: quand on considère l'insertion des étamines dans les crucifères, par exemple, on voit, *fig. 39, pl. II,* qu'elles ont une espèce d'opposition remarquable, sur-tout dans les deux qui sont plus courtes, & qui ont leur point d'insertion, l'une diamétralement opposée à l'autre. Les filets sont aussi dans certains individus opposés aux pétales, ou, pour mieux dire, sont placés un à un & en face de chaque pétale; dans ce cas, on les nomme *filamenta petalis opposita.* Nous rencontrons communément plusieurs fleurs, de la classe décandrie sur-tout, qui ont cinq étamines placées une à une à chaque onglet des pétales, & les cinq autres qui sont insérées une à une alternativement entre les cinq pétales, de manière qu'il y a toujours une étamine opposée à un pétale.

FILETS réunis, *filamenta connata* vel *coalita;* ceux qui sont adhérens entre eux, qui sont rassemblés & réunis, ou en un seul corps, comme dans les mauves, *pl. IV, fig. 31;* ou en deux corps, comme dans les pois, les orobes, les luzernes, *fig. 46, pl. II*; ou en plusieurs corps, comme dans les millepertuis, *fig. 41, pl. IV*. Il ne faut pas confondre dans l'étamine la réunion des anthères avec celle des filets. On considère encore la manière dont ils sont réunis; & l'on dit réunis en faisceaux, réunis en gaîne, réunis par le haut, par le bas, &c.

FILETS très-courts, *filamenta breviſſima*; très-longs, *filamenta longiſſima*. Quand on compare la longueur des filets des étamines avec celle de leurs anthères ou avec celle des piſtils, ou même avec celle des pétales, on dit qu'ils sont très-courts ou très-longs, s'il y a une diſproportion remarquable entre l'une ou l'autre de ces parties.

FILETS velus, *filamenta hirta* vel *tomentoſa*; ceux sur la superficie deſquels on rencontre un duvet laineux ou tomenteux, ou seulement quelques poils remarquables.

FILIFORME, ES; ce qui est grêle & alongé comme un fil; *voyez* FEUILLES, PÉDICULE, PÉDUNCULE, RACINE, TIGE.

FISTULEUX, SE. On dit qu'une tige est fiſtuleuſe ou tubulée, quand elle est remarquable dans toute ſa longueur, par un canal ou un tuyau, dont la surface interne est unie & égale, & qui n'est point l'effet du deſſéchement, ni d'une perte de ſubſtance qui auroit ſervi de pâture à quelques inſectes; ainſi la hampe du *léontodon taraxacum*, Lin. est fiſtuleuſe. Le pédicule du champignon *c*, *fig. 6, p. VI*, est fiſtuleux; mais celui du champignon, *fig. 1, pl. VI*, est creux & non pas fiſtuleux; ne faut donc pas confondre la tige fiſtuleuſe avec la tige creuſe.

FLÈCHE. *Voyez* FEUILLES en fer de

FLÉTRIES, *voyez* FLEURS.

FLEUR, *voyez* FLEURS.

FLEURISTE; celui qui, par amuſement, par goût ou par état, s'occupe de la culture de certaines plantes, dans la vue d'en obtenir les plus belles variétés de fleurs.

FLEURON, *floſculus*. On donne le nom de fleuron à toutes ces petites fleurs monopétales régulières, qui, par leur réunion ſur un même réceptacle, forment les fleurs floſculeuſes. Les fleurons, *pl. II, fig. 50*; & *pl. IV fig. 58*, ont cinq étamines réunies par leurs anthères, *fig. 57*, en une gaîne que traverſe de part en part un piſtil ſouvent bifurqué, *fig. 59*: leur lymbe est diviſé en quatre ou cinq parties égales, & n'est point terminé par un prolongemeut particulier, comme le demi-fleuron, *fig. 56, 60*.

FLEURS, *flores*: on fut long-temps avant de connoître les véritables fonctions des fleurs; on les regardoit comme une ſimple parure pour les plantes, & pour nous un ſujet d'agrément & de récréation.

Aujourd'hui

Aujourd'hui que la Botanique est éclairée du flambeau d'une physique épurée, il est prouvé que les fleurs sont destinées à contenir les organes de la fructification ; que c'est dans les fleurs que s'opère la fécondation, & qu'il n'y a rien dans une fleur qui ne soit fait pour assurer le succès de cette opération. *Voyez* FLEURS complètes. On distingue dans les *fleurs*, la forme, la disposition & la durée.

FLEURS à étamines ou fleurs apétales, *flores staminei*. Tournefort appelle fleurs à étamines, celles qui n'ont pas de pétales, mais dont les étamines sont apparentes : elles composent la classe XV de sa Méthode.

FLEURS agrégées, *flores aggregati* ; celles qui sont formées par la réunion d'un nombre indéterminé de petites fleurs hermaphrodites, *pl. IV, fig. 62, 63*, disposées sur un réceptacle commun, mais dont les étamines ne sont point réunies entre elles, *comme celles des vrais fleurons qui forment les fleurs composées, fig. 58*. La fleur de la scabieuse est une fleur agrégée ou faussement composée, comme dit M. de la Mark. Il est essentiel, pour un commençant sur-tout, de s'accoutumer à faire cette distinction. *Voyez* FLEUR composée.

FLEURS alternes, *flores alterni* ; celles qui sont disposées sur la tige ou les rameaux, dans le même ordre que les feuilles de la *fig. 69*, *pl. VIII*.

FLEURS androgynes ; *voyez* FLEURS monoïques.

FLEURS anomales, *flores anomali* ; celles qui sont polypétales, irrégulières, qui sont ordinairement accompagnées d'un nectaire, & qui n'ont pas un légume pour fruit. Les fleurs anomales composent la classe XI de la Méthode de Tournefort, *pl. I, fig. 26, 27, 28*.

FLEURS apétales, *voyez* FLEURS à étamines.

FLEURS autumnales ; *flores autumnales* ; celles qui paroissent en automne.

FLEURS campanulées ou campaniformes, *flores campanulati* ; celles dont la corolle d'une seule pièce est plus ou moins évasée, & en forme de cloche, de bassin ou de grelot, *pl. I, fig. 1, 2, 3*. Parmi les fleurs que l'on appelle fleurs campanulées, il y en a quelques-unes d'irrégulières ; mais il faut observer que celles qui composent la classe I de la Méthode de Tournefort, sont monopétales régulières.

FLEURS axillaires, *flores axillares* ; celles qui ont leur point d'insertion dans les aisselles des feuilles, c'est-à-dire, dans l'angle que forment les feuilles, en s'unissant aux tiges ou aux rameaux.

FLEURS colorées, *flores colorati*. Nous avons déja parlé de la couleur des fleurs, page 39 : nous avons dit que tant que l'on étoit sûr qu'une culture forcée, un sol étranger n'avoient point altéré la couleur

V

des pétales, on pouvoit employer la couleur comme caractère pour la distinction des espèces : il faut encore que les fleurs soient dans l'état d'épanouissement, parce que la couleur est ordinairement plus ou moins foncée, quand les fleurs sont encore en bouton, & quand elles commencent à se flétrir. Les Fleuristes qui regardent, comme espèces particulières, toutes les plantes dont les fleurs ont acquis par la culture quelques changemens dans leur couleur, se sont fait une nomenclature, qu'on ne sera peut-être pas fâché de trouver ici. Ils appellent *flos albus* vel *candidus*, celle qui est blanche ; *lacteus* vel *eburneus*, celle qui est d'un blanc d'ivoire ; *hyalinus*, celle qui est sans couleur & transparente comme du verre ; *cinereus* vel *gilvus*, celle qui est d'un gris cendré ; *incanus*, *sericeus* vel *argyrocomus*, celle qui est blanchâtre & comme argentée ou satinée ; *carneus* vel *incarnatus*, celle qui est de couleur de chair ; *roseus*, celle qui est de couleur de rose ; *coccineus* vel *puniceus*, celle qui est écarlate ; *purpureus*, celle qui est pourpre ; *niger*, celle qui est noire ; *piceus*, celle qui est d'un noir bleuâtre ou violet ; *terreus*, celle qui est de couleur de boue ou de terre ; *ferrugineus*, celle qui est de couleur de rouille ; *luteus* vel *flavus*, celle qui est jaune ; *lucidus*, celle qui est d'un jaune pâle ; *croceus*, celle qui est d'un jaune foncé ; *aurantiacus* vel *crysocomus*, celle qui est d'un jaune orangé ; *cœruleus* vel *cyalinus*, celle qui est bleue ; *violaceus*, celle qui est violette ; *viridis*, celle qui est verte ; *glaucus* vel *cæsius*, celle qui est d'un vert pâle & bleuâtre ; *prasinus*, celle qui est d'un vert de porreau, &c. Quand les fleurs passent d'une couleur à l'autre par des nuances sensibles, on dit d'une fleur, qu'elle tire sur le blanc, *flos albicans* ; sur le jaune, *lutescens* ; sur la couleur de chair, *dilutè carneus* ; sur le pourpre clair, *dilutè purpureus* vel *purpurascens* ; sur le pourpre noirâtre, *atro-purpureus* ; qu'elle est d'un bleu clair, *subcœruleus* ; d'un bleu noirâtre, *nigro-cœruleus* ; quand elle est noirâtre ou plombée, *nigricans* vel *fuscus* ; & quand ces couleurs ont un coup-d'œil terne, que le blanc, le jaune, le rouge, le vert, paroissent mêlés d'une teinte noirâtre ou bistrée ; si c'est le blanc qui domine, on dit que la fleur est d'un blanc sale, *sordidè albicans* ; si c'est le jaune, qu'elle est d'un jaune sale, *sordidè lutescens* ; si c'est le rouge, qu'elle est d'un rouge sale, *sordidè purpureus* ; si c'est le vert, qu'elle est d'un vert sale, *sordidè virescens*, &c. Quand une fleur n'est pas d'une même couleur, mais qu'on peut y distinguer plusieurs couleurs placées alternativement les unes à côté des autres, comme si elles y eussent été appliquées avec le pinceau, on dit que la fleur est panachée, *flos variegatus*.

FLEURS cariophyllés ou fleurs en œillet, *flores caryophillati*. On appelle ainsi les fleurs qui sont composées de plusieurs pétales, dont l'onglet est caché dans un calice alongé & d'une seule pièce, & sur les bords duquel, les lames des pétales sont disposées en roue, *pl. I, fig. 20 ; & pl. II, fig. 19, 21.*

FLEURS complètes, *flores completi*; celles qui ont calice, corolle, étamines & piftils; lorfqu'elles font dépourvues d'une feule de ces parties, elles font incomplètes, *flores incompleti*. Dans la defcription d'une fleur incomplète, on doit dire fi c'eft parce qu'elle manque de calice ou de corolle, qu'elle eft incomplète, ou fi c'eft parce qu'elle n'a pas d'étamines ou de piftils. Quelques Auteurs cependant ne regardent point comme incomplète, une fleur qui manque d'étamines ou de piftils, parce qu'ils n'ont eu aucun égard aux organes fexuels dans la formation de leur fyftême. La fleur du lys, *pl. IV*, feroit complète, fi elle avoit un calice.

FLEURS compofées, *flores compofiti*, *pl. I*, *fig.* 29, 30; & *pl. II*, *fig.* 52 & 53; celles qui font formées par un affemblage de petites fleurs monopétales & hermaphrodites, qui ont cinq étamines réunies par leurs anthères en forme de gaîne traverfée par un piftil communément bifide, & qui font toutes difpofées fur un réceptacle commun. On divife les fleurs compofées, en fleurs flofculeufes, en fleurs femi-flofculeufes, & en fleurs radiées. *Voyez* ces mots. Il ne faut pas confondre les fleurs compofées avec les fleurs agrégées. Celles des chardons, des chicorées, des dents de lion, font des FLEURS compofées; celles des fcabieufes ne font que des FLEURS agrégées.

FLEURS dioïques, *flores dioici*; celles qui font ou mâles, ou femelles, portées féparément fur deux plantes différentes, les fleurs mâles fur une plante, & les fleurs femelles fur une autre plante.

FLEURS doubles, *flores duplices*; celles qui ont acquis par la culture un plus grand nombre de pétales qu'elles n'en devroient avoir naturellement, mais dans lefquelles les organes fexuels fubfiftent encore en partie, & fourniffent quelques graines fécondes. *Voyez* FLEURS pleines.

FLEURS cruciformes, cruciées ou en croix, *flores cruciati vel cruciformes*. *Voyez* COROLLE en croix.

FLEURS droites, *flores erecti*; celles qui ont leur péduncule perpendiculaire à l'horizon, & dont les pétales font, par leur lymbe, parfaitement horizontaux.

FLEURS en bouquet, *flores thyrfoidei*; celles dont les péduncules branchus, inférés graduellement & par étage fur différens points d'un axe ou péduncule commun & vertical, arrivent à des hauteurs différentes.

FLEURS en cloche, *voyez* FLEURS campanulées.

FLEURS en corymbe, *voyez* CORYMBE.

FLEURS en épi, *flores fpicati*; celles qui font feffiles ou prefque feffiles, & qui font difpofées fur un péduncule commun, fimple, alongé

& droit ; mais il faut fe rappeler qu'on a dit qu'il falloit diſtinguer deux fortes d'épi ; l'épi proprement dit, & l'épi chatonnier. *Voyez* EPI. Lorſque les fleurs en épi font diſpoſées d'un ſeul côté ſeulement, on les nomme *flores ſpicati ſecundi.*

FLEURS en grappe, *flores racemoſi*, *pl. X, fig. 7 ;* celles dont le péduncule commun eſt toujours dans une direction inclinée ou pendante, & dont les péduncules particuliers font étagés comme dans le bouquet.

FLEURS en gueule ou labiées; *voyez* COROLLE labiée.

FLEURS en muffle, en maſque ou perſonnées; *voyez* COROLLE en maſque. Il feroit intéreſſant, pour la netteté du langage de la Botanique, d'en retrancher les mots vagues de COROLLE en gueule ou COROLLE labiée, & de COROLLE en muffle, en maſque ou perſonnées : j'aimerois mieux les mots *fleurs irrégulières* à capſule, *fig. 7, 9, pl. I,* au lieu de fleurs perſonnées ou fleurs en muffle, &c. & fleurs irrégulières à graines nues, *pl. I, fig. 11, 12,* au lieu de fleurs en gueule ou labiées; du moins cela nous laiſſeroit une idée de la choſe dont nous parlons.

FLEURS en niveau, *voyez* CORYMBE.

FLEURS en ombelle, *flores umbellati ;* celles dont les péduncules partent tous d'un point commun, d'où ils divergent comme les branches d'un paraſol. On les nomme *fleurdeliſées,* parce qu'elles reſſemblent, en quelque forte, aux fleurs de lis d'un écuſſon.

FLEURS en panicule, *flores paniculati ;* celles qui font portées par des péduncules grêles, rameux, diſpoſés pour l'ordinaire avec confuſion autour d'un péduncule commun, & qui arrivent à des hauteurs différentes & ſans aucune eſpèce d'ordre.

FLEURS éparſes, *flores ſparſi ;* celles qui font rares, éloignées & diſpoſées ſans aucun ordre autour des tiges & des rameaux.

FLEURS éphémères, *flores ephemeri ;* celles qui durent très-peu, ou qui ne durent jamais plus d'un jour.

FLEURS équinoxiales, *flores equinoxiales ;* celles qui s'ouvrent conſtamment à telle ou telle heure, & qui ſe ferment toujours à la même heure.

FLEURS eſtivales, *flores æſtivales* vel *æſtivi ;* celles qui paroiſſent en été.

FLEURS faſciculées, *flores faſciculati ;* celles qui font droites, très-rapprochées, & dont les péduncules font comme raſſemblés en faiſceau.

FLEURS

FLEURS femelles , *flores fœminei* : les fleurs qui n'ont que des piftils fans étamines , font appelées par les Botaniftes fleurs femelles : c'eft toujours dans ces efpèces de fleurs que l'on doit chercher le germe du fruit des plantes bifexuelles , & non pas dans les fleurs mâles. Si l'on rencontre fur une même plante des fleurs femelles & des fleurs mâles féparées , ces fleurs font monoïques ou androgynes. Quand les fleurs mâles & femelles fe trouvent féparément fur deux individus , c'eft-à-dire, quand les fleurs mâles fe trouvent fur une plante , & que les fleurs femelles fe trouvent fur une autre plante , comme dans le chanvre, la mercuriale annuelle, l'épinard, elles font dioïques. *Voyez* PLANTES monoïques , & PLANTES dioïques.

FLEURS fertiles , FLEURS fécondes ou fleurs nouées, *flores fertiles vel fecundi;* celles qui étant, ou femelles , ou hermaphrodites , rapportent des fruits fécondés , qui pourront produire de nouvelles plantes.

FLEURS flétries , *flores marefcentes;* celles qui reftent attachées aux tiges ou aux rameaux , malgré qu'elles aient perdu leur forme & leur couleur.

FLEURS fleurdelifées , *voyez* FLEURS en ombelle.

FLEURS flofculeufes , *flores flofculofi;* parmi les fleurs compofées , celles qu'on nomme fleurs flofculeufes , font celles qui ne font compofées que de fleurons , *fig. 58 , pl. IV , voyez* FLEURONS.

FLEURS glomérulées , *flores glomerulati;* celles qui font raffemblées en tête , & qui forment une efpèce de boule aux extrémités des tiges. Quand elles font raffemblées en pelotons le long de la tige, on dit qu'elles font raffemblées par pelotons , *flores conferti.*

FLEURS hermaphrodites , *flores hermaphroditi.* On appelle fleurs hermaphrodites , toutes les fleurs dans lefquelles on trouve étamines & piftils. La fleur du lis , *pl. IV*, eft hermaphrodite : les fleurs de la pédiculaire , *pl. III*, le font auffi.

On confond affez ordinairement les mots hermaphrodites & androgynes , & on les emploie mal-à-propos comme fynonymes. Linnæus leur donne un fens bien différent ; il nomme plante androgyne , celle qui porte fur le même pied des fleurs mâles & des fleurs femelles féparément , & non pas celle qui a des organes mâles & femelles réunis dans une même fleur.

FLEURS hivernales , *flores hibernales ;* celles dont l'époque de la floraifon arrive ordinairement pendant l'hiver.

FLEURS hybrides , *voyez* FLEURS polygames.

FLEURS incomplètes , *flores incompleti ; voyez* FLEURS complètes.

FLEURS infundibuliformes , *voyez* COROLLE infundibuliforme.

X

FLEURS labiées ou FLEURS en gueule, *flores labiati*; *voyez* COROLLE en gueule & FLEURS en muffle.

FLEURS latérales, *voyez* FLEURS unilatérales.

FLEURS légumineuses, *flores leguminosi* vel *papilionacei*; *voyez* COROLLE papilionnacée.

FLEURS liliacées ou FLEURS en lis, *flores liliacei*. On appelle ainsi les fleurs qui sont composées de trois ou de six pétales, ou d'un seul pétale divisé en six, dont la forme approche de celle de la fleur du lis, *pl. IV*; elles ont ordinairement pour fruit une capsule à trois loges.

FLEURS mâles, *flores masculi* vel *mares*. Les Botanistes appellent fleurs mâles, celles qui ne portent que des étamines & jamais de pistils: les fleursmâles sont toujours stériles.

FLEURS météoriques, *flores meteorici*; celles qui n'ont point d'heure déterminée pour s'ouvrir, qui s'ouvrent indifféremment à différens instans de la journée; selon l'état du ciel, le degré de température de l'air, &c.

FLEURS monoïques ou androgynes; *flores monoici* vel *androgyni*; celles qui sont mâles & femelles séparées sur le même individu.

FLEURS mutilées, *flores mutilati*; celles à qui il manque quelques parties nécessaires à la fructification, par causes de maladie.

FLEURS neutres, *flores neutri* vel *eunuchi*: c'est avec raison qu'on nomme fleurs neutres, quantité de fleurs pleines, qui n'ayant plus les parties essentielles à la fructification, c'est-à-dire, ni étamines, ni pistils, ne peuvent donner de graines fécondes. *Voyez* FLEURS pleines.

FLEURS nouées, *flores fecundi*; *voyez* FLEURS fertiles.

FLEURS papilionnacées, *flores papilionacei*; *voyez* COROLLE papilionnacée.

FLEURS pédunculées, *flores pedunculati*; celles qui sont portées par des péduncules.

FLEURS penchées, *flores nutantes* vel *cernui*; celles dont les péduncules s'éloignent de la ligne verticale, & qui sont un peu inclinées vers la terre.

FLEURS personnées, FLEURS en masque ou en mufle, *flores ringentes*; *voyez* COROLLE personnée.

FLEURS pleines, *flores pleni*; celles qui ne conservent plus aucun organe sexuel, & desquelles on ne peut conséquemment obtenir aucunes semences fécondes; elles ne sont composées que de pétales formés aux dépens des parties qui étoient destinées à la reproduction de l'espèce.

On ne peut multiplier les individus à fleurs pleines, qu'à l'aide des racines & des boutures.

FLEURS prolifères, *flores proliferi*. On obtient quelquefois, par la culture, des fleurs du milieu desquelles s'élève une petite tige qui porte des feuilles ou une nouvelle fleur : il ne faut pas confondre ces fleurs prolifères avec les fleurs doubles, les fleurs neutres ou fleurs pleines.

FLEURS polygames ou hybrides, *flores polygami* vel *hybridi*; celles qui font hermaphrodites, & qui font portées fur un pied qui porte auffi des fleurs mâles ou femelles, enfemble ou féparément.

FLEURS polygames monoïques mâles, *flores polygami monoici mares*; celles qui font hermaphrodites, & qui font portées fur un pied qui porte auffi des fleurs mâles.

FLEURS polygames monoïques femelles, *flores polygami monoici fœminei*; celles qui font hermaphrodites, & qui font portées fur un pied qui porte auffi des fleurs femelles.

FLEURS polygames dioïques mâles, *flores polygami dioici mares*; celles qui font hermaphrodites fur un individu, & en même temps mâles & hermaphrodites féparées fur un autre individu de la même efpèce.

FLEURS polygames dioïques femelles, *flores polygami dioici fœminei*; celles qui font hermaphrodites fur un individu, & en même temps femelles & hermaphrodites féparées fur un autre individu de la même efpèce.

FLEURS printannières, *flores verni*; celles qui paroiffent au printemps.

FLEURS radicales, *flores radicales*; celles qui partent immédiatement de la racine.

FLEURS radiées; *flores radiati*. Parmi les fleurs compofées, celles qu'on nomme radiées, font celles dont le difque eft occupé par des fleurons, *fig. 58, pl. IV*, & la circonférence par des demi-fleurons, *fig. 56, 60, 61.*

FLEURS ramaffées, *flores congefti, aggregati*; celles qui font raffemblées par paquets : quand elles font difpofées deux à deux ou trois à trois fur le même point d'infertion, on les nomme *flores bini, terni, quaterni*, &c. : quand elles font ramaffées en tête, ou difpofées aux extrémités des tiges ou dès rameaux en efpèce d'épi fort court & plus ou moins arrondi, on les appelle *flores capitati* vel *glomerulati*.

FLEURS rares & clair-femées, *flores rari & diffeminati*; celles qui font en petit nombre fur les tiges ou les rameaux, & éloignées les unes des autres.

FLEURS raffemblées, *voyez* FLEURS fafciculées, FLEURS glomérulées, FLEURS verticillées, FLEURS en grappe, FLEURS en bouquet, FLEURS en ombelles, FLEURS en panicule, FLEURS en épi, en corymbe, &c.

FLEURS rofacées ou FLEURS en rofe, *flores rofacei, pl. I, fig. 15, 16; & pl. II, fig. 25, 29.* On appelle ainfi les fleurs qui ont cinq pétales égaux & difpofés en rond.

FLEURS femi-doubles, *flores femi-duplices;* celles qui ont un plus grand nombre de pétales qu'elles ne devroient en avoir naturellement, qui confervent néanmoins les organes femelles dans un état prefque auffi parfait que fi elles étoient fimples, & dont les pétales ne font pas affez multipliés, pour qu'on puiffe leur donner le nom de fleurs doubles.

FLEURS femi-flofculeufes, *flores femi-flofculofi.* Les fleurs compofées font appelées fleurs femi-flofculeufes, quand elles ne font compofées que de DEMI-FLEURONS, *pl. IV, fig. 56, 60, 61.*

FLEURS feffiles, *flores feffiles;* celles qui n'ont pas de péduncule, & qui repofent immédiatement fur la tige ou les rameaux; *c'eft ce qu'on appelle vulgairement* fleurs fans queue.

FLEURS fimples, *flores fimplices.* On appelle fleurs fimples, les fleurs qui n'ont qu'un nombre de pétales néceffaire, ou plutôt le nombre de pétales naturel à l'efpèce. On appelle auffi quelquefois, & feulement par oppofition à fleur compofée, fleur fimple, celle qui vient feule fur un réceptacle.

Les Cultivateurs appellent fleurs fimples, celles qui n'ont qu'un trèspetit nombre de pétales au deffus de celui qu'elles devroient avoir naturellement : c'eft un degré au deffous de femi-doubles.

FLEURS folitaires, *flores folitarii;* celles qui ne viennent qu'une à une fur chaque tige ou fur chaque rameau : la fleur du colchique d'automne, celle de la tulipe, font des fleurs folitaires.

FLEURS ftériles, *flores fteriles.* Les fleurs mâles font ftériles de droit; mais les fleurs femelles & les fleurs hermaphrodites ne le font jamais que par accident. On a vu à l'article FÉCONDATION, quelle étoit la marche de la nature, pour que les plantes devinffent en état de perpétuer leurs efpèces au moyen de leurs graines; & à l'article CASTRATION, ce qui pouvoit rendre les fleurs ftériles.

FLEURS terminales, *flores terminales;* celles qui font difpofées aux extrémités des tiges ou des rameaux.

FLEURS tropiques, *flores tropicei;* celles qui s'ouvrent conftamment le matin, & qui fe ferment le foir.

FLEURS

FLEURS unilatérales, *flores unilaterales* vel *fecundi*; celles qui ne font difpofées que fur un côté de la tige feulement; quand elles font à peu près également difpofées fur deux côtés oppofés de la tige, on dit qu'elles font latérales, *laterales.*

FLEURS unifexuelles, *flores uni-fexus*; celles qui ne portent que des organes mâles fans organes femelles, c'eft-à-dire, des étamines fans piftils, ou des organes femelles fans organes mâles, c'eft-à-dire, des piftils fans étamines. Les fleurs monoïques & les dioïques, font des fleurs unifexuelles.

FLEURS verticales, *flores verticales*; celles qui font dans une fitua-tion abfolument pendante : telles font les fleurs du fceau de Salomon.

FLEURS verticillées, *flores verticillati, fig. 5, pl. X;* celles qui font difpofées en anneau ou en couronne autour des tiges ou des rameaux.

FLEXIBLE; ce qui eft fouple, que l'on plie aifément.

FLORAISON ou FLEURAISON, *efflorefcentia*; c'eft l'époque à la-quelle les plantes portent des fleurs. On dit qu'une fleur eft printanière, eftivale, automnale ou hivernale, quand elle paroît au *printemps*, en *été, en automne, en hiver, fans que l'époque de* fa fleuraifon ait été hâtée ou retardée par la culture.

FLORALES, *voyez* FEUILLES.

FLOSCULEUSE, *voyez* COROLLE, FLEURS.

FLOTTANTES, *voyez* FEUILLES.

FLUIDES néceffaires à la végétation. L'air eft le premier fluide; c'eft lui qui entretient la fluidité & le mouvement des autres liqueurs qui circulent dans les vaiffeaux des plantes; c'eft lui qui fait monter & defcendre la fève, & qui facilite le paffage des fucs propres dans des vaif-feaux d'une extrême finéffe, &c.

FLUTE, *voyez* GREFFE en.

FLUVIATILES, *voyez* PLANTES.

FOIBLE, *voyez* PEDUNCULE, TIGES.

FOLIAIRE, qui vient fur les feuilles; *voyez* VRILLE.

FOLIATION ou FEUILLAISON, *frondefcentia* vel *foliatio*; c'eft en général l'époque du premier développement des feuilles d'une plante. Linnæus a obfervé que les feuilles étoient roulées dans le bouton fous dix formes principales qui déterminoient autant d'efpèces de foliation.

FOLIOLES, *foliola, fig.* A, B, C, D, E, *fig. 4, pl. IX.* On donne le nom de folioles aux petites feuilles qui forment la feuille compofée, & qui ont leur point d'infertion fur un pétiole qui leur eft commun. On dit les folioles de la feuille du pois, les folioles de la feuille de l'orobe, de la vesce, de la quinte feuille, &c.

FOLLICULE, *folliculus; voyez* COQUE.

FONGOSITÉ, *fongositas*. On appelle fongosité ou substance fongueuse, tout ce qui est d'une consistance molle & élastique, & qui a quelque analogie avec la chair d'un champignon.

FORME, *forma vel habitus*. On entend par la forme, la figure extérieure d'un corps quelconque : on dit que tel fruit, telle racine, tel champignon, sont de forme ronde, orbiculaire, ovale, elliptique, alongée, &c. *Voyez* FEUILLES & les figures correspondantes. Dans une description, on manque souvent d'expression pour la forme, il faut avoir recours à des objets de comparaison ; c'est pourquoi l'on a fait les mots cunéiforme, cordiforme, panduriforme, lancéolé, palmé, &c.

FOURCHU, UE. On appelle fourchues ou bifurquées, les racines, les tiges, les vrilles, qui sont fendues en deux à leur extrémité, & qui font la fourche. On appelle stygmate fourchu ou bifurqué, celui que la *fig. 49 H*, *pl. IV*, représente.

FRANGÉ, ÉE. On dit que les bords d'une feuille, d'un feuillet, d'un pétale, sont frangés, quand ils sont remarquables par des découpures très-fines qui semblent avoir été faites à coups de ciseaux & sans perte de substance.

FRISÉ, ÉE. On dit d'un pétale d'une feuille, des bords du chapeau d'un champignon, qu'ils sont frisés, quand ils sont irrégulièrement ondés & comme crépus. Ce mot s'emploie aussi quelquefois, pour signifier ce qui est roulé en dessus ou en dessous.

FRUCTIFICATION, *fructificatio* ; c'est, à proprement parler, l'ensemble des organes destinés à féconder les graines, d'ou dépend la reproduction des végétaux. Les principaux organes de la fructification, sont les étamines & les pistils ; Linnæus les compare à ceux de la génération des animaux, parce qu'ils remplissent à peu près les mêmes fonctions. On peut regarder, dit-il, la corolle, comme le palais où se célèbrent les noces ; le calice, comme le lit conjugal ; les pétales, comme les Nymphes ; les filets des étamines, comme les vaisseaux spermatiques ; les anthères, comme les testicules ; la poussière fécondante, comme la liqueur séminale ; le stygmate, comme la vulve ; le style, comme le vagin ; le germe, comme l'ovaire ; le péricarpe, comme l'ovaire fécondé ; la graine, comme l'œuf ; les organes mâles & femelles réunis dans les fleurs d'une plante, comme les organes de la génération des animaux hermaphrodites ; & ces mêmes organes sur des individus séparés, c'est-à-dire, les étamines dans des fleurs, & les pistils dans d'autres fleurs, comme les organes de la gé-

nération des animaux qui ne font point hermaphrodites, & qui s'ac-
couplent pour travailler à la reproduction de leurs femblables.

Dans un très-grand nombre de plantes, il feroit bien difficile de
fuivre cette ingénieufe comparaifon ; ou les organes de la fructification
ne font connus qu'en partie, ou ils ne le font pas du tout. Linnæus,
dans fon Syftême fexuel, femble n'avoir rangé dans fa claffe XXIV,
cryptogamie, 1°. les fougères, 2°. les mouffes, 3°. les algues, &
4°. les champignons, qu'en attendant qu'on découvrît les vrais organes de la fructification de ces plantes ; mais bien des fiècles fe fuc-
céderont encore, avant qu'on en puiffe claffer un très-grand nombre
différemment ; il y en a même, dont la fructification fera pour toujours le fecret de la Nature, & qui feront toujours des *cryptogames*
pour nous. Dans les fougères, par exemple, on ne diftingue ni organes mâles, ni organes femelles proprement dits. Ce que l'on regarde
comme organes de la fructification dans la plupart de ces plantes, font
de petits globules remplis de pouffière & communément raffemblés
par paquets : fi l'on examine ces paquets au microfcope, fur les feuilles
fougères, on voit qu'ils font formés par un affemblage de petites cap-
pfules à deux valves *fig. A*, *pl. VI* (*organes de la fructification des fougères*) ; que ces capfules font bordées d'un ou de plufieurs rangs de
corps orbiculaires, entremêlés de paillettes qu'on ne diftingue qu'avec
peine, & qu'elles varient dans leur forme & leur difpofition fur des individus différens ; que tantôt elles forment, fur le dos des feuilles, de
petits paquets arrondis & épars, *fig. B*, *c* ; tantôt de petits tas informes,
fig. D ; des lignes, *fig. E*, *F* ; tantôt un bourrelet fur le bord des feuilles,
fig. c ; une efpèce de cône aux extrémités des tiges, *fig. H*, ou un épi,
fig. I, ou qu'elles font différemment fituées dans le voifinage des racines.

Dans les mouffes, la fructification, quoique plus uniforme, n'eft
guère mieux déterminée. Dans la plupart de ces plantes, on obferve,
fur des pédicules affez longs, *fig. K*, *L*, des efpèces d'urnes, *fig. M*, *s*,
tantôt recouvertes d'une coiffe *O*, *P*, & tantôt fans coiffe, *fig. N* ; & d'autres fois avec des coiffes & fans cupules apparentes : dans un grand nombre de ces plantes, on trouve une pouffière féminale, *fig. t*, *T*, qui paroît
avoir les mêmes fonctions que celle que portent les anthères des fleurs
diftinctes, & on a foupçonné d'après cela, que les mouffes avoient des
organes mâles & femelles : quelques-uns prétendent que les organes
mâles & femelles font réunis dans chaque urne : d'autres au contraire
prétendent que ce que l'on regarde comme organe femelle dans l'urne,
n'eft point deftiné à cet ufage, puifque l'on n'y rencontre point de fruit;
& ils regardent comme organes femelles, de petits boutons écailleux &
feffiles, *fig. Q*, *R*, que l'on apperçoit à la partie inférieure des tiges, lorfqu'on les obferve avec attention : d'autres encore croient que les mouffes
ne fe reproduifent qu'au moyen des bourgeons ; & au lieu de confidérer,
comme fleurs femelles, ces petits boutons écailleux & feffiles dont je

viens de parler, ils ne les regardent que comme des bourgeons plus propres que ne feroient les organes fexuels, à affurer le fuccès de la reproduction de ces plantes. Je croirois difficilement que cette pouffière que l'on obferve dans les urnes des mouffes, ne fût pas réellement une pouffière prolifique, & peut-être la graine même. L'exiftence des bourgeons ne me paroît pas non plus moins admiffible : on auroit, pour étayer cette conjecture, que l'époque de la fleuraifon de la plupart des mouffes arrivant dans la faifon la plus rigoureufe de l'année, il pourroit fe faire que malgré que la Nature, par une fageffe infinie, les ait pourvues, comme pour fervir de remparts à leurs parties délicates, d'efpèces de couvertures coriaces & membraneufes, comme le font les coiffes de toutes les mouffes, des froids & des contre-temps de longue durée s'oppofant au fuccès de la fécondation des mouffes, elles ne fe reproduififfent pas, fi le foin de la reproduction n'étoit pas auffi bien confié aux bourgeons qu'aux parties de la fructification de ces plantes.

Dans les algues, il feroit plus difficile encore de donner une jufte idée de ce qu'on regarde comme organes de la fructification : ces plantes n'ont pas de véritables urnes comme les mouffes ; la plupart portent des cupules de différentes formes, *fig. u, v, x, y (organes de la fructification des algues), pl. VI.* Quelques-unes, au lieu de cupules, portent des efpèces de fachets globuleux, d'autres des *tubes plus ou moins longs*; d'autres des efpèces de plateaux pédiculés, quelquefois ponctués ou rayés, &c. On remarque que ces différentes parties, qu'on regarde comme les fleurs des algues, fe trouvent conftamment fur tous les individus de même efpèce ; mais leurs véritables fonctions font abfolument inconnues.

Lorfqu'il s'agit de déterminer ce qu'on entend par organes de la fructification dans les champignons, les mêmes difficultés fe préfentent : on n'y trouve rien qui reffemble à des étamines ni à des piftils, & ces plantes naiffent cependant, vivent, meurent, & fe reproduifent dans un ordre commun à tous les individus de la même efpèce. Depuis que l'on s'occupe de la Botanique, la manière dont les champignons fe reproduifent, a donné lieu à des difcuffions à l'infini ; fi l'on fe refufe à regarder comme la véritable graine de ces plantes, cette pouffière qu'on obferve dans prefque tous les individus de cette famille, on ne fera pas encore plus avancé. Les champignons, comme je crois l'avoir apperçu, fe reproduifent par les femences & par les cayeux, que l'on pourroit regarder plutôt comme des bourgeons ; cette pouffière que l'on peut obferver tous les jours fur la furface externe des feuillets de l'AGARIC comeftible, me paroît être fa véritable femence ; je la regarde comme la bafe de ce que les Cultivateurs appelent BLANC de champignon, & je crois que cette pouffière venant à être dépofée fur des terrains convenables, y produit des champignons d'une efpèce femblable à celle qui l'a produite elle-même. *Voyez* l'article BLANC de champignon,

POUSSIÈRE

POUSSIÈRE fécondante. Si l'on obferve avec attention ce que les Maraîchers font journellement lorfqu'ils enfemencent une couche de champignons, la reproduction de ces plantes par le moyen des graines, s'entendra clairement. Le *blanc de champignon*, cette terre qu'ils enlèvent de deffus d'anciennes couches de champignons, & dont ils couvrent de nouvelles couches préparées pour cet effet, ne nous permet pas de douter que la prodigieufe quantité de champignons qui en réfulte, ne foit le produit du développement d'une graine très-fine que cette terre contenoit. Cette graine avoit déja été échauffée, couvée, pour ainfi dire, & peut-être déja éclofe, par l'ancienne couche fur laquelle elle avoit été dépofée; mais il falloit qu'une terre nouvellement préparée, favorifât fon accroiffement; il eft probable que ce moyen n'eft pas le feul qu'emploie la Nature; une couche cefferoit de produire des champignons, quand toutes les graines que la terre contenoit feroient développées, fi cette efpèce de champignon, l'AGARIC COMESTIBLE, ne fe reproduifoit auffi par le moyen des bourgeons: on fait au contraire qu'une couche ainfi préparée, donne une quantité prodigieufe de champignons pendant plufieurs années de fuite.

FRUIT, *fructus*. On appelle fruit *l'ovaire groffi; l'ovaire renferme en abrégé l'œuf de la plante*, ou *la partie qui fert à multiplier fon efpèce*. Le fruit renferme ce même œuf, c'eft-à-dire, la graine dans un état plus parfait. On diftingue dans le fruit le péricarpe, c'eft-à-dire, ce qui fert d'enveloppe à la graine; le réceptacle, c'eft-à-dire, la partie de la plante fur laquelle le fruit repofe immédiatement, & à laquelle il eft attaché par les vaiffeaux d'où il tire fa fubfiftance, & la graine proprement dite. On diftingue huit efpèces de fruits, comme on diftingue huit efpèces de PÉRICARPES; 1°. la CAPSULE, 2°. la COQUE; 3°. la SILIQUE; 4°. la GOUSSE; 5°. le FRUIT à noyau; 6°. le FRUIT à pepin; 7°. la BAIE; & 8°. le CONE. On appelle fruits fucculens, ceux dont les femences font renfermées dans une pulpe molle ou une chair remplie de fuc comme la plûpart des baies. On appelle fruits fecs, ceux qui étant parvenus à leur état de maturité, n'ont point de fucs; telle eft la coque, la gouffe, la noix, &c. Au mot SEMENCE, nous nous étendrons davantage fur ce qui caractérife la différence refpective des fruits.

Les cultivateurs appellent *fruits coulés*, ceux qui font avortés; & *fruits noués*, ceux fur lefquels ils fondent l'efpoir d'une heureufe récolte, parce que, lorfque la fleur eft tombée, ils voient que les fruits groffiffent & viennent à bien.

FRUITS à noyau, *drupa*. Dans les fruits de cette efpèce, *pl. V, fig. 31, 32, 33, 34*. La femence ou l'amande, *fig. 34 A*, eft renfermée dans une boîte ligneufe ou offeufe, que l'on appelle noyau. Ce noyau

Z

eſt recouvert d'une pulpe ou enveloppe charnue & plus ou moins ſucculente, qui lui ſert de PÉRICARPE. *Voyez* ce mot.

FRUITS à pepin, *pomum*, *pl. V*, *fig. 36*, *37*. Les pommes, les poires,
les melons ſont des fruits à pepins , compoſés d'une pulpe charnue &
plus ou moins ſolide , au centre de laquelle on rencontre des loges
membraneuſes , qui contiennent des ſemences renfermées dans une
tunique propre , membraneuſe & coriace. *Voyez* PÉRICARPE.

FULLOMANIE ou plutôt FULLOTOMIE. Une culture forcée, une
ſurabondance d'engrais faitſouvent naître ſur les plantes une prodigieuſe
quantité de feuilles aux dépens des organes deſtinés à la fructification ;
cette eſpèce de maladie qui rend la plante monſtrueuſe , l'empêche de
donner du fruit, & hâte ſon dépériſſement.

FUSIFORME ; ce qui a la forme d'un fuſeau ; *voyez* PÉDICULE ,
RACINE.

G.

GAINE , *vagina* : on dit que les étamines ſont réunies en gaîne par
leurs anthères dans les fleurs compoſées , *pl. II*, *fig. 50*, *51*, *52* ; &
pl. IV, *fig. 28*, *57 & 58 A*; qu'elles ſont réunies par leurs filets , *pl.
IV* , *fig. 29*, *31*, *32*, *33*; que les feuilles ſont terminées par une gaîne
qui embraſſe la tige , *pl. VIII*, *fig. 70 A* : & l'on appelle auſſi quelquefois fruits en gaîne, ceux dont la forme approche de celle de la gaîne
d'un couteau.

GALLE des plantes. On donne ce nom à une eſpèce de maladie qui attaque les plantes , & dont la piquure d'un inſecte eſt communément la
cauſe. Les galles de chêne, celles du lierre terreſtre , de l'orme, ainſi
que ces monſtruoſités qui naiſſent ſur le roſier ſauvage, renferment &
nourriſſent ordinairement l'animal qui en eſt la cauſe , mais dont il eſt
innocent : ſa mère , pour donner un aſile ſûr à l'œuf duquel il eſt ſorti,
l'avoit dépoſé dans un trou qu'elle avoit pratiqué elle-même & rebouché
enſuite , & c'eſt l'extravaſation des ſucs du végétal par ce trou, qui
produit ces excroiſſances monſtrueuſes que l'on nomme galle. *Voyez*
EXTRAVASATION.

GELATINEUX , SE , qui a la conſiſtance d'une gelée, ou qui reſſemble à de la gelée.

GEMINÉ , ÉE. Les anthères , les feuilles , les bractées ſont géminées,
quand elles ſont portées deux à deux ſur un même *pétiole* , *ou* quand

elles n'ont fur la tige ou les rameaux, qu'un point d'infertion commun.

GÉNÉRATION, *generatio*; l'analogie qu'on trouve entre les organes de la fructification des plantes, & celles de la génération des animaux, fait qu'on emploie quelquefois le mot génération pour le mot FRUCTI-FICATION.

GÉNÉRIQUE; ce qui défigne le genre, ou qui appartient au genre; *voyez* CARACTÈRES génériques, NOMS génériques.

GENRE des plantes, *genus plantarum*; c'eſt un affemblage d'un certain nombre d'efpèces de plantes, qui ont toutes un caractère uniforme & commun, établi fur la ſtructure de quelques parties effentielles. Toutes les plantes connues des Botaniſtes modernes, ont deux noms; le premier qui fert à indiquer le genre de la plante, & qui eſt commun à toutes les plantes du même genre, eſt appelé nom générique; & le fecond qui indique l'efpèce, s'appelle nom ſpécifique. La pédiculaire, par exemple, repréfentée *pl. III*, eſt appelée *pedicularis*, du nom que lui donnèrent les anciens, parce qu'ils crurent s'appercevoir que cette plante donnoit des poux aux animaux qui en avoient mangé. On a confervé ce nom, & il eſt devenu générique *pour toutes les plantes qu'on a cru devoir rapprocher par la conformité* des organes de la fructification. *On a nommé celle* dont nous donnons la figure *pedicularis* (*paluſtris*), parce que c'eſt la feule plante de ce genre qui vienne dans les marais.

Avant que l'on fongeât à rapprocher les plantes pour en former des genres, chaque plante n'avoit qu'un nom; ce nom étoit révéré, parce que, de temps immémorial, l'ufage l'avoit adopté, & qu'il étoit devenu le dépôt facré des découvertes de nos pères. Il n'en eſt pas de même aujourd'hui; depuis que, fous le plus léger prétexte, chacun s'eſt permis de changer les noms des plantes, on a vu naître en Botanique une ſi grande confuſion, que cette fcience, confidérée du côté de fon utilité, n'a peut-être, ſi j'ofe le dire, jamais été ſi loin de fon but : ſi l'on vous parle d'une plante, il faut que vous demandiez ſi c'eſt de celle que tel ou tel Auteur a nommée ainſi; car fouvent la même plante a été appelée différemment par cent Auteurs différens. Avons-nous donc perdu pour toujours l'efpoir d'appeler à notre fecours la Botanique, dont la Nature, par une fageffe infinie, a fait la bafe de la médecine naturelle pour les hommes & les animaux? Non, il y a lieu de croire que quelques génies fupérieurs, amis de l'humanité, nous rétabliront un jour dans nos droits, & qu'en fixant d'une manière irrévocable les noms des plantes, on pourra travailler de concert de tous les coins du monde, à étendre l'empire de cette fcience, & à la faire fervir plus utilement aux différens befoins de la vie, & fur-tout au foulagement des maux qui tendent à en abréger le cours.

GERME, *germen*; *voyez* EMBRYON, GERMINATION, OVAIRE.

GERMÉE. On dit qu'une graine est germée, quand sa radicule *b* , *fig. 4 , pl. V* , commence à se montrer.

GERMINATION , *germinatio ;* c'est le premier développement des parties contenues dans la graine du GERME proprement dit, le premier signe de l'accroissement d'une plante. Les *fig. 4, 5, 6 , 7, 8, 9, 10, 11, pl. V* , représentent différentes germinations ; c'est dans cet état du végétal , où l'on voit le mieux que la Nature semble avoir fait un type pour chaque espèce , chaque plante ayant sa marche particulière , au moment de la germination de sa graine. Dans la *fig. 4* , on voit la germination de deux grains d'orge ; la radicule *b* se montre toujours avant la plumule ; quoique la radicule soit déja fort grande, la plumule reste cachée sous la tunique propre ; elle n'est apparente dans cette figure, que parce qu'on a enlevé la tunique propre de la graine qu'elle représente.

GLABRE, ES , ce qui est sans poils ; *voyez* PÉDICULE , PÉDUNCULE , SUPERFICIE, FEUILLES , TIGES , &c.

GLADIÉ , ÉE ; ce qui a la forme d'une lame d'épée ; *voyez* FEUILLES , TIGES.

GLANDES , *glandulæ ;* ce sont de petits corps vésiculeux , qu'on rencontre sur différentes *parties des plantes* , & particulièrement sur les feuilles , les calices , & aux onglets des pétales : on *les regarde comme* des organes destinés à quelque sécrétion. Tantôt les glandes ressemblent à des petites vessies , on les nomme *glandulæ vesiculares ;* tantôt à des écailles, *squammosæ ;* tantôt à des globules , *globulares ;* à des lentilles , *lenticulares ;* à des godets , *cupulares ;* à de petites outres , *utriculares* , &c. Quand elles sont portées sur des pieds ou des pédicules , on dit qu'elles sont pédiculées, *stipitatæ vel pediculatæ ;* quand elles n'ont pas de pieds, on dit qu'elles sont sessiles , *sessiles.*

GLANDULEUX , SE ; ce qui est composé de glandes , ou qui est remarquable par quelques glandes ; *voyez* FEUILLES , PÉTALES , PÉTIOLES.

GLAUQUE ; ce qui est d'un vert blanchâtre & comme farineux.

GLOBULAIRE ou GLOBULEUX , SE ; ce qui est composé de globules ou de petits corps arrondis , ou ce qui a une forme sphérique : *voyez* ANTHÈRES , GLANDES , CAPSULE , RACINE , SEMENCES.

GLOMÉRÉES , GLOMÉRULÉES ou CONGLOMÉRÉES. On appelle fleurs glomérées , *flores glomerati ;* celles qui sont rassemblées en tête à l'extrémité d'une tige ou d'un péduncule commun.

GLUANT , TE ; ce qui est recouvert d'une liqueur visqueuse qui s'attache aux doigts ; *voyez* FEUILLES , TIGES.

GODET , *voyez* GLANDES en godet, ou qui ressemblent à des godets.

GOMMES , *gummi ;* ce sont des excrétions qui suintent naturellement

ment par des filtres deftinés à cet ufage qui fe répandent fur les différentes parties des plantes qui s'y épaiffiffent avec le temps, fe durciffent
à l'air, & font plus ou moins tranfparentes.

Les gommes diffèrent des réfines, en ce qu'elles ne font pas fufceptibles de s'enflammer, & qu'on peut les diffoudre entièrement dans l'eau
fimple, comme la gomme de cerifier, de prunier.

GOMMES réfines, *gummi refinæ* ; celles qui font compofées de parties gommeufes & de parties réfineufes, qu'on ne peut diffoudre entièrement dans l'eau, & qui ne font pas non plus entièrement folubles
dans l'efprit-de-vin.

GORGE de la corolle, *faux* ; c'eft l'efpace qu'on rencontre entre les
parois du lymbe d'une corolle monopétale. On dit que telle fleur a la
gorge très-ouverte, & que telle autre a la gorge très-ferrée; que l'une eft
fermée par la réunion de plufieurs écailles, & que l'autre eft *libre*.

GOUSSE ou LÉGUME, *legumen* ; c'eft la quatrième efpèce de péricarpe, c'eft-à-dire, la quatrième efpèce d'enveloppe propre à certains
fruits. La gouffe eft compofée de deux panneaux que l'on nomme vulgairement *coffes* ; ils font unis par deux futures longitudinales ; ils
n'ont point de membrane intermédiaire, & les graines ou femences ne
font attachées qu'à une des deux futures feulement. Les gouffes font le
produit des fleurs légumineufes ou papilionnacées (qui dit fleur légu-
mineufe, dit auffi femences renfermées dans une gouffe, parce que
l'un fous-entend toujours l'autre). Souvent la gouffe reffemble beaucoup,
par fa forme, à la coque, la feconde efpèce de péricarpe, ou à la filique,
la troifième efpèce ; mais pour peu que l'on faffe attention aux différentes difpofitions des graines dans ces trois efpèces de péricarpe, on
ne peut les confondre. On dit que la gouffe eft arrondie, *legumen fubrotundum* ; ovale, *ovale* ; linéaire, *lineare* ; véficulaire, *veficulare* vel
inflatum ; gonflée, *turgidum*, pl. *V*, *fig. 27* ; unie, *læve* ; velue, *hifpi-
dum* ; cannelée ou ftriée, *ftriatum*, *fig. 28* ; contournée, *tortum* vel *contortum*, *fig. 28* ; articulée, *articulatum*, *fig. 29* ; uniloculaire, *uniloc-
lare*, quand elle n'eft qu'à une loge, comme font les légumes de
prefque toutes les plantes ; biloculaire, *biloculare*, quand elle eft à deux
loges, comme le font les légumes de l'aftragale.

*C'eft improprement qu'on donne le nom de gouffe d'ail aux cayeux qui
compofent la racine de cette plante.*

GOUTTIÈRE. On dit que les pédicules, les pédunculcs font creufés
en gouttière, *canaliculati*, quand on remarque fur leur longueur d'un
bout à l'autre, & d'un feul côté feulement, un enfoncement, un
demi canal ou une efpèce de rainure.

GRAINE, *femen*. La graine ou la femence eft l'œuf de la plante ; le
fruit proprement dit, ou la partie du fruit qui fert à multiplier l'efpèce.

Aa

On dit vulgairement un grain de froment, un grain d'orge, pour dire une graine de froment, une graine d'orge. On donne auſſi le nom de grains à de petites baies, comme celles qui compoſent le raiſin, la groſeille. On dit un grain de raiſin, un grain de ſureau, un grain de genièvre, un grain de groſeille, *acinus*.

GRAMINÉES; c'eſt ainſi qu'on nomme toutes les eſpéces de bleds, de chiendents. *Voyez* PLANTES graminées.

GRANDEUR. Il y a des plantes où il eſt eſſentiel d'avoir égard à la grandeur reſpective des parties qui les compoſent: on regarde ſi les étamines ſont égales ou non, ſi les piſtils ſont égaux en grandeur aux étamines, &c. *Voyez* HAUTEUR.

GRAPPE, *racemus*; c'eſt un aſſemblage de fleurs ou de fruits diſpoſés par étages ſur un pédundule commun mais pendant, au lieu que le bouquet, *thyrſus*, porte des fleurs diſpoſées par étages ſur un pédundule commun, mais droit. On appelle *flores racemoſi*, les fleurs qui ſont en grappe.

GRAPPE compoſée, *racemus compoſitus*; celle qui porte des fleurs, dont les péduncules ne ſont nullement diviſés.

GRAPPE unilatérale, *racemus unilateralis* vel *ſecundus*; celle qui porte des fleurs, dont les péduncules propres ſont tous inſérés du même côté du péduncule commun.

GREFFE. On donne ce nom à la partie d'un arbre que l'on veut enter ſur un autre arbre; & l'on comprend auſſi quelquefois ſous cette dénomination le ſujet greffé.

GREFFER ou enter, *inſerere*. L'art de greffer conſiſte à ſubſtituer aux branches naturelles d'un arbre, celles d'un autre arbre que l'on veut multiplier. Le ſuccès de l'opération de la greffe dépend principalement d'une union intime de l'aubier de la *greffe* avec celui du *ſujet*; c'eſt ainſi qu'on nomme l'arbre qui reçoit la greffe: par cette découverte, une des plus intéreſſantes qu'on ait jamais faites, le ſauvageon le plus abject va devenir l'arbre qui rapportera les fruits les plus beaux & les plus exquis. Cet arbre tout rabougri, que cent fois la cognée a dédaigné d'abattre, ſera peut-être un jour celui que vous eſtimerez le plus, celui à la conſervation duquel vous voudrez que l'on veille de plus près.

En moins d'un ſiècle, on s'eſt rendu ſi familier avec l'art de greffer, que je ne ſais pas s'il ne ſeroit pas plus court d'expoſer de quelle manière on ne peut greffer ſans ſuccès, que de détailler tous les procédés qui réuſſiſſent, même à ceux qui cherchent dans la pratique d'une culture routinière, le dédommagement de leurs travaux. Nous ne nous arrêterons donc qu'aux manières de greffer les plus uſitées, & dans la vue feulement d'en laiffer une idée à ceux qui ne les connoiffent pas.

M. Duhamel, dans le premier volume qu'il nous a donné fur la culture des arbres fruitiers, nous a laiffé fur l'art de la greffe, des détails
on ne peut plus intéreffans ; c'eft avec regret que nous ne les ex-
pofons pas dans leur entier ; mais, obligé de nous renfermer dans les
bornes que nous nous fommes prefcrites, nous renvoyons à cet ex-
cellent ouvrage, ceux qui ne fe contenteront pas d'une courte analyfe.

» Trois fortes de greffe, dit ce favant Académicien, p. 14, font ufi-
» tées pour les arbres fruitiers, favoir, la *greffe en écuffon*, la *greffe en*
» *courone* & la *greffe en fente*. 1°. On écuffonne les jeunes fujets ou les
» vieux, mais fur du bois de l'année ou de deux ans au plus. 2°.... La
» greffe en couronne fe fait fur des fujets qui ont plus de deux pouces
» de diamètre, pendant la fève du printemps, lorfque l'écorce des fujets
» peut fe décoller aifément. 3°. On greffe en fente des fujets qui font
» au moins gros comme le pouce avant le premier mouvement de la
» fève.... Pour greffer en fente, on fcie horizontalement le fujet *A*, *B*,
» *fig. 4*, *pl. VII*; on pare la coupe, & on l'unit fur-tout à l'endroit où
» l'on veut inférer la greffe : on pofe fur le diamètre de la coupe, le
» tranchant d'une ferpette ; & frappant avec un maillet fur le dos de
» l'inftrument, on fend le fujet verticalement, & quelquefois en croix :
» on taille en coin, long d'un pouce ou un pouce & demi, le gros
» bout de la greffe, *fig. 5* : on ouvre la fente du fujet, & l'on y infère
» le coin de la greffe, de manière que le *liber* ou l'*aubier* de la greffe
» réponde exactement au *liber* du fujet, ou au moins y coïncide en quel-
» ques points : on affujettit avec un petit ofier le fujet à l'endroit de
» l'infertion : on forme enfuite fur la coupe du fujet, & fur l'endroit de
» l'infertion, une poupée compofée de terre & de boufe de vache,
» que l'on entoure d'un morceau de linge.... Pour greffer en couronne,
» on taille le bas de la greffe, *fig. 12 L*, en forme de curedent : on fcie
» le fujet : on en unit la coupe ; &, avec un petit coin d'os ou de bois
» dur, on fait la place des greffes *L*, *M*, *N*, *O*, *P*, que l'on infère le
» plus juftement poffible, entre l'écorce & le bois du fujet : on place
» ainfi des greffes autour de la coupe du fujet, à trois pouces les unes
» des autres, & l'on couvre la coupe du fujet, de la même façon que
» les greffes en fente... Pour greffer en écuffon, on lève la greffe, *fig. 6*,
» qui n'eft qu'une pièce d'écorce avec un bouton. ... Il faut des pré-
» cautions pour la détacher, parce qu'il eft néceffaire que l'œil ne refte
» pas vide du petit filet ligneux qui eft attaché par un bout aux cou-
» ches ligneufes de la branche, & de l'autre s'étend dans le bouton :
» on fait à l'écorce du fujet une incifion horizontale, *fig. 7 D*; & du
» milieu de cette incifion, on en abaiffe une verticale en forme de T,
» ou bien en forme de *L*, & l'on y place l'écuffon, de manière que fa
» furface intérieure foit appliquée fur la furface ligneufe du fujet, &
» que fon bord fupérieur fe joigne à la coupe horizontale : on lie le

» tout de plufieurs révolutions d'écorce d'ofier, ou d'un double fil de
» laine ou de coton. « On greffe encore par approche, foit en approchant, comme dans la *fig. 13*, deux branches dont on a enlevé l'écorce
du côté où elles doivent fe toucher, foit en faifant entrer la greffe dans
une entaille faite au fujet, *fig. 14*, ou dans une forte de mortaife pra-
tiquée dans le fujet, &c. On greffe en flûte ou fifflet, en enlevant un
tuyau d'écorce de deux ou trois doigts de long, *fig. 10 I, K*, ou Q,
fig. 15, & en l'ajuftant fur une branche du fujet, *fig. 15 R*, dépouillée
de fon écorce : on peut fendre en long les fifflets pour les ajufter mieux.
On greffe auffi à l'emporte-pièce, c'eft-à-dire, qu'on fe fert d'un emporte-pièce pour lever un écuffon, *fig. 8, 9, F, G*, que l'on place dans
une pareille entaille faite fur le fujet. On greffe encore en coin, *fig.
7 E*, en taillant la greffe comme elle eft repréfentée, *fig. 11 H* : en fente,
fig. 4 c, comme on feroit la greffe en écuffon. On greffe à *œil*, à la
pouffe, à *œil dormant*, fur *franc*, fur *fauvageon*, &c.

GRÈLE, *gracilis*. Ce nom convient à toutes les parties des plantes
qui paroiffent trop longues & trop déliées pour leur groffeur. On dit
qu'une tige eft grèle, quand elle eft longue & amincie comme celle
de la cufcute ; que des pétioles, des péduncules font grèles, quand
ils n'ont pas une groffeur proportionnée à leur longueur. On en dit
autant des filets des étamines, *quand ils font trop longs pour leur*
groffeur, & qu'ils ont l'air de fil ou de cheveux.

GRIFFES. On donne ce nom à des efpèces de racines, dont la forme
approche affez de celle de la patte d'un animal. On appelle ainfi les racines de la renoncule, que l'on cultive comme fleur d'ornement.

GRIMPANT, TE. On donne ce nom aux tiges des plantes qui ne
peuvent s'élever qu'en s'accrochant, ou en s'entortillant aux corps qui
les avoifinent.

GRUMELEUX, SE ; ce qui eft compofé d'une chair caffante, &
qu'on peut divifer fans effort par grumeaux.

GUEULE, *voyez* FLEUR en gueule, COROLLE labiée ou en gueule.

GYMNOSPERMIE, *gymnofpermia* ; c'eft le premier ordre qui divife
dans le Syftême fexuel de Linnæus, les plantes de la XIVe. claffe (la
didynamie). Le mot *gymnofpermie* eft compofé de deux mots grecs qui
fignifient femences nues, parmi les plantes de la claffe didynamie.
Celles qui ont quatre graines nues au fond du calice, *pl. II, fig. 33*,
font de l'ordre gymnofpermie.

GYNANDRIE, *gynandria*, de deux mots grecs, qui fignifient femme
& mari réunis. La gynandrie eft la claffe XX du Syftême fexuel ; elle
renferme les plantes qui ont plufieurs étamines réunies & attachées
au piftil, fans adhérer au réceptacle.

H.

H.

Hamiplante. On dit que le gratteron eſt *hamiplante*, parce qu'il s'attache aux habits & aux poils des animaux, au moyen de ſes poils rudes qui ſont courbés en hameçon.

HAMPE, *ſcapus*, *pl. X fig. 6*, E, F. La hampe eſt une eſpèce de tige herbacée qui n'a pas de feuilles, qui part immédiatement de la racine, & qui eſt deſtinée à porter les parties de la fructification, comme dans le piſſenlit, le colchique d'automne; c'eſt un péduncule ſimple qui ne porte jamais qu'une fleur.

HASTÉ, ÉE; ce qui eſt en fer de pique; *voyez* FEUILLES.

HAUTEUR. Dans la deſcription d'une plante, il eſt très-eſſentiel de faire mention de ſa hauteur moyenne. On dit que telle plante eſt haute d'une ligne, ou de la douzième partie d'un pouce, *planta linearis*; d'un pouce, ou de la douzième partie d'un pied, *pollicaris*; d'une palme, ou de trois pouces environ, *palmaris*; de ſix à ſept pouces, *ſpithamea*; de neuf pouces ou environ, *dodrentalis*; d'un pied, *pedalis*; de ſix pieds, *orgialis*, &c. La hauteur ou la grandeur reſpective des différentes parties qui compoſent les plantes, n'offre pas moins de ſecours pour la diſtinction des genres; elle eſt même ſouvent néceſſaire dans l'établiſſement des claſſes.

HÉLIOTROPES. On appelle plantes héliotropes, celles qui tournent toujours le diſque de leurs fleurs du côté du ſoleil, de manière que par leur direction, elles le ſuivent dans ſon cours.

HEPTANDRIE, *heptandria*; de deux mots grecs qui ſignifient ſept maris. L'heptandrie eſt la claſſe VII du Syſtème ſexuel; *pl. II, fig. 14*. Elle renferme les plantes dont les fleurs ont ſept étamines diſtinctes.

HERBACÉ, ÉE, ou HERBEUX, SE, qui n'a pas plus de ſolidité que l'herbe; *voyez* TIGE.

HERBES, *herbæ*. Les herbes ſont des plantes qui perdent leur tiges tous les hivers; les unes, que l'on nomme *annuelles*, périſſent entièrement tous les ans; d'autres ſubſiſtent par leurs racines pendant deux; on les nomme *biſannuelles*; d'autres pendant trois; ou pendant un temps illimité, on nomme celles-ci *triſannuelles* ou *vivaces*. Pour abréger les deſcriptions, on a imaginé de marquer la durée des plantes par le moyen de certains caractères: la plante annuelle eſt reconnue pour telle par le caractère ⊙: la plante biſannuelle, par le caractère ♂;

& la plante trifannuelle, ou dont la durée eft illimitée, par le caractère ♃.

On auroit encore pu faire plufieurs fous-divifions, dans lefquelles on auroit rangé un grand nombre de plantes, qui ne font ni arbres, ni herbes, comme les champignons, les moififfures, &c. dont la plupart vivent moins d'une année, d'autres ne durent que quelques jours, d'autres que quelques heures, d'autres qu'un moment; mais il vaut mieux fpécifier le temps moyen de la durée d'une plante; les fous-divifions & les termes qu'on emploieroit pour en donner l'idée, iroient à l'infini.

HERBE annuelle, *herba annua*; bifannuelle, *bis-annua*; trifannuelle, *tris-annua*; vivace, *perennis. Voyez* l'article plus haut HERBES.

HERBIER, *herbarium.* On diftingue de deux fortes d'herbiers; les uns, que l'on nomme HERBIERS naturels, parce qu'ils font compofés de plantes defféchées; & les autres, que l'on appelle HERBIERS artificiels, parce qu'ils font compofés de deffins, de peintures ou de gravures, coloriées ou non coloriées. *Voyez* le DISCOURS préliminaire.

Comme les plantes ont prefque toutes une époque différente pour le temps de leur floraifon, & que c'eft précifément dans ce moment-là que nous démêlons le mieux, & avec plus de certitude, les caractères qui les diftinguent, à peine tout le temps de notre vie fuffiroit-il pour apprendre à connoître quelques centaines de plantes même des plus communes, fi nous étions obligés d'aller à la campagne épier le moment où chacune d'elle feroit en fleur; c'eft pourquoi nous avons pris le parti de raffembler le plus grand nombre de plantes poffible, dans des jardins botaniques & dans des herbiers, afin de les avoir plus commodément fous les yeux. Mais de nouvelles difficultés fe préfentoient encore. Il y a des plantes qu'on n'a jamais pu faire venir dans aucun jardin botanique, quelque foin qu'on ait apporté à leur culture, & d'autres que l'on ne peut conferver en herbier, parce qu'elles ne font pas fufceptibles de defficcation. On s'eft retourné de mille manières pour tâcher de remédier à ces inconvéniens. Les uns ont travaillé à perfectionner l'art de la defficcation par différens moyens ingénieux; les autres, parmi lefquels nous nous faifons un devoir de placer M. de St.-Germain, un de ceux qui doivent avoir le plus de droit à la reconnoiffance des Amateurs en Botanique, ont eu la patience de modeler fur la nature, & de colorier enfuite les fruits fucculens, les champignons & quelques plantes graffes; d'autres ont fait des fleurs artificielles; & quelques-uns même y ont fi bien réuffi (1), que l'on pouvoit aifément y être trompé; mais combien, hélas! ces chefs-d'œuvre de l'art ne font-ils pas encore éloignés de remplir notre objet! Il étoit réfervé à l'art de peindre, de réunir tous ces avantages, & de combler nos vœux; c'eft à cet art mer-

_____

(1) M. Bulli.

veilleux que nous devons ces magnifiques collections de plantes, qui ornent les cabinets de nos Rois, de nos Princes, & de quelques Amateurs fortunés. Il leur manque encore des chofes effentielles, je l'avoue. Il falloit, pour leur donner *tout* le degré de perfection dont elles étoient *fufceptibles* (car la nature fe rit des efforts que nous faifons pour l'imiter; &, dans nos chefs-d'œuvres même, elle ne voit encore de fes traits qu'une groffière efquiffe); il falloit, dis-je, la main d'un Artifte célèbre, & l'œil d'un Botanifte attentif, qui fût voir fans contrainte, & juger fans partialité. Il falloit que l'art du Peintre marchât d'un pas égal avec celui du Naturalifte; que chaque plante fût accompagnée des détails caractériftiques qui peuvent nous la faire diftinguer; qu'elle fût nommée d'après les plus célèbres Botaniftes, pour qu'on pût la claffer felon leur méthode, leur fyftême; & pour ne nous rien laiffer à defirer, qu'elle fût accompagnée d'un précis *hiftorique*, qui nous apprît fur le champ tout ce qu'il eft important de ne pas ignorer fur le compte d'une plante.

On fait que Jean-Jacques Rouffeau aimoit paffionnément la Botanique, & qu'il travailloit même à faire dans cette fcience quelques réformes avantageufes (1). Il s'eft long-temps occupé de l'art de la defficcation des plantes; il nous a laiffé plufieurs herbiers de différens *formats*. Parmi les livres rares & précieux qui compofent la bibliothéque du favant M. *de Maleshérbes*, on trouve deux petits herbiers de Jean-Jacques, faits avec tout le foin & tout l'art poffible; l'un eft de *format in-8°.*, & ne renferme que des *cryptogames*; & l'autre de *format in-4°.*, eft compofé de plantes à fleurs diftinctes.

M. le Chevalier de Tourmevel ayant appris que j'étois fur le point de faire imprimer cet Ouvrage, a bien voulu concourir de la manière la plus obligeante, à en augmenter l'utilité, en me communiquant un manufcrit du Philofohe Genevois, fur la néceffité d'un herbier, & fur les moyens les plus fimples & les plus avantageux en même temps de travailler à s'en faire un.

Jean-Jacques, après avoir montré la néceffité d'un herbier; après s'être élevé contre ces prétendus Botaniftes qui ont des herbiers de huit à dix mille plantes étrangères, & qui ne connoiffent pas celles qu'ils foulent continuellement aux pieds (2), dit....» On peut fe » faire un très-bon herbier, fans favoir un mot de Botanique : tous » ceux qui fe difpofent à étudier la Botanique, devroient commencer » par là. Quand ils auroient defféché un affez bon nombre de plantes, » & qu'il ne s'agiroit plus que d'y ajouter les noms, il y a des gens

---

(1) Je ne fais ce qu'eft devenu le projet qu'il avoit de fixer la nomenclature des plantes; il feroit malheureux que cela fût perdu.

(2) Jean-Jacques n'aimoit pas qu'on lui dit que l'on connoiffoit des *milliers* de plantes; il vouloit qu'on en connût peu, mais qu'on les connût bien; *que chacun*, difoit-il, *fache arranger fa botte de foin, & rien de plus;* il déclamoit fans ceffe contre les innovateurs én Botanique.

» qui leur renderoient ce fervice pour de l'argent, ou pour quelque
» chofed'équivalent ; d'ailleurs n'avons-nous pas dans prefque toutes les
» villes un peu confidérables, des jardins botaniques où les plantes font
» difpofées dans un ordre méthodique , & marquées d'un étiquet , fur
» lequel leur nom eft infcrit? Pour peu que l'on ait une idée de la mé-
» thode adoptée , & les premières notions de l'A , B, C de la Bota-
» nique , c'eft-à-dire , les premiers élémens de cette fcience, on y
» trouve les plantes que l'on cherche ; on les compare ; on en prend
» les noms , & c'en eft affez ; l'ufage fait le refte , & nous rend Bo-
» taniftes. Mais ne comptez guère fur les meilleurs livres de Bota-
» nique , pour nommer , d'après eux , des plantes que vous ne
» connoîtriez pas : fi ces livres ne font pas accompagnés de bonnes
» figures, ils vous fatigueront fans fuccès ; à chaque pas ils vous
» offriront de nouvelles difficultés , & ne vous apprendront rien. ...
» Ne vous attendez point à conferver une plante dans tout fon
» éclat : celles qui fe defféchent le mieux, perdent encore beaucoup
» de leur fraîcheur.... De tous les moyens employés à la deffication
» des plantes , le plus fimple , celui de la preffion, eft le préférable
» pour un herbier. Les couleurs peuvent être confervées auffi bien que
» par la defiiccation au fable , & les plantes defféchées y font moins
» volumineufes & moins fragiles. .... Ayez une bonne provifion de
» quatre fortes de papiers ; 1°. du papier gris épais & peu collé; 2°.
» du papier gris , épais & collé ; 3°. du gros papier blanc fur lequel
» on puiffe écrire ; & 4°. du papier blanc, fur lequel vous fixerez vos
» plantes , lorfque la deffication fera complète.... Lorfque vous vou-
» drez defsécher une plante , il faut la cueillir par un beau temps ; &
» lorfque fes fleurs feront épanouies , laiffez-la quelques heures fe fan-
» ner à l'air libre.... Dès que fes parties feront amollies , étendez-la
» avec foin fur une feuille de papier gris de la première efpèce, dont
» j'ai parlé ; mettez deffous cette feuille une feuille de carton, & deffus,
» douze à quinze doubles de papier de la première efpèce ; mettez le
» tout entre deux ais de bois ou deux planches bien unies que vous
» chargerez d'abord médiocrement , & dont vous augmenterez peu à
» peu la preffion, à mefure que la deffication s'opérera. Il eft plus avan-
» tageux de fe fervir de ces petites preffes de brocheufes, parce que
» l'on ferre fi peu & autant qu'on le veut : au bout d'une heure ou
» deux , ferrez-la davantage, & laiffez-la ainfi vingt-quatre heures au
» plus ; retirez-la enfuite ; changez-la de papier , & mettez deffous une
» autre feuille de carton bien sèche, ainfi que les feuilles de papier que
» vous allez mettre deffus ; remettez le tout en preffe ; ferrez plus que la
» première fois ; laiffez ainfi deux jours votre plante fans y toucher ;
» changez-la encore une troifième fois de papiers ; mais prenez du pa-
» pier gris collé ; ferrez encore davantage la preffe, & ne mettez deffus
» que trois ou quatre doubles de papiers , ou feulement une feuille

» de

» de carton deſſus & une deſſous ; laiſſez-là ainſi en preſſe deux ou trois
» fois vingt-quatre heures : ſi, lorſque vous retirerez votre plante, elle
» ne vous paroît pas aſſez privée de ſon humidité , vous la chan-
» gerez encore pluſieurs fois de papiers. (Il y a des plantes qu'il ſuffit
» de changer deux fois de papiers, & d'autres qu'il faut changer juſqu'à
» ſix fois; celles qui ſont de nature aqueuſe, exigent qu'on en accélère
» la deſſiccation) ; mais ſi au contraire, les parties qui la compoſent,
» ont déja perdu de leur flexibilité , il faut la mettre dans une feuille
» de gros papier blanc, où on la laiſſera en preſſe juſqu'à ce que la
» deſſiccation ſoit parfaitement achevée ; ce ſera alors qu'il faudra ſon-
» ger à aſſurer pour long-temps la conſervation de votre plante ; elle
» pourra être employée à la formation de votre herbier ; il ne s'agit
» plus que de la fixer, de la nommer & de la mettre en place..., Pour
» garantir votre herbier des ravages qu'y feroient les inſectes, il faut
» tremper le papier ſur lequel vous voulez fixer vos plantes, dans une
» forte diſſolution d'alun, le faire bien ſécher, & y attacher vos plantes
» avec de petites bandelettes de papier que vous collerez avec de la
» colle à bouche ; c'eſt avec cette colle que vous pourrez auſſi aſſujettir
» les organes de la fructification des plantes , lorſque vous aurez eu la
» patience de les deſſécher à part.... Il ſeroit bon d'avoir pluſieurs
» échantillons de la même plante, ſur-tout ſi elle eſt ſujette à varier....
» Il faut renfermer vos plantes dans des boîtes de tilleul que vous éti-
» queterez ; il faut qu'elles ſoient en un lieu ſec, &c. «

HERBORISER. On étudie la Botanique ſur les livres , dans les jardins botaniques, dans les herbiers ; mais il eſt néceſſaire d'aller ſouvent
voir les plantes dans les lieux agreſtes & variés où la Nature ſeule prend
ſoin de leur culture ; c'eſt là que le Botaniſte attentif doit profiter des
reſſources que la Nature lui offre pour la connoître ; c'eſt là qu'il doit
ramaſſer les matériaux de ſon herbier , & non pas dans les jardins botaniques, où la culture rend ſouvent les plantes monſtrueuſes & contre-
faites.

HERBORISATION , *herboriſatio ;* c'eſt l'action d'herboriſer.

HERBORISTE , *herborarius.* On appelle Herboriſte celui qui fait
commerce de plantes d'uſage en médecine & dans les arts. Je ne ſais
par quel uſage auſſi meurtrier que biſarre , le remède eſt dans d'autres
mains que celles de celui qui l'ordonne , ou de gens faits pour s'y connoître ; n'eſt-ce pas aſſez d'avoir la maladie à craindre ? Faut-il encore
que nous ayons ſon remède à redouter ? Ma plume ſe refuſe à tracer ici
les terribles accidens que cauſent tous les jours , dans les grandes villes
ſur-tout, l'ignorance & la mauvaiſe foi des Herboriſtes ; ſi ma voix s'eſt
élevée, c'eſt parce que moi-même un jour , ſans une juſte défiance ,
j'euſſe peut-être été une de leurs victimes.

HÉRISSÉ , ÉE ; ce qui eſt recouvert de poils rudes & très-apparens

Cc

HERMAPHRODITE, qui eſt de deux ſexes. La fleur hermaphrodite eſt celle qui a étamines & piſtils.

HEXAGYNIE, *hexagynia*, de deux mots grecs qui ſignifient ſix femelles. L'hexagynie eſt le ſixième ordre des claſſes du Syſtême ſexuel de Linnæus : les fleurs qui ont ſix piſtils, ſont de l'ordre hexagynie.

HEXANDRIE, *hexandria*, de deux mots grecs qui ſignifient ſix maris. L'hexandrie eſt la claſſe VI du Syſtême ſexuel ; elle renferme les plantes dont les fleurs hermaphrodites ont ſix étamines.

HORIZONTAL, LE, tout ce qui coupe à angles droits une ligne verticale eſt dans une direction horizontale. *Voyez* CHAPEAU, FEUILLES, RACINES.

HORLOGE de Flore, *horologium Floræ*. Le Botaniſte, ſans ceſſe occupé à paſſer de découvertes en découvertes, obſerve tout avec la plus grande attention ; l'œil fixé ſur l'inſtant de la floraiſon des plantes ou, pour mieux dire, ſur l'inſtant de l'épanouiſſement des fleurs, il remarque qu'il y a des fleurs qui ſe développent à différens momens de la journée, & il trouve dans cet ordre de floraiſon, la matière d'une table qu'il appelle *horloge de Flore*, parce que les plantes y ſont rangées ſuivant l'heure à laquelle leurs fleurs ſont communément épanouies, quand quelques circonſtances ne viennent pas hâter ou retarder cet inſtant.

HOUPPE. On donne ce nom à un aſſemblage de poils qui ne paroiſſent avoir tous qu'un même point d'inſertion, & qui s'écartent enſuite. On les appelle ainſi à cauſe de leur reſſemblance avec des houppes dont on ſe ſert pour poudrer.

HYPOCRATÉRIFORME. Voilà encore un de ces termes qui ne nous laiſſent qu'une idée vague de l'objet qu'ils déſignent ; j'aimerois mieux le mot corolle monopétale, tubulée & en ſoucoupe, cela nous laiſſeroit au moins une idée des *fig. 5, 6*, repréſentées *pl. I.*

I.

ICOSANDRIE, *icoſandria*, de deux mots grecs qui ſignifient vingt maris. L'icoſandrie eſt la claſſe XII du Syſtême ſexuel de Linnæus ; elle renferme les plantes qui ont une vingtaine d'étamines inſérées ſur le calice.

IMBRIQUÉ ou EMBRIQUÉ, ÉE ; *voyez* CALICE, FEUILLES, TIGES.

IMPAIRE ; *voyez* FEUILLES ailées avec une impaire ou ſans impaire.

IMPARFAIT, TE. On appelle quelquefois fruit imparfait, celui qui est d'une mauvaise venue ; graine imparfaite, celle qui n'a pas été fécondée ; fleur imparfaite, celle à qui il manque quelque chose d'essentiel à la fructification ; mais c'est à tort que quelques Botanistes appellent fleurs imparfaites, celles dont nous ne pouvons pas distinguer les organes de la fructification.

IMBIBITION, *imbibitio* ; c'est la faculté de se charger de l'humidité qui environne. On dit que les plantes se nourrissent en partie par l'imbibition de leurs feuilles.

INCISÉ, ÉE ; ce qui a l'air d'avoir été coupé avec des ciseaux.

INCLINÉ, ÉE, *voyez* PÉDUNCULE, TIGE.

INCOMPLET, TE, *voyez* VOLVA, FLEUR.

INDIGÈNES. On appelle plantes indigènes, celles qui sont naturelles ou naturalisées au climat qu'elles habitent.

INDIVIDU, *individuum*. Tout être organisé est un individu. Un arbre, une mousse font deux individus du règne végétal, comme un éléphant, une souris font deux individus du règne animal.

INÉGAL, LE, INÉGAUX. Lorsqu'on a égard à la grandeur ou à la grosseur respective de certaines parties que l'on compare, on dit qu'elles sont égales, s'il y a entre elles une proportion remarquable ; & inégales, s'il y a une disproportion sensible ; elles peuvent encore être égales en grosseur, & inégales en hauteur, &c.

INFÉRIEUR, RE ; *voyez* COROLLE, EMBRYON, OVAIRE.

INFUNDIBULIFORME, qui a la forme d'un entonnoir ; *voyez* COROLLE.

INODORE, qui n'a pas d'odeur, qui est insipide à l'odorat.

INONDÉES. On appelle plantes inondées, celles qui naissent dans l'eau, & qui ne flottent jamais à sa superficie.

INSERTION, *insertio*. Il y a autant d'insertions différentes, qu'il y a de manières, dont les parties qui composent les plantes, sont attachées ou insérées sur d'autres parties. *Voyez* FEUILLES, FLEURS alternes, opposées, axillaires, radiées, &c. FILETS insérés sur, opposés ; PÉTALES alternes, opposés, &c.

INSIPIDE au goût & à l'odorat ; ce qui n'a ni saveur, ni odeur.

INTERRUPTION, *voyez* FEUILLES ailées avec ou sans interruption.

INTERSTICE ; c'est l'intervalle ou l'espace qui se trouve entre deux corps que l'on croiroit réunis.

INTUS-SUSCEPTION, *intus-fusceptio*. Les végétaux croissent par intus-fusception ; *voyez* ACCROISSEMENT.

IRRÉGULIER, RE ; ce qui n'a pas naturellement une forme fymmétrique. *Voyez* COROLLE, PÉTALES, BORDS, FILETS.

J.

JARDIN, *hortus*. Un jardin eft un terrain enclos où l'on cultive des plantes pour l'agrément ou pour l'utilité, ou pour l'un & l'autre à la fois. On appelle JARDIN BOTANIQUE, celui où l'on raffemble avec ordre, avec méthode, des plantes de toute efpèce ; JARDIN FLEURISTE, celui où l'on ne cultive des plantes, que dans la vue d'en obtenir les plus belles variétés de fleurs : JARDIN FRUITIER, celui où l'on ne cultive que des arbres à fruits : JARDIN POTAGER, celui où l'on ne cultive que des légumes : JARDIN DE PROPRETÉ, celui dans lequel il règne un ordre fymétrique, qui en rend la perfpective agréable & la promenade commode : JARDIN ANGLOIS ou CHINOIS, celui qui eft fait à l'imitation d'une nature agrefte, & qui s'éloigne, comme elle, des loix de la fymétrie.

JASPÉ, ÉE. On dit qu'une fleur eft jafpée ou bigarrée, quand fes panaches font courtes, étroites & très-multipliées.

JET, *furculus* ; c'eft la dernière production d'un arbre ou d'un arbufte ; c'eft le bourgeon développé. *Voyez* BOURGEON.

L.

LABIÉE, *voyez* COROLLE labiée ou COROLLE en gueule, & FLEURS en mufle.

LACHE, ES. On dit que les feuilles, les fleurs font lâches fur la tige ou les rameaux, quand elles font difperfées & éloignées les unes des autres.

LACINIÉ, ÉE ; ce qui eft découpé en lanières ; *voyez* FEUILLES laciniées.

LACTESCENT, TE, ou LAITEUX, SE, qui donne du lait ; *voyez* PLANTE, CHAPEAU, PÉDICULE.

LACUSTRE, qui fe plaît dans les lieux marécageux, les étangs ; *voyez* PLANTE.

LAINEUX,

LAINEUX, LANIGÈRE ou LANUGINEUX; ce qui eſt recouvert de poils, qui reſſemblent à de la laine ou à un tiſſu drapé; *voyez* BORDS velus.

LAITEUX, ſynonyme de LACTESCENT. On dit auſſi que les fleurs, les fruits ſont d'une couleur laiteuſe, quand ils ſont blancs comme du lait.

LAME, *lamina ;* c'eſt dans le pétale l'eſpace occupé entre le limbe & l'onglet; *voyez* LIMBE.

LAMELLÉ, ÉE. On appelle chapeau lamellé, celui qui eſt garni de feuillets. On appelle auſſi chair lamellée, celle qui eſt compoſée de lames diſtinctes, & qui eſt comme feuilletée.

LANCÉOLÉ, ÉE, qui a la forme d'un fer de lance.

LANGUETTE. On dit que les DEMI-FLEURONS ſont des petites fleurs à languettes, parce qu'elles ſont terminées par un appendice long & étroit.

LATÉRALE, ES. Les feuilles, les fleurs, les ſtipules ſont laté-rales, *quand elles ont leur point d'inſertion ſur les côtés de la tige ou des rameaux. Les pédicules, les péduncules ſont latéraux par la même raiſon.*

LÉGUME, ſynonyme de GOUSSE; *voyez* ce mot.

LÉGUMES. On appelle légumes toutes *les plantes qui ſont d'un uſage fréquent pour la cuiſine. Les choux, les navets, les cardons* ſont de bons légumes.

LÉGUMINEUSES. On appelle fleurs légumineuſes, celles qui ont pour fruit une gouſſe ou un légume.

LENTICULAIRES. On dit des graines, des anthères, des glandes, des feuilles, qu'elles ſont lenticulaires, quand leur forme approche de celle d'une lentille.

LÈVRES, *labiæ.* Les fleurs perſonnées ou les fleurs en maſque, imitent un mufle à deux lèvres. Les fleurs labiées ou les fleurs en gueule, ont auſſi des diviſions auxquelles on donne le nom de lèvres. On diſtingue la lèvre ſupérieure de la lèvre inférieure. *Voyez* COROLLE en gueule & COROLLE en maſque.

LIBRE; ce qui n'a aucune adhérence avec les corps voiſins. *Voyez* FILETS.

LIBER. Ce mot n'eſt que la traduction latine de ce qu'on appelle en Botanique le LIVRET; *voyez* ce mot; mais quelques Botaniſtes l'em-ploient comme ſynonyme françois.

Dd

LIGNEUX , SE ; ce qui a la confiftance du bois. La tige d'une plante, fes branches , fes racines font ligneufes , quand elles font compofées de couches concentriques & folides , comme celles qui compofent le tronc des arbres , des arbuftes ; *voyez* BOIS.

LIGULÉ , ÉE ; ce qui eft à languette. Les demi-fleurons font des fleurs ligulées , *flores ligulati*. On appelle auffi feuilles ligulées , *folia linguiformia* ; celles qui ont la forme d'une langue d'animal.

LILIACÉES , *voyez* FLEURS.

LIMBE , *limbus* ; c'eft le bord fupérieur de la corolle , qu'elle foit monopétale ou polypétale. On dit qu'un pétale eft échancré à fon limbe ; qu'il n'eft velu ou coloré qu'à fon limbe ; que fon limbe eft bifide , trifide , tétrafide , pentafide , multifide , &c. quand les bords de la corolle font fendus en deux , trois , quatre , cinq ou plufieurs parties.

C'eft le limbe qui forme dans une corolle monopétale , ce qu'on appelle *évafement* ou *gorge*. Il ne faut pas confondre le limbe avec la LAME ; le limbe eft le bord fupérieur du pétale , *pl. I* , *fig. 19 A* ; la lame , *fig. B* , eft l'efpace occupé entre le limbe & le tube dans la corolle monopétale , & entre le limbe , *fig. A* , & l'onglet , *fig. c* , dans le pétale.

Je dois cependant faire obferver qu'on fe fert communément , mais à tort , du mot limbe , pour fignifier la partie fupérieure de la corolle monopétale ; & du mot lame , pour fignifier la partie fupérieure du pétale proprement dit.

LINÉAIRE ; ce qui eft étroit & alongé comme un fil ou comme une ligne ; *voyez* PÉDICULE , PÉDUNCULE , PÉTIOLE ; *voyez* ce qu'on entend par FEUILLE linéaire.

LISSE , fynonyme de glabre ; ce qui eft fans poils apparens ; *voyez* CHAPEAU , SUPERFICIE , TIGE.

LIVRET , *liber* ; c'eft aux couches les plus intérieures de l'écorce qu'on donne ce nom , parce qu'elles reffemblent , en quelque forte , aux feuillets d'un livre ; elles touchent immédiatement à l'aubier , & tous les ans il s'en détache une ou plufieurs lames , qui , s'uniffant à lui , en augmentent d'autant le volume , & concourent ainfi à la formation du bois.

LOBES de la femence ; *voyez* COTYLEDONS. On diftingue auffi les lobes des feuilles , des pétales ; ce font les parties faillantes qui occupent les intervalles qui fe trouvent entre les échancrures. *Voyez* FEUILLES lobées.

LOGES. On appelle loge la cavité d'un fruit , & l'on dit qu'il eft uniloculaire , biloculaire , triloculaire , quadriloculaire , quand il a une , deux , trois , quatre loges ; & multiloculaire , quand il en a plus de quatre, ou quand elles font fi petites ou fi multipliées, qu'on ne peut les compter.

LONG, UE; lorſqu'on eſt obligé d'avoir égard à la grandeur reſpective des parties qui compoſent les plantes, on dit que l'une eſt plus grande, plus longue ou plus courte que l'autre. *Voyez* FILETS, PÉDICULE, PÉDUNCULE, PÉTIOLE, STYLE.

LOUPES. On appelle ainſi certaines excroiſſances ligneuſes ou charnues, qu'on rencontre ſur la tige ou les branches des plantes.

LUISANT, TE; ce qui eſt comme verniſſé.

LUMIÈRE, *lumen*; la lumière eſt ſi néceſſaire à la végétation, que les plantes qui en ſont privées, s'étiolent & périſſent preſque toujours avant de donner des fruits, ce n'eſt qu'en privant de lumière les cardons, la chicorée, qu'on les blanchit, & que par une opération à peu près ſemblable, on obtient du chou ces excroiſſances monſtrueuſes, qu'on appelle choufleurs.

LUNULÉ, ÉE; ce qui eſt en forme de croiſſant; *voyez* FEUILLES lunulées.

LYRÉ, ÉE; ce qui eſt en forme de lyre; *voyez* FEUILLES lyrées.

M.

MACÉRATION, *maceratio*. On fait macérer les plantes, ou quelques-unes des parties qui les compoſent, en les faiſant ſéjourner quelque temps dans de l'eau, ou dans une liqueur quelconque, avant de les ſoumettre à quelques épreuves.

MAINS, *voyez* VRILLES.

MALADIE des plantes. Tout ce qui a vie dans la nature, eſt ſujet à des maladies, à la mort. Les loupes, les chancres, les galles, le couronnement, l'étiolement, l'ergot, la nielle, le charbon, la gangrène ſèche, &c. font autant de maladies qui tendent à abréger le cours de la vie des plantes. S'il eſt intéreſſant pour le Cultivateur de connoître les maladies des plantes qu'il cultive, il ne l'eſt pas moins au Botaniſte, de connoître celles des plantes qu'il obſerve : une plante prolifère, mutilée, étiolée, lui ſembleroit être une autre plante, s'il ne ſe tenoit en garde, & s'il ne ſavoit juſqu'où peut aller le changement qu'une plante éprouve par un excès de chaleur, de froid, ou par une tranſition trop ſubite de l'un à l'autre, & par une infinité d'autres accidens encore.

MÂLES. On appelle fleurs mâles, celles qui font unifexuelles, & qui n'ont que des étamines fans piftils.

MAMELONNÉ, ÉE; ce qui eft recouvert de petits tubercules, ou bien ce qui eft remarquable par une protubérance plus ou moins confidérable, que l'on pourroit comparer à un mamelon. *Voyez* CHAPEAU, FEUILLES.

MARCOTTE, *circumpofitio*; c'eft le nom que l'on donne à une branche que l'on couche en terre, & que l'on ne fépare de la plante à qui elle appartient, que quand elle a pris racine.

MARCOTTER, c'eft multiplier une plante par le moyen des marcottes.

MARBRÉ, ÉE, fe dit des fleurs qui font panachées irrégulièrement, & dont les panaches font très-variées.

MARITIME, qui vient dans la mer; *voyez* PLANTE.

MASQUE, *voyez* COROLLE en mafque; *voyez* FLEURS en mufle.

MATURATION, *frutefcentia*; c'eft l'époque à laquelle les fruits font arrivés à leur degré de maturité. *Cette époque eft fujette à varier comme celle de la fleuraifon.*

MEMBRANEUX, SE; ce qui eft mince & prefque dénué de fubftance intérieure, ou bien ce qui eft compofé de plufieurs membranes appliquées les unes fur les autres.

MÉTHODE botanique, *methodus botanica*. On appelle méthode en Botanique, une efpèce d'ordre, d'arrangement où les plantes, d'après certains principes, font divifées, 1°. par claffes, 2°. par ordres, par fections ou par familles, 3°. par genres, & 4°. par efpèces, dont on diftingue encore les variétés. Les principes qui fervent de bafe aux divifions & aux fubdivifions des méthodes, peuvent varier; mais il eft néceffaire qu'ils foient fondés fur les parties conftantes & apparentes qui peuvent le mieux caractérifer les plantes, afin que l'on puiffe, à l'aide de ces parties caractériftiques, trouver le nom que les Botaniftes s'accordent à donner à celles que l'on defire connoître, & parvenir enfuite à la connoiffance de leurs propriétés & de leurs ufages; car c'eft là le point effentiel, vers lequel nous devons diriger tous nos efforts. *Filum Ariadneum Botanices eft fyftema, fine quo chaos eft res herbaria*, dit Linnæus, Phil. Bot. p. 98. En effet, fans le fecours d'une méthode, l'étude de la Botanique feroit un vrai chaos; il feroit impoffible de fe reconnoître dans cette immenfe quantité d'objets qui s'offrent tout à la fois à nos yeux, nous les verrions toujours confufément, & nos égaremens pourroient même nous devenir funeftes.

Depuis

Depuis que l'on s'occupe de la Botanique, il n'eſt point de moyens qu'on n'ait employés pour faciliter l'étude de cette ſcience ; on a de tout temps reconnu l'utilité des méthodes, mais malheureuſement on les a trop multipliées, & l'étude de la Botanique, par les changemens ſucceſſifs qu'a éprouvés cette ſcience, eſt devenue très-compliquée & très-difficile.

Quelques Botaniſtes prétendent que la Nature a ſuivi une marche pro-greſſive dans la formation des êtres, & que l'on ne pourra connoître par-faitement les plantes, que lorſqu'on les aura toutes raſſemblées dans l'or-dre où elles ont été créées. D'autres au contraire regardent une mé-thode naturelle, en ſuppoſant que la découverte en ſoit poſſible, comme étant beaucoup moins propre à faciliter l'étude de la Botanique, que ne ſeroit une méthode artificielle, & ils penſent qu'il ſeroit bien plus avantageux de perfectionner une méthode artificielle, & d'en rendre l'uſage familier en y ajoutant les figures des plantes, que de chercher à en créer de nouvelles.

La méthode naturelle, *methodus naturalis*, eſt appelée ainſi, parce qu'elle ſemble ſuivre la même marche que la Nature, en rapprochant les plantes qui ont de très-grands rapports fondés ſur la conſidération de l'enſemble & une eſpèce d'analogie dans le détail des différentes par-ties qui les compoſent. La méthode artificielle, *methodus artificialis*, *vel ſyſtema*, au lieu de rapprocher les plantes qui ont les plus grands rapports par leur enſemble, n'emploie pour cela que quelques caractères particuliers, comme la fleur ou le fruit, les étamines, les feuilles même ; delà vient que deux plantes qui, dans une méthode naturelle, ſeroient très-voiſines, peuvent ſe trouver aux deux extrémités d'une méthode artificielle.

On ſe plaint que l'on ne met pas aſſez de ſimplicité dans les mé-thodes, & qu'elles ſont d'une foible reſſource pour quiconque veut ſe livrer à l'étude des plantes, ſur-tout quand on n'eſt point à portée de ſuivre les démonſtrations qui ſe font ſur la Nature dans des jardins botaniques. J'avoue que les méthodes même les plus ſimples, ſont en-core hériſſées de beaucoup de difficultés ; tantôt ce qui ſert de baſe fondamentale à une méthode, eſt une partie ſujette à varier ; tantôt c'eſt un caractère, qui, par ſa fineſſe extrême, échappe à l'œil le plus attentif, & quelquefois même à tous les efforts de l'optique réunis ; ſouvent même la préſence du fruit eſt auſſi néceſſaire que celle de la fleur ; mais, comme entre l'état de perfection de ces deux parties eſ-ſentielles ; il n'eſt pas rare qu'il y ait un eſpace conſidérable, examiner l'une ſans l'autre, c'eſt nous plonger dans un abîme d'incertitudes qui nous rebutent, & qui s'oppoſent aux progrès de notre inſtruction. N'y aura-t-il donc jamais de méthode botanique exempte de ces re-proches ? Non. Le Botaniſte a beau mettre toute ſon attention à profiter des reſſources que la Nature lui offre pour ſimplifier l'art de reconnoître les plantes au moyen de leurs caractères, il y aura toujours de grandes difficultés à furmonter : la Nature a fes loix, mais elle a auffi fes caprices. Celui qui n'a pas déja dans cette fcience une certaine expérience, aura toujours befoin d'avoir fous les yeux la Nature à côté du précepte, ou bien il faudra que ce qu'on emploiera pour la lui repréfenter, puiffe faire fur fes fens la même impreffion qu'elle. En vain on lui décriroit avec la plus grande exactitude, ce qu'il defire connoître, ce feroit encore lui cacher l'objet, & ne lui en montrer que l'ombre.

Segnius irritant animos demiffa per aures,
Quam quæ funt oculis fubjecta fidelibus. HORAT.

Pourquoi fommes-nous fi attachés aux Ouvrages de Dillenius, de Tournefort, de Vaillant, de Schœffer, de Haller, d'Œder ? c'eft parce qu'ils font les feuls qui aient trouvé le moyen de nous inftruire, tout en nous récréant ; les feuls qui aient réellement rendu l'étude de la Botanique facile & commode, en nous offrant un objet de comparaifon dans une bonne figure de chaque plante qu'ils ont décrite. L'exemple que nous allons donner, après avoir expofé la méthode de Tournefort & le fyftême fexuel de Linnæus, fera mieux fentir au lecteur l'utilité des méthodes, lorfqu'on les met en pratique, la nature fous les yeux, & leur infuffifance, lorfque nous ne l'avons pas. *Voyez* auffi l'article PRINCIPES de botanique, FIGURES des plantes.

Expofition des principes de la méthode de TOURNEFORT.

TOURNEFORT a divifé en vingt-deux claffes, toutes les plantes qu'il a décrites ; il a féparé les herbes & les fous-arbriffeaux, d'avec les arbres & les arbuftes : fes dix-fept premières claffes renferment les herbes, & fes claffes XVIII, XIX, XX, XXI & XXII, les arbres & les arbuftes ; il auroit pu ne faire que dix-fept claffes, dans chacune defquelles il auroit également féparé les arbres d'avec les herbes ; &, fi je ne me trompe, fa méthode n'en auroit été que plus facile.

Ce favant Botanifte a pris pour fondement de fa méthode les fleurs, comme étant la partie la plus apparente des plantes, & celle qui pourroit fournir les caractères les plus nombreux & les plus favorables pour les diftinguer. Il établit fes claffes fur la préfence ou fur l'abfence de la corolle, fur fa difpofition & fur fa régularité ou fon irrégularité, comme on va le voir.

I. DIVISION. *Les Herbes, tant annuelles que vivaces.*

Claffe I. Les *campaniformes*, pl. I, fig. 1, 2, 3. Herbes à fleurs fimples (1), compofées d'un feul pétale régulier, en forme de cloche, de baffin ou de grelot.
Claffe II. Les *infundibuliformes*, pl. I, fig. 4, 5, 6. Herbes dont les fleurs font

_____

(1) Obfervez qu'il n'emploie ici le mot de fleur fimple, que par oppofition à la fleur que l'on nomme fleur compofée. *Voyez*, pour l'intelligence de ces mots, FLEURS fimples, FLEURS compofées.

simples, monopétales, régulières (1), & qui reffemblent, en quelque forte, à un entonnoir, à une foucoupe ou à un godet (2).

Claffe III. Les *perfonnées*, ou *fleurs en mufle, en mafque*, fig. 79. Herbes à fleurs monopétales anomales, irrégulières, dont les femences font renfermées dans une capfule.

Claffe IV. Les *labiées* ou *fleurs en gueule*, fig. 11, 12. Herbes à fleurs fimples monopétales irrégulières, & dont les femences, au nombre de quatre, font toujours nues au fond du calice.

Claffe V. Les *crucifères* ou *fleurs en croix*, fig. 13, 14. Fleurs fimples polypétales régulières, compofées de quatre pétales difpofés en croix, & dont le fruit eft une filique ou une filicule.

Claffe VI. Les *rofacées* ou *fleurs en rofe*, fig. 15, 16. Fleurs fimples polypétales régulières, compofées de cinq ou d'un nombre indéterminé de pétales, difpofés en rofe.

Claffe VII. Les OMBELLIFÈRES, ou *fleurs en ombelle, en parafol*, fig. 17. Fleurs fimples polypétales régulières (3), ayant cinq pétales difpofés en rofe, & pour fruit, deux femences réunies : les fleurs des plantes que renferme cette claffe, font portées par de longs péduncules qui partent d'un centre commun, & divergent comme les rayons d'un parafol.

Claffe VIII. Les *caryophillées* ou *fleurs en œillet*, fig. 20. Fleurs fimples polypétales régulières, dont l'onglet eft fort long, & a fon attache au fond d'un calice alongé & monophylle.

Claffe IX. Les *liliacées* ou *fleurs en lis*, fig. 21. Fleurs fimples polypétales régulières : elles font ordinairement compofées de trois ou de fix pétales, ou d'un feul pétale divifé en fix parties ; leurs femences font toujours renfermées dans une capfule à trois loges.

Claffe X. Les *papilionnacées* ou *fleurs légumineufes*, fig. 22, 23, 24, 25. Fleurs fimples polypétales irrégulières, dont le fruit eft une gouffe qu'on appelle auffi un légume.

Claffe XI. Les *anomales* ou *polypétales anomales proprement dites*, fig. 26, 27, 28. Fleurs fimples polypétales irrégulières, d'une forme bizarre.

Claffe XII. Les *flofculeufes* ou *fleurs à fleurons*, fig. 29. Fleurs compofées (4) de plufieurs petites corolles monopétales que l'on nomme FLEURONS ; *voyez* ce mot.

Claffe XIII. Les *femi-flofculeufes* ou *fleurs à demi-fleurons*, fig. 30. Fleurs compofées de plufieurs petites corolles monopétales en languette, que l'on nomme DEMI-FLEURONS ; *voyez* ce mot.

Claffe XIV. Les *radiées* ou *fleurs en foleil*, fig. 31. Fleurs compofées de fleurons dans le centre, & de demi-fleurons à la circonférence.

Claffe XV. Les *apétales* ou *fleurs à étamines*, fig. 32. Fleurs dont les étamines & les piftils ne font pas entourés de pétales, ou bien qui font entourés de parties que Tournefort ne regarde pas comme des pétales, parce qu'elles fubfiftent après la floraifon, & ne font pas ordinairement colorées comme les pétales des autres fleurs.

---

(1) Il eft bon de prévenir ici le Lecteur, que dans cette claffe, il fe trouve plufieurs genres de plantes à fleurs irrégulières, comme les *jufquiames*, les *véroniques*.

(2) Je crois que des deux premières claffes, il auroit mieux valu n'en faire qu'une.

(3) Il eft rare que les fleurs des ombellifères foient régulières ; on les nomme *fleurdeliftes* pour cela.

(4) Ici le mot *fleur compofée* défigne toutes les fleurs qui font formées de l'agrégation de plufieurs autres fleurs raffemblées dans un calice commun, auffi Tournefort a-t-il rangé dans la claffe des vraies FLEURS COMPOSÉES, les FLEURS AGRÉGÉES. *Voyez* ces mots.

Claſſe XVI. Les *apétales ſans fleurs*, *fig. 33*. De cette claſſe ſont toutes les plantes qui n'ont point de fleurs apparentes, mais ſeulement des eſpèces de graines ordinairement diſpoſées ſur le dos des feuilles.

Claſſe XVII. Les *apétales ſans fleurs ni graines apparentes*, *fig. 34*. Tournefort a compris dans cette claſſe toutes les plantes, dont les organes de la fructification lui étoient abſolument inconnus, & où il ne trouvoit rien qui parût deſtiné à cet uſage.

II. DIVISION. *Les Arbres & Arbuſtes.*

Claſſe XVIII. *Arbres ou arbuſtes à fleurs apétales, ou à étamines ſans petales*, *fig. 35*. De cette claſſe ſont tous les arbres, dont les fleurs n'ont pas de pétales, & ne ſont pas portées ſur des chatons. Les uns portent ſur le même individu, la fleur & le fruit enſemble ou ſéparément, & les autres portent des fleurs ſur un pied, & des fruits ſur un autre pied de la même eſpèce.

Claſſe XIX. *Arbres ou arbuſtes à fleurs apétales amentacées*, *fig. 36*. De cette claſſe ſont tous les arbres, dont les fleurs n'ont pas de pétales, mais ſont diſpoſées ſur des chatons; les uns portent ſur le même individu fleurs & fruits enſemble ou ſéparément, & les autres portent des fleurs ſur un pied, & des fruits ſur un autre.

Claſſe XX. *Arbres ou arbuſtes à fleurs monopétales campaniformes ou infundibuliformes*. De cette claſſe ſont tous les arbres qui ont des fleurs, dont les caractères ſont les mêmes qui ont ſervi de baſe aux deux premières claſſes de la méthode pour les herbes.

Claſſe XXI. *Arbres ou arbuſtes à fleurs roſacées*. Cette claſſe renferme tous les arbres, dont les fleurs ont les mêmes caractères que ceux qui ont été employés pour former la claſſe VI des herbes, les *roſacées*.

Claſſe XXII. *Arbres ou arbuſtes à fleurs papilionnacées ou légumineuſes*. Cette dernière claſſe renferme tous les arbres, dont les fleurs ont les mêmes caractères que ceux des herbes, claſſe X, les *papilionnacées*.

Si Tournefort eût rangé ſes arbres dans ſes dix-ſept premières claſſes, avec des diviſions cependant, les arbres qui compoſent la claſſe XVIII & la claſſe XIX, auroient été de la quinzième claſſe; ceux qui compoſent la claſſe XX, auroient été de la première & de la ſeconde claſſe; ceux qui compoſent la claſſe XXI, auroient été de la claſſe VI, & ceux qui compoſent la claſſe XXII, auroient été de la claſſe X.

TOURNEFORT, après avoir tiré de la corolle les diviſions de ſes claſſes, a cherché dans les fleurs les caractères qui pouvoient ſervir de baſe à ſes ſections, que l'on peut regarder comme des claſſes ſubalternes; quelquefois il a auſſi employé quelques caractères étrangers, quand ceux qu'il avoit tirés de la conſidération du fruit, ne lui paroiſſoient pas ſuffiſans, tels que la figure de la corolle, ſa diſpoſition, la conſidération des feuilles même. Il a diviſé ſa claſſe I en 19 ſections, ſa claſſe II en 8; ſa claſſe III en 5; ſa claſſe IV en 4; ſa claſſe V en 19; ſa claſſe VI en 19; ſa claſſe VII en 9; ſa claſſe VIII en 2; ſa claſſe IX en 5; ſa claſſe X en 5; ſa claſſe XI en 3; ſa claſſe XII en 5; ſa claſſe XIII en 2; ſa claſſe XIV en 5; ſa claſſe XV en 6; ſa claſſe XVI en 2; ſa claſſe XVII en 2; ſa claſſe XVIII en 3; ſa claſſe XIX en 6; ſa claſſe XX en 7; ſa claſſe XXI en 9; & ſa claſſe XXII en 3; ce qui fait en tout 148 ſections pour vingt-deux claſſes. Chaque ſection renferme pluſieurs genres, & chaque genre n'eſt lui-même qu'un aſſemblage de pluſieurs eſpèces, comme on va le voir dans l'exemple ci-après.

Il s'agit maintenant de mettre cette méthode en pratique, & de trouver le nom d'une plante qu'on n'auroit jamais vue. On vous apporte, je ſuppoſe, la plante repréſentée dans la *pl. III* de cet Ouvrage, & l'on

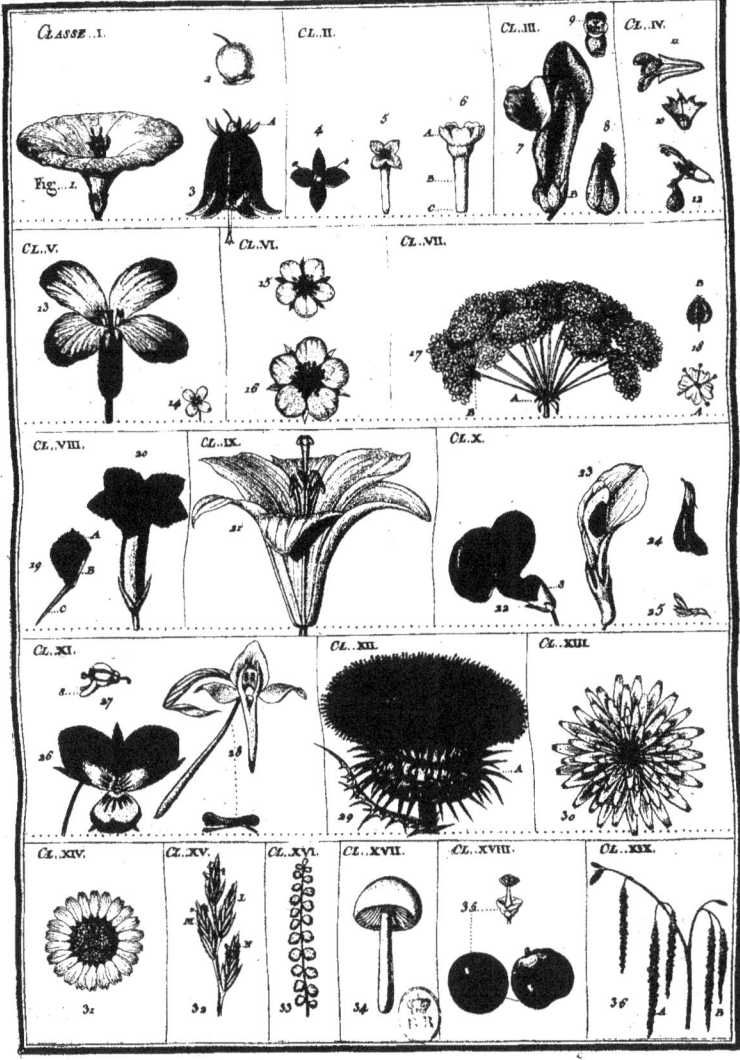

CLASSE. I. — CL. II. — CL. III. — CL. IV. — CL. V. — CL. VI. — CL. VII. — CL. VIII. — CL. IX. — CL. X. — CL. XI. — CL. XII. — CL. XIII. — CL. XIV. — CL. XV. — CL. XVI. — CL. XVII. — CL. XVIII. — CL. XIX.

l'on vous prie de dire le nom que Tournefort a donné à cette plante dans ses Institutions botaniques : quoique cette plante vous soit absolument inconnue, cela ne vous fera pas absolument difficile ; comme l'ouvrage que vous allez prendre pour guide, réunit à l'avantage d'être un des plus méthodiques que nous ayions, celui de faciliter considérablement l'intelligence des divisions & des sous-divisions, au moyen des figures que l'Auteur n'a pas cru pouvoir se dispenser d'y ajouter, vous y parviendrez plus facilement qu'avec toute autre méthode.

Vous ouvrez la méthode de Tournefort, & vous voyez qu'il a d'abord séparé les arbres & les arbrisseaux d'avec les herbes : vous vous assurez que la plante que vous avez sous les yeux n'a point la tige ligneuse ; qu'elle s'élève peu, & que tout, en un mot, vous porte à croire que c'est une herbe ; vous la cherchez donc au rang des herbes, & non pas au rang des arbres ; elle ne peut donc être que dans les dix-sept premières classes ; vous regardez ensuite si les fleurs ont des pétales ; ou si elles n'en ont pas, vous ne balancez point à la mettre au rang des fleurs pétalées, parce que vous êtes certain qu'elle a une corolle : or, elle n'est ni de la XVIIe classe, ni de la XVIe, ni de la XVe ; il ne vous reste plus à la chercher que dans les quatorze premières classes ; vous examinez si sa fleur est simple ou composée ; vous vous décidez à la regarder comme fleur simple, parce que vous ne trouvez qu'une corolle dans chaque calice; alors vous dites, elle n'est ni de la XIVe classe, ni de la XIIIe, ni de la XIIe, qui ne renferment que des fleurs composées : il vous reste encore neuf classes, vous examinez attentivement la corolle, pour vous assurer si elle est d'une seule pièce ou de plusieurs pièces. Comme elle est d'une seule pièce, vous n'avez plus à chercher votre plante, que dans les classes dont les fleurs sont monopétales, & vous la chercheriez en vain dans les classes XI, X, IX, VIII, VII, VI, V, parce que toutes les plantes qui composent ces classes, ont leurs corolles polypétales : il ne vous reste plus que quatre classes ; la première & la seconde qui ne renferment que des plantes dont les fleurs sont régulières, & la classe III & IV qui ne renferment que des fleurs irrégulières ; sitôt que vous vous serez assuré que les fleurs de votre plante ne sont pas monopétales régulières, vous dites : elles ne peuvent être que de la troisième ou de la quatrième classe; mais voyons maintenant en quoi diffèrent les fleurs qui composent ces deux classes, puisqu'elles sont dans la troisième classe, comme dans la quatrième, monopétales irrégulières : ceci pourroit vous embarrasser ; mais regardez au fond du calice d'une fleur de votre plante, & voyez si elle a les graines nues comme dans la *fig. 10*, *pl. I* ; ou bien, si vous voyez dans le fond du calice une espèce de capsule, *fig. c & D*, *pl. III*. Sitôt que vous serez assuré que c'est une capsule, votre plante est de la classe III de la méthode de Tournefort ; elle est au rang de celles qui ont des *fleurs personnées*, que l'on nomme aussi *fleurs en masque* ou *en mufle*. Vous voilà

F f

donc arrivé avec certitude à la claſſe de votre plante ; il faut actuelle-
ment en trouver la *ſection*, le *genre* & l'*eſpèce*, avant que de pouvoir
vous aſſurer du nom. Cette claſſe eſt diviſée en cinq ſections. La première a pour titre : *de herbis flore monopetalo anomalo aurito* vel *cuculato*,
c'eſt-à-dire, qu'elle ne renferme que des herbes à fleurs monopétales-
anomales, en forme d'oreille ou de capuchon ; cela ne convient point
à votre plante. La ſeconde ſection a pour titre : *de herbis flore monope-*
talo anomalo tubulato, *in linguam deſinente*, c'eſt-à-dire, dont les fleurs
monopétales-anomales ſont terminées en languettes ; cela ne lui convient pas encore. La troiſième ſection a pour titre : *de herbis flore mo-*
nopetalo anomalo utrimque patente, c'eſt-à-dire, dont la corolle mono-
pétale-anomale eſt ouverte ou élargie par les deux bouts, ce n'eſt pas
encore cela. La quatrième ſection enfin, qui a pour titre : *de herbis flore*
monopetalo anomalo, *tubulato*, *perſonato*, & qui renferme toutes les
plantes dont les fleurs ſont monopétales-anomales, tubulées, perſonnées, c'eſt-à-dire, terminées à leur limbe par un mufle à deux lèvres,
eſt la ſection où doit ſe trouver votre plante, & où elle ſe trouve effec-
tivement. Cette ſection eſt diviſée en neuf genres qui, à la vérité, ne
ſont pas faciles à déterminer ; mais, en les liſant avec attention, ayant
toujours ſoin de comparer les caractères de votre plante avec ceux des
genres décrits dans cet ouvrage, & avec les gravures qui y correſpondent,
vous vous déciderez pour le IVe, *pedicularis*, par rapport au *labium ſu-*
periùs galeatum (la lèvre ſupérieure en caſque) ; mais dans le nombre
des eſpèces qui conſtituent le genre des pédiculaires, vous trouvez deux
phraſes qui vous laiſſent dans l'incertitude ; vous ne ſavez ſi votre plante
eſt celle que l'on doit appeler *pedicularis pratenſis purpurea*, ou bien,
pedicularis rubra elatior, il faudroit voir les deux eſpèces ; voilà où l'on
regrette de n'avoir pas à comparer la nature avec les figures. Je ſuppoſe cependant que vous trouviez entre votre plante & cette dernière
phraſe latine, plus d'analogie qu'avec les premières, vous direz : cette
plante eſt la *pedicularis rubra elatior* de Tournefort ; la *pedicularis caule*
ramoſo erecto calycibus bifidis crenatis de Haller ; & la *pedicularis pa-*
luſtris de Linnæus.

Il eſt aiſé de voir que ſi, à la méthode de Tournefort, on eût ajouté
des figures pour toutes les eſpèces décrites, cet ouvrage eût été parfait ;
& par ſa grande ſimplicité, eût été préférable à tout autre.

Expoſition du Syſtéme ſexuel de Linnæus.

On a donné le nom de SYSTÊME SEXUEL à la méthode de Linnæus,
parce qu'elle a pour baſe les organes ſexuels des plantes, c'eſt-à-dire, les
étamines conſidérées comme organes mâles, & les piſtils comme organes
femelles. Linnæus a d'abord diviſé en vingt-quatre claſſes les plantes
qu'il a décrites. Chaque claſſe, comme on le verra par la ſuite, a été

fubdivifée en plufieurs ordres. Chaque ordre ou chaque fection renferme plufieurs genres, & chaque genre plufieurs efpèces.

Linnæus n'a point féparé les arbres d'avec les herbes; il a compris toutes les plantes qui ont des fleurs vifibles & diftinctes, dans les vingt-trois premières claffes de fa Méthode ; celles dont les fleurs font à peine vifibles, ou qu'on ne voit qu'indiftinctement, forment la vingt-quatrième claffe.

I. DIVISION. *Plantes dont les fleurs font vifibles & diftinctes.*

Les 13 premières claffes comprennent les plantes dont les fleurs font hermaphrodites, & dont les étamines font abfolument libres & n'ont entre elles ni proportion, ni difproportion remarquables. Cependant la douzième & la treizième claffe, indépendamment du nombre des étamines, exigent auffi que l'on confidère leur infertion ; ou elles tiennent au calice ou elles n'y tiennent pas.

Claffe I. MONANDRIE, *monandria*. Cette claffe renferme les plantes (*arbres* ou *herbes*), qui n'ont qu'une feule étamine, *pl. II, fig. 1.*

Claffe II. DIANDRIE, *diandria*, deux étamines, *fig. 2, 3.*

Claffe III. TRIANDRIE, *triandria*, trois étamines, *fig. 4, 5.*

Claffe IV. TÉTRANDRIE, *tetrandria*, quatre étamines, *fig. 6, 7.*

Claffe V. PENTANDRIE, *pentandria*, cinq étamines, *fig. 8, 9, 10.*

Claffe VI. HEXANDRIE, *hexandria*, fix étamines, *fig. 11, 12, 13.*

Claffe VII. HEPTANDRIE, *heptandria*, fept étamines, *fig. 14.*

Claffe VIII. OCTANDRIE, *octandria*, huit étamines, *fig. 15, 16.*

Claffe IX. ENNÉANDRIE, *enneandria*, neuf étamines, *fig. 17, 18.*

Claffe X. DÉCANDRIE, *decandria*, dix étamines, *fig. 19, 20, 21.*

Claffe XI. DODÉCANDRIE, *dodecandria*, douze étamines, *fig. 22, 23, 24.*

Claffe XII. ICOSANDRIE, *icofandria*, une vingtaine d'étamines inférées fur le calice, *fig. 25 :* on voit mieux l'infertion des étamines dans les *fig. 27, 28.*

Claffe XIII. POLYANDRIE, *polyandria*, depuis vingt jufqu'à cent étamines, qui ne tiennent point au calice, *fig. 29 :* on voit mieux l'infertion des étamines dans la *fig. 30.*

Dans la quatorzième & la quinzième claffe, il faut avoir égard au nombre & à la proportion refpective des étamines.

Claffe XIV. DIDYNAMIE, *didynamia*, quatre étamines, dont deux petites & deux grandes, *fig. 32, 34 :* on peut mieux juger de la grandeur des étamines, *fig. 36 ; & fig. A . pl. III.*

Claffe XV. TÉTRADYNAMIE, *tetradynamia*, fix étamines, dont quatre grandes & (deux petites oppofées), *fig. 37, 38 :* on diftingue mieux dans la *fig. 39*, la grandeur des étamines, & l'oppofition des deux petites.

Dans les claffes XVI, XVII, XVIII XIX & XX, il faut avoir moins d'égard au nombre des étamines, qu'à leur réunion, foit entre elles par leurs *anthères* ou par leurs *filets*, foit

Claffe XVI. MONADELPHIE, *monadelphia*, plufieurs étamines réunies par leurs filets en un corps, *fig. 43 :* on voit mieux cette réunion dans la *fig. 44.*

Claffe XVII. DIADELPHIE, *diadelphia*, plufieurs étamines réunies par leurs filets en deux corps, *fig. 45, 48 :* on voit dans la *fig. 46* comment les étamines font réunies.

Claffe XVIII. POLYADELPHIE, *polyadelphia*, plufieurs étamines réunies par leurs filets en trois ou en plufieurs corps *A, B, C, fig. 49.*

soit avec le piftil de la fleur à laquelle elles appartiennent.

Claffe XIX. SYNGENESIE, *fyngenefia*, plufieurs étamines réunies par leurs anthères, & quelquefois, mais bien rarement, par leurs filets en forme de cylindre, *fig. 5o A, 5¹ B*, & *52*.

Claffé XX. GYNANDRIE, *gynandria*, plufieurs étamines réunies & attachées au piftil fans adhérer au réceptacle, *fig. 54, 55 AB*.

Dans les claffes XXI, XXII, XXIII, les fleurs font uni-fexuelles ou du moins, fi elles font hermaphrodites, elles font toujours en bien plus petit nombre que celles qui font d'un feul fexe.

Claffe XXI. MONŒCIE, *monæcia*, fleurs mâles, *fig. 56, 57*, & femelles, *58*, féparées fur le même individu.

Claffe XXII. DIŒCIE, *diœcia*, fleurs mâles, *fig. 6o A, B ;* & fleurs femelles, *fig. 59, 61*, féparées fur deux individus ; les fleurs mâles fur un pied, & les fleurs femelles fur un autre.

Claffe XXIII. POLYGAMIE, *polygamia*, fleurs mâles & femelles, *fig. 62, 63*, fur un ou fur plufieurs individus qui portent auffi des fleurs hermaphrodites, *fig. 64*.

La claffe XXIV renferme les plantes dont les fleurs font indiftinctes.

Claffe XXIV. CRYPTOGAMIE, *cryptogamia*, fleurs cachées que l'on ne voit point quelques efforts que l'on faffe, ou que l'on ne voit que tres-indiftinctement, *fig. 65, 66*.

On trouve auffi à la fuite de ces vingt-quatre claffes, une efpèce d'*appendix*, où l'Auteur range quelques plantes dont il n'a pu fuffifamment déterminer les caractères.

Les claffes ne font que les premières divifions du Syftême, voyons maintenant comment l'Auteur s'y eft pris pour divifer fes claffes, & fur quoi il a fondé fes principes de divifions.

Les treize premières claffes du fyftême fexuel ont leurs *ordres* ou *fections*, fondés fur le nombre des piftils ; ainfi une plante qui fera de la claffe PENTANDRIE, parce que fes fleurs ont cinq étamines, fera du premier ordre, *monogynie*, fi elle n'a qu'un piftil ; elle fera du II ordre, *digynie*, fi elle en a deux ; du III ordre, *trigynie*, fi elle en a trois ; du IV ordre, *tétragynie*, fi elle en a quatre ; du V ordre, *pentagynie*, fi elle en a cinq ; du VI ordre, *hexagynie*, fi elle en a fix ; & du VII ordre, *polygynie*, fi elle a plus de fix piftils ou fi elle en a un nombre indéterminé ; ainfi la fleur dont le calice eft repréfenté *fig. 28, pl. II*, eft de la claffe ICOSANDRIE & de l'ordre *monogynie*: la fleur repréfentée *fig. 22*, eft de la claffe DODÉCANDRIE, & de l'ordre *trigynie*, on voit fes trois piftils R. La fleur repréfentée dans la *fig. 29*, eft de la claffe POLYANDRIE, comme on le voit par la fituation de fes étamines, *fig. 30*, & de l'ordre *polygynie*, *fig. 31*, parce que, lorfque l'on ne peut pas déterminer le nombre des piftils par celui des ftyles, on compte les ftygmates.

La quatorzième claffe, la DIDYNAMIE, eft divifée en deux ordres très-naturels & tres-aifés à déterminer. Ou les graines font nues au fond du calice, comme dans la *fig. 33* ; ou elles font renfermées dans une capfule, comme dans la *fig. 35* : or, toutes les fleurs qui font de la claffe *didynamie*, font de l'ordre *gymnofpermie*, quand les graines font comme dans la *fig. 33* ; & elles font de l'ordre *angyofpermie*, quand elles font renfermées dans une capfule, comme dans la *fig. 35*, ou bien comme dans les *fig. B, C, D . pl. III*.

La quinzieme claffe, la TÉTRADYNAMIE, eft auffi divifée en deux ordres affez naturels, mais bien moins tranchans ; ou les graines des plantes qui compofent

cette

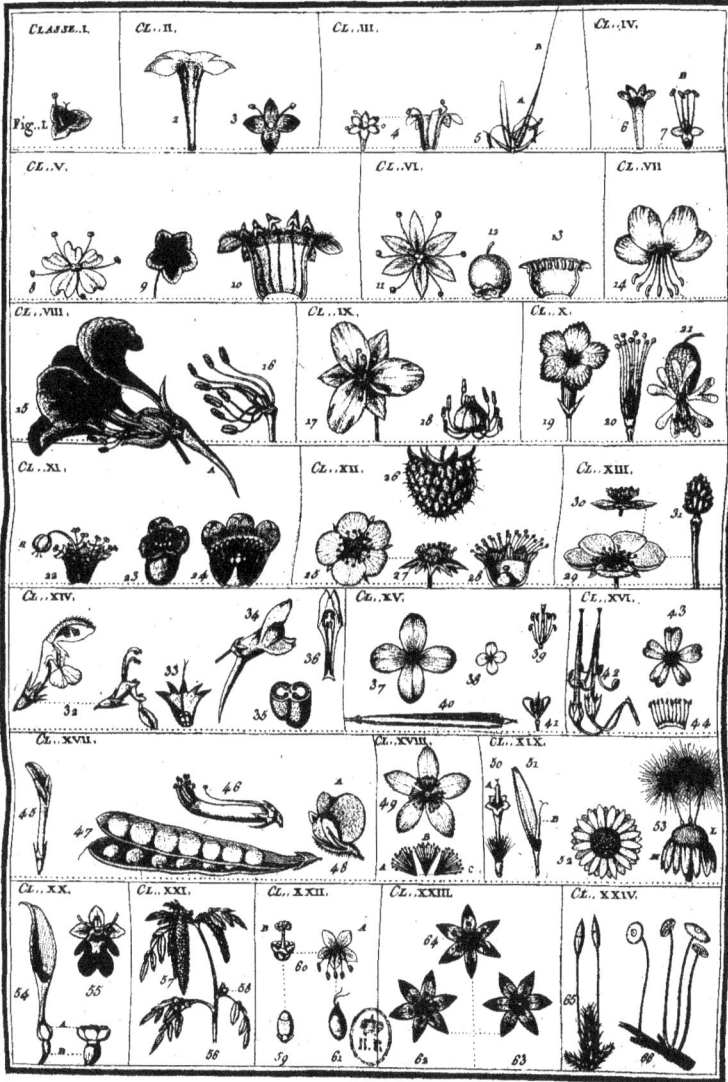

cette classe, sont renfermées dans une filicule, *fig. 41*, ou bien elles sont renfermées dans une filique, *fig.* 40 ; toutes les fleurs qui seront reconnues pour être de la classe TÉTRADYNAMIE seront de l'ordre *filiculeuses*, lorsque leur fruit sera une filicule, *fig.* 41 ; & elles seront de l'ordre *filiqueuses*, lorsque le fruit sera reconnu pour être une *filique*, *fig.* 40. *Voyez* les mots SILICULE & SILIQUE.

Tous les ordres des classes suivantes, excepté ceux de la SYNGENESIE & de la CRYPTOGAMIE, sont fondés sur les caractères classiques de toutes les classes qui les précèdent ; ainsi la seizième classe, la MONADELPHIE, est divisée en *pentandrie*, en (*décandrie, fig.* 44), en *polyandrie*, quand les étamines qui sont réunies en un seul corps par leurs filets, sont au nombre de cinq, de dix, ou en très-grand nombre ; de même la dix-septième classe, la DIADELPHIE, est divisée en *hexandrie*, en *octandrie* (en *décandrie, fig.* 46), quand les étamines réunies en deux corps par leurs filets, sont au nombre de six, de huit, de dix. La dix-huitième classe, la POLYADELPHIE, est aussi divisée suivant les mêmes principes ; elle est ou de l'ordre *pentandrie*, ou de l'ordre *icosandrie*, ou de l'ordre (*polyandrie, fig.* 49 *A, B, C*), quand les étamines réunies en plusieurs corps, sont au nombre de cinq, ou une vingtaine insérées sur le calice, ou bien quand elles sont en très-grand nombre, & qu'elles n'ont leur insertion ni sur le calice, ni sur le pistil. Jusques-là, quand les étamines & les pistils sont très-apparens, la division des classes en sections, ne devient pas bien difficile ; mais dans la classe SYNGENESIE, la distinction des ordres est réellement un travail où l'expérience sert plus que le précepte ; cette classe qui renferme des fleurs composées de plusieurs autres petites fleurs, est divisée en cinq ordres, 1°. en *polygamie égale*, quand toutes les petites fleurs, qui, par leur agrégation, forment la fleur composée, sont des fleurons hermaphrodites, *fig. 50 & 51, pl. II* ; 2°. en *polygamie superflue*, quand le centre des fleurs composées, est occupé par des fleurons, *fig. 50, pl. II*, & la circonférence, par des demi-fleurons femelles, *fig. 60, pl. IV* ; ce qui revient aux fleurs radiées de Tournefort ; 3°. en *polygamie fausse*, quand les fleurons du disque sont hermaphrodites, & que les demi-fleurons qui occupent la circonférence, sont stériles, *fig. 55, pl. IV* ; 4°. en *polygamie nécessaire*, quand les fleurons ou les demi-fleurons du disque sont mâles, *fig. 61, pl. IV*, & que ceux de la circonférence sont femelles, *fig. 60* ; 5°. en *monogamie*, quand les fleurs composées de fleurons ni de demi-fleurons, ont leurs étamines réunies en cylindre par leurs anthères, comme on le voit, *pl. I, fig. 26, s*.

La vingtième classe, la GYNANDRIE, est divisée en sept ordres, que l'on saisiroit très-facilement, si les étamines étoient plus apparentes, & si le point de leur insertion étoit plus sensible & moins varié ; quand les plantes que cette classe renferme ont dans chaque fleur deux étamines réunies au pistil, où du moins qui ne portent pas immédiatement sur le réceptacle, elles sont de l'ordre *diandrie* ; si elles ont trois étamines, elles sont de l'ordre *triandrie* ; si elles ont quatre étamines, elles sont de l'ordre *tétrandrie* ; si elles en ont cinq, elles sont de l'ordre *pentandrie* ; si elles en ont six, de l'ordre *hexandrie* ; si elles en ont dix, de l'ordre *décandrie* ; &, si elles en ont un nombre indéterminé, de l'ordre *polyandrie*.

La vingt-unième classe, la MONŒCIE, comme nous l'avons dit plus haut, ne renferme que des plantes, dont le caractère est d'avoir des fleurs unisexuelles (les fleurs mâles séparées des fleurs femelles sur le même individu). Les onze ordres qui divisent cette classe, ne sont pris que dans les caractères que fournissent les fleurs mâles ; 1°. quand chaque fleur mâle n'a qu'une étamine, elle est de l'ordre *monandrie* ; 2°. quand elle en a deux, elle est de la *diandrie* ; 3°. quand elle en a trois, elle est de l'ordre *triandrie* ; 4°. si elle en a quatre, elle est de l'ordre *tétrandrie* ; 5°. si elle en a cinq, de l'ordre *pentandrie* ; 6°. si elle en a six, de l'ordre *hexandrie* ; 7°. si elle en a un nombre indéterminé, elle est de l'ordre

G g

polyandrie (*fig.* 56 , 57 , *pl. II*) ; 8°. fi les étamines des fleurs de la claffe *monœ-cie* étoient réunies en un feul corps, elles feroient de l'ordre *monadelphie ;* 9°. fi elles étoient réunies en plufieurs corps, elles feroient de l'ordre *polyadelphie ;* 10°. fi elles étoient réunies par leurs anthères, elles feroient de l'ordre *fyngenefie* 11°. & fi les étamines occupoient dans la fleur le lieu qu'occuperoit le piftil, fi cette fleur étoit hermaphrodite, elle feroit de l'ordre *gynandrie.*

La claffe vingt-deuxième, la DIŒCIE, a fes ordres fondés fur les mêmes prin-cipes ; ils font pris auffi dans les fleurs mâles ; elles font de l'ordre *diandrie* , quand elles n'ont que deux étamines ; de l'ordre *triandrie* , quand elles en ont trois, de l'ordre *tétrandrie* , *pentandrie* , *hexandrie* , *oɛandrie* , *ennéandrie* , *décandrie* , *icofan-drie* , *polyandrie* , quand elles font au nombre de quatre (cinq , *fig.* 60 *A* , *pl. II*) , fix , huit, neuf, dix, une vingtaine inférées fur le calice, ou un nombre indéter-miné qui n'ont aucun rapport avec le calice ; fi les étamines étoient réunies en un feul corps, comme dans la *fig.* 60 *B* , *pl. II* , elles feroient de l'ordre *monadelphie ;* fi leurs étamines étoient réunies en gaîne par leurs anthères, elles feroient de l'ordre *fyngenefie ;* fi leurs étamines étoient inférées fur le piftil, & non pas fur le calice, ni fur le réceptacle, elles feroient de l'ordre *gynandrie.*

La claffe vingt-troifième, la POLYGAMIE, eft divifée en trois ordres ; le pre-mier eft l'ordre *monœcie ;* il renferme les plantes qui, fur le même individu, por-tent des fleurs hermaphrodites, entremêlées de fleurs mâles & femelles féparées , *pl. II* , *fig.* 62 , 63 , 64. Le fecond ordre, *diœcie* , renferme les plantes qui, fur deux individus différens, portent des fleurs unifexuelles & hermaphrodites, c'eft-à-dire, des fleurs mâles & des fleurs hermaphrodites féparées fur un individu ; & des fleurs femelles avec des fleurs hermaphrodites féparées fur un autre individu de la même efpèce. Le troifième ordre, *triœcie* , renferme les plantes qui , fur trois individus de la même efpèce, portent fur l'un des fleurs hermaphrodites, fur l'autre des fleurs mâles, & fur l'autre des fleurs femelles.

La vingt-quatrième claffe enfin, la CRYPTOGAMIE, a été partagée en quatre ordres ; 1°. les fougères ; 2°. les mouffes ; 3°. les algues, & 4°. les champignons.

Les ORDRES ont été divifés à leur tour en un nombre de *genres* plus ou moins grand. Chaque genre, comme on le verra dans l'exemple ci-après, renferme plu-fieurs efpèces : les caractères des genres font tirés de la préfence ou de l'abfence & de la durée même du *calice* , de la *corolle* , du *neɛair* , des *étamines* , des *piftils* , du *péricarpe* , des *femences* du *réceptacle* confidérés fous quatre attributs princi-paux ; 1°. le nombre ; 2°. la forme ; 3°. l'infertion, & 4°. la grandeur refpeɛive.

Effayons maintenant à mettre en pratique cetteméthode ingénieufe, & voyons comment nous allons nous y prendre pour trouver la *claffe* , l'*ordre* , le *genre* , l'*efpèce* & le *nom* de la plante repréfentée dans la *pl. III* de cet Ouvrage.

1°. Dans la plante qui fe préfente, & qui fert ici d'exemple pour mettre en pratique le Syftême fexuel de Linnæus, vous appercevez des fleurs que vous diftin-guez aifément ; vous voilà déja affuré que votre plante n'eft pas de la vingt-qua-trième claffe, la *cryptogamie* , qui ne renferme que des plantes qui n'ont pas de fleurs vifibles. Vous ouvrez une fleur, & vous voyez qu'elle a étamines & piftils : vous regardez fi toutes les fleurs font de même, & vous dites : toutes les fleurs font hermaphrodites, conféquemment cette plante n'eft ni de la vingt-troifième claffe, ni de la vingt-deuxième, ni de la vingt-unième ; vous regardez l'infertion des étamines ; & lorfque vous vous êtes affuré qu'elles ne font point inférées fur le piftil, vous dites, cette plante n'eft point de la vingtième claffe ; vous obfervez encore vos étamines, pour favoir fi elles ne font point adhérentes entre elles,

LA PEDICULAIRE DES MARAIS. FLOR. FRANC.

Pedicularis palustris. *L. S. P. Polygamia. Angyospermia. 8 4 5.* Cette jolie plante est commune dans les marais, les prés aquatiques, elle fleurit en Juillet Août et Septembre. Sa tige s'élève d'un pied ou environ, ses fleurs sont axillaires, pédun - culées, elles ont un calice ventru, garni de points calleux et divisé en deux lèvres dentelées, une corolle monopétale, irrégulière et comprimée, quatre étamines dont deux sont un peu plus courtes, et un pistil. Ses graines sont renfermées dans une capsule qui a la forme d'un bec de perroquet. Ses feuilles sont alternes ailées et finement découpées.

(....) e B. la fig. A. représente une fleur ouverte. La fig. B. une capsule coupée en travers. La fig. C. une capsule entière. La fig. D. le calice divisé en deux et la capsule qu'il renferme.

Les feuilles et les fleurs ont un goût herbacé et nauséeux, les racines ont un peu d'amertume on reconnoît à cette plante quelques propriétés médicinales. Voyez le *DISCOURS* sur les plantes médicinales de la France. Les che - vaux les bœufs les moutons ne la mangent que lorsqu'ils sont extrêmement pressés par la faim, elle leur cause de l'enflure et du dégoût, il faut leur donner du son et du sel commun. Voyez le *DISCOURS* sur les plantes véné - neuses.

ſoit par leurs anthères, ſoit par leurs filets; & une fois que vous vous êtes aſſuré qu'elles ſont libres, vous concluez que votre plante n'eſt ni de la dix-neuvième claſſe, ni de la dix-huitième, ni de la dix-ſeptième, ni de la ſeizième. Il ne vous reſte plus que quinze claſſes, dans leſquelles vous avez à chercher votre plante : vous comptez vos étamines; vous n'en trouvez que quatre; vous dites : cette plante ne peut être de la quinzième claſſe; elle ne peut être que de la quatorzième ou de la quatrième; car ce ſont les deux ſeules qui renferment les plantes qui ont quatre étamines : vous faites attention aux caractères par leſquels les fleurs des plantes de la quatorzième claſſe, diffèrent de celles de la quatrième : vous voyez, pag. 115, que pour être de la quatorzième claſſe, il faut qu'elles aient quatre étamines, dont deux ſont plus courtes : vous pourriez être embarraſſé ici, parce que, dans les fleurs que vous obſervez, comme dans beaucoup d'autres de la même claſſe, il s'en faut bien que la différence de grandeur des étamines ſoit toujours bien apparente, mais elle l'eſt aſſez cependant, dans la plante que vous avez ſous les yeux, pour ne pas vous tromper; d'ailleurs la corolle *perſonnée* vous ramène au but, & vous vous décidez pour la quatorzième claſſe : vous cherchez dans le *Genera plantarum Linnæi*, la claſſe XIV, & vous trouvez que cette claſſe nombreuſe eſt diviſée en deux ordres; que le premier renferme les plantes dont les fleurs ont quatre étamines, dont deux grandes & deux petites, & dont les graines ſont nues au fond du calice; & le ſecond, celles qui ont auſſi quatre étamines, dont deux grandes & deux petites, mais dont les graines ſont renfermées dans une capſule : vous ne tarderez pas à vous décider pour la ſeconde ſection, parce que vous appercevez ſans peine, au fond des calices de votre plante, une capſule & non pas quatre graines nues : vous êtes donc perſuadé que votre plante eſt de la claſſe XIV, la DIDYNAMIE, & du ſecond ordre de cette claſſe, l'ANGIOSPERMIE; mais, dans ce ſecond ordre, ſont compris cinquante-huit genres, parmi leſquels il ſera bien difficile de trouver celui dont la plante que vous avez ſous les yeux, n'eſt qu'une eſpèce; quel travail ne vous reſte-t-il pas encore à faire? Je ſais bien que vous parviendriez ſans peine à votre but, ſi vous étiez aidé dans vos recherches par de bonnes figures bien caractériſées, ou bien ſi vous pouviez profiter des facilités que vous donneroit un jardin botanique dans lequel votre plante occuperoit la place qu'elle doit occuper dans le Syſtême ſexuel; mais, ſi vous n'avez à votre ſecours, ni jardin botanique, ni figures, ni herbier, comment vous en tirerez-vous? Vous comparerez peut-être dix fois toutes les deſcriptions des genres de cette ſection avec votre plante, avant que de pouvoir vous aſſurer de celui qui lui appartient. Mais, ſuppoſons que vous ayiez comparé tous les genres avec aſſez d'attention & aſſez d'exactitude, pour ne pas vous être trompé, & que la deſcription du genre des *pedicularis* vous ait paru la ſeule qui eût pu convenir à votre plante; avant de pouvoir vous flatter de ſavoir le nom botanique de l'eſpèce que vous voulez connoître, il faut encore que vous la compariez avec les deſcriptions de quatorze eſpèces de ce genre, qui ſont décrites dans le *ſpecies plantarum Linnæi* : ici vous trouvez deux points de diviſions qui vous ſont d'un grand ſecours, PEDICULARIS * *caule ramoſo*, & puis PEDICULARIS ** *caule ſimpliciſſimo* : vous regardez la tige de votre plante, elle eſt rameuſe, vous vous décidez pour *caule ramoſo*; cette diviſion ne contient que trois eſpèces, la PEDICULARIS *pa-luſtris*, la P. *ſylvatica*, & la P. *roſtrata*; vous comparez avec attention la deſ-cription de la PEDICULALIS *paluſtris*; c'eſt celle-là qui convient le mieux à votre plante (pedicularis *caule ramoſo calicibus calloſo punctatis corollis labio obliquis.... habitat in paludibus*), pag. 845, & vous en concluez avec raiſon, que votre plante eſt la PEDICULARIS *paluſtris*, que Linnæus a décrite ainſi.

Nous nous flattions de pouvoir joindre à l'expoſition de ces deux méthodes, celle des FAMILLES NATURELLES de M. DE JUSSIEU ; mais la publication en ayant été retardée, nous nous réfervons d'en donner une Table, lorfque ce favant Démonftrateur aura rendu fon Ouvrage public, dans laquelle Table nous indiquerons quelles feront les figures des plantes, parmi celles qui auront paru jufqu'alors dans l'HERBIER DE LA FRANCE, qui feront les plus propres à faciliter l'étude de ces familles : en attendant, il fera d'autant plus avantageux de prendre pour guide une des deux méthodes que nous venons d'expofer ; que, outre qu'elles font fans contredit les meilleures que nous ayions, elles procurent encore l'avantage de préparer à l'intelligence de tous les principes qui pourront déformais fervir de bafe aux méthodes les plus favantes, & particuliérement à la méthode naturelle de M. de Juffieu.

MILLIAIRES. On dit quelquefois qu'une plante a des feuilles milliaires, des écailles milliaires, quand elles font fi fines & en fi grand nombre qu'on ne peut les compter. On appelle auffi femences milliaires, glandes milliaires, celles qui font arrondies, & qui reffemblent à une graine extrêmement fine.

MIMEUSE. Il y a des plantes qui fe contractent lorfqu'on les touche ; ce mouvement paroît avoir beaucoup de rapports avec l'irritabilité involontaire de certaines parties animales : la *fenfitive* eft appelée plante mimeufe, parce que fes feuilles fe contractent dès qu'on vient à les toucher : les étamines des fleurs de l'*épine-vinette* ont auffi un mouvement de contraction très-fenfible.

MOBILE, ES, qui a toujours un mouvement, une ofcillation ; *voyez* ANTHÈRES.

MOELLE, *medulla*. On peut regarder la moelle comme la partie la plus effentielle à la plante ; puifqu'elle eft au végétal, ce que le cœur eft à l'animal. Elle eft compofée d'une fubftance plus ou moins vafculeufe, qui occupe affez ordinairement le centre du corps ligneux : les parois du conduit ou canal, au travers duquel elle paffe depuis l'extrémité des branches les plus fines, jufqu'à celles des racines, font d'une fubftance ordinairement plus ferme que le refte du bois qui les environne ; cette folidité leur eft néceffaire pour réfifter aux preffions des corps étrangers, qui dérangeroient infailliblement cet organe, s'il en fouffroit les atteintes. Il a été queftion d'une enveloppe cellulaire que l'on trouve fous l'épiderme dans l'écorce, & d'un tiffu cellulaire ou réticulaire, qui joue un grand rôle dans la compofition du bois, & de plufieurs autres parties des plantes : ils font formés l'un & l'autre par les différentes ramifications de la moelle qui, traverfant de part en part le corps de la tige où le tronc & fes rameaux y dépofent des fucs nourriciers, qui y ont été préparés par des vaiffeaux deftinés à cet ufage.

MONADELPHIE, *monadelphia*, de deux mots grecs qui fignifient

un

un frère. La monadelphie eft la claffe XVIe du Syftême fexuel : elle renferme les plantes qui ont plufieurs étamines réunies par leurs filets en un feul corps.

MONANDRIE, *monandria*, de deux mots grecs qui fignifient un mari. La monandrie eft la claffe Ire du Syftême fexuel ; elle renferme les plantes qui n'ont qu'une étamine.

MONŒCIE, de deux mots grecs qui fignifient une maifon. La monœcie eft la claffe XXIe du Syftême fexuel ; elle renferme les plantes qui ont des fleurs mâles & femelles féparément fur le même individu.

MONOGAMIE, *monogamia*, de deux mots grecs qui fignifient une noce. La fyngénéfie, XIXe claffe du fyftême fexuel, eft divifée en cinq feétions, la monogamie eft la dernière ; elle renferme les plantes dont les fleurs, fans être compofées de fleurons ni de demi-fleurons, ont leurs étamines réunies par leurs anthères, *pl. IV, fig. 29*

MONOGYNIE, *monogynia*, de deux mots grecs qui fignifient une femelle. Lorfque l'on a déterminé la claffe d'une plante, en fe conformant aux principes du Syftême fexuel, cette plante eft du premier ordre, fi elle n'a qu'un piftil. Il y a cependant quelques exceptions à cette règle.

MONOIQUES. On appelle plantes monoïques, *celles qui font de la claffe monœcie*, c'eft-à-dire, qui ont fur le même individu, des fleurs mâles & femelles féparées.

MONOPÉTALE. On appelle corolle monopétale, fleur monopétale, celle qui eft d'une feule pièce, *pl. I, fig. 1, 2, 3, 4, 5, 6; & pl. II, fig. 10 & 13.* On diftingue auffi les fleurs en monopétales régulières, & en monopétales irrégulières ou anomales (c'eft-à-dire, fans nom déterminé).

MONOPHYLE. On appelle calice monophyle, celui qui eft d'une feule pièce, c'eft-à-dire, dont les divifions, s'il y en a, ne font pas continuées jufqu'à fa bafe, *pl. I, fig. 22 s; & pl. IV, fig. 65.*

MONOSPERME. On appelle fruit monofperme, celui qui ne renferme qu'une feule femence; *voyez* FRUITS, BAIE.

MONSTRES, MONSTRUOSITÉS. Les plantes qui éprouvent, dans toutes, ou dans quelques-unes de leurs parties feulement, quelques changemens contre nature, font des monftruofités. *Voyez* l'article MALADIE des plantes, & le mot VÉGÉTAL.

MONTANT, TE; *voyez* PÉDUNCULE, PÉTIOLE, TIGE.

MORDUES, *voyez* FEUILLES mordues.

MORT des plantes. Le végétal n'eft pas plus exempt de la mort que l'animal ; tout ce qui jouit de la vie eft fujet à fes loix : l'arbre, dont la

H h

tête majestueuse, élevée jusqu'aux nues, voit pendant plusieurs siècles, des milliers de plantes mourir & renaître à ses pieds, aura son tour : la Nature, en le créant, a posé les bornes de son existence; ces limites sont communes à tous les individus de la même espèce : chacun d'eux n'ira guère au-delà de ce terme, que mille accidens peuvent abréger encore.

On appelle mort du safran, une espèce de petite truffe velue qui vit aux dépens des bulbes de safran, & qui les fait mourir. M. Duhamel à qui l'on est redevable de la découverte de la cause de cette maladie, a observé que cette petite truffe parasite attaquoit également d'autres plantes vivaces, & qu'elle leur donnoit la mort.

MOUVEMENT de la sève. On a cru long-temps que la sève circuloit dans les vaisseaux des plantes, comme le sang circule dans les vaisseaux des animaux. Différentes expériences nous prouvent au contraire que la sève ne circule point, mais qu'elle a une espèce de fluctuation alternative; qu'elle est portée depuis les plus fines ramifications des racines, jusqu'aux extrémités des branches, pendant le jour sur-tout où il se fait une forte succion, dont la chaleur est la cause principale, & que lorsque cette cause cesse, la sève cesse aussi de s'élever; & redescend par les mêmes vaisseaux, depuis les plus fines ramifications des tiges, jusqu'aux dernières divisions des racines : la sève montante & la sève descendante, déposent dans leurs cours les sucs nourriciers qui entretiennent la vie du végétal : ces sucs sont tirés de la terre par les racines, & portés dans toutes les parties de la plante; ceux que l'air fournit aux vaisseaux absorbans, qui composent en partie les feuilles & les dernières ramifications des tiges, sont transmis jusqu'aux fibrilles les plus délicates des racines; & c'est ainsi que s'entretient l'équilibre nécessaire entre la déperdition & la réparation.

MUCRONÉES, *voyez* FEUILLES mucronées.

MUFLE, *voyez* FLEURS en mufle.

MULET végétal. On appelle ainsi une plante produite par une semence qui a été fécondée par la poussière des étamines d'une autre plante, & qui tient de l'espèce fécondante, autant que de l'espèce fécondée. Ces sortes de plantes donnent des graines sujettes à dégénérer.

MULTICAPSULAIRE, qui a plusieurs capsules; *voyez* à la suite de PÉRICARPE unicapsulaire.

MULTIFIDE, *voyez* FEUILLES fendues.

MULTIFLORE, *voyez* PÉDUNCULE multiflore.

MULTILOCULAIRE, qui a plusieurs loges; *voyez* à la suite de CAPSULE uniloculaire & de l'art. PÉRICARPE.

MULTIPLICATION des plantes. La semence est le moyen le plus

généralement employé par la Nature & par l'art, pour la reproduction des végétaux ; mais on multiplie les plantes de beaucoup d'autres manières encore. Si l'art de multiplier par les rejetons, par les boutures, par les marcottes, par les différentes espèces de greffe, &c. n'étoit pas encore connu, que penferions-nous d'un homme qui s'offriroit à nous montrer toutes ces merveilles, & qui nous diroit ; je réponds du fuccès? Je fais bien que l'art en cela n'a été que l'imitateur de la Nature ; mais combien n'a-t-il pas fallu de temps, de patience & de peine ?

MULTIVALVE, qui a plufieurs valves ou panneaux ; *voyez* CAP-SULE univalve.

MÛR, RE. Il fe dit de toutes les productions végétales qui font arrivées à leur degré de maturité. On emploie auffi quelquefois le mot demi-mûr, pour fignifier un fruit qui n'eft pas encore entièrement mûr. On dit, les fruits de cet arbre font mûrs ; vous cueillez des fruits qui ne font que demi-mûrs : les bleds font mûrs dans nos contrées, il faudroit les moiffonner.

MUTILÉES. On appelle feuilles mutilées, racines mutilées, celles qui ont été broyées, déchirées ou défigurées par quelques accidens.

N.

NAIN, NE. On dit qu'un arbre eft nain, quand il eft d'une taille beaucoup plus petite que la taille ordinaire. On dit que telle plante s'élève beaucoup dans un terrain aqueux, mais qu'elle refte naine dans un terrain fec.

NAPIFORME, qui a la forme d'un navet ; *voyez* RACINE.

NATUREL, LE ; ce qui eft dans l'ordre de la nature, & qui n'a aucun rapport avec l'art.

NAVICULAIRE ; ce qui a la forme d'une nacelle ; *voyez* PANNEAU, *voyez* CARÈNE.

NÉCESSAIRE, *voyez* POLYGAMIE néceffaire.

NECTAIRE ou NECTAR, *nectarium* ; c'eft le nom que l'on donne à toute partie que l'on rencontre dans une fleur, & qui n'eft ni piftil, ni étamine, ni corolle, ni calice ; c'eft ordinairement un petit creux qui contient un fuc mielleux que les abeilles favent fort bien y trouver. Le *nectaire* ne paroît pas effentiel à la fructification, & l'on ignore même entièrement fes fonctions : il fe préfente tantôt fous la forme d'un filet, tantôt fous la forme d'une écaille ; quelquefois c'eft une efpèce de godet, une efpèce de poil ; fouvent il reffemble à un cornet, à un capuchon , à un mamelon , à une bourfe, à un éperon, &c.

NERVURES. On donne le nom de nervures à ces élévations fila-menteufes qu'on rencontre fur les feuilles & fur les pétales ; la ner-vure qui coupe une feuille en deux parties égales, fe nomme *côte*. Ces groffes nervures font comparées aux mufcles des animaux; leurs rami-fications , lorfqu'elles ne font pas trop fenfibles , font comparées aux veines ; c'eft pourquoi l'on nomme feuilles nerveufes , les feuilles de *plantain* ; & feuilles veinées , celles de l'*ofeille*, de l'*épinard*, &c.

NIELLE , efpèce de maladie qui attaque les graminées , le froment furtout , & qui convertit en une pouffière noire , toute la fubftance farineufe de fes graines.

NIVEAU , *voyez* FLEURS en niveau , *voyez* TIGE en niveau.

NŒUD , *nodus* ; c'eft la partie de l'arbre la plus dure, la plus ferrée; c'eft par où il pouffe fes branches , fes racines & même fon fruit.

Les Agriculteurs taillent la vigne au premier , au fecond nœud du nouveau jet.

NOIX , *nux*, *pl. V*, *fig. 35.* La noix n'eft réellement qu'un fruit à noyaux ; ce qu'on appelle *brou*, *eft cette fubftance* qu'on peut comparer à la chair qui entoure le noyau du pêcher , de l'amandier , du prunier, &c. On appelle zefte une cloifon membraneufe & coriace , qui fé-pare les lobes de la noix.

NOMBREUX , SE ; ce qui eft en très-grand nombre.

NOMENCLATURE , *nomenclatura*. La nomenclature eft cette par-tie de la Botanique qui a pour objet l'art d'affigner à chaque plante le nom qui lui eft propre , d'après les principes adoptés dans les différentes méthodes botaniques. Les méthodes nous apprennent à diftinguer les plantes au moyen des caractères par lefquels elles fe reffemblent ou diffèrent naturellement ; elles ne font en cela que le fil qui nous con-duit à la connoiffance des noms que l'on eft convenu de donner à chaque plante. Mais malheureufement tous les jours , par de nouveaux fyftêmes , on change la marche de l'étude ; on donne de nouveaux noms aux plantes , & l'on bouleverfe la fcience jufques dans fes fon-demens : à peine a-t-on fait un pas de plus , que tous ces fantômes de l'imagination difparoiffent ; mais il faut bien du temps pour réparer le mal qu'ils ont fait.

Il faudroit , pour fixer la nomenclature des plantes , qu'il y eût , dans toutes les parties du monde , des Tribunaux qui fe correfpondiffent ; que par une autorité qui leur feroit commune , un changement devînt
univerfel

univerfel , une découverte utile à tous les hommes , & que l'abus qui tient à la manie de l'innovation , fût févérement réprimé.

On appelle nom générique, celui qui défigne le genre , & qui eft commun à toutes les efpèces du même genre ; & nom fpécifique, celui qui ne convient qu'à l'efpèce. *Voyez* GENRE , PHRASES botaniques.

NOSTRATES, *voyez* PLANTES noftrates.

NOUÉ, ÉE. On appelle fruit noué l'ovaire groffi ; & fleur nouée, celle dont l'ovaire eft inférieur ; *voyez* OVAIRE inférieur.

NOUEUX , SE. On dit que le bois eft noueux, lorfqu'on ne peut le fendre fans rencontrer des nœuds qui changent à tous momens la direction des fibres ligneufes qui le compofent.

NOYAU , *drupa* , *pl. V , fig. 30* , *31 R* , & *34 A* , *B.* Le noyau eft une petite boîte offeufe ou ligneufe, qui renferme une ou plufieurs amandes ; *voyez* FRUITS à noyau.

NU , UE, fe dit des parties des plantes qui ne font recouvertes d'aucunes autres parties ; *voyez* PÉDICULE , PÉDUNCULE , RÉCEPTACLE , VERTICILLE , TIGE , FEUILLES.

NUL , LE , qui n'exifte pas. On emploie affez fouvent ce mot dans les defcriptions des plantes , dans la vue de les abréger. Linnæus , dans les defcriptions de fes genres , parle du *calice* , de la *corolle* , des *étamines* , des *piftils* , du *péricarpe* & des *femences*. Si la fleur qu'il décrit n'a point de calice , il dit *calix nullus ;* fi elle n'a point de péricarpe , *pericarpium nullum* , &c.

NUTATION , *nutatio*. Les fleurs, les feuilles, les tiges mêmes des plantes qui font expofées à l'ardeur du foleil, fe penchent du côté de cet aftre ; ce changement de direction , que l'on nomme nutation, eft l'effet du deffèchement & du raccourciffement des fibres qui fe reffentent le plus vivement de la chaleur.

NUTRITION , *nutritio*. Nous avons dit que la plante comme l'animal croiffoit par *intus-fufception*. Les fucs nourriciers que la sève diftribue dans toutes les parties du végétal , les alongent & les gonflent : ces fucs s'épaiffiffent par l'évaporation des parties les plus limpides , & augmentent ainfi le volume des parties folides.

O.

OBLIQUE , ES ; ce qui s'éloigne de la ligne verticale & de la ligne horizontale en même temps ; *voyez* TIGE oblique , FEUILLES obliques.

OBLONG , UE ; ce qui eft beaucoup plus long que large ; *voyez* ANTHÈRES , FEUILLES oblongues.

OBTUS, SE, se dit de ce qui n'est pas pointu, ou de ce qui est terminé en une pointe émoussée ; *voyez* FEUILLES obtuses.

OCTANDRIE, *octandria*, de deux mots grecs qui signifient huit maris. L'octandrie est la classe VIII du systême sexuel ; elle renferme les plantes qui ont huit étamines.

ODEUR, *odor*. L'homme fut probablement long-temps sans avoir d'autres moyens de reconnoître les plantes, que par l'odeur, la saveur, le tact & la vue ; c'étoit là la véritable méthode naturelle que l'homme, comme tout autre animal, avoit reçu en partage ; mais aujourd'hui ces moyens naturels de distinguer les objets, lui seroient d'une foible ressource ; l'odorat, ce sens qu'il exerce si peu, le serviroit fort mal ; il est obligé de chercher dans des moyens artificiels, de plus sûrs garans.

ODORANT, TE. On nomme odorant, tout ce qui a une odeur forte, agréable ou non. On dit que tel arbre a les feuilles odorantes ; que la racine d'une telle plante est odorante ; que l'une a une odeur d'ail, l'autre une odeur de girofle, une odeur de punaise ; quand elle sent l'ail, le girofle, la punaise, d'après le rapport de tous ceux qui la sentent. On dit qu'elle a une odeur indéterminée, quand elle a une odeur à laquelle on ne sait quoi comparer, ou que l'un compare à une chose, & l'autre à une autre ; elle est inodore, quand elle ne sent rien.

ŒIL, *voyez* OMBILIC, *voyez* BOUTON.

ŒILLETONS ; ce sont de petits plants enracinés, qui accompagnent les racines de quelques plantes, & que l'on transplante pour multiplier l'espèce. On dit lever des œilletons d'artichaut, ôter les œilletons d'une plante d'œillet : ces plants enracinés qui accompagnent le tronc des arbres, se nomment DRAGEONS.

ŒUF de la plante, *semen*. La semence dans le végétal remplit les mêmes fonctions que l'œuf dans l'animal ; elle contient l'embryon, le germe proprement dit, *corculum*, de la nouvelle plante qu'elle doit produire.

OIGNON, *voyez* BULBE.

OMBELLE, *ombella*, *pl. 1*, *fig. 17* ; on appelle ombelle, un assemblage de fleurs ou de fruits, dont les péduncules partent d'un centre commun, & divergent comme les branches d'un parasol ou les rayons d'une roue. On distingue l'ombelle fausse de la véritable ombelle. Le caractère qui distingue essentiellement l'ombelle fausse de la véritable ombelle, se tire du fruit. Dans la véritable ombelle, il est toujours composé de deux graines distinctes mais réunies, surmontées de deux styles, & communément couronnées par le calice, *fig. 18 B* ; au lieu que, dans l'ombelle fausse, le fruit est ordinairement une baie. On distingue l'ombelle vraie en ombelle partielle & en ombelle universelle.

OMBELLE partielle, *ombella partialis* ; celle qui est portée par un des rayons de l'ombelle univerfelle ; chacun de fes rayons porte immédiatement les fleurs ou les péduncules propres des fleurs. L'ombelle univerfelle ou l'ombelle générale , *ombella univerfalis*, eft celle qui eft compofée de rayons qui portent chacun une ombelle partielle.

OMBELLÉ , ÉE ou OMBELLIFÈRE ; *voyez* PLANTE.

OMBILIC , *umbilicus*. On appelle ombilic une petite cavité qu'on remarque à la partie fupérieure des fruits à pepins : les Cultivateurs l'appellent œil. On dit auffi qu'une baie eft ombiliquée lorfqu'on rencontre à fa partie fupérieure une petite protubérance plus ou moins fenfible , qui fouvent même n'eft marquée que d'un point. C'étoit là qu'étoit placé le ftyle.

OMBILIQUÉ , ÉE ; ce qui eft remarquable par un ombilic : on dit fruit ombiliqué , baie ombiliquée, chapeau ombiliqué , feuilles ombiliquées , &c.

ONDÉ , ÉE ; ce qui eft façonné en ondes , qui eft pliffé à gros plis arrondis.

ONDULÉ , ÉE , fignifie ce qui eft pliffé plus finement ; *voyez* BORDS, FEUILLES , FEUILLETS.

ONGLET, *unguis* ; c'eft la partie inférieure du pétale, *pl. I, fig. 19 c* ; c'eft par elle que le pétale eft immédiatement inféré fur le réceptacle : on dit qu'un onglet eft glanduleux, qu'il eft fort court , fort long , &c. ; qu'il eft ftaminifère, lorfqu'il porte une ou plufieurs étamines. Dans une corolle monopétale , ce qui fait l'office d'onglet, fe nomme tube.

OPERCULE , *operculum , pl. VI , fig. o* (organes de la fructification des mouffes); petit couvercle qui recouvre les urnes de quelques efpèces de mouffes ; les lycopodes ont des opercules ; les mnies ont des urnes pourvues d'opercule *o* & de coiffe *p*. Quelques Botaniftes ne font aucune différence de la coiffe avec l'opercule , & regardent ces deux mots comme fynonymes.

OPPOSÉ , ÉE. Les feuilles font oppofées , *folia oppofita* , quand elles font placées fur la tige ou fur les rameaux , comme dans la *fig. 18, pl. X, a , b , c , d , e*, & comme dans la *fig. 20 a* ; elles font oppofées en croix , *folia cruciatim oppofita* , quand elles font comme dans la *fig. 20 b* : on dit auffi que les péduncules , les pétioles, les ftipules, les vrilles font oppofés , quand ils ont leur point d'infertion , comme les feuilles que l'on donne pour exemple.

ORBICULAIRE , ARRONDI , font fynonymes. Ces deux mots conviennent à toutes figures , dont tous les points de la circonférence font à peu près également éloignés du centre , & qui font conféquemment auffi larges que longues ; *voyez* CHAPEAU , FEUILLES.

ORDRE naturel , *ordo naturalis*. Si vous examiniez avec quelque attention l'enfemble & le détail des différentes parties qui compofent les végétaux, vous vous appercevriez bientôt qu'il y a des plantes qui fe tiennent par un très-grand nombre de rapports, & qui ont même entre elles une reffemblance fi marquée, qu'elles forment, par leur réunion, des groupes naturels, qu'on pourroit comparer à autant de familles féparées, ou à autant de parentés : quand vous verriez, par exemple, un *triticum*, vous ne pourriez vous difpenfer de le placer au rang des graminées, avec le *fecale*, l'*hordeum* : vous voudriez mettre une *iris* près d'un *gladiofus*, un *ophris* avec un *orchis*: vous ne voudriez point féparer un *lamium* d'avec un *galeopfis* ; une *bryonia* d'avec un *cucumis* : vous verriez que les fleurs compofées, les ombellifères, les crucifères, les malvacées, les caryophyllées, les joubarbes, les rofacées, les légumineufes, les amentacées, les euphorbes, les conifères, &c. font autant de bandes à part, qui ne fe confondent point: voilà ce qui a donné l'idée d'une méthode naturelle. Si vous pouviez venir à bout de réunir ces fuperbes fragmens par des nuances infenfibles, & faire ainfi le tableau des plantes de l'Univers entier, vous auriez trouvé une méthode parfaite, où les êtres fe préfenteroient par ordre de création, & fe placeroient, pour ainfi dire, comme d'eux-mêmes, chacun dans la place qui lui feroit deftinée; vous auriez trouvé cette méthode naturelle, de laquelle on s'occupe depuis fi long-temps, & qui fera peut-être encore long-temps l'objet des recherches des Naturaliftes, fi l'on veut la porter à fon dernier degré de perfection.

On donne auffi le nom d'ordre naturel, à cet ordre avec lequel la Nature place les individus dans les lieux qui leur font propres ; c'eft pourquoi l'on dit que les jardins Anglois font dans l'ordre naturel, parce que chaque arbre, chaque herbe même y trouve réuni, comme à la campagne, où la nature feule prendroit foin de fon exiftence, tout ce qui peut favorifer fon accroiffement.

OREILLÉES ; ce qui eft remarquable par deux appendices en forme d'oreilles; *voyez* FEUILLES oreillées, *folia aurita*.

ORGANES de la fructification. On donne ce nom aux étamines, aux piftils, au germe, à la corolle même ; *voyez* FÉCONDATION.

ORGANISATION des plantes. Les végétaux naiffent, vivent, fe reproduifent & meurent; c'eft le jeu de toutes les parties qui concourent à faire paffer le végétal dans tous ces états différens, que l'on nomme organifation. *Voyez* le mot VÉGÉTAL.

OURRELET. Les organes de la fructification de quelques fougères, font difpofés en ourrelet fur le dos des feuilles.

OUVERT, TE ; ce qui eft étalé. On appelle feuilles ouvertes, *folia patentia*, celles qui font difpofées fur la tige, comme celles de la *fig. 18, pl. X F* ; elles s'écartent beaucoup plus de la ligne verticale, que

que les feuilles droites , *fig. 18 E* , & beaucoup moins que les feuilles horizontales , *fig. 18 G*. On appelle péduncules ouverts , ceux qui font difpofés comme les feuilles de la *fig. 18 F*. On appelle auffi tige ouverte , celle dont les rameaux s'écartent beaucoup de la perpendiculaire à l'horizon.

OVAIRE , *germen ;* c'eft la partie inférieure du piftil , le fruit proprement dit , mais qui n'eft pas encore groffi : on emploie affez ordinairement les mots OVAIRE , GERME & EMBRYON , commes fynonymes : nous penfons au contraire que ces mots ont des fignifications très-différentes ; que le mot *ovaire* ne convient qu'au jeune fruit ; & que les mots *germe* & *embryon* ne conviennent effentiellement qu'aux parties contenues dans la graine fécondée , d'où doit naître une nouvelle plante. Quelquefois l'ovaire eft pédiculé , comme on le remarque dans les tithymales, *pl. II, fig. 22*, & on le nomme *germen pediculatum ;* le plus fouvent il eft feffile , c'eft-à-dire, qu'il n'eft pas porté fur un pied , & dans ce cas , on le nomme *germen feffile :* que l'ovaire foit feffile ou pédiculé , il eft toujours placé au centre de la fleur , *pl. IV, fig. 1 D ;* c'eft là qu'il fait les fonctions de matrice , & c'eft dans fon fein, fi l'on peut s'exprimer ainfi , que font renfermés les premiers rudimens des femences , & qu'ils y font fécondés. Quand l'ovaire a fon attache au centre de la corolle , dans laquelle *il peut être vu dans fon entier , pl. IV, fig. 2*, on le nomme ovaire fupérieur , *germen fuperum ;* quand il paroît entièrement au deffous de la fleur , & qu'il ne paroît point en dedans, ou beaucoup moins qu'en dehors, *pl. IV, fig. 53 A*, on le nomme ovaire inférieur , *germen inferum ;* quand il paroît autant en dedans de la corolle qu'en dehors, on dit qu'il eft demi-inférieur , *germen femi-inferum*. On appelle ovaire arrondi , *germen fubrotundum ,* celui qui a la forme d'une petite boule : ovaire turbiné , *germen turbinatum* , celui qui reffemble à une toupie ; ovaire applati ou comprimé , *germen planum* vel *compreffum* , celui qui eft comme écrafé , foit à la partie fupérieure , foit fur les côtés.

OVALE ; ce qui a une figure alongée , arrondie d'un bout , & terminée en pointe de l'autre ; *voyez* FEUILLES , CAPSULE.

OVOIDE. On donne ce nom à une graine , à un fruit , &c. quand fa forme eft à peu près comme celle d'un œuf.

P.

PAILLE , *palea*. On appelle communément paille , la tige ou le chaume des plantes graminées deffechées.

PAILLETTES. On appelle quelquefois fleurs en paillettes , *celles qui ont pour toute corolle des écailles placées autour des organes de la fructification.*

PALAIS de la corolle, *palatium corollæ*. Dans les fleurs monopétales irrégulières , c'est la partie supérieure du fond de la corolle, que l'on nomme le palais. L'on dit qu'il est velu , ridé , comprimé , &c.

PALME ; mesure connue en Botanique pour être égale à la largeur de quatre doigts ou de trois pouces environ.

PALMÉ , ÉE , qui ressemble aux doigts d'une main ouverte ; *voyez* FEUILLES , RACINES palmées.

PAMPE. On donne ce nom aux feuilles des graminées.

PAMPRE , sarment de vigne garni de feuilles & de fruit. (On peint Bacchus avec une couronne de pampre).

PANACHÉES , *voyez* FLEURS panachées.

PANDURIFORMES, *voyez* FEUILLES panduriformes.

PANICULE , *panicula ;* c'est un assemblage de fleurs disposées assez confusément , & portées sur des péduncules grêles, qui les étalent sans ordre déterminé ; *voyez* FLEURS en panicule.

PANICULE diffuse, *panicula diffusa*, celle qui est très-étalée , & dont les péduncules propres font avec le péduncule commun, des angles très-ouverts.

PANICULE serrée , *panicula coarctata ; celle qui est très-peu étalée,* & dont les péduncules propres font, avec le péduncule commun, des angles très-aigus.

PANICULÉE, *voyez* TIGE.

PANNEAUX. On donne ce nom aux deux battans de la silique *A B ,* *fig.* 24 *, pl. V.*

PAPILIONNACÉ , ÉE ; ce qui a quelques rapports avec la forme d'un papillon. On appelle feuilles papilionnacées , ceux qui font tachetés comme les ailes de quelques espèces de papillons; corolles papilionnacées , les corolles polypétales irrégulières , qui ont une gousse pour fruit ; *voyez* COROLLE papilionnacée.

PARABOLES , *voyez* FEUILLES en

PARALLÈLES. On appelle cloisons parallèles, celles qui parcourent toute l'étendue d'un fruit sans se toucher. On dit aussi que les feuilles horizontales font celles qui font parallèles à l'horizon.

PARASITE. Une plante qui croît sur une autre plante , & qui se nourrit à ses dépens , est parasite ; *voyez* PLANTE parasite.

PARASOL , fleurs en parasol ; *voyez* FLEURS en ombelle.

PARENCHYMATEUX , qui appartient au parenchime.

PARENCHYME, c'est ce tissu cellulaire, tendre & spongieux, qui remplit dans les feuilles & dans les jeunes tiges, les intervalles *qui se* rencontrent entre les plus fines ramifications ; lorfque l'on fait rouir des feuilles, c'eſt le parenchyme qui ſe détache, & qui laiſſe à nu toutes les petites ramifications dont il rempliſſoit les vides. Il en eſt de même, lorfque de petits inſectes ſe nourriſſent du parenchyme d'une feuille ; ils en détachent toute la ſubſtance pulpeuſe analogue à leur nourriture, & laiſſent le réſeau à nu, parce qu'il auroit été pour eux un aliment moins délicat ou trop coriace.

PARFAITES, fleurs parfaites ; *voyez* FLEURS complètes.

PARTAGÉES ; *voyez* FEUILLES partagées.

PARTIEL, LE ; *voyez* PÉDUNCULE, COLLERETTE ; OMBELLE.

PARTIES de la génération ou de la fructification ; *voyez* FRUCTIFI-CATION.

PATTE ; c'eſt le nom que l'on donne aux racines qui ont quelque reſſemblance avec la patte d'un animal. On dit les pattes d'anémone, les pattes ou les *griffes* des renoncules.

PAVILLON, *pl. II, fig. 48 A ; & pl. IV, fig. 69 & 70 c.* C'eſt le nom que l'on donne au pétale ſupérieur des fleurs légumineuſes : on le nomme plus communément étendard.

PÉDICULE, *pediculus vel ſtipes* ; c'eſt une eſpèce de queue propre à certaines parties des plantes, comme aux aigrettes, aux glandes, aux nectaires, &c. Il ne faut pas confondre le pédicule avec le pédun-cule ; donc la ſignification eſt bornée à déſigner en Botanique, tout ce qui ſert de queue aux fleurs & aux fruits, toutes les fois que les parties de la fructification ſont apparentes.

On nomme pédicule, la tige des champignons, & celles de pluſieurs plantes, dont les parties de la fructification ne ſont pas bien appa-rentes, comme dans les lichens, les moiſiſſures. Le mot de pédicule ſignifie en général petit pied : on le nomme indifféremment en latin *pediculus vel ſtipes*, mais j'aimerois mieux le mot latin *ſtipes*, qui veut dire pieu, que le mot *pediculus*, pour ſignifier le pédicule d'un cham-pignon. On dit qu'il eſt tubéreux ou bulbeux, *ſtipes bulboſus*, quand il eſt terminé par une bulbe à ſa baſe, comme dans la *fig. 5, pl. VI* ; qu'il eſt annulé ou colleté, *annulatus*, quand il eſt remarquable par un anneau, comme ceux de la *fig. 6 A, B, c* ; qu'il eſt contigu avec le chapeau, *contiguus*, comme dans la *fig. 6 R* ; qu'il eſt continu, *conti-nuus*, comme dans la *fig. 1, 3, 5, pl. VI* ; qu'il eſt central, *centralis*, lorſqu'il eſt inſéré préciſément dans le milieu du chapeau ; qu'il eſt la-téral, *lateralis*, lorſqu'il eſt inſéré ſur le côté du chapeau ; qu'il eſt engaîné, *vaginatus*, lorſqu'il eſt entouré d'une gaîne ; qu'il eſt ſimple, *ſimplex* ; rameux, *ramoſus* ; égal, *æqualis* ; fuſiforme, *fuſiformis* ; linéaire, *linearis* ; effilé ou filiforme, *filiformis* ; capillaire, *capillaris* ; long, *longus* ; court , *brevis* ; épais , *craſſus* ; aminci , *tenuis* ; applati , *planus* vel *compreſſus* ; plein , *plenus* ; creuſé , *excavatus* ; fiſtuleux ; *fiſtuloſus* ; écailleux , *ſquammoſus* ; rude , *ſcaber* ; qu'il ſe pèle , *decorticans* ; qu'il eſt uni , *lævis* ; velu , *hirſutus* (*voyez* l'art. POILS) ; glabre , *glaber* ; farineux , *farinoſus* ; ſpongieux , *ſpongioſus* ; ſubéreux , *ſuberoſus* ; ligneux , *lignoſus* , &c. Peut-être y a-t-il encore quelques eſpèces de pédicules , auxquels on a donné différens noms , dont nous ne nous rappellons pas ; on les aura ſans doute deffinis dans les articles PÉDUNCULES & PÉTIOLES.

PÉDICULÉ , ÉE ; ce qui eſt porté par un pédicule ; *voyez* CHAPEAU , AIGRETTE.

PÉDUNCULE , *pedunculus* ; c'eſt le ſupport de la fleur & du fruit. On donne communément le nom de queue au péduncule de la roſe , de l'œillet , &c. On dit prendre une ceriſe , une pomme , une poire par la queue , c'eſt la prendre par ſon péduncule. Comme les meilleures méthodes ſont fondées ſur les détails des organes de la fructification , le péduncule qui leur ſert de point d'appui , mérite toute notre attention ; il veut être conſidéré ſous quatre attributs principaux ; 1°. le nombre ; 2°. la forme ; 3°. ſon inſertion ſur la tige ; & 4°. ſon inſertion ſur la fleur ou le fruit.

PÉDUNCULE aminci , *pedunculus attenuatus* ; celui qui va en diminuant d'épaiſſeur , depuis ſa baſe juſqu'à ſon extrémité ſupérieure.

PÉDUNCULE armé de pointes , *pedunculus aculeatus* ; celui ſur la ſuperficie duquel on rencontre des pointes ou des aiguillons , qui peuvent en être facilement détachés ſans déchirement , parce qu'ils ne ſont que contigus : tels ſont les péduncules des roſes , des ronces , &c.

PÉDUNCULE articulé , *pedunculus articulatus* vel *geniculatus* ; celui qui a des nœuds ou des articulations qui changent ſa direction.

PÉDUNCULE axillaire , *pedunculus axillaris* ; celui qui a ſon point d'inſertion dans l'aiſſelle formée par l'union de la feuille avec la tige , ou même dans l'angle de diviſion des rameaux & de la tige.

PÉDUNCULE appliqué contre la tige , *pedunculus adpreſſus* ; celui qui eſt parallèle avec la tige , qui en eſt rapproché dans toute ſa longueur , & qui y paroît même appliqué.

PÉDUNCULE biflore , *pedunculus biflorus* ; celui qui ne porte que deux fleurs.

PÉDUNCULE bractéifère , *pedunculus bracteatus* ; celui qui porte des bractées.

PÉDUNCULE caulinaire , *pedunculus caulinus* ; celui qui s'inſère ſur la tige , & non pas ſur les rameaux ni ſur la racine.

PÉDUNCULE cirrhifère , *pedunculus cirrhiferus* ; celui qui produit latéralement

latéralement une ou plufieurs vrilles : tels font les péduncules de la vigne.

PÉDUNCULE commun, *pedunculus communis* : on donne ce nom à tout péduncule qui porte plufieurs fleurs, foit qu'il fe ramifie, foit qu'il ne fe ramifie point. Le péduncule commun, *pl. X, fig. 8 R*, n'eft affez ordinairement qu'une continuation de la tige; & fi les fleurs ou les fruits qu'il porte, ont chacun un péduncule particulier; ce péduncule particulier fe nomme PÉDUNCULE partiel, propre ou médiat.

PÉDUNCULE cotonneux, laineux ou drapé, *pedunculus tomentofus, vel lanatus; voyez* à l'art. POILS.

PÉDUNCULE court, *pedunculus brevis*, celui dont la longueur n'égale pas celle de la fleur dans fon parfait développement.

PÉDUNCULE cuifant, *pedunculus urens;* celui qui eft recouvert de poils menus, mais dont la piqûre produit les effets de la brûlure.

PÉDUNCULE cylindrique, *pedunculus teres;* celui qui eft arrondi dans toute fa longueur.

PÉDUNCULE décurrent, *pedunculus decurrens;* celui qui fe prolonge fur la tige ou fur les rameaux, & qui y laiffe une faillie fenfible.

PÉDUNCULE demi-cylindrique, *pedunculus femi-teres;* celui qui eft aplati d'un côté, & convexe de l'autre.

PÉDUNCULE droit, *pedunculus erectus;* celui qui forme, avec la tige, un angle fort aigu, c'eft-à-dire, qui eft rapproché de la tige dans toute fa longueur, mais qui laiffe cependant un intervalle affez fenfible, pour qu'on voie qu'il ne la touche que par fon point d'infertion.

PÉDUNCULE écailleux, *pedunculus fquammofus;* celui fur la fuperficie duquel on rencontre des écailles.

PÉDUNCULE en maffue, *pedunculus clavatus;* celui qui augmente d'épaiffeur depuis fa bafe jufqu'à fon extrémité fupérieure où il s'arrondit, & qui a quelque reffemblance avec une maffue.

PÉDUNCULE épaiffi, *pedunculus incraffatus;* celui qui augmente en épaiffeur depuis fa bafe jufqu'à fon fommet, ou jufqu'à fon infertion fur la fleur ou le fruit, & qui ne fe retrécit point à cette extrémité-là.

PÉDUNCULE épineux, *pedunculus fpinofus;* celui qui porte des pointes ou des épines qui font corps, qui font parfaitement continues avec lui, & qui ne peuvent en être féparées, fans qu'il y ait de déchirement fenfible.

PÉDUNCULE feuillé, *pedunculus foliatus;* celui fur lequel on rencontre des feuilles & des fleurs en même temps.

Ll

PÉDUNCULE filiforme, *pedunculus filiformis*; celui qui eft fi menu, qu'on le peut comparer à un brin de fil.

PÉDUNCULE foible, débile, *pedunculus flaccidus*; celui qui fe trouve entraîné par le poids des parties de la fructification dont il eft furchargé, qui étoit droit avant que les fleurs fuffent développées, ou que les fruits euffent acquis un poids auquel il eft obligé de céder.

PÉDUNCULE foliaire, *pedunculus foliaris*; celui qui a fon point d'infertion fur une feuille : quand il s'insère fur le côté de la feuille, on le nomme *laterifolius*.

PÉDUNCULE hériffé, *pedunculus hirtus*; *voyez*, pour toutes les efpèces de poils qui recouvrent les différentes parties des plantes, l'art. POILS ou l'art. BORDS velus.

PÉDUNCULE incliné, *pedunculus declinatus*; celui qui fe recourbe en arc, mais qui s'éloigne encore moins de la terre par fon point d'infertion fur la tige, que par fon extrémité fupérieure.

PÉDUNCULE linéaire, *pedunculus linearis*; celui qui eft mince comme un fil, ou comme une ligne que l'on traceroit avec une pointe.

PÉDUNCULE long, *pedunculus longus*, celui qui eft d'une longueur extraordinaire.

PÉDUNCULE médiat, *pedunculus medius*; celui qui eft une divifion du péduncule commun, & qui fe divife en péduncules propres. *Voyez* ces mots.

PÉDUNCULE montant, *pedunculus afcendens*; celui qui eft un peu arqué à fa bafe, mais qui regagne la ligne verticale par fon fommet.

PÉDUNCULE nu, *pedunculus nudus*; celui qui ne porte ni feuilles, ni écailles, ni poils, mais feulement une ou plufieurs fleurs.

PÉDUNCULE oppofé aux feuilles, *pedunculus oppofiti-folius*; celui qui a fon point d'infertion fur la tige ou fur les rameaux, de manière qu'il eft toujours oppofé à un pétiole, c'eft-à-dire, qu'il occupe un côté de la tige, tandis que le pétiole d'une feuille occupe l'autre, mais dans un fens diamétralement oppofé. *Voyez* PÉDUNCULES oppofés.

PÉDUNCULE ouvert, *pedunculus patens*; celui qui fait, pour ainfi dire, l'équerre avec la tige ou les rameaux.

PÉDUNCULE partiel, *pedunculus partialis*; celui qui n'eft point une continuation de la tige, mais qui eft une divifion ou une ramification du péduncule commun. Il a toujours fon point d'infertion fur les rameaux ou fur les parties latérales de la tige, ou fur les parties latérales du péduncule commun. On l'appelle péduncule propre, quand il porte immédiatement la fleur : on l'appelle péduncule médiat, quand il eft encore divifé en d'autres péduncules qui portent les fleurs.

PÉDUNCULE penché, *pedunculus cernuus*; celui qui a fon extrémité fupérieure plus baffe que le point de fon infertion fur la tige ou fur les rameaux , & qui porte des fleurs qui font tournées vers la terre.

PÉDUNCULE pendant , *pedunculus pendulus* , *pl. X , fig. 7 & 8 R ;* celui qui eft dans une fituation pendante & perpendiculaire , fans qu'il y ait de caufes de foibleffe ou de furcharge.

PÉDUNCULE perpendiculaire , *pedunculus perpendicularis* vel *ftrictus ;* celui qui eft droit , qui s'élève fur la tige ou fur les rameaux dans une direction verticale ou perpendiculaire à l'horizon.

PÉDUNCULE pétiolaire , *pedunculus petiolaris ;* celui qui a fon point d'infertion fur un pétiole.

PÉDUNCULE propre , *pedunculus proprius* , celui qui porte immédiatement la fleur. *Voyez* PÉDUNCULE commun , PÉDUNCULE partiel.

PÉDUNCULE pubefcent , *pedunculus pubefcens* vel *villofus ; voyez* l'art. POILS.

PÉDUNCULE quadriflore , *pedunculus quadriflorus ;* celui qui porte quatre fleurs : on appelle quelquefois *pedunculus quinqueflorus* , *fexflorus* , celui qui en porte cinq , fix ; mais il eft plus ordinaire qu'on nomme *multiflorus* , celui qui en porte plus de quatre , ou qui en porte un nombre indéterminé.

PÉDUNCULE qui s'insère fur la tige parmi les feuilles , *pedunculus interfoliaceus ;* celui qui a fon point d'infertion fur la tige ou fur les rameaux , & qui vient pêle-mêle avec les feuilles , & fans aucun ordre.

PÉDUNCULE qui occupe fur la tige un rang au-deffous de celui des feuilles , *pedunculus extrafoliaceus ;* celui qui a fon point d'infertion fur la tige , plus bas que les feuilles ont le leur.

PÉDUNCULE qui occupe fur la tige un rang au deffus de celui des feuilles , *pedunculus fuprafoliaceus ;* celui qui a fon point d'infertion fur la tige , beaucoup plus haut que les feuilles ont le leur.

PÉDUNCULE raméal , *pedunculus rameus ;* celui qui s'insère fur les rameaux , & non fur toute autre partie de la plante.

PÉDUNCULE retourné , *pedunculus refupinatus ;* celui qui porte des fleurs ou des fruits , dont la furface fupérieure devient l'inférieure , & l'inférieure , la fupérieure.

PÉDUNCULE rude , *pedunculus fcaber ;* celui qui eft remarquable par quelques rugofités.

PÉDUNCULE fimple , *pedunculus fimplex ;* celui qui ne fe divife point , & qui porte une ou plufieurs fleurs qui n'ont pas d'autres péduncules , foit qu'il ait fon point d'infertion fur les parties latérales du péduncule commun , ou de l'extrémité fupérieure de la tige , foit qu'il foit attaché fur les parties latérales des rameaux , ou même fur les racines.

PÉDUNCULE folitaire , *pedunculus folitarius ;* celui qui vient toujours feul fur une plante.

PÉDUNCULE terminal, *pedunculus terminalis;* celui qui termine la tige ou les rameaux, comme font ceux de la tulipe, du lis, du pied-de-veau.

PÉDUNCULE tétragone, *pedunculus tetragonus;* celui qui a quatre faces égales fur toute fa longueur.

PÉDUNCULE tortueux : quand il s'entortille autour des corps qui l'environnent, on le nomme *pedunculus volubilis;* quand il forme alternativement des angles faillans & rentrans, on le nomme *pedunculus flexuofus.*

PÉDUNCULE très court, *pedunculus breviffimus;* celui qui eft à peine vifible, où qui, comparé à la hauteur de la fleur qu'il porte, n'en eft guère que la quatrième partie.

PÉDUNCULE très-long, *pedunculus longiffimus;* celui dont la longueur excède deux ou trois fois la hauteur de la fleur qu'il porte.

PÉDUNCULE triflore, *pedunculus triflorus;* celui qui porte toujours trois fleurs.

PÉDUNCULE trigone, *pedunculus trigonus* vel *triqueter;* celui qui a trois faces exactement planes.

PÉDUNCULE uniflore, *pedunculus uniflorus;* celui qui ne porte jamais qu'une fleur, comme la hampe. On le nomme biflore, *biflorus;* triflore, *triflorus;* quadriflore, *quadriflorus,* quand il porte deux, trois, quatre fleurs; & multiflore, *multiflorus,* quand il en porte un nombre indéterminé.

PÉDUNCULE velu, *pedunculus pilofus* vel *villofus;* voyez l'art. POILS ou l'art. BORDS velus.

Si l'on vient à examiner l'enfemble des péduncules, on dit qu'ils font alternes entre eux, égaux, épars, géminés, oppofés, ferrés, verticillés, &c.

PÉDUNCULES alternes entre eux, ceux qui font placés alternativement autour de la tige ou des rameaux, c'eft-à-dire, qui y font inférés l'un après l'autre comme les feuilles de la *fig. 69, pl. VIII.*

PÉDUNCULES égaux, *pedunculi æquales;* ceux qui, dans l'état de parfait développement, ont à peu près tous la même longueur; ils font inégaux, *inæquales;* par la raifon contraire.

PÉDUNCULES épars, *pedunculi fparfi;* ceux qui font nombreux & qui font placés alternativement & fans ordre de tous les côtés de la tige, comme les feuilles de la *fig. 21, pl. X.*

PÉDUNCULES géminés, *pedunculi geminati;* ceux qui viennent deux à deux fur le même point d'infertion.

PÉDUNCULES oppofés entre eux, *pedunculi oppofiti;* ceux qui font
inférés

insérés sur la tige, l'un d'un côté, l'autre de l'autre, & dont le point d'insertion de l'un, est parfaitement opposé & dans la même direction que celui de l'autre : les pédoncules opposés sont à la tige ou aux rameaux, ce que les bras élevés sont au corps d'un homme.

PÉDUNCULES serrés, *pedunculi coarcti ;* ceux qui sont nombreux, & qui sont serrés contre la tige ou les rameaux.

PÉDUNCULES verticillés, *pedunculi verticillati ;* ceux qui sont disposés autour de la tige, comme les rayons d'une roue le sont sur leur moyeu.

PÉDUNCULÉ, ÉE ; ce qui est porté par un pédoncule ; *voyez* FLEURS, FRUITS.

PENCHÉ, ÉE. Lorsque la TIGE, les FEUILLES, les FLEURS d'une plante s'éloignent de la ligne verticale, & sont hors de leur à-plomb, on dit qu'elles penchent, qu'elles sont penchées.

PENDANT, TE ; ce qui retombe dans une direction verticale ; *voyez* PÉDUNCULES, RAMEAUX, FEUILLES, FLEURS, FRUITS

PENTAGONE, qui a cinq côtés & cinq angles remarquables.

PENTAGYNIE, *pentagynia*, de deux mots grecs qui signifient cinq femelles ; comme la plupart des ordres qui divisent les classes de Linnæus, sont fondés sur la considération des pistils, les fleurs qui ont cinq pistils, sont de l'ordre *pentagynie.*

PENTANDRIE, *pentandria*, de deux mots grecs qui signifient cinq maris. La pentandrie est la classe V du Système sexuel ; elle comprend les plantes qui ont cinq étamines.

PÉPIN ; c'est une semence couverte d'une tunique propre, épaisse & coriacée, qui se trouve au centre de certains fruits, tels que les pommes, les poires, les melons, les citrouilles. On donne improprement le nom de pepin aux graines que l'on trouve dans le raisin.

PEPINIÈRE. Une pepinière est un terrein dans lequel on plante de jeunes arbres que l'on élève jusqu'à ce qu'ils soient propres à être transplantés ailleurs. On appelle JARDINIER PEPINIÉRISTE, celui qui s'occupe de la culture des arbres en pepinière.

PERFEUILLÉES ou PERFOLIÉES. On appelle feuilles perfeuillées, *fig. 68, pl. VIII*, celles qui sont traversées par la tige ou les rameaux.

PÉRIANTHE, *perianthium.* Parmi les sept espèces de calice de Linnæus, le périanthe est la seule qui ait conservé le nom de calice : or, qui dit périanthe, dit calice. Ou le périanthe est monophylle, c'est-à-dire, qu'il est d'une seule pièce, *perianthium monophyllum, pl. IV, fig. 65* ; ou il est diphylle, c'est-à-dire, composé de deux pièces, *perianthium diphyllum* ; ou il est triphylle, *triphyllum* ; quadriphylle, *quadri-*

M m

phyllum; pentaphylle, *pentaphyllum*; polyphylle, *polyphyllum*, *fig. 66 pl. IV*, ou *fig. 36*, quand il y a plufieurs pièces, comme celle *B*, inférées à l'endroit marqué *A*. *Voyez* CALICE.

PÉRICARPE, *pericarpium*. C'eft en général cette partie du fruit qui enveloppe les femences ou les graines : on diftingue huit efpèces de péricarpes, qui portent autant de noms différens. Le péricarpe eft appelé *capfule*, quand il a une forme approchante des *fig. 19, 20, 21 & 22, pl. V*, ou, pour mieux dire, quand il diffère effentiellement des fept autres efpèces de péricarpe : on le nomme *coque* ou *follicule*, quand il eft d'une feule pièce, qu'il s'ouvre de bas en haut, comme dans la *fig. 23, pl. V*. On le nomme *filique* ou *filicule*, *fig. 24, 25, 26*, quand il eft compofé de deux paneaux latéraux *A B*, & d'une membrane intermédiaire, que l'on nomme cloifon *c*, *fig. 24*. S'il n'eft compofé que de deux panneaux réunis par deux futures, à l'une defquelles feulement les femences font attachées, on le nomme *gouffe*, *fig. 27, 28, 29*. Si fa chair eft pulpeufe, & qu'il renferme un noyau, on l'appelle *fruit à noyau* ou *prunette*, *fig. 31, 32, 33, 34 & 35*; fi fa chair eft ferme & plus ou moins fucculente, & qu'elle renferme dans des loges fymétriques des pepins, on le nomme *fruit à pepins*, *fig. 36, 37*; fi fa chair eft molle, fucculente, & qu'elle renferme des graines éparfes & difpofées fans ordre, *fig. 38, 39, 40*, on le nomme *baie*. S'il eft compofé d'écailles difpofées fur un axe commun, on le nomme *cône*, *fig. 41*. Toutes les graines font renfermées dans une de ces huit efpèces de péricarpe, ou bien elles font nues dans un calice qui en fait les fonctions, ou portées par l'extrémité d'un péduncule qui leur fert de réceptacle. *Voyez*, pour plus ample explication, les mots CAPSULE, COQUE, SILIQUE, GOUSSE, FRUIT A NOYAU, FRUIT A PEPIN, BAIE & CÔNE. On dit que le péricarpe eft unicapfulaire, *unicapfulare*; bicapfulaire, *bicapfulare*; tricapfulaire, *tricapfulare*; multicapfulaire, *multicapfulare*, quand il eft compofé d'une, de deux, de trois ou de plufieurs capfules. Un péricarpe qui feroit compofé de trois capfules réunies, & dont chaque capfule n'auroit qu'une loge, feroit appelé *pericarpium tricapfulare & triloculare*.

PERPENDICULAIRE; ce qui ne penche ni d'un côté, ni d'un autre. *Voyez* TIGE.

PERSISTANT, TE; ce qui eft d'une durée remarquable. Il faut, pour fe faire une idée jufte de la fignification de ce mot, voir l'article CALICE, pour favoir ce qu'on entend par calice perfiftant; l'article COROLLE, pour favoir ce qu'on veut dire par corolle perfiftante, comment elle diffère de la corolle caduque, de la corolle tombante; & les mots FEUILLES, STIPULES, VOLVA, RACINE, &c.

PERSONNÉES; *voyez* FLEURS perfonnées, ou en mufle, ou en mafque.

PÉTALE , *petalum* vel *petalos* ; c'est le nom que l'on donne à chacune des pièces qui composent les corolles polypétales : on dit qu'une corolle est dipétale , *corolla dipetala* ; tripétale , *tripetala* ; tétrapétale , *tetrapetala* ; pentapétale , *pentapetala* ; polypétale , *polypetala* ; quand elle est composée de deux, de trois, de quatre, de cinq ou de plusieurs pétales.

On distingue dans le pétale, *fig. 19 , pl. I* , le limbe *A* , la lame *B* & l'onglet *c*. Le *limbe* est l'extrémité supérieure du pétale ; l'onglet en est l'extrémité inférieure , la partie par laquelle le pétale tient au réceptacle ; & la lame est l'espace occupé entre le limbe & l'onglet.

On trouve dans le nombre, la forme , l'insertion , la grandeur respective, dans la couleur même des pétales , un très-grand nombre de caractères très-favorables pour distinguer les plantes. On dit qu'un pétale est très-entier , *petalum integerrimum* ; arrondi , *subrotundum* ; alongé , *elongatum* ; frisé , *crispum* ; échancré , *emarginatum* ; oreillé , *auritum* ; velu , *hirsutum* ; coloré , *coloratum*, &c. On dit encore que le pétale est staminifère , *petalum staminiferum* , quand il porte une ou plusieurs étamines ; qu'il est en forme de capuchon , *cucullatum* , &c. *Voyez* , pour les différens noms que l'on a donnés aux fleurs , à cause de la couleur de leurs pétales , le mot FLEURS colorées , & celui COROLLE.

PÉTALÉES. On appelle FLEURS *pétalées*, toutes celles qui sont composées de pétales ; & fleurs *apétales* , celles qui n'en ont pas.

PÉTIOLAIRE ; ce qui vient sur le pétiole , qui appartient au pétiole. On appelle vrilles pétiolaires , *pl. IX, fig. 13 , 14* ; celles qui ne font qu'une suite ou un prolongement des pétioles.

PETIOLE , *petiolus* ; c'est le nom que l'on donne à cette partie de la plante qui sert de support aux feuilles seulement : le pétiole est la queue de la feuille , comme le péduncule est la queue de la fleur & du fruit.

On considère dans le pétiole , la forme , la grandeur comparée à celle des feuilles , sa disposition sur la tige ou les rameaux , sa direction , la manière dont se fait son insertion sur la tige , le nombre de feuilles qu'il porte , & comment il a , sur chaque feuille , son point d'insertion.

PÉTIOLE adhérent , *petiolus insertus* ; celui qui n'a avec la tige qu'une simple adhésion, qui ne la touche que par un simple contact , & qui ne s'élargit point à sa base , comme le pétiole que l'on nomme PÉTIOLE cohérent.

PÉTIOLE aiguillonné , *petiolus aculeatus* ; celui qui est armé de pointes ou d'aiguillons qui peuvent en être détachés, sans qu'il paroisse sur la tige ou les rameaux de déchirement sensible.

PÉTIOLE ailé , *petiolus alatus*, *pl. IX , fig. 16* ; celui qui porte sur ses côtés une partie de la substance membraneuse & pulpeuse , dont la feuille eſt compoſée, & qui y eſt inſérée de la même manière que les barbes d'une plume le ſont ſur la côte.

PÉTIOLE amplexicaule, *petiolus amplexicaulis*; celui qui s'élargit à ſa baſe, & qui enveloppe la tige.

PÉTIOLE anguleux, *petiolus angulatus*; celui qui porte longitudinalement ſur ſes côtés quelques angles ſaillans.

PÉTIOLE appendiculé, *petiolus appendiculatus*; celui qui ſe termine à ſa baſe par pluſieurs appendices.

PÉTIOLE à trois faces planes, *petiolus triqueter*; celui qui a la forme d'un priſme, c'eſt-à-dire, qui eſt applati également de trois côtés, & dont les angles ſont très-ſaillans.

PÉTIOLE canaliculé, *petiolus canaliculatus*; celui qui eſt remarquable par un ſillon creuſé dans toute la longueur de ſa ſurface ſupérieure, c'eſt-à-dire, de la ſurface qui répond au dedans de la feuille.

PÉTIOLE cohérent, *petiolus adnatus*; celui qui eſt ſi fortement attaché à la tige ou aux rameaux, qu'on ne peut l'en ſéparer ſans enlever avec lui une partie de l'écorce.

PÉTIOLE commun, *petiolus communis*. On appelle ainſi dans une feuille compoſée, recompoſée ou ſurcompoſée, le gros pétiole qui ſert de baſe, de point d'appui à tous les autres.

PÉTIOLE court, *petiolus brevis*; celui qui eſt un peu plus court que la feuille qu'il porte.

PÉTIOLE cylindrique, *petiolus teres*; celui qui eſt arrondi dans toute ſa longueur.

PÉTIOLE décurrent, *petiolus decurrens*; celui qui ſe prolonge ſur la tige ou ſur les rameaux, & qui y laiſſe une ſaillie très-ſenſible.

PÉTIOLE demi-cylindrique, *petiolus ſemi-teres*; celui qui eſt arrondi d'un côté, & un peu applati de l'autre.

PÉTIOLE divergent, *petiolus patulus* vel *divergens*; celui qui forme avec la tige ou les rameaux, un angle plus ou moins droit, ſoit que les feuilles ſoient éparſes ou verticillées.

PÉTIOLE épineux, *petiolus ſpinoſus*; celui qui eſt armé de pointes ou d'aiguillons qui ne peuvent en être ſéparés ſans déchirement ſenſible, parce qu'ils font corps avec lui.

PÉTIOLE glabre, *petiolus glaber*; celui qui eſt liſſe, ſans poils ni glandes, &c.

PÉTIOLE immédiat, *petiolus proximus*; celui ſur lequel ſont inſérés les pétioles propres des folioles des feuilles compoſées, recompoſées & ſurcompoſées. Dans la feuille ſimplement compoſée, le pétiole commun eſt imimmédiat en même temps, parce que c'eſt ſur lui que

ſont

font inférées immédiatement les folioles qui ont chacune leur pétiole propre , ou qui font retrécies en pétiole ; dans les feuilles recompofées , les pétioles immédiats font les premières divifions du pétiole commun , parce que les pétioles des folioles s'inſèrent immédiatement fur elles. Dans les feuilles furcompofées , les pétioles immédiats font les deuxièmes divifions du pétiole commun , & pour lors , quand on tient une feuille furcompofée , on obferve , 1°. le pétiole commun ; 2°. le pétiole par-tiel ; 3°. le pétiole immédiat ; & 4°. le pétiole propre , au moyen duquel la foliole s'inſère fur le pétiole immédiat.

PÉTIOLE linéaire , *petiolus linearis ;* celui qui eſt menu comme un fil , & égal dans toute fa longueur.

PÉTIOLE long , *petiolus longus ;* celui qui eſt plus long que la feuille qu'il porte.

PÉTIOLE médiocre , *petiolus mediocris ;* celui dont la longueur égale celle de la feuille qu'il porte.

PÉTIOLE membraneux , *petiolus membranaceus ;* celui qui eſt com-primé & applati comme une feuille.

PÉTIOLE montant , *petiolus affurgens ;* celui qui s'élève en formant un peu l'arc.

PÉTIOLE ouvert , *petiolus patens ; celui qui forme avec la tige ou les rameaux un angle droit.*

PÉTIOLE plane , *petiolus planus ;* celui qui eſt applati également fur fa longueur de deux côtés , & qui a une certaine épaiſſeur.

PÉTIOLE propre , *petiolus proprius ;* celui qui fait partie de la fo-liole , & par lequel elle eſt attachée au pétiole commun , ou à quelques-unes de fes divifions ; comme dans toutes les feuilles compofées , re-compofées & furcompofées.

PÉTIOLE recourbé , *petiolus recurvatus ;* celui qui forme l'arc de bas en haut.

PÉTIOLE redreſſé , *petiolus erectus ;* celui qui forme avec la tige un angle aigu.

PÉTIOLE terminé en gaîne , *petiolus vaginans ;* celui qui , à fon extré-mité inférieure , fe termine en une gaîne membraneuſe , qui enve-loppe un certain eſpace de la tige ou des rameaux.

PÉTIOLE très-court , *petiolus breviffimus ;* celui dont la longueur eſt furpaſſée pluſieurs fois par celle de la feuille qu'il porte.

PÉTIOLE très-long , *petiolus longiffimus ;* celui dont la longueur fur-paſſe pluſieurs fois celle de la feuille qu'il porte.

PÉTIOLE velu , *petiolus villoſus* vel *hirſutus ;* celui qui eſt garni de

N n

poils : on dit qu'il est laineux ou drapé, tomenteux, pubescent, barbu, &c. quand les poils qui recouvrent sa superficie, ressemblent à de la laine, du coton, du poil follet, de la barbe, &c. *Voyez* l'art. POILS.

Quelquefois, lorsque l'on a besoin de comparer l'ensemble des feuilles sur une tige à feuilles composées, on dit que leurs pétioles sont rapprochés, *petioli approximati* ; qu'ils sont éloignés, écartés les uns des autres, *divaricati, remoti*, &c.

PÉTIOLÉES. On appelle feuilles pétiolées, celles qui sont portées par un pétiole.

PHRASE botanique, *phrasis phytologica* ; c'est une description très-abrégée, qui présente dans autant de cadres particuliers, les caractères propres à chaque plante. De même que toutes les productions du règne végétal ont un nom générique qui convient à toutes les espèces du même genre, & un nom spécifique qui n'appartient qu'à un individu, à une espèce de chaque genre ; elles ont aussi leur *phrase générique* qui détaille tous les caractères communs à toutes les espèces d'un même genre, & leur *phrase spécifique* qui expose tous les caractères qui ne conviennent qu'à une espèce.

PHYTOLOGIE, *phytologia*, de deux mots grecs qui signifient plante & discours. La *phytologie* est l'art de décrire les plantes, & la Botanique est l'art de les connoître méthodiquement au moyen de leurs caractères. On emploie cependant les mots *phytologie* & *botanique*, comme synonymes, malgré qu'ils aient deux significations très-différentes.

PIED. On donne souvent le nom de pied à la partie du tronc ou de la tige d'une plante qui est la plus près de terre : le pied d'un champignon porte le nom de pédicule ; quelquefois aussi on emploie le mot pied, pour signifier le mot plant ou le mot plante ; & l'on dit faire abattre cent pieds d'arbres, donner deux pieds d'œillets, au lieu de dire, faire abattre cent arbres, donner deux plantes d'œillets.

PINNATIFIDES ; *voyez* FEUILLES pinnatifides.

PINNÉES. On appelle feuilles pinnées ou feuilles ailées, celles qui portent sur deux côtés opposés d'un pétiole commun, un certain nombre de folioles : delà les feuilles bipinnées, tripinnées, &c.

PIQUANS ; c'est le nom commun aux épines & aux aiguillons des plantes. Les piquans portent le nom d'épines, *spinæ*, quand ils sont continus à la partie de la plante sur laquelle ils ont leur point d'insertion : on les nomme aiguillons, *aculei*, quand il ne sont que contigus. *Voyez* ÉPINES, *voyez* AIGUILLONS.

PIQUANT, TE ; ce qui est garni de pointes piquantes.

PIRIFORME, qui a la forme d'une poire. Il y a une espèce de

vesse-loup, que l'on nomme *lycoperdon piriforme*, à cause de la ressemblance qu'elle a avec une poire.

PISTIL, *pistilum*. On regarde dans une fleur le pistil, comme son
organe femelle ; il est communément composé de l'ovaire ou embryon,
pl. IV, fig. 51 A, d'un style *B*, & d'un stygmate *c*. On dit que le pistil
est complet, *pistilum completum*, quand il a, comme celui qui est représenté *fig. 51*, ovaire, style & stygmate. On dit qu'il est incomplet,
pistilum incompletum, quand il manque de style ou de stygmate : il y
a des fleurs qui n'ont qu'un seul pistil ; d'autres qui en ont deux, trois,
quatre, cinq, six, & quelquefois un nombre indéterminé. Quand on
veut savoir le nombre des pistils qui n'ont pas de style, on compte
les stygmates, & l'on peut regarder comme une règle générale, que
la GYNANDRIE (*voyez* ce mot), aura lieu toutes les fois que les étamines s'uniront à ce qui occupera précisément le centre de la fleur,
parce que, quand même la fleur n'auroit pas de pistil, ce qui occupe
le centre du réceptacle en tient lieu.

Le pistil occupe toujours le centre des fleurs, *pl. IV, fig. 1 D*. Les
fleurs qui n'ont que des pistils sans étamines, sont appelées fleurs femelles ; celles qui n'ont que des étamines sans pistils, sont appelées
fleurs mâles ; celles qui ont étamines & pistils, sont appelées fleurs
hermaphrodites. On considère dans le pistil sa présence, son absence,
le nombre, la forme & la situation. *Voyez* OVAIRE, STYLE, STYG-
MATES & MÉTHODES.

PIVOT. On donne ce nom au tronc d'une racine, quand il s'enfonce verticalement dans la terre.

PIVOTANTE ; *voyez* RACINE pivotante.

PLACENTA, *receptaculum seminale*. On donne ce nom à la partie
d'un fruit quelconque, sur laquelle portent immédiatement les semences ou les graines, qu'elles soient environnées ou non des huit
espèces de péricarpe ; il suffit qu'elles aient leur point d'insertion sur
cette partie, & que ce soit elle qui leur transmette immédiatement les
sucs nourriciers dont elles ont besoin pour leur subsistance.

PLANE ; ce qui est élargi, uni, égal, qui n'est point raboteux, ou
bien encore ce qui est dans une situation parallèle à l'horizon.

PLANT. On appelle ainsi un lieu planté de jeunes arbres. On dit
aussi du plant de vigne, du plant de noyer, &c. pour dire de jeunes
pieds de vigne enracinés, ou de jeunes pieds de noyer.

PLANTARD ; c'est une branche d'arbre assez grosse qui n'a point
de racines, que l'on étête & que l'on fiche en terre, afin qu'elle pro-
duise un arbre de la même espèce : quelques-uns appellent *boutures* ces
mêmes branches d'arbres, lorsqu'elles sont de petite taille ; d'autres

au contraire prétendent que l'on ne doit appeler *boutures*, que les branches d'une tige herbacée, & *plantards*, les branches d'une tige ligneuse.

PLANTATION. On appelle ainsi un terrain considérable, dans lequel on a planté beaucoup d'arbres. On dit une belle plantation, une plantation de peupliers, une plantation d'arbres étrangers.

PLANTE, *planta*. On donne ce nom à toute production naturelle qui peut occuper un rang dans le règne végétal. La plante ligneuse qui s'élève beaucoup, & qui n'a qu'une tige, est appelée arbre, *arbor*. La plante ligneuse qui s'élève beaucoup moins, & qui a communément plusieurs tiges, porte le nom d'*arbrisseau*, *planta fruticosa* : celle qui s'élève beaucoup moins encore, & dont les tiges également ligneuses, ne portent pas de bourgeons comme les arbres & les arbrisseaux, & subsistent pendant un ou plusieurs hivers, est appellée arbuste, *planta suffruticosa* vel *suffrutescens* : celle qui n'a pas sa tige ligneuse, est appelée *herbe* : quand une herbe périt entièrement tous les ans, on la nomme plante annuelle, *planta annua* : quand elle subsiste par ses racines pendant deux ans, on la nomme bisannuelle, *bisannua* : quand elle subsiste pendant trois ans, trisannuelle, *trisannua* : si elle dure davantage, on dit qu'elle est vivace, *planta perennis*. Au mot VÉGÉTAL, nous dirons un mot de l'organisation interne de la plante en général, & nous la suivrons dans tous ses degrés de développement.

PLANTES acaules, *plantæ acaules* ; celles qui n'ont pas de tige en général. Dans la classe des champignons, des lichens, nous avons un très-grand nombre de plantes acaules ; mais, dans la classe des herbes, *herbæ acaules* vel *sessiles*, il n'y en a qu'un petit nombre qui sont privées de tige, & dans ce cas, leurs pétioles & leurs pédoncules partent immédiatement de leur racine.

PLANTES acotylédones, *plantæ acotyledones* : celles qui ont été produites par une graine qui n'avoit pas de cotyledon, & dont la *plantule* étoit composée de la *plumule* & de la *radicule* seulement.

PLANTES agrestes, *plantæ agrestes*. On appelle ainsi toutes les plantes qui viennent dans les champs sans avoir besoin de culture.

PLANTES alimentaires. On donne ce nom aux plantes destinées à fournir aux hommes des alimens de première nécessité. Le froment, le seigle, le riz, la pomme de terre, sont regardés comme plantes alimentaires.

PLANTES androgynes, *plantæ androgynæ* vel *monoices* : ce sont toutes les plantes qui, sur le même individu, ont des fleurs mâles & femelles séparées.

PLANTES annuelles (qui ne durent qu'un an), *plantæ annuæ* ; *voyez* le mot PLANTE.

PLANTES

PLANTES baccifères, *plantæ bacciferæ*. On nomme ainſi toutes les plantes, arbres ou herbes, qui ont pour fruits une ou pluſieurs baies.

PLANTES bâtardes, *plantæ ſpuriæ* ; celles qui ont été produites par des ſemences, à la fécondation deſquelles la pouſſière ſéminale de quelques autres plantes a pris part. Les fleurs doubles ou pleines, qui fixent toute l'attention des Fleuriſtes, ſont abâtardies par leurs ſoins ; il n'y a point d'artifice auquel ils n'aient recours pour ſe procurer ces monſtruoſités, & pour les rendre plus monſtrueuſes encore. Ces ſoins ſont néceſſaires, il eſt vrai, pour balancer l'état artificiel de ces plantes bâtardes avec leur état naturel, avec cet état originel, dans lequel elles retomberoient bientôt, ſi l'on abandonnoit à la Nature ſeule le ſoin de les cultiver.

PLANTES bifères, *plantæ biferæ*. On donne ce nom à toutes les plantes qui donnent chaque année deux fois des fleurs & des fruits.

PLANTES biſannuelles, *plantæ biſannuæ* ; celles qui durent deux ans ; *voyez* PLANTE.

PLANTES cataleptiques, *plantæ catalepticæ*. On appelle ainſi les plantes, dont les différentes parties qui les compoſent, ne reprennent jamais la direction qu'elles avoient, quand une fois elle a été changée par qnelque cauſe étrangère.

PLANTES cauleſcentes, *plantæ cauleſcentes ; celles qui ont des tiges ; c'eſt par là qu'elles diffèrent des plantes qui n'en ont pas*, & que l'on nomme ſeſſiles.

PLANTES cryptogames, *plantæ cryptogamæ* ; celles dont les organes de la fructification ne ſont pas connus ou ne ſont pas apparens.

PLANTES des champs incultes, *plantæ campeſtres* ; des champs cultivés, *arvenſes* ; des terrains cultivés autour des jardins, *cultæ* ; des rues autour des maiſons, *ruderales*, des prairies, *pratenſes* ; des montagnes, *montanæ* ; des forêts, *ſylvaticæ* ; des bois, *nemoroſæ* ; des marais, *paluſtres*, *paludoſæ* ; des lacs, *lacuſtres* ; des bords de la mer, *maritimæ* ; des ſables, *arenoſæ*, &c. Il n'y a point de plantes qui viennent indifféremment dans toutes ſortes de terrains, & qui ſe plaiſent également à toutes ſortes d'expoſitions ; l'une aime les lieux ſecs & arides ; l'autre les lieux humides, les marais : ſi l'eau vient à manquer à celle-ci, elle devient chétive, & prend un air de langueur qui la rend ſouvent méconnoiſſable ; il eſt donc très-important de remarquer les lieux qui ſont les plus convenables aux plantes, afin de n'être pas tenté de regarder à chaque pas, comme eſpèce nouvelle, ce qui n'eſt qu'une variété accidentelle. Ce que nous venons de dire peut s'appliquer auſſi aux changemens qu'apportent la culture, le degré de température & quelques circonſtances étrangères.

Oo

PLANTES dicotyledones ou b'cotyledones, *plantæ dicotyledones*, celles qui ont été produites par une graine à deux cotyledons, *pl. V, fig. 10 H, fig. 11 AB*.

PLANTES dioïques, *plantæ dioïcæ ;* celles qui ne portent jamais que des fleurs d'un feul fexe : les fleurs mâles fe trouvent fur un individu, & les fleurs femelles fur un autre.

PLANTES diurnes, *plantæ diurnæ ;* celles qui ne durent qu'un jour au plus, mais jamais plus d'un jour.

PLANTES douteufes, *plantæ dubiæ ;* celles dont les parties de la fructification ne font qu'imparfaitement connues, & fur lefquelles les fentimens des Savans font encore partagés.

PLANTES éphémères, *plantæ ephemeræ ;* celles qui font de très-courte durée, qui naiffent & qui meurent en peu de temps, mais qui durent cependant un jour au moins.

PLANTES exotiques, *plantæ exoticæ ;* celles qui nous font étrangères, & que nous ne pouvons avoir dans nos climats, qu'à force d'apporter des foins à leur culture. *Voyez* PLANTES indigènes.

PLANTES hybrides ou polygames, *plantæ polygamæ* vel *hybridæ ;* celles qui portent des fleurs hermaphrodites & des fleurs mâles ou femelles fur le même pied ou fur différens pieds, foit que les hermaphrodites foient fur un pied, & les mâles ou femelles fur un autre, foit que les hermaphrodites fe trouvent avec des fleurs femelles ou avec des fleurs mâles féparément fur le même pied. *Voyez* PLANTES polygamiques. On les divife en polygamiques monoïques, & en polygamiques dioïques mâles ou femelles.

PLANTES indigènes ; *plantæ indigenæ ;* celles qui croiffent fpontanément dans nos climats, & qui s'y reproduifent d'elles-mêmes. Il y a un très-grand nombre de plantes qui ne font point originaires de nos climats, mais qui s'y font fi bien naturalifées, qu'elles y font regardées comme plantes indigènes.

PLANTES lactefcentes, *plantæ lactefcentes ;* celles qui rendent, par des incifions ou par des caffures faites à leur tige, ou à quelques-unes de leurs parties, un fuc blanc comme du lait : tels font les tithymales, les laitues, les pavots.

PLANTES médicinales, *plantæ médicinales ;* ce font toutes les plantes qui, employées comme il convient, foit à l'intérieur, foit à l'extérieur, peuvent apporter du foulagement à nos maux. *Voyez* l'art. PROPRIÉTÉS des plantes & le mot VÉGÉTAL.

PLANTES monocotyledones, *plantæ monocotyledones ;* celles qui ont été produites par une graine qui n'avoit qu'un feul cotyledon, *pl. V, fig. 4 & 5*.

PLANTES monoïques ou androgynes , *plantæ monoicæ* vel *andro-gynæ* ; celles qui portent des fleurs mâles & femelles féparément fur le même individu: tels font les melons , les concombres , le noyer , le mûrier , le bouleau , &c.

PLANTES multifères , *plantæ multiferæ*. On appelle ainfi les plantes qui donnent des fleurs plufieurs fois l'année , ou qui font en fleurs toute l'année.

PLANTES noftrates , *plantæ noftrates* ; celles que nous trouvons com-munément fous nos pas, qui viennent fur les chemins, autour des lieux habités.

PLANTES ombellifères , *plantæ umbelliferæ* ; celles qui portent leurs fleurs & leurs fruits en ombelle. On diftingue les plantes qui portent de vraies ombelles , d'avec celles qui en portent de fauffes. *Voyez* le mot OMBELLE.

PLANTES parafites , *plantæ parafiticæ* ; celles qui viennent fur d'au-tres plantes , & qui vivent à leurs dépens , comme le gui, l'orobanche, la cufcute.

PLANTES polygames ou polygamiques , dioïques femelles , *plantæ polygamæ dioicæ fœminæ* ; celles qui portent fur deux individus de la même efpèce , des fleurs hermaphrodites & des fleurs femelles , les hermaphrodites feules fur un pied , & les fleurs femelles fur un autre.

PLANTES polygamiques dioïques mâles , *plantæ polygamæ dioicæ mares* ; celles qui portent fur deux individus de la même efpèce , des fleurs hermaphrodites & des fleurs mâles , les hermaphrodites feules fur un pied , & les fleurs mâles fur un autre ; quand , fur le même pied , elles portent des fleurs hermaphrodites avec des fleurs mâles ou fe-melles , elles font polygamiques monoïques , au lieu d'être dioïques.

PLANTES polygamiques monoïques femelles , *plantæ polygamæ monoicæ fœminæ* ; celles qui portent féparément fur le même individu des fleurs hermaphrodites (c'eft-à-dire des fleurs où l'on rencontre des étamines & des piftils , & qui portent du fruit) ; & des fleurs femelles (c'eft-à-dire , des fleurs qui n'ont que des piftils fans étamines , & qui portent aufli du fruit) , comme font celles de la pariétaire.

PLANTES polygamiques monoïques mâles , *plantæ polygamæ monoicæ mares* ; celles qui portent féparément fur le même individu , des fleurs hermaphrodites (c'eft-à-dire , des fleurs où l'on rencontre des étamines & des piftils , & qui portent du fruit) ; & des fleurs mâles (c'eft-à-dire , des fleurs qui n'ont que des étamines fans piftils , & qui ne portent jamais de fruit). *Voyez* FLEURS polygames , & l'article MÉ-THODE botanique , pag. 115 & 117.

Il y a aufli quelques plantes , comme les *veratrum* , qui portent fur le même individu , des fleurs hermaphrodites , des fleurs mâles & des

fleurs femelles féparées : ces plantes font conféquemment polygamiques monoïques mâles & femelles.

PLANTES potagères. On leur donne auffi le nom de légumes : ce
font les plantes qu'on emploie communément à l'ufage de la cuifine :
on appelle jardin potager, celui où l'on ne cultive que des plantes potagères, comme des choux, des carottes, &c.

PLANTES rétiformes, *plantæ retiformes ;* celles dont les feuilles,
les tiges ou les racines font alongées, & d'une extrême fineffe, & qui,
par leur entrelacement, repréfentent un filet ou un rets.

PLANTES fubterrannées, *plantæ fubterraneæ ;* celles qui acquièrent,
fans fortir de terre, un degré de développement parfait.

PLANTES touffues, *plantæ cœfpitofæ ;* celles qui donnent une grande
quantité de rameaux entrelacés, croifés & ramaffés en touffe.

PLANTES trifannuelles (qui durent trois ans), *plantæ trifannuæ ;*
voyez le premier article du mot PLANTE.

PLANTES vénéneufes ou venimeufes, *plantæ venenofæ.* On appelle
ainfi celles qui peuvent devenir nuifibles, lorfqu'on ne les emploie pas
comme il convient. *Voyez* l'art. PROPRIÉTÉS des plantes, & le mot
VÉGÉTAL.

PLANTES vivaces (qui durent plus de trois ans), *plantæ perennes ;*
voyez le premier article du mot PLANTE.

PLANTES ufuelles. On divife les plantes ufuelles en plantes alimentaires, en plantes médicinales, & en plantes d'ufage dans les arts.

PLANTS enracinés, *vivi radices.* On donne ce nom à de jeunes arbres garnis de racines, & propres à être tranfplantés.

PLANTULE, *plantula.* La plantule eft en général la jeune plante,
peu de temps après qu'elle eft fortie de la graine ; quand elle eft encore en abrégé toute entière dans la graine, elle porte le nom d'EM-
BRYON, *corculum. Voyez* ce mot. On diftingue dans la plantule, *pl.*
V, fig. 11, la plumule L, la radicule M, & les lobes ou cotyledons *AB ;*
quelquefois les lobes s'élargiffent, prennent de la couleur, & reffemblent à de véritables feuilles ; on les nomme pour lors feuilles féminales ; il s'enfuit qu'ils confervent le nom de lobes ou cotyledons dans
les *fig. 8, 9, 10, pl. V,* & qu'ils portent le nom de feuilles féminales
dans la *fig. 11.*

PLAT, TE ; ce qui a la fuperficie unie, qui n'eft ni concave, ni
convexe.

PLEIN, NE ; ce qui n'a aucun vide. On appelle pédicule plein,
pediculus vel *ftipes plenus,* celui qui n'a aucune cavité intérieure, qui
n'eft ni creufé, ni fiftuleux. On appelle fleurs pleines, *flores pleni,*

celles

celles qui font devenues monftrueufes par la culture, & dont les étamines & les piftils font remplacés par un nombre prodigieux de pétales.

PLEIN vent. Les Agriculteurs appellent arbre de plein vent, celui auquel ils laiffent la faculté de s'élever à toute la hauteur dont il eft naturellement fufceptible.

PLIÉ, ÉE; ce qui a une courbure naturelle. On dit que les feuilles font pliées fur elles-mêmes, lorfqu'elles font encore dans le bouton ou dans la graine; qu'elles font pliées en gouttière, lorfque leurs côtés forment, avec la nervure majeure, eft le chevron brifé, &c.

PLISSÉ, ÉE; ce qui eft plié en plufieurs doubles; fi les plis font à angles obtus, & forment des ondulations, on ne dit plus pliffé, mais on dit ondé. *Voyez* FEUILLES pliées, FEUILLES ondées ou ondulées. On dit auffi que la membrane qui forme le *collet* & le *volva* des champignons, eft pliffée en manière de peignoir, quand elle eft comme celle que la *fig. 6 B, pl, VI*, repréfente.

PLUMEUX, SE; ce qui eft barbu comme une plume; *Voyez* AIGRETTE, POILS.

PLUMULE, *plumula;* c'eft cette partie de la plantule qui s'élève & qui doit former la tige de la plante. Le premier degré de développement de la plumule d'une graine monocotyledone, eft repréfenté *fig. 4 A, pl. V.* Le premier degré de développement des graines dicotyledones, eft repréfenté dans la *fig. 9 F*, & dans la *fig. 10 G.* On voit la plumule bien développée dans la *fig. 8 I*, & dans la *fig. 11 L, pl. V.*

POILS, *pili:* ce font des productions minces, courtes & chevelues, que l'on rencontre fur les différentes parties des plantes, & qu'on foupçonne être autant de petits vaiffeaux excrétoires. Il y a très-peu de plantes qui ne foient couvertes de poils, fur-tout dans leur jeuneffe; mais ce n'eft fouvent qu'à l'aide du microfcope, qu'on peut les diftinguer. Si l'on confidère les épines & les aiguillons, comme des armes pour garantir les plantes du ravage qu'y feroient une infinité d'animaux, on pourroit bien regarder les poils, comme deftinés à s'oppofer au tort qu'y feroient une multitude d'infectes cette efpèce, ainfi qu'à les préferver des injures de l'air. On dit qu'ils font fimples ou folitaires, *folitarii*, quand ils viennent feul à feul, & qu'ils ne fe divifent point; s'ils viennent réunis en faifceaux, & qu'ils forment de petits pinceaux, on dit qu'ils font fafciculés, *fafciculati*, &c.

On appelle Superficie velue, *fuperficies pilofa* vel *hirta* vel *hirfuta*, celle qui eft recouverte de poils diftincts, qui ne font ni rudes, ni doux, *pl, X, fig. 12 A*; Superficie hériffée, *fuperficies hifpida*, celle qui eft recouverte de poils diftincts, durs & fragiles, *fig. 12 B*; Superficie barbue, *fuperficies barbata*, celle qui eft recouverte de poils droits, courts, rudes & parallèles entre eux, comme ceux qui font repréfentés *pl. X, fig. 12 C*; Superficie ciliée, *fuperficies ciliata*, celle qui eft recouverte de

poils qui reſſemblent à ceux qui ſont repréſentés dans la *fig. 12 D ;* Superficie tomenteuſe ou cotonneuſe, *ſuperficies tomentoſa, fig. 12 E,* celle
qui eſt recouverte de poils doux, nombreux, rapprochés & entrelacés ;
Superficie laineuſe ou drapée, *ſuperficies lanata, fig. 12 F,* celle qui eſt
recouverte de poils nombreux, rapprochés, entrelacés, & moins doux
que ceux qui recouvrent la ſuperficie cotonneuſe ; Superficie pubeſcente,
ſuperficies pubeſcens, fig. 12 G, celle qui eſt recouverte de poils extrêmement doux & fins ; & qui reſſemblent à du duvet ou à du poil follet.
Quand les poils rendent comme ſatinée la ſuperficie d'une choſe, on
dit qu'elle eſt ſoyeuſe, *ſuperficies ſericea,* &c.

POILS crochus, *pili hamoſi :* on appelle ainſi les poils qui ſont fermes,
élaſtiques, qui ont leur extrémite courbée en hameçon, & qui rendent les parties qu'ils recouvrent, ſuſceptibles de s'attacher aux habits.
Quand chaque crochet eſt double, on nomme ces poils *pili glochides ;*
quand chaque crochet eſt triple, c'eſt-à-dire, quand il ſe diviſe à ſon
extrémité ſupérieure en trois autres crochets, on les nomme *pili tri-
glochidés.*

POILS étoilés, *pili ſtellati ;* ceux qui ſont ſimples, mais qui partent
pluſieurs enſemble d'un point commun, d'où ils divergent en formant une
étoile.

POILS plumeux, *pili plumoſi, pl. V, fig. 16 A ;* ceux qui, vus au microſcope, préſentent de deux côtés oppoſés, une ſaillie compoſée de
poils menus, diſpoſés comme les barbes d'une plume.

POILS rameux, *pili ramoſi ;* ceux qui ſe diviſent & ſe ramifient,
pour ainſi dire, en deux, trois ou quatre parties ; ce qu'on peut rarement appercevoir à l'œil nu.

POILS rudes, *pili ſcabri ;* ceux qui ſont fermes, épais, roides,
courts, qui rendent la ſuperficie des plantes d'une très-grande rudeſſe.
Lorſqu'ils ſont plus longs & comme deſſéchés, on les nomme *ſtrigoſi.*

POINÇON, *ſpadix :* c'eſt cette eſpèce de réceptacle que l'on obſerve dans les fleurs des *arum, fig. 34, pl. IV.*

POINTES. On donne ce nom aux aiguillons & aux épines. Il y a
auſſi un genre de champignon, dont le chapeau eſt doublé de pointes.

POINTS d'appui ; *voyez* SUPPORTS.

POINTU, UE. On nomme ainſi tout ce qui eſt terminé en pointe ;
quelquefois la pointe eſt aiguë, quelquefois elle eſt obtuſe ; *voyez*
FEUILLES pointues, *voyez* STYGMATE terminé en pointe.

POIX, *pix,* ſubſtance réſineuſe que l'on tire des pins & des ſapins,
par des entailles qu'on y fait.

POLYADELPHIE, *polyadelphia,* de deux mots grecs qui ſignifient
pluſieurs frères. La polyadelphie eſt la claſſe XVIII du Syſtême ſexuel ;
elle renferme les plantes qui ont pluſieurs étamines réunies par leurs
filets en trois corps ou en plus de trois corps.

POLYANDRIE , *polyandria* , de deux mots grecs qui fignifient plu-fieurs maris. La polyandrie eft la XIIIe claffe du Syftême fexuel ; elle renferme les plantes qui ont depuis vingt jufqu'à cent , ou un nombre indéterminé d'étamines qui ne tiennent point au calice.

POLYGAMIE , *polygamia* , de deux mots grecs qui fignifient plu-fieurs noces. La polygamie eft la claffe XXIIIe du Syftême fexuel ; elle renferme les plantes qui portent, ou fur le même individu , des fleurs hermaphrodites & des fleurs unifexuelles mâles ou femelles ; ou fur deux individus de la même efpèce , des fleurs hermaphrodites & des fleurs mâles fur l'un , & des fleurs hermaphrodites avec des fleurs femelles fur l'autre ; ou bien encore, des fleurs mâles fur un individu , des fleurs femelles fur un autre , & des fleurs hermaphrodites fur un troifième individu de la même efpèce.

POLYGONE , qui a plufieurs angles & plufieurs côtés très-diftinéts.

POLYGYNIE , *polygynia* , de deux mots grecs qui fignifient plufieurs femelles. Les plantes dont on a déterminé la claffe felon les principes du Syftême fexuel , font du VIIe ordre , la polygynie ; *voyez* page 116 , quand chaque fleur a plus de fix piftils , ou même quand elle en a un nombre indéterminé.

POLYPÉTALE. On appelle corolle polypétale , celle qui eft com-pofée de plufieurs pièces : on divife les corolles polypétales , en poly-pétales régulières & en polypétales irrégulières. *Voyez* COROLLE.

POLYPHYLLE. On appelle calice polyphylle , *calix polyphyllus* vel *perianthium polyphyllum* , *pl. IV* , *fig. 66* , celui qui eft compofé de plufieurs pièces. *Voyez* CALICE, PÉRIANTHE. On appelle auffi colle-rette polyphylle , *involucrum polyphyllum* , celle qui eft divifée juf-qu'à l'endroit de fon infertion, en plufieurs parties diftinétes. *voyez* COLLERETTE.

POLYSPERME , qui a plufieurs femences. On appelle BAIE po-lyfperme , *bacca polyfperma* , celle qui contient un très-grand nombre de femences : on donne auffi ce nom aux huit efpèces de péricarpes , quand les graines qu'elles contiennent font fi fines , qu'on n'en peut dé-terminer au jufte le nombre.

POMMETTE , *pomum*. M. de la Mark appelle ainfi les fruits char-nus qui contiennent des pepins dans des loges pratiquées à leur centre. *Voyez* FRUITS à pepin. La *pommette* eft la fixième efpèce de péricarpe.

PONCTUÉ, ÉE ; ce qui eft parfemé de points remarquables. On remarque fi les points font calleux & élevés, ou s'ils font fimplement planes & colorés.

PORES , *pori*. Tous les corps animés ont des pores abforbans , au moyen defquels ils reçoivent du dehors l'air & les liqueurs néceffaires pour leur exiftence ; & des pores exhalans ou excréteurs, deftinés à

tranfmettre au dehors un air nuifible, ou quelques fluides, dont la préfence troubleroit l'équilibre de leurs fonctions économiques. Outre
ces pores qui font d'une fineffe extrème, & qui peuvent être regardés
comme autant de petits vaiffeaux particuliers, on remarque encore
fur la fuperficie de quelques plantes, comme fur les *bolets*, *pl. VI*,
fig. 16, *17*, *18*, *19*, *21*, *22*, de petits tubes que l'on regarde comme
les organes médiats de la fruêtification de ces plantes; quelques-uns,
comme dans la *fig. 16*, font très-fins, égaux, fufceptibles d'être détachés les uns des autres, & contigus avec la chair du chapeau; d'autres, *fig. 17*, font auffi très-fins & égaux, mais continus avec la chair
du chapeau qu'ils recouvrent, & quelquefois même continus entre eux,
de manière à ne pouvoir être féparés; d'autres, *fig. 19*, font très-
courts, très-inégaux en largeur & en profondeur; il y en a auffi qui font
fi fins, *fig. 21*, qu'à peine peut-on les diftinguer, & qui font en partie continus & en partie contigus; d'autres enfin, *fig. 22*, qui font quelquefois contigus, quelquefois continus, mais qui reffemblent parfaitement à ces alvéoles que l'on remarque fur les gâteaux de cire que l'on
retire des ruches à miel : ces efpèces d'*alvéoles* végétales ne font pas toujours auffi régulières que celles que forment les abeilles ; mais il y a
des individus où elles font affez conftamment pentagones, & d'autres où
elles font hexagones : il eft effentiel de faire cette remarque. Il en eft
de ces efpèces de champignons que l'on nomme *bolets*, comme de celles
que l'on nomme *agarics*; ce n'eft que dans l'état de développement
parfait, que l'on peut juftement faifir les caractères qui les diftinguent.

PORT, *habitus, facies exterior plantæ.* Il n'y a point de plantes qui,
indépendamment des caractères qui la diftinguent, n'ait une façon d'être
qui lui eft particulière, une forme habituelle qu'aucune autre plante
n'a qu'elle; l'œil exercé diftingue affez bien une plante par fon port;
mais on ne peut établir de règles pour cela : on dit bien que telle plante a
à peu près le même port que telle autre; mais on ne dit point, & l'on
ne peut point dire, de manière à fe faire entendre clairement, ce qui
conftitue le port d'une plante, & comment le port de celle-ci diffère
du port de celle-là; c'eft par-là cependant que la Nature s'eft plu à
diftinguer le mieux la plupart des êtres qu'elle a crées; il faut bien que
ce figne lui ait paru fuffifant pour faire reconnoître les plantes; auffi
voyons-nous que tous les animaux libres ne s'y trompent pas, & il eft à
préfumer que l'homme qui s'y exerceroit, ne s'y tromperoit pas plus
qu'eux.

POTAGÈRES. On appelle plantes potagères ou herbes potagères,
toutes celles que l'on cultive dans les jardins potagers pour l'ufage de
la cuifine. On emploie affez indifféremment les mots potagères & légumineufes, comme fynonymes.

POUSSIÈRE féminale, *pollen.* Au moment de l'épanouiffement des
fleurs,

fleurs, il s'échappe des anthères, *pl. IV, fig. 7 AB*, une poudre plus ou moins fine & communément colorée, que l'on regarde comme la poussière prolifique des plantes. Tout semble bien prouver en effet que cette poussière est l'essence qui détermine la fécondation des graines; mais on ne sait pas encore s'il faut qu'elle soit reçue en substance dans l'ovaire, ou bien si un simple contact suffit. *Voyez* ANTHÈRES. Si on observe cette poussière au microscope, elle paroît être un amas de petits corps orbiculaires, que l'on ne peut mieux comparer qu'à des œufs de poissons : ces petits corps sont de nature résineuse, & s'enflamment aisément à la chandelle. Les abeilles ramassent cette poussière à l'aide des brosses de poils dont leurs cuisses sont couvertes ; elles la portent dans leur laboratoire, où, après une certaine préparation, elle devient la matière de la vraie cire.

Cette poussière prolifique paroît jouer un grand rôle dans le règne végétal ; il n'est presque point de plantes sur lesquelles on n'en découvre, pour peu qu'on les observe avec attention : j'en ai trouvé abondamment sur toutes les espèces d'*agarics* ; mais ce n'est point, comme on le croit, entre les deux lames qui composent chaque feuillet, qu'elle se trouve, c'est sur leur surface extérieure, *pl. VI, fig. 10* : j'en ai vu sortir des pores ou tuyaux de quelques espèces de *bolets*, sous la forme d'une vapeur : j'en ai trouvé sur plusieurs *pezizes* ; aux extrémités des digitations des *clavaires*, des pointes d'*hydnes* ; enfin je crois qu'elle est par-tout, & que par-tout elle est nécessaire : mais qui oseroit assurer que par-tout elle a les mêmes fonctions ? Ici elle paroît être la matière prolifique destinée à la fécondation des graines ; là elle paroît être la graine elle-même & la graine fécondée. Il s'en faut bien que tout ce que la Nature fait, soit à la portée de nos sens ; pour un point que nous découvrons, nous en laissons des milliers à découvrir : sans cesse nous créons des systèmes que nous voyons un instant après s'écrouler ; & pour vouloir trop bien connoître la Nature, nous nous en rendons par là même, moins en état.

PRINCIPES de Botanique, *elementa Botanicæ.* On appelle ainsi certaines règles établies, dans la vue de rendre l'étude de cette science *plus facile*, & la pratique plus sûre.

Dans l'exposition des principes de la Botanique, nous avons préféré l'ordre de Dictionnaire, parce que cet ordre nous a semblé devoir être celui qui rempliroit le mieux l'objet que nous nous sommes proposé dans cet ouvrage. De cette manière, le précepte se présente avec clarté sous le nom qui lui est consacré ; il n'exige point que l'esprit soit dans une tension gênante, ni que la mémoire se charge d'une sèche nomenclature, avec laquelle l'usage seul a le droit de familiariser. Nous avons cru aussi que les élémens de cette science devoient être bornés à ce qui est purement nécessaire ; qu'il falloit les réduire à la plus grande simplicité possible, & même en écarter tout ce qui paroissoit tenir à une forte d'érudition qui auroit pu partager l'attention du commençant.

Nous devions principalement nous attacher à ce que les perfonnes qui fe font procuré l'HERBIER DE LA FRANCE , trouvaffent dans l'étude de la partie élémentaire de la Botanique , autant de facilité qu'elles en trouvent à connoître les plantes au moyen des figures coloriées que nous leur en avons données; mais il étoit encore un objet qui ne paroiffoit pas mériter moins toute notre attention , c'étoit que ce *Dictionnaire élémentaire* pût devenir utile à ceux même qui , éloignés du commerce des Lettres , ne trouvent autour d'eux ni gens inftruits à confulter , ni jardins botaniques , ni herbiers naturels ou artificiels , dans lefquels ils puiffent prendre des leçons : nous avons réuni pour cela tous nos efforts ; nous avons cru qu'il étoit néceffaire de montrer comment les élémens de la Botanique tiennent aux loix de la Nature , en les expofant dans l'ordre progreffif où ils fe préfentent naturellement , quand on en vient à un examen férieux & détaillé du végétal , des différentes parties organiques qui le compofent , & de leurs fonctions refpectives : nous avons fait voir que fi la Nature a fes loix , fi chaque plante a une forme qui lui eft particulière , des caractères qui la diftinguent d'une autre , l'art a auffi des moyens diverfement combinés , qui font comme autant de refforts que le Botanifte met continuellement en jeu , pour s'affurer comment une plante diffère effentiellement *d'une autre plante , pour parvenir enfuite à trouver le nom que l'on* eft convenu le plus unanimement de lui donner , & paffer de-là à la connoiffance des propriétés des végétaux & à celle de leur ufage.

Celui qui voudra fuivre un plan méthodique dans l'étude des plantes , le trouvera tout tracé à l'article VÉGÉTAL de ce Dictionnaire. Chaque principe y eft rappelé par le nom qui lui eft propre ; il y verra la plante fous la forme d'une graine ; cette graine paffera dans l'état de germination; la jeune plante qui en naîtra , prendra tous les jours un nouveau degré d'accroiffement ; elle acquerra des forces , fe couvrira de feuilles , deviendra adulte , produira des fleurs , des fruits , aura peut-être une nombreufe poftérité , & périra enfin lorfqu'elle aura rempli les fonctions pour lefquelles elle avoit été créée.

Suppofons maintenant que l'on foit déja inftruit des principes de la Botanique , & affez familier avec le langage de cette fcience , pour en faire de foi-même une jufte application , pour entendre parfaitement tous les Auteurs qui ont écrit fur ce genre d'étude , & pour parvenir même à affigner à chaque plante le rang qu'elle doit occuper fuivant les principes de divifions de telle ou telle méthode; peut-on fe flatter que par le moyen des meilleures méthodes connues , on va trouver le nom que les Botaniftes font convenus de donner à chaque plante ? Je n'oferois trop l'affurer , fur-tout fi l'Auteur de la méthode que l'on adopte , n'a pas donné la figure de chaque plante qu'il a décrite , & s'il ne nous en montre pas les formes en nous les expliquant. Lorfque nos yeux ne

peuvent foulager notre efprit , il eft bien rare que nous ayions une idée
nette de l'objet que nous defirons connoître, & ce feroit une erreur de
croire que c'eft à l'ufage feul des meilleurs livres, que ceux qui font le
plus verfés dans la Botanique, doivent leur inftruction ; il s'en faut bien :
une étude fuivie dans les jardins botaniques, fur des berbiers naturels
& artificiels ; des expériences mille fois répétées fur la Nature ; des
voyages multipliés ; une vérification exacte de fynonymie , & une
correfpondance établie entre les gens de l'art, voilà ce qui les a formés.
Mais vous, au pouvoir de qui toutes ces reffources ne font peut-être
pas , coment donc vous y prendrez-vous ? Faites, comme dit J. J.
ROUSSEAU , pag. 99 , & comme nous favons qu'il a fait lui-même :
lorfque vous trouverez en fleur une plante que vous ne connoîtrez
pas , décrivez-la exactement dans les termes de l'art ; n'oubliez rien
fur-tout de fes détails caractériftiques ; ramaffez-en, s'il fe peut, deux
ou trois échantillons, & confervez-les de votre mieux ; lorfque vous
en aurez un certain nombre, amufez-vous à les claffer fuivant une méthode quelconque ; adreffez-vous enfuite à un Botanifte inftruit ; il n'en
eft point qui ne fe faffe un plaifir d'y ajouter les noms. Cette marche,
lente en apparence, eft bien la plus courte & la plus fûre de toutes ;
elle feule vous fervira plus que les ouvrages les plus favans & les plus
méthodiques ; elle ne manquera pas de vous conduire à de nouvelles découvertes, parce qu'elle vous forcera au befoin d'une attention foutenue & d'une exactitude fcrupuleufe ; vous vous trouverez
bientôt en état de jouir du fruit de vos recherches , & de concourir à donner à la fcience tout le degré de perfection dont elle eft fufceptible.

Nous voilà arrivés enfin à ce terme, où nous devons fonger à ne
plus regarder la Botanique, que comme un moyen auxiliaire, & comme
le fil qui doit nous conduire à un objet plus utile & plus intéreffant :
cet objet eft l'att de nous approprier les plantes, & de les faire fervir
utilement à nos différens befoins. Il refte encore à faire dans l'Agriculture, dans la Médecine, dans les Arts, des milliers de découvertes importantes, qui font en notre pouvoir.

PROLIFICATION des fleurs , *prolificatio florum*. La prolification a
lieu toutes les fois que nous voyons fortir du centre d'une fleur, un
ou plufieurs rameaux chargés de feuilles, ou qui portent une ou plufieurs autres fleurs dont le limbe dépaffe plus ou moins celui de la corolle
qui les porte. Une autre efpèce de prolification fe remarque auffi fur
certains fruits : fouvent on voit une petite pomme fortir de l'œil d'une
autre pomme, & cela fe remarque auffi dans la poire, dans le coing,
&c. Ces monftruofités ne font probablement que l'effet d'un dérange-
ment caufé dans l'économie végétale, par une furabondance d'engrais,
ou par la piqûre de quelque infecte. *Voyez* FLEURS prolifères.

PROPRE, fe prend ici pour ce qui appartient *immédiatement à*

une chose ; *voyez* CALICE propre, ENVELOPPE, TUNIQUE, PÉDUN-
CULE, PÉTIOLE, &c.

PROPRIÉTÉS des plantes, *plantarum proprietates*. Il ne faut pas confondre les propriétés des plantes avec leurs qualités. Les propriétés des
végétaux font leurs vertus particulières ; elles fuppofent d'avance
l'exiftence des QUALITÉS ; *voyez* ce mot. Pour peu que nous apportions
d'attention à examiner ce qui fe paffe entre tous les êtres qui compofent
les trois règnes de la Nature, nous voyons qu'il y a entre eux une certaine intelligence & une forte d'union, qu'ils ont tous des propriétés réci-
proques les uns pour les autres, & qu'ils fe prêtent fans ceffe des fecours
mutuels pour leur exiftence, ce qui nous conduit naturellement à
croire que les plantes ne font pas plus créées pour nous, que nous
fommes créés pour elles, & que nous avons pour elles les mêmes propriétés qu'elles ont pour nous.

Mais il fembleroit que l'homme devroit avoir fur les animaux, l'avantage de diftinguer avec certitude parmi les plantes, celles qui peuvent
lui fournir les alimens les plus fains, & celles qui pourroient remédier le
plus fûrement & le plus promptement aux maux qui tendent à abréger le cours de fa vie ; nous voyons avec affliction, que c'eft tout le
contraire ; fa raifon eft plus fouvent en défaut que l'inftinct des
animaux libres, & nous voyons tous les jours que, lors même que
la liberté du choix eft le plus en fon pouvoir, il s'empoifonne avec ce
qu'il croit le mieux connoître. Il n'eft pas bien difficile de deviner la
caufe de ces méprifes fatales, dont nous nous ne fommes que trop
fouvent les victimes. L'homme naturellement curieux, embraffant trop
d'objets à la fois, eft obligé de gliffer rapidement fur ce qui mériteroit
de fa part la plus fcrupuleufe attention ; & ne pouvant affez compter fur
le rapport de fes fens, parce qu'il les exerce trop peu, il étudie, il obferve ; mais comme fes entreprifes font toujours au-deffus de fes forces,
les refforts de fon imagination s'affoibliffent avant qu'il ait pu arriver
à fon but ; il effleure tout, & n'eft jamais fûr de rien.

Quand nous pafferons tout le temps de notre vie à raffembler de
tous les points de la furface de notre globe, les plantes qui les recouvrent, à quoi cela nous conduira-t-il ? bien loin de rapprocher la
fcience de fon véritable but, c'eft le moyen de l'en éloigner. Au milieu des reffources que la Nature nous offre dans les plantes qu'elle a
femées fous nos pas, nous ferons encore obligés d'abandonner au hafard le foin des découvertes, & de vivre comme fi ces reffources n'exif-
toient pas pour nous. Il eft donc du devoir du fage de fe borner à étudier les plantes dont il doit faire tous les jours un ufage familier ; les
plantes alimentaires, les *plantes médicinales*, celles que nous regardons
comme *vénéneufes*, & qui pourroient être de grands remèdes, auffi bien
qu'elles font quelquefois pour nous de grands poifons, & toutes celles
qu'on emploie dans les arts, méritent d'autant mieux la préférence fur

les

les autres, qu'elles ne font encore que très-imparfaitement connues, & que celles que nous nous flattons de connoître le mieux ; auroient encore befoin d'être foumifes à une infinité d'expériences, pour conftater plus juftement leurs vertus.

PROVIGNER ; c'eft multiplier les arbres ou arbuftes, en couchant en terre leurs branches fans les féparer du tronc ; elles y prennent racines, & produifent de nouvelles plantes de la même efpèce : ces branches ainfi mifes en terre, fe nomment *provins*.

PRUNE ou PRUNETTE, *drupa* ; c'eft la cinquième efpèce de PÉRICARPE ; *voyez* ce mot ; c'eft le fruit à noyau proprement dit, *fructus mollis cum officulo*. La cerife, la prune, la pêche, la noix, font des fruits à noyau ou des prunettes de M. le Chev. DE LA MARCK.

PUBESCENT, TE ; ce qui eft recouvert de poils doux, très-fins & plus ou moins diftincts ; *voyez* POILS.

PULPE, *pulpa* : on appelle ainfi la fubftance médullaire ou charnue des fruits. La pulpe eft aux fruits ce que le *parenchime* eft aux feuilles & aux jeunes tiges.

PULPEUX, SE, fe dit de tout ce qui a une certaine épaiffeur, & qui eft compofé d'une pulpe plus ou moins fucculente ; *voyez* FEUILLES.

PYRAMIDAL, LE ; ce qui eft en forme de pyramide.

Q.

QUADRANGULAIRE ; ce qui a quatre angles ; *voyez* TIGE, & FEUILLES quadrangulaires.

QUADRICAPSULAIRE. On appelle fruit quadricapfulaire, celui qui eft compofé de quatre capfules diftinctes.

QUADRILATÉRALE, qui a quatre côtés égaux, ou quatre faces égales.

QUADRILOCULAIRE, qui eft à quatre loges ; *voyez* CAPSULE uniloculaire.

QUADRIPHYLLE, qui eft de quatre pièces diftinctes ; *voyez* CALICE monophylle.

QUADRIJUGUÉES. On appelle feuilles quadrijuguées, les *feuilles* compofées, qui, fur un pétiole commun, portent quatre paires de folioles oppofées.

QUADRIVALVE, qui a quatre valves ou panneaux; *voyez* CAPSULE univalve.

QUALITÉS des plantes, *plantarum qualitates* : chaque plante a des qualités qui lui sont particulières , & qui sont comme le principe , la base de ses propriétés. Le goût & l'odorat, aidés par l'analogie & l'expérience , nous indiquent affez bien les qualités d'une plante, & nous en apprennent affez justement les vertus , parce que les plantes qui ont la même saveur & la même odeur, ont ordinairement les mêmes vertus. Nos modernes distinguent de dix espèces de saveur ; 1°. la saveur aqueuse ou insipide, *sapor aquosus* ; 2°. la saveur sèche, *sapor siccus* ; 3°. douce, *dulcis* ; 4°. grasse, *unctuosus* vel *pinguis* ; 5°. visqueuse, *viscosus* ; 6°. acide, *acidus* ; 7°. salée, *salsus* ; 8°. âcre, *acris* ; 9°. amère, *amarus* ; & 10°. austère ou stiptique, *stipticus.* Ils distinguent aussi six espèces d'odeur ; 1°. l'odeur douce & agréable , *odor flagrans* ; 2°. l'odeur forte & aromatique, *odor aromaticus* ; 3°. l'odeur d'ambre, *odor ambrosiacus* ; 4°. l'odeur d'ail, *odor alliaceus* ; 5°. l'odeur puante, *odor virosus*, & 6°. l'odeur nauséeuse, cette odeur fade qui soulève l'estomac , *odor nauseosus* ; mais il n'est guère possible de déterminer au juste ces différences de saveur & d'odeur ; on ne peut se régler que sur des à-peu-près, parce que l'on n'a pas là-dessus de principes certains, & qu'il n'est même pas possible d'en avoir.

QUATERNÉS , ÉES. On donne ce nom à *toutes les parties des plantes qui sont disposées quatre par quatre sur un même point d'insertion. Voyez* FEUILLES quaternées.

QUEUE : ce qu'on appelle vulgairement queue dans une feuille , dans une fleur ou un fruit , porte en Botanique le nom de PÉTIOLE ou de PÉDUNCULE. *Voyez* ces mots. On dit le *pétiole* d'une feuille & le *péduncule* d'une fleur , d'un fruit. La queue ou le petit pied qui soutient les aigrettes , les glandes , porte le nom de *pédicule.* On donne aussi ce nom à la tige proprement dite , des champignons. On dit que le chapeau de tel champignon est continu avec son pédicule ; que tel autre a le pédicule court , long , renflé , &c.

QUINÉS , ÉES. On donne ce nom à toutes les parties des plantes qui sont disposées cinq par cinq sur un même point d'insertion.

QUINQUANGULAIRE, qui a cinq angles. On emploie rarement ce mot dans la langue françoise : on s'en sert plus fréquemment dans les descriptions latines, *semen quinquangulare, caulis quinquangularis* , &c.

R.

RABATTU, UE. On donne ce nom à toutes les parties des plantes qui étoient d'abord dans une situation droite, & qui se renversent ensuite, retombent ou se replient sur elles mêmes. *Voyez* FEUILLES réfléchies ou rabattues.

RABOTEUX, SE. On appelle ainsi tout ce qui a une surface inégale, tout ce qui n'est point uni.

RACINE, *radix*: nous avons dit à l'article PLANTULE, que lorsqu'une graine germoit, il en sortoit deux petits corps, l'un que l'on nommoit *radicule*, c'est à-dire, petite racine, & l'autre que l'on appeloit *plumule*, qui étoit destiné à former la tige & ses dépendances. Nous avons donné pour exemple différentes graines en germination, *pl. V*. On voit dans la *fig. 11*, la radicule du chanvre M, bien développée, & que l'on peut déja appeler racine.

Les racines sont douées d'une succion plus ou moins forte; *elles pompent de la terre & des corps sur lesquels elles ont pris naissance, les sucs nécessaires à la nutrition & à l'accroissement des végétaux*: elles *sont communément situées à l'extrémité inférieure des tiges*, & pour la plupart implantées dans la terre; mais il y en a aussi qui tiennent les plantes fixées sur les corps les plus durs; d'autres qui sont suspendues dans l'eau, & d'autres qui sont insérées sur d'autres plantes. Nous avons aussi quelques plantes, comme les truffes, qui ne paroissent composées que de racines.

L'examen des racines pourroit fournir des caractères certains depuis l'instant où la plante est dans l'état de germination, jusqu'à celui où elle est près de son dépérissement, si l'on observoit avec assez d'attention sa forme, sa consistance, sa durée & sa direction. Il est bon de remarquer aussi l'insertion de la tige sur la racine, & si elle est pourvue de collet, ou si elle n'en a pas.

RACINE articulée, *radix articulata*, *pl. VII*, *fig. 31*; celle qui est composée d'une substance charnue, rétrécie & renflée alternativement, & ayant des articulations ou des nœuds remarquables; elle diffère de la racine noueuse, en ce qu'elle n'est pas composée de petits corps unis entre eux par des productions filamenteuses.

RACINE bulbeuse, *radix bulbosa*, *pl. VII*, *fig. 16, 17*. Quand l'extrémité inférieure d'une tige est renflée, arrondie ou ovale; qu'elle a à sa partie inférieure une certaine portion de chair *B B*, qui donne naissance aux racines proprement dites, & qu'elle est recouverte d'une

ou de plufieurs enveloppes ou tuniques membraneufes qu'on peut aifément détacher, elle eft bulbeufe: elle diffère de la racine tubereufe,
en ce que les fibrilles radicales de celle-ci partent latéralement, inférieurement & fans ordre, du corps charnu qui la compofe, en ce que fa
fubftance ou fa chair eft ordinairement plus ferme & plus compacte que
celle de la racine bulbeufe, & en ce qu'elle n'eft jamais recouverte de
tuniques ou d'enveloppes membraneufes, qu'on en puiffe aifément détacher. Les racines du lis, du colchique font bulbeufes, & celles du
pain de pourceaux, du navet, de la brione, font tubereufes; mais on
confond affez fouvent, dans plufieurs Ouvrages de Botanique, ces deux
dénominations. La bulbe peut être chevelue, fibreufe, filamenteufe,
rameufe, rétiforme, &c. fuivant la forme & la difpofition de fes fibrilles.
Voyez BULBE. Il y a des racines qui font compofées de deux, de trois
ou de plufieurs bulbes que l'on nomme CAYEUX, *bulbuli* vel *adnata.*

RACINE chevelue, *radix comofa*, *pl. VII*, *fig. 27*; celle qui eft
compofée de fibrilles fi déliées, qu'elles reffemblent à des cheveux. On
appelle ces fibrilles le chevelu de la racine.

RACINE dichotome ou bifurquée, *radix dichotoma* vel *bifurca*. On
appelle ainfi la racine qui eft divifée en deux troncs principaux qui
font la fourche.

RACINE fafciculée, *radix fafciculata*, *pl. VII*, *fig. 23*; celle qui
eft compofée de plufieurs parties qui tiennent enfemble près de la
tige, & qui s'écartent les unes des autres à mefure qu'elles s'éloignent.
On les appelle vulgairement racines en botte. Toutes les efpèces de
racines peuvent être appelées fafciculées, foit qu'on n'entende parler
que de leur chevelu, foit qu'on veuille parler des premières divifions
du tronc.

RACINE fibreufe, *radix fibrofa*; celle qui eft compofée de ramifications plus ou moins fines qui diminuent fenfiblement de groffeur depuis le lieu de leur infertion fur la tige jufqu'à leur extrémité : ces fibrilles radicales ont différentes formes qui les font diftinguer en fila-
menteufes, quand elles reffemblent à des fils ; en chevelues, quand
elles reffemblent à des cheveux, &c.

RACINE filamenteufe, *radix filamentofa*; celle dont les fibrilles
font très-fines, & reffemblent à du fil ou à de la foie.

RACINE fufiforme, *radix fufiformis*, *pl. VII*, *fig. 29*; celle qui
eft alongée, & qui va en diminuant à fes extrémités, comme un fufeau.

RACINE globuleufe, *radix globofa*; celle qui eft d'une forme fphérique, comme un oignon. On nomme bulbe globuleufe, *bulbus glo-
bofus*, celle qui eft arrondie & charnue; il y a auffi des racines tubereufes, comme celle de la pomme de terre, auxquelles on donne ce nom.

RACINE

RACINE grumeleufe, *radix grumofa*, pl. *VII*, fig. 23, 24; celle qui eft compofée de plufieurs petits corps de même nature que la racine tubereufe, communément ronds, ou terminés en pointes aux deux extrémités, & fufpendus un à un par une efpèce de filet; tantôt ils font adhérens à l'extrémité inférieure de la tige fur un même point d'infertion; tantôt ils font placés fans ordre fur un tronc qui leur eft commun, ou fur les divifions du tronc radical, &c. On ne doit point confondre la racine grumeleufe avec la racine bulbeufe, la racine tubereufe proprement dite, la racine noueufe, ni avec la racine fibreufe: les racines de la renoncule ficaire, celles de quelques anémones font grumeleufes.

RACINE horizontale, *radix horizontalis*, pl. *VII*, fig. 28, 30 & 31; celle qui a une direction parallèle à l'horizon, & qui eft plus ou moins enfoncée en terre. Les racines traçantes, les racines ftolonifères font toujours horizontales.

RACINE ligneufe, *radix fruticofa*; celle qui eft dure, folide, d'une confiftance approchant de celle du bois, & qui fubfifte trois, quatre années ou plus, comme celle des arbres, des arbriffeaux.

RACINE palmée, *radix palmata*, pl. *VII*, fig. 22; celle qui eft compofée de plufieurs divifions charnues, épaiffes, inégales, & étalées comme les doigts d'une main ouverte.

RACINE parafite, *radix parafitica*. On appelle ainfi la racine d'une plante qui croît fur une autre plante, & aux dépens de laquelle elle vit. Le gui que nous trouvons enraciné fur les poiriers, fur le chêne; la cufcute qui fe trouve fur le thim, fur la perficaire; l'hipocifte qui s'attache aux racines du cifte, ont des racines parafites.

On a obfervé que la plupart des plantes parafites prénoient racine fur l'individu même deftiné à les porter, mais que la cufcute au contraire prenoit d'abord racine dans la terre, & qu'à l'aide d'un grand nombre de mamelons doués d'une forte fuccion, elle s'attachoit aux plantes qui l'environnoient, & vivoit à leurs dépens, malgré que le bas de fa tige fût defféché.

RACINE pivotante, *radix perpendicularis*, fig. 29; celle qui s'enfonce dans la terre perpendiculairement à l'horizon.

RACINE napiforme, *radix napiformis*; celle qui a la forme du navet; c'eft la forme la plus commune aux racines tubereufes.

RACINE noueufe, *radix nodofa*, pl. *VII*, fig. 26; celle qui eft compofée de plufieurs petits corps fufpendus les uns au bout des autres par un fil commun, comme des grains de chapelet; fi au contraire on rémarquoit d'efpace en efpace, fur toute fa longueur, des étranglemens très-fenfibles, on l'appelleroit articulée, *radix articulata*.

Ss

RACINE rameuse , *radix ramosa, fig. 25 , pl. VII* ; celle qui se divise en plusieurs rameaux latéraux qui se subdivisent eux-mêmes.

RACINE rampante ou traçante, *radix repens, pl. VII, fig. 30* ; celle qui s'étend horizontalement & peu profondément , quand elle jette des brins de tous côtés, qui forment autant de tiges , comme dans la renoncule rampante. On la nomme racine stolonifère, *radix stolonifera, fig. 28.*

RACINE rétiforme , *radix retiformis* ; celle qui est composée de fibrilles d'une finesse extrême , & dont l'entrelacement représente un filet ou un rets.

RACINE stolonifère, *radix stolonifera , pl. VII , fig. 28* ; celle qui pousse d'intervalle à autre des rameaux qui s'éloignent du tronc , & qui produisent de nouvelles plantes , que l'on nomme DRAGEONS. Les racines stolonifères sont presque toujours horizontales & rampantes.

RACINE traçante , *voyez* RACINE rampante.

RACINE tronquée , *radix truncata* vel *præmorsa , fig. 19 , pl. IV* ; celle dont l'extrémité inférieure est comme rongée ou cassée ; il y a beaucoup de racines tubéreuses qui sont dans ce cas-là.

RACINE tubéreuse , *radix tuberosa , pl. VII , fig. 18 , 19 , 21* ; celle qui est charnue , courte , plus ou moins arrondie , qui n'est pas composée de tuniques , ni même qui n'en est pas recouverte; qui n'a pas, comme la BULBE , un corps particulier , d'où les racines partent comme d'un point commun , mais qui donne naissance sur toute sa surface à des fibres radicales qui y croissent sans ordre déterminé ; *voyez* RACINE bulbeuse.

RACINE turbinée , *radix turbinata* ; celle qui a la forme d'une toupie.

RACINE vivace , *radix perennis* ; celle qui subsiste pendant plusieurs années : dans le nombre des plantes vivaces , il y en a qui sont vivaces par leurs racines & leurs tiges , mais elles ne le sont pour la plupart que par leurs racines , c'est-à-dire, qu'elles perdent leurs tiges tous les ans.

RADICAL, LE, qui appartient à la racine, ou qui part immédiatement de la racine; *voyez* HAMPE, FEUILLES, FLEURS, VOLVA.

RADICANT, TE , qui produit des racines. Il y a des plantes , comme le lierre , la cuscute , dont les tiges produisent des racines. *Voyez* TIGE radicante & FEUILLES radicales.

RADICULE , *radicula, rostellum* ; c'est le rudiment de la racine, la racine en petit. C'est ordinairement la radicule qui paroît la première dans une graine germée , comme on peut le voir , *fig. 6 , pl. V* : elle est déja quelquefois fort longue, comme dans les *fig. 4 , 5 , 7 , 8 , 9 , 10 , 11* , que la plumule commence à peine à paroître.

RADIÉ, ÉE; ce qui eſt diſpoſé comme les rayons d'une roue. On appelle fleurs radiées, les fleurs compoſées, dont le diſque eſt occupé par des fleurons, & la circonférence par des demi-fleurons.

RAFFE ou RAFLE; *voyez* RAPE.

RAMASSÉ, ÉE. On donne ce nom aux feuilles, aux fleurs, aux rameaux, aux poils, &c. Quand ils ſont très-rapprochés les uns des autres, on dit ramaſſés en faiſceau, en tête, par paquets, &c.

RAMÉAL, LE; ce qui appartient aux rameaux, qui croît ſur les rameaux ou les branches d'une plante; *voyez* FEUILLES raméales.

RAMEAUX ou BRANCHES, *rami*: une tige ſe diviſe par le haut en rameaux, & par le bas en racines. Le Botaniſte trouve dans l'inſertion des rameaux, dans leur direction, leur conſiſtance, leur couleur même, une foule de caractères qu'il emploie très-utilement pour la diſtinction des eſpèces. *Voyez* à l'art. BRANCHES, ce qu'on entend par branche du premier, du ſecond ordre, branche à bois, branche à fruits, &c.

RAMEAUX alternes, *rami alterni*; ceux qui ſont placés autour des tiges, & qui ſont diſpoſés par gradation, tantôt d'un côté, tantôt de l'autre, comme ceux de la PÉDICULAIRE, repréſentée *pl. III.*

RAMEAUX cirrhifères, *rami chirrhoſi vel fulcrati*; ceux qui ont des vrilles ou d'autres parties qui leur en tiennent lieu, & au moyen deſquelles ils grimpent ſur les corps voiſins en s'y accrochant.

RAMEAUX courbés, *rami deflexi*; ceux qui penchent en dehors, ou plutôt ceux dont l'extrémité ſupérieure s'incline vers la terre en formant un peu l'arc.

RAMEAUX diſtiques, *rami diſtichi*; ceux qui ſont diſpoſés ſur la tige, de deux côtés ſeulement.

RAMEAUX divergens, *rami divergentes*; ceux qui ſont très-rapprochés à leur inſertion ſur la tige avec laquelle ils forment des angles plus ou moins droits, & qui s'écartent enſuite à peu près également les uns des autres.

RAMEAUX droits, *rami erecti*; ceux qui ont une direction verticale. Si la tige qui les porte eſt perpendiculaire à l'horizon, ils forment avec elle des angles très-aigus; ſi au contraire la tige eſt dans une ſituation horizontale, les rameaux forment avec elle des angles très-ouverts.

RAMEAUX épars, *rami ſparſi*; ceux qui naiſſent ſans ordre autour de la tige, & qui ſont peu nombreux.

RAMEAUX étalés, *rami divaricati*; ceux qui forment avec la tige des angles droits ou preſque droits.

RAMEAUX oppoſés; *rami oppoſiti*; ceux qui ſont diſpoſés ſur la tige, comme les bras le ſont ſur le corps d'un homme.

RAMEAUX pendans, *rami penduli*; ceux dont la foibleſſe eſt ſi grande, qu'ils ne peuvent se soutenir, & qui sont entraînés par leur propre poids vers la terre.

RAMEAUX réfléchis, *rami reflexi* ; ceux qui sont dans une direction pendante, mais dont les extrémités sont recourbées vers la tige. Quand leurs extrémités se recourbent en dessous, on les nomme *rami retroflexi*.

RAMEAUX ramassés, *rami conferti* ; ceux qui naissent sans ordre remarquable autour de la tige ; mais qui sont si nombreux & si rapprochés, qu'ils forment une touffe qui cache presque entièrement la tige.

RAMEAUX serrés, *rami coarcti* ; ceux qui sont très-rapprochés de la tige, & qui s'élèvent dans la même direction qu'elle.

RAMEAUX verticillés, *rami verticillati* ; ceux qui sont placés autour de la tige en VERTICILLE ; *voyez* ce mot, ou qui sont disposés sur la tige, comme les rayons d'une roue sur son moyeu. Quand il n'y a que trois rameaux placés de la sorte, on les nomme *rami terni verticillati* ; quand il y en a quatre, *rami quaterni verticillati* ; s'il y en a cinq, *quini* ; s'il y en a six, *sexti*, &c.

RAMEUX, SE, qui se divise en rameaux ou en branches ; *voyez* TIGE rameuse, RACINE, PÉDICULE, &c.

RAMIFICATION, *ramificatio* ; c'est la disposition des branches considérées en elles-mêmes, & *relativement les unes aux autres*. On appelle aussi ramifications, les dernières divisions des branches ou des rameaux d'une plante, & les dernières divisions des nervures d'une feuille.

RAMPANT, TE. On appelle ainsi toutes les plantes dont les tiges s'étendent au loin sur la terre sans s'élever. Les racines que l'on nomme rampantes, sont celles qui s'étendent dans la terre, en conservant une direction parallèle à l'horizon.

RAPE, RAEFE ou RAFLE, *rachis* ; c'est le réceptacle commun aux graminées, aux fleurs en épi & aux fleurs en grappe. On dit la rape d'un épi de seigle, de froment ; la rape du raisin, delà le proverbe (lorsqu'il a mangé les grains de son raisin, il nous en fait sucer la raffe).

RAPPORT. On entend principalement en Botanique, sous cette dénomination, cette espèce de conformité que l'on apperçoit entre les caractères d'une plante & ceux d'une autre plante de la même famille. Les plantes qui composent des familles parfaitement naturelles, comme les ombellifères, les graminées, &c. ont des rapports entre elles si marqués, qu'il n'est pas nécessaire d'être instruit, pour savoir qu'elles ne doivent point être séparées les unes des autres.

RAPRROCHÉ, ÉE, se dit de toutes les parties des plantes qui sont si voisines les unes des autres, qu'on pourroit les croire réunies ; *voyez* ANTHÈRES, FEUILLES, FLEURS.

RASSEMBLÉ,

RASSEMBLÉ, ÉE. On donne ce nom à toutes les parties des plantes qui viennent très-près les unes des autres. On dit raſſemblé en anneau, en corymbe, en tête, en épi, par paquets, &c.

RAYÉ, ÉE, ſe dit de tout ce dont la ſuperficie eſt marquée de raies apparentes. Si les raies ne ſont pas creuſées profondément, on dit *ſtrié*; ſi elles ſont creuſées en gouttière, on dit *ſillonné*.

RAYON, *radius*; on donne ce nom à toutes les parties des plantes qui ſont diſpoſées comme les rayons d'une roue, ou comme les branches d'un paraſol. On appelle auſſi rayons, *radii*, les demi-fleurons qui environnent le diſque des FLEURS radiées; *voyez* ce mot.

REBORD; c'eſt comme ſi l'on diſoit un bord en ſaillie, un bord élevé ſur un autre bord.

RÉCÉPER. On appelle récéper un arbre, récéper la vigne, quand on la coupe par le pied. Les Cultivateurs récépent un arbre qui donne de mauvais fruits, pour en faire des ſujets pour les greffer.

RÉCEPTACLE, *receptaculum*. On diſtingue en général trois eſpèces de réceptacles; celui de la fleur, c'eſt-à-dire, le lieu où les pétales ſont inſérés; celui du fruit, c'eſt-à-dire, ce qui porte immédiatement le fruit & le réceptacle des ſemences que l'on nomme PLACENTA; *voyez* ce mot.

RÉCEPTACLE alvéolé, *receptaculum favoſum*; celui qui eſt commun à quelques eſpèces de fleurs compoſées, & ſur la ſuperficie duquel, lorſque les fleurs ſont tombées, ou lorſqu'on les en a détachées, on rencontre des eſpèces de cellules alvéolaires.

RÉCEPTACLE applati, *receptaculum planum*; celui qui eſt commun à beaucoup de fleurs compoſées, & qui, après la chûte des fleurs, paroît uni comme s'il avoit été coupé horizontalement.

RÉCEPTACLE commun, *receptaculum commune*; celui qui porte pluſieurs petites fleurs.

RÉCEPTACLE nu, *receptaculum nudum*; celui ſur lequel, après la chûte des fleurs, ou après qu'on en a détaché les fleurs, on ne rencontre ni poils, ni paillettes, &c.

RÉCEPTACLE velu, *receptaculum villoſum*; celui ſur la ſuperficie duquel, après la chûte des fleurs, on rencontre des poils plus ou moins longs & plus ou moins flexibles.

RECOMPOSÉES. On appelle feuilles recompoſées, celles qui ſont compoſées deux fois, c'eſt-à-dire, qui ont, 1°. un pétiole commun; 2°. des pétioles immédiats; & 3°. des pétioles propres, quand elles ne ſont pas rétrécies en pétioles. Les feuilles ſurcompoſées ſont encore plus diviſées; elles ſont compoſées plus de deux fois.

RECOURBÉ, ÉE; ce qui étoit d'abord dans une direction droite, mais qui s'en éloigne en ſe courbant en arc; *voyez* POILS, PÉTIOLE.

T t

On emploie affez ordinairement les mots courbés & recourbés comme fynonymes.

REDRESSÉ, ÉE ; ce qui étoit d'abord dans une direction horizontale ou penchée, mais qui regagne la ligne verticale par une de fes extrémités ; *voyez* PÉTIOLE.

RÉFLÉCHI, IE ; ce qui eft replié fur foi-même, & qui fe courbe foit en dedans, foit en dehors ; *voyez* BORDS roulés, RAMEAUX, FEUILLES, STIPULES.

RÈGNE végétal, *regnum vegetale* ; tous les corps confidérés comme productions de la nature, ont été rangés par les Naturaliftes fous trois chefs de divifions : le RÈGNE minéral, le RÈGNE végétal & le RÈGNE animal. Lors donc que l'on veut parler de ces corps qui croiffent par intus-fufception, qui vivent, fe reproduifent & meurent, mais qui n'ont pas, comme l'animal, la faculté de fe mouvoir volontairement, on dit le règne végétal, au lieu de dire les végétaux, les plantes.

RÉGULIER, RE ; ce qui a une forme fymétrique ; *voyez* CHAPEAU, COROLLE.

REJETONS ou REJETS, *ftolones*, & mieux *taleæ* ; ce font les nouvelles pouffes produites par le tronc ou la tige d'une plante, & non pas par la racine ; c'eft par là qu'elles différent des DRAGEONS : on dit, voilà le rejet de cette année, voilà un beau rejet bien vert.

RELEVÉ, ÉE ; il ne fe dit guère qu'en parlant des bords d'une feuille, du limbe d'un pétale, quand ils forment un rebord qui s'élève plus que le refte ; *voyez* BORDS, FEUILLES, &c.

RENFLÉ, ÉE. On appelle pédicule renflé, celui qui a une efpèce de gonflement qui augmente de beaucoup fon diamètre. Feuilles renflées, celles qui font charnues & épaiffes dans le milieu.

RÉNIFORME ; ce qui a la forme d'un rein ou d'un rognon ; *voyez* FEUILLES, SEMENCES, SILICULE.

RENVERSÉ, ÉE ; ce qui s'éloigne de la direction primitive en retombant ; *voyez* FEUILLES.

REPLIÉ, ÉE ; ce qui eft plié plufieurs fois & en différens fens ; *voyez* RAMEAUX repliés.

REPRODUCTION, *reproductio*. On comprend en général fous cette dénomination, tous les moyens que la nature & l'art emploient pour perpétuer les efpèces : les *femences*, les *cayeux*, les *drageons*, les *boutures*, la *greffe*, font autant de moyens de reproduction.

RÉSEAU ; c'eft un tiffu de fibres entrelacées comme les mailles d'un filet ou d'un rets.

RÉSINES, *refinæ* : ce font des excrétions épaiffes, vifqueufes, inflammables qui fuintent naturellement par des filtres deftinés à cet ufage, & qui fe répandent fur la fuperficie des plantes.

Les réfines diffèrent des gommes, en ce qu'elles font fufceptibles de s'enflammer, & qu'on ne peut les diffoudre qu'à l'aide d'un fpiritueux, comme l'efprit-de-vin.

RESPIRATION des plantes. Les plantes ne refpirent pas comme l'animal; mais le paffage de l'air à travers fes trachées ou fes vaiffeaux aériens, fa dilatation ou fa condenfation fucceffive, lui tiennent lieu de refpiration. *Voyez* TRACHÉES.

RESSERRÉ, ÉE, fe dit des parties des plantes qui font très-rapprochées les unes des autres, & qui font même comme entaffées; *voyez* PANICULE.

RÉTIFORME, qui a la forme d'un rets ou d'un filet; *voyez* CHAPEAU, RACINE, FEUILLES, PLANTES.

RÉUNI, IE, fe dit de plufieurs parties qui n'en font qu'une; *voyez* ANTHÈRES, FILETS.

RHOMBOIDAL, LE. On donne ce nom à tout ce qui a une figure rectiligne à deux angles aigus & deux obtus, dont il n'y a guère que ceux qui font parallèles qui foient égaux. *Voyez* FEUILLES.

RIDÉ, ÉE. On appelle ainfi tout ce qui a une furface inégale & remarquable par des enfoncemens & des élévations alternatifs; *voyez* FEUILLES, SUPERFICIE.

ROIDE; ce que l'on ploie difficilement; *voyez* TIGE, FEUILLES, POILS.

RONDACHE; efpèce de bouclier rond dont on fe fervoit autrefois. On appelle feuilles en rondache, celles qui font élargies & arrondies à leurs bords. On appelle auffi ftygmate en rondache, celui qui eft très-plat & arrondi.

RONGÉ, ÉE; ce qui a l'air d'avoir été entamé par les dents d'un animal.

ROSACÉE. On appelle fleur rofacée, celle dont les pétales font comme ceux de la rofe; *voyez* COROLLE rofacée & FLEUR en rofe.

ROUE, *voyez* COROLLE en roue.

ROULÉ, ÉE; ce qui a une ou plufieurs circonvolutions remarquables; *voyez* VRILLE, BORDS, FEUILLES.

Il eft bon de faire obferver ici, que l'on appelle *folium involutum*, celle qui eft roulée en deffus comme une boucle de cheveux; & *revolutum*, quand elle eft roulée dans le fens contraire.

ROUTINE, *quotidiana, exercitatio*; c'eft une forte de capacité, de faculté acquife par une longue habitude, par une longue expérience, & fans qu'on ait fuivi de principes; elle diffère par là de la vraie fcience qui ne s'acquière que par principes, & que l'on n'exerce que par méthode.

RUBANTÉ, ÉE; ce qui eſt applati & coloré comme un ruban; *voyez* TIGE.

RUDE; ce qui eſt âpre au toucher, & dont la ſuperficie eſt inégale & dure; *voyez* TIGE, FEUILLES.

RUNCINÉ, ÉE; ce qui eſt découpé latéralement & profondément en lobes profonds & élargis; *voyez* FEUILLES runcinées.

S.

SABRE, *voyez* FEUILLES en ſabre.

SACHETS, *voyez* l'art. FRUCTIFICATION, pag. 88.

SAGITTÉ, ÉE; ce qui eſt en forme de fer de flèche; *voyez* FEUILLES.

SARMENT, *ſarmentum* : ce mot ne convient proprement qu'aux branches de la vigne, mais on l'emploie aſſez communément pour ſignifier les branches ſouples & pliantes de quelques autres plantes que l'on nomme PLANTES ſarmenteuſes, *plantæ ſarmentoſæ* vel *fermentaceæ*.

SAUVAGEONS. Les Cultivateurs appellent ainſi les arbres ſauvages qu'ils arrachent des bois pour les mettre en pepinière, & greffer deſſus des eſpèces précieuſes; *voyez* GREFFE.

SAVEUR, *ſapor*. La ſaveur eſt l'objet du goût, comme l'odeur, *odor* eſt celui de l'odorat. Nous avons dit à l'art. QUALITÉS des plantes; *voyez* ce mot, que l'on diſtinguoit dix eſpèces de ſaveur, comme on diſtingue ſix eſpèces d'*odeur*.

SCARIEUX, SE; ce qui eſt aride, ſec & ſonore au tact; *voyez* FEUILLES ſcarieuſes.

SCIE, *voyez* FEUILLES dentées en ſcie.

SCROTIFORME, qui a la forme du ſcrotum, ou bien ce qui a quelque reſſemblance avec les teſticules d'un animal; *voyez* CAPSULE ſcrotiforme.

SECRÉTION, *ſecretio* : c'eſt la filtration proprement dite des différentes liqueurs des plantes. Les vaiſſeaux ſéveux ſont les organes ſécrétoires de la ſève, &c.

SECTATEURS, *ſectatores*. On appelle Sectateurs, ceux qui ſuivent l'opinion de quelques Philoſophes, de quelques Savans qui, ſont du même ſentiment qu'eux, & qui en adoptent les ſyſtêmes. Un *Botaniſte*

niste devient le Sectateur de Tournefort ou de Linnæus, quand il adopte de préférence la méthode de l'un au systême de l'autre.

SECTIONS, *sectiones* ; ce sont les premières divisions des classes d'une méthode botanique ; ce sont des classes subalternes, si l'on peut s'exprimer ainsi, qui sont à leur tour divisées en genre, comme les genres le sont en espèces. *Voyez* MÉTHODE botanique.

SEGMENS, *segmenta* ; nom que l'on donne aux divisions d'une feuille, d'une corolle, d'un calice d'une seule pièce, &c. il signifie dans son acception géométrique, l'espace compris entre un arc & sa corde.

SEMENCE ou GRAINE, *semen* : c'est cette partie du fruit qui est destinée à reproduire une nouvelle plante semblable à celle qui lui a donné naissance. On distingue dans les semences, la TUNIQUE PROPRE, les COTYLEDONS, l'EMBRYON, la RADICULE & la PLUMULE.

On sait que la reproduction des plantes, par les semences, est le moyen le plus général, & l'on pourroit même dire, le moyen universel ; mais, comme il y a encore des plantes dans lesquelles on n'a point apperçu de semences, les sentimens sont très-partagés sur la manière dont quelques-unes se reproduisent. Les semences fournissent des caractères essentiels pour la distinction des espèces ; on ne peut les observer avec trop d'attention : on remarque leur nombre, leur disposition, leur attache, leur forme, leur couleur même, &c.

SEMENCE aigrettée, *semen papposum* : on appelle ainsi celle qui porte une espèce de plumet ou d'aigrette. Quand l'aigrette qu'elle porte est simple, c'est-à-dire, que les poils qui la composent sont réunis en un seul faisceau, *pl. V, fig.* 13 A, *& fig.* 14 B, on la nomme aigrette simple, *pappus simplex* ; quand elle se ramifie, que les poils qui la composent ne sont pas simples ni réunis en un seul point, on la nomme aigrette rameuse, *pappus ramosus* vel *plumosus*, *fig.* 16 A.

L'aigrette est ou pédiculée ou sessile : lorsqu'elle est portée sur un pédicule particulier, on l'appelle aigrette pédiculée, *pappus pediculatus* vel *stipitatus*, *pl. V, fig.* 14, 16 ; quand les poils ou filets partent immédiatement de la graine, on dit que l'aigrette est sessile, *pappus sessilis, fig.* 13.

SEMENCE ailée, *semen alatum, fig.* 17 & 18 B, *pl. V* ; celle qui porte sur les côtés une membrane saillante plus ou moins ferme.

SEMENCE arrondie, *semen subrotundum, pl. V, fig.* 3 B ; celle qui se termine en rond sur ses côtés, qui est plus ou moins applatie en dessus & en dessous, & qu'on ne pourroit pas faire rouler sur tous sens : telle est la lentille, la vesce.

SEMENCE couronnée, *semen coronatum, pl. V, fig.* 12 ; celle qui porte à son extrémité supérieure un calice persistant qui y forme comme une couronne.

V u

SEMENCE couverte, *femen tectum*, *fig. 30 & 34 B*, *pl. V*; celle qui, outre sa tunique propre, a encore une seconde enveloppe qui la recouvre, commme le gland, l'amande., la noisette.

SEMENCE cunéiforme, *femen cuneiforme fig. 3 A*, *pl. V*; celle qui a la forme d'un coin.

SEMENCE dicotyledone ou bilobe, *femen bilobum* vel *dicotyledone*, *voyez* SEMENCE monocotyledone.

SEMENCE étoilée ou en forme d'étoile, *femen stellatum*, *pl. V*. *fig. 18 A*; celle qui a des pointes disposées comme les rayons d'une étoile.

SEMENCE globuleuse, *femen globosum*; celle qui est ronde comme un pois, & qui, sur un plan incliné, peut rouler sur tous sens.

SEMENCE monocotyledone ou unilobe., *femen monocotyledone*, *fig. 4*, *5*, *pl. V*; celle qui n'a qu'un lobe ou cotyledon. On nomme dicotyledone ou bilobe, *fig. 6*, *7*, *8*, *9*, *10*, *11*, *pl. V*, *femen dicotyledone*, celle qui a deux lobes ou cotyledons : on appelle semence acotyledone *femen acotyledone*, celle qui n'a point de cotyledon.

SEMENCE nue, *femen nudum*, *fig. 1*, *2*, *3*, *7*, *pl. V*; celle qui n'a d'autre enveloppe que sa tunique propre *B*, *fig. 7*.

SEMENCE réniforme, *femen reniforme*, *fig. 3 D*, *pl. V*; celle qui a la forme d'un rein ou d'un rognon.

SEMENCE triangulaire, *femen triangulare* vel *triquetrum*; celle qui est à trois angles, & à trois côtés.

SEMI-CYLINDRIQUE, qui est cylindrique d'un côté & un peu applati de l'autre; *voyez* TIGE.

SEMI-DOUBLE, *voyez* FLEURS semi-doubles.

SEMI-FLOSCULEUSE. On appelle ainsi une fleur composée, quand elle n'est formée que par l'agrégation ou par un assemblage de demi-fleurons. *Voyez* COROLLE semi-flosculeuse.

SÉMINAL, LE, qui a rapport à la semence, qui appartient aux semences ou aux graines; *voyez* FEUILLES séminales.

SÉMINATION, *feminatio*; c'est, à proprement parler, la dispersion des semences ou des graines des plantes. La Nature nous offre dans cette opération un phénomène bien digne de notre attention : nous ne pouvons voir, sans le plus grand étonnement, combien ses ressources sont variées, & jusqu'à quel point tout a été prévu & disposé pour le bien. Nous avons déja dit qu'il y avoit une sorte d'enchaînement entre tous les êtres, & qu'ils se prêtoient sans cesse des secours mutuels pour leur existence. En effet, les semences ne pouvoient pas se semer d'elles-mêmes; il falloit que quelques agens en favorisassent la dispersion. Le vent, les courans d'eau, les animaux, l'homme même y contribuent sans en avoir la volonté. Nous voyons des semences pourvues d'aigrettes; nous en voyons d'autres qui ont des ailes membraneuses;

d'autres des efpèces de crochets, au moyen defquels elles s'attachent au poil des animaux qui vont les femer au loin ; d'autres qui font enduites d'une humeur vifqueufe ; d'autres qui ont la fingulière propriété de ne pas perdre la faculté de germer, malgré qu'elles aient féjourné long-temps dans les inteftins d'un animal ; d'autres enfin qui , par un mécanifme des plus fimples , font jetées au loin par le jeu des panneaux élaftiques qui les contenoient.

SEMIS. Les Cultivateurs appellent ainfi un terrain dans lequel ils fement des graines d'arbres ou d'arbuftes , pour y former un bois , ou pour en enlever les plants lorfqu'ils auront acquis un certain degré d'accroiffement, & les mettre en pepinière.

SENSIBILITÉ ou IRRITABILITÉ des plantes , *plantarum irritabilitas.* Il y a des plantes qui font douées d'une efpèce de fenfibilité qui paroît avoir beaucoup d'analogie avec ces mouvemens involontaires que nous éprouvons lorfque quelque chofe nous chatouille. Leurs parties fe contraftent , & cette contraftion dure tant que la caufe fubfifte. *Voyez* MIMEUSE.

SERRE. On appelle ainfi une galerie clofe de vitrages , & en belle expofition, où l'on renferme avant l'hiver les plantes qui craignent la gelée. On appelle *orangerie* , une ferre d'orangers ; & *ferre chaude* , celle dans laquelle on cultive des plantes étrangères, à qui l'on donne le degré de température qui leur convient, en y allumant du feu.

SERRÉ , ÉE ; *ce qui eft très-rapproché* , & comme entaffé l'un fur l'autre ; *voyez* PÉDUNCULE , RAMEAUX.

SESSILE ; ce qui eft fans queue. On appelle AIGRETTE feffile , GLANDES feffiles , celles qui n'ont pas de pédicule ; STYGMATE feffile , celui qui n'a pas de ftyle ; FEUILLES, FOLIOLES, STIPULES feffiles , celles qui n'ont pas de pétioles ; FLEURS, FRUITS feffiles ; ceux qui n'ont pas de péduncule ; PLANTE feffile , celle qui n'a pas de tige, &c.

SÉTACÉ , ÉE ; ce qui eft alongé & menu comme un cheveu ou comme de la foie de cochon ; *voyez* FEUILLES , STYLE.

SÈVE , *humor plantarum.* On comprend affez ordinairement fous cette dénomination , toutes les liqueurs néceffaires à l'accroiffement & à l'entretien des plantes ; mais on ne doit pas confondre la sève avec le fuc propre, ni avec cette liqueur huileufe, gommeufe ou réfineufe , qui eft filtrée par des glandes deftinées à cet ufage.

La sève, dont les fonftions peuvent être comparées à celles que remplit le fang dans les animaux , eft une liqueur limpide fans couleur , fans faveur & fans odeur, qui ne fert uniquement qu'à l'accroiffement du végétal , & qui n'influe en rien fur fes qualités. *Voyez* l'art. MOUVEMFNT de la sève, & celui SUCS des plantes.

SEXES des végétaux , *plantarum fexus :* la plupart des fleurs font de deux sexes à la fois ; ce qu'on entend par *hermaphrodites*, c'est-à-dire, qu'elles ont, comme la fleur du lis, représentée *pl. IV*, des étamines *CD*, considérées comme organes mâles, & un ou plusieurs pistils *A* considérés comme organes femelles ; mais il y a aussi des plantes dont les fleurs sont unisexuelles, c'est-à-dire, qui n'ont qu'un seul sexe, & qui ont besoin d'être rapprochées pour que la FÉCONDATION ait lieu. *Voyez* ce mot. Les fleurs unisexuelles sont mâles, quand elles n'ont que des étamines ; elles sont femelles, quand elles n'ont que des pistils.

SIFFLET, *voyez* GREFFE en.

SILICULE, *silicula*. La silicule est composée comme la silique, de laquelle elle ne diffère que par sa longueur. La silique est beaucoup plus longue que large, & la silicule est au contraire presque aussi large, & quelquefois même plus large que longue : elles sont l'une & l'autre produites par les FLEURS cruciformes. *Voyez* ce mot. On trouvera plusieurs exemples de silicules, *fig. 26, pl. V* : nous y avons développé celle du *thlaspi bursa pastoris* : on verra comme ces deux panneaux *VV* se séparent lorsque les graines approchent de leur maturité, & comment les graines sont attachées à la CLOISON *L* qui leur sert de PLACENTA.

Il y a des silicules arrondies, *siliculæ subrotundæ* ; alongées, *elongatæ* ; cordiformes, *cordiformes vel cordatæ* ; réniformes, *reniformes* ; bilobées, *bilobæ* ; lunulées, *lunulatæ* ; échancrées, *emarginatæ* ; minces, *tenues* ; épaisses, *crassæ*. *Voyez* ces mots chacun à la place qu'il doit occuper dans ce Dictionnaire.

SILIQUE, *siliqua* ; c'est la troisième espèce de péricarpe ; elle est, comme la SILICULE, produite par les FLEURS cruciformes. La silique est ordinairement composée de deux panneaux *AB, fig. 24, pl. V*, & d'une cloison membraneuse *c*. Quelques siliques cependant, comme celle de la chélidoine, n'ont point de cloison intermédiaire. Dans les siliques à cloison, les semences ne sont point attachées aux panneaux *AB*, mais à la cloison de laquelle on parle ; au lieu que dans les siliques qui n'ont pas de cloison, & que l'on pourroit nommer fausses siliques, les semences sont attachées aux deux panneaux. On pourroit bien confondre la silique avec la COQUE, que l'on nomme aussi FOLLICULE, *fig. 23, pl. V*. Ces deux espèces de péricarpes se ressemblent assez ; mais le follicule n'est jamais que d'une seule pièce, au lieu que la silique est toujours de plusieurs pièces ; il y a aussi beaucoup de différence dans la disposition des graines de l'une & de l'autre. *Voyez* COQUE.

On remarque dans la silique la forme, la longueur comparée à la largeur, la position & la manière dont les panneaux se séparent de la cloison : il y en a, comme on le voit dans les deux siliques supérieures de la *fig. 24, pl. V*, dont les panneaux *AB* commencent à se détacher par le bas, & d'autres qui se détachent par le haut.

SILIQUE

SILIQUE arrondie, *filiqua fubrotunda* : celle fur les bords de laquelle on ne remarque ni angles, ni applatiffemens, & dont le diamétre de la hauteur égale celui de la largeur ; ce qui la rend SILICULE.

SILIQUE articulée, *filiqua articulata ;* celle qui eft rétrécie & renflée par intervalles, comme font celles du radis, du raifort. La filique repréfentée fans être ouverte, *pl. V, fig. 24*, eft une filique articulée.

SILIQUE comprimée, *filiqua compreffa ;* celle dont les panneaux font applatis.

SILIQUE lancéolée, *filiqua lanceolata ;* celle qui eft arrondie, alongée & pointue.

SILIQUE tétragone, *filiqua tetragona ;* celle qui a quatre faces égales & diftinctes d'un bout à l'autre, & qui forme quatre angles faillans.

SILLONNÉ, ÉE, qui eft remarquable par des lignes creufées en gouttière fuivant la longueur ; *voyez* FEUILLES, TIGE.

SIMPLE, ce qui n'eft pas compofé ; *voyez* AIGRETTE, CALICE, EPINES, FLEUR, PÉDUNCULE, TIGE, FLEURS, FEUILLES, POILS.

SIMPLES, *plantæ officinales* On donne ce nom à toutes les plantes qui font d'un ufage plus ou moins fréquent en médecine. On dit que la mauve eft un bon fimple.

SINUÉ, ÉE ; ce qui eft remarquable par des finus.

SINUS, *finus ;* lorfque l'on confidère les bords d'un pétale, d'une feuille, &c. on y rencontre fouvent des parties faillantes & des parties rentrantes. Il eft de règle affez générale, que les parties faillantes font appelées angles ou lobes ; & les parties rentrantes, finus ou échancrures. On verra des feuilles échancrées à leur fommet, *folia emarginata, pl. VIII, fig. 46, 47 ;* & des feuilles finuées, *folia finuata, fig. 59, 60, 63.*

Tout ce qui concerne les finus, les angles & la direction des parties qui compofent les plantes, eft prefque toujours fort mal déterminé ; qui voudroit s'occuper à faire la critique des définitions que l'on a données fur ces trois objets, dans tous les ouvrages de Botanique, en rencontreroit à chaque pas l'occafion. On ne s'arrête point affez à ne prendre le mot que dans fa jufte acception : on emploie comme fynonymes, des termes qui ne le font point, & de-là naît une efpèce de confufion qui exigeroit, pour être réformée, un travail abfolument nouveau.

SITUATION, *fitus.* Il ne fuffit pas d'avoir égard au nombre & à la forme des parties qui compofent les plantes, il faut encore s'attacher à en faifir la difpofition, la fituation : c'eft l'infertion & la direction d'une partie qui en fait la fituation.

SOL, *folum.* C'eft le nom que l'on donne à un terroir confidéré fuivant fa qualité. Les plantes varient beaucoup fuivant la nature du *fol* &

leur expofition. Elles éprouvent dans un fol étranger, ce qu'elles éprouveroient dans un jardin où elles ne viendroient qu'à force de foins : les unes y perdent leur odeur & leur faveur : les autres au contraire l'acquièrent à un plus haut degré ; ainfi nous voyons la lauréole gentille, perdre prefque toute fon odeur agréable, & les arbres fruitiers donner de bien meilleurs fruits par la culture.

SOLAIRES. Linnæus appelle fleurs folaires, *flores folares*, celles qui s'épanouiffent & fe ferment pendant que le foleil eft fur l'horizon ; il les divife en équinoxiales, *equinoxiales* (celles qui ont une heure fixe pour s'ouvrir): en tropiques, *tropici* (celles qui s'ouvrent le matin & fe ferment le foir) ; & en météoriques, *meteorici* (celles dont le moment de l'épanouiffement eft dérangé par la température de l'atmofphère, & qui peuvent nous indiquer le temps qu'il fera).

SOLIDE ; ce qui eft d'une fubftance ferme & compacte ; *voyez* BULBE, SUBSTANCE, TIGE.

SOLITAIRE, qui vient feul ; *voyez* FLEUR, PÉDUNCULE, STIPULE, STYLE.

SOMMEIL des plantes. L'état d'une fleur, qui, aux approches de la nuit, fe penche, prend un air de langueur, & fe refferre, eft comparé à celui d'un animal qui dort.

SOMMET, *apex* ; c'eft en général le haut, la partie la plus élevée d'une chofe. Le fommet de l'étamine, c'eft l'ANTHÈRE ; *le fommet d'une* FEUILLE, c'eft l'extrémité oppofée au PÉTIOLE ; *le fommet d'un* PÉTALE, c'eft fon LIMBE qui eft oppofé à l'ONGLET.

SOUCHE : on appelle ainfi le bas du tronc d'un arbre coupé.

SOUS-ARBRISSEAUX, *fuffrutices*. Les fous-arbriffeaux ou arbuftes feroient appelés arbriffeaux, s'ils avoient des bourgeons, & porteroient le nom d'herbes, fi leurs tiges n'étoient pas des ligneufes, c'eft-à-dire, fi les parties qui compofent leurs tiges, n'avoit la même dureté & la même folidité que ce que nous appelons bois. Ils perfiftent l'hiver, & nous en avons même quelques-uns, dont la durée égale celle de certains arbres.

SOUS-AXILLAIRES. On donne ce nom à tout ce qui a fon point d'infertion au-deffous de ce qui eft axillaire ; une tige qui porte des rameaux, au-deffous defquels des feuilles ont leur point d'infertion, les rameaux & tout ce qui naît entre les feuilles & la tige, font axillaires, & les feuilles font fous-axillaires, *folia fubaxillaria* vel *fubalaria*.

SOUS-LIGNEUSES. On appelle ainfi les plantes qui perdent leurs rameaux tous les hivers, & qui confervent leurs tiges. *Voyez* TIGE fous-ligneufe.

SOUS-ORBICULAIRE ; ce qui a plus de largeur que de longueur. On appelle FEUILLE fous-orbiculaire, *folium fuborbiculare*, celle qui eſt preſque ronde , mais qui a cependant un peu moins de hauteur que de largeur.

SOUTIENS ; *voyez* SUPPORTS.

SPATHE , *ſpatha*, *fig. 67 т , pl. IV ;* c'eſt une eſpèce de voile, une gaîne membraneuſe d'une ſeule pièce, qui renferme une ou pluſieurs fleurs , quelquefois même des bouquets entiers , qui s'ouvre de côté , qui ſe deſſéche & périt dans quelques individus , preſque auſſitôt que les fleurs qu'elle contenoit en ſont ſorties , & qui perſiſte long-temps dans d'autres , & ſurvit même aux fleurs. C'étoit la ſeconde eſpèce de calice de Tournefort, qu'il nommoit calice improprement dit & propre.

Obſerv. de M. de la Marck. On trouve ſous certaines fleurs des écailles membraneuſes , blanchâtres ou colorées, & plus ou moin tranſparentes , mais qui n'ont jamais contenu ces fleurs ; on doit les mettre au rang des bractées, & ne point les confondre avec les ſpathes , comme ont fait quelques Botaniſtes , donnant ainſi à cette partie une extenſion trop vague , & qui ne s'accorde plus avec l'idée qu'on attache communément au mot ſpathe.

SPATULÉ , ÉE , qui a la forme d'une ſpatule ; *voyez* FEUILLES.

SPÉCIFIQUE ; ce qui appartient incluſivement à l'eſpèce ; ce qui la caractériſe , & qui la rend diſtincte : ce que Linnæus appelle *nomen triviale* , eſt le nom ſpécifique.

SPHÉRIQUE ; *ce qui eſt rond comme un globe* , & qui peut rouler ſur tous ſens. On emploie aſſez ordinairement les mots ſphériques & orbiculaires , comme ſynonymes.

SPIRALES , circonvolutions d'une choſe autour d'une autre. Le mot SPIRE ne ſe prend que pour un tour de la ſpirale ; *voyez* VRILLE.

SPONGIEUX , SE ; ce qui eſt mou , élaſtique , percé de trous inégaux , croiſés , & plus ou moins larges comme une éponge.

SPONTANÉE. On appelle mouvement ſpontanée , *motus ſpontaneus*, celui qui s'exécute naturellement , qui ne dépend d'aucunes cauſes étrangères.

STABLE ; ce qui perſiſte ; il eſt oppoſé à caduc. Les feuilles du houx ſont ſtables ; celles du noyer ſont caduques : quelquefois auſſi le mot ſtable eſt employé comme ſynonyme de conſtant ; dans ce ſens , il ſignifie ce qui eſt toujours de même.

STIGMATE , *ſtigma* ; c'eſt la partie ſupérieure du piſtil, *fig. 51 c , pl. IV*; il eſt porté par le ſtyle *B* ; mais quand le ſtyle manque , le ſtigmate repoſe immédiatement ſur l'ovaire ou le germe , *fig. 47 , pl. IV*, ou bien *fig. 64.* On croit que le ſtigmate d'une fleur remplit exactement les mêmes fonctions que la vulve dans les animaux ; que la pouſſière qu'il reçoit de l'anthère , eſt tranſmiſe par le ſtyle à l'ovaire où elle féconde les graines qui y ſont en petit. Quand le ſtigmate *repoſe* immédiatement fur le germe, on le nomme ftigmate feffile, *ftigma feffile*, *fig. 64*, *pl. IV*, quand il eft porté par un pédicule qu'on nomme ftyle, on le nomme ftigmate pédiculé, *ftigma pediculatum*, *fig. 51*, *pl. IV*. *Voyez* les articles CASTRATION, FRUCTIFICATION, POUSSIÈRE fécondante, MÉTHODE botanique, &c.

Souvent le ftigmate eft feul, on le nomme folitaire, *ftigma folitarium*. Quelquefois auffi une fleur a un fi grand nombre de ftigmates, qu'il n'eft pas poffible de les compter, on dit pour lors qu'ils font nombreux, *ftigmata numerofa*; d'autres fois ils reffemblent parfaitement à des étamines ou à des pétales, & quelquefois encore on ne fait fi ce que l'on voit eft un ftigmate ou un ftyle; il eft effentiel de déterminer le nombre, la forme & la pofition des ftigmates, & fouvent il ne l'eft pas moins d'avoir égard à leur direction, à leur grandeur refpective, ou comparée à celle des étamines, ou à celle des pétales; *voyez* STYLE, PISTIL & MÉTHODE botanique.

STIGMATE barbu, *ftigma barbatum*; celui fur lequel on rencontre des poils durs & très-apparens.

STIGMATE bifide, *ftigma bifidum*, *pl. IV*, *fig. 45 A*, *49 B*, *58 B*; celui qui fait la fourche.

STIGMATE caduc, *ftigma caducum*; celui qui ne perfifte pas avec le fruit.

STIGMATE canaliculé, *ftigma canaliculatum*, *pl. IV*, *fig. 52*; celui qui eft creufé en gouttière fur toute fa longueur.

STIGMATE échancré, *ftigma emarginatum*; celui qui paroît comme déchiré ou comme rongé.

STIGMATE en cœur, *ftigma cordatum*; celui qui a la forme d'un cœur.

STIGMATE en crochet, *ftigma uncinatum* vel *hamofum*; celui qui eft crochu comme un hameçon.

STIGMATE en maffue, *ftigma clavatum*; celui qui eft mince à fon extrémité inférieure, & qui prend infenfiblement la forme d'un battant de cloche.

STIGMATE en plateau, *ftigma peltatum pl. IV*, *fig. 64*; celui qui eft très-élargi à fa fuperficie, convexe en deffous, & plane ou concave en deffus.

STIGMATE en rondache, *ftigma orbiculatum*; celui qui eft convexe en deffus & en deffous, anguleux des côtés, & qui a la forme de deux foucoupes qu'on appliqueroit l'une fur l'autre en fens contraire.

STIGMATE en tête, *ftigma capitatum*; *globofum*, *pl. IV*, *fig. 51 c*; lorfqu'il a la forme d'une tête fphérique, on dit *ftigma capitatum planum*, lorfque fa tête eft applatie; *ftigma capitatum truncatum*, lorfqu'elle eft tronquée, &c.

STIGMATE

STIGMATE feuillé, *ftigma foliaceum* ; celui qui eft aminci comme une feuille, mais qui n'eft pas coloré comme la fleur ; s'il eft coloré, on le nomme pétaliforme, *ftigma petaliforme*, *fig.* 50, *pl. IV*.

STIGMATE pédiculé, *ftigma pediculatum*, *pl. IV*, *fig.* 51 *c* ; celui qui eft porté par un ftyle *b*.

STIGMATE perfiftant, *ftigma perfiftens* ; celui qui perfifte avec le fruit.

STIGMATE pétaliforme, *ftigma petaliforme*, *pl. IV*, *fig.* 50 ; celui qui eft aminci & coloré comme un pétale.

STIGMATE plumeux, *ftigma plumofum*, *pl. IV*, *fig.* 47 ; celui qui eft garni de poils difpofés comme les barbes d'une plume.

STIGMATE pubefcent ; *voye*z l'art. POILS.

STIGMATE rayonné, *ftigma radiatum*, *pl. IV*, *fig.* 64 ; celui dont la fuperficie eft remarquable par un point central, commun à plufieurs rayons.

STIGMATE réfléchi, *ftigma reflexum*, *pl. IV*, *fig.* 54 o ; celui dont les divifions font recourbées fur elles-mêmes.

STIGMATE feffile, *ftigma feffile*, *pl. IV*, *fig.* 46, 47, 48 64 ; celui qui repofe immédiatement fur l'ovaire.

STIGMATE fphérique, *ftigma globofum*; celui qui eft très-arrondi, *fig.* 44, & *fig.* 51 *c*.

STIGMATE ftaminifère, *ftigma ftaminiferum* ; celui qui porte les étamines.

STIGMATE ftaminiforme, *ftigma ftaminiforme* ; celui qui a la même forme que les étamines.

STIGMATE terminé en pointe aiguë, *ftigma acutum* vel *aculeatum*, *fig.* 46 ; celui qui finit en pointe, ou qui porte une ou plufieurs pointes aiguës.

STIGMATE triangulaire, *ftigma triangulare*, *pl. IV*, *fig.* 52 ; celui qui eft à trois angles remarquables, & qui fe divife ordinairement en trois parties.

STIGMATE trifide, *ftigma trifidum*; celui qui eft fendu en trois, *fig.* 54 o.

STIGMATE trilobé, *ftigma trilobum* ; *voye*z *pl. IV A*, celui de la fleur du lis.

STIGMATE tronqué, *ftigma truncatum* ; celui qui fembleroit avoir été rogné à fon extrémité fupérieure.

STIGMATE velu ; *voye*z à l'art. POILS, les différens noms que l'on doit donner aux diverfes parties qu'ils recouvrent.

STIPULE, *ftipula*, *pl. X*, *fig.* 15 *A* ; c'eft une petite produ&ion mem-

Y y

braneuſe & foliacée de la même nature, & ſouvent de la même couleur que les feuilles de la plante à qui elle appartient, mais qui
en diffère toujours par ſa forme; quelquefois elle eſt ſolitaire, *ſtipula
ſolitaria ;* mais plus ſouvent on en trouve deux qui accompagnent les
pétioles ou les péduncules à leur inſertion ſur la tige ou ſur les rameaux.

Il ne faut pas confondre les STIPULES avec les BRACTÉES, qu'on
nomme auſſi FEUILLES florales; on trouve toujours les ſtipules près des
feuilles, des rameaux ou des vrilles, & les bractées au deſſus ou au deſſous
des fleurs, des fruits & ſur les péduncules. Quelques Botaniſtes appellent bractées deux petites feuilles qui accompagnent le péduncule à
ſon inſertion ſur la tige ou ſur les rameaux; comme elles appartiennent plutôt à la tige qu'au péduncule, je penſe qu'il vaudroit mieux les
appeler ſtipules.

Les ſtipules fourniſſent un grand nombre de caractères très-ſaillans,
& qui peuvent faciliter beaucoup la diſtinction des plantes qui en ſont
pourvues; les principaux ſe tirent de leur nombre, de leur forme & de
leur ſituation; quelquefois auſſi on eſt obligé d'avoir recours à leur
durée, leur couleur, leur grandeur même, comparée à celle des feuilles, &c. On dit qu'une tige eſt *ſtipulée, caulis ſtipulatus,* quand elle
porte des ſtipules.

STIPULES appuyées ou cohérentes, *ſtipulæ adnatæ* vel *adnexæ;*
celles qui ſont comme appliquées, comme collées ſur la tige, & qui la
touchent dans preſque toute leur longueur.

STIPULES amplexicaules ou embraſſantes, *ſtipulæ amplexicaules;*
celles qui embraſſent la tige à leur inſertion.

STIPULES axillaires, *ſtipulæ axillares;* celles qui viennent à l'aiſſelle
ou dans l'angle formé par l'inſertion d'un pétiole ou d'un péduncule ſur
la tige ou les rameaux.

STIPULES caduques, *ſtipulæ caducæ* vel *deciduæ;* celles qui perſiſtent
peu, & qui tombent avant ou avec les feuilles.

STIPULES ciliées, *ſtipulæ ciliatæ;* celles ſur la ſuperficie deſquelles
on rencontre des poils longs très-apparens, & qui reſſemblent à des
cils.

STIPULES courtes, *ſtipulæ breves;* celles qui ne ſont guère plus
longues que larges. On dit qu'elles ſont très-courtes, *breviſſimæ,* quand
on a de la peine à les voir.

STIPULES crochues, *ſtipulæ uncinatæ;* celles qui ſont recourbées
à leur extrémité ſupérieure, & qui forment le crochet.

STIPULES décurrentes ou courantes, *ſtipulæ decurrentes;* celles qui
ſe prolongent ſur la tige, & qui y laiſſent une ſaillie ſenſible.

STIPULES dentées en ſcie, *ſtipulæ ſerratæ;* celles dont les bords
ſont remarquables par des dents courbés de bas en haut.

STIPULES droites, *stipulæ erectæ* ; celles qui forment avec la tige un angle très-aigu.

STIPULES dures & piquantes, *stipulæ indurescentes, spinescentes & pungentes* ; celles qui sont coriaces, dures & piquantes.

STIPULES en dedans des feuilles, *stipulæ intrafoliaceæ* ; celles qui sont placées entre les feuilles & la tige ou les rameaux : quand elles sont en dehors ou quand elles sont insérées sur la tige plus bas que l'insertion du pétiole, elles sont *extrafoliaceæ* ; quand elles sont placées de chaque côté du pétiole, elles sont latérales, *laterales*.

STIPULES en fer de flèche ou sagittées, *stipulæ sagittatæ* ; celles qui sont pointues à l'extrémité supérieure, élargies à leur base, & terminées de chaque côté par un appendice tombant.

STIPULES en fer de lance, *stipulæ lanceolatæ* ; celles qui sont élargies à leur base, & qui se terminent en pointe à leur extrémité supérieure.

STIPULES en forme d'alène, *stipulæ subulatæ* ; celles qui sont très-étroites, & qui s'amincissent encore depuis leur base jusqu'à leur sommet, où elles se terminent en pointe.

STIPULES en forme de croissant, ou lunulées, *stipulæ lunatæ* vel *lunulatæ* ; celles qui sont arrondies à leur sommet, & qui ont deux appendices qui, en se réfléchissant du côté du pétiole, représentent un croissant.

STIPULES en gaîne, *stipulæ vaginantes* ; celles qui sont membraneuses à leur base, & qui embrassent la tige comme dans une gaîne.

STIPULES géminées, *stipulæ geminæ*, fig. 15 A, pl. X ; celles qui viennent deux à deux à la base des pétioles ou des péduncules, comme celles des feuilles de l'orobe, du pois. Il est indifférent qu'elles soient axillaires, sous-axillaires ou latérales.

STIPULES latérales, *stipulæ laterales* ; celles qui sont situées sur les côtés des pétioles ou des péduncules.

STIPULES longues, *stipulæ longæ* ; celles qui sont très-apparentes, & qui ont dans leur longueur plus de deux fois leur largeur. On dit qu'elles sont très-longues, *longissimæ*, quand, dans leur longueur, elles ont trois, quatre fois oudavantage leur largeur.

STIPULES multifides, *stipulæ multifidæ* vel *fissæ* ; celles qui sont divisées profondément en plusieurs parties.

STIPULES opposées aux feuilles, *stipulæ oppositifoliæ* ; celles qui sont insérées sur la tige à l'opposé des feuilles.

STIPULES ouvertes, *stipulæ patentes* ; celles qui forment avec la tige, un angle très-ouvert & presque droit.

STIPULES persistantes, *stipulæ persistentes* ; celles qui subsistent après la chûte des feuilles.

STIPULES qui naiſſent en dehors des feuilles, *ſtipulæ extrafoliaceæ;* celles qui ne ſont point axillaires, & qui ſont inſérées ſur la tige plus bas que la baſe des pétioles ou des péduncules; ſi elles viennent préciſément au-deſſous de l'aiſſelle formée par la réunion du pétiole avec la tige, elles ſont *extrafoliaceæ & ſubalares.*

STIPULES réfléchies, *ſtipulæ reflexæ;* celles qui retombent ſur elles-mêmes.

STIPULES ſeſſiles, *ſtipulæ ſeſſiles;* celles qui n'ont pas de pétiole, ou qui ne ſont pas retrécies en pétiole.

STIPULES ſous-axillaires, *ſtipulæ ſubalaræ* vel *ſubaxillariæ;* celles qui naiſſent au-deſſous de l'aiſſelle formée par la réunion du pétiole avec la tige.

STIPULES très-entières, *ſtipulæ integerrimæ;* celles ſur les bords deſquelles on ne remarque ni diviſions ni découpures, ni aucunes inégalités quelconques. Elles ſont entières, *integræ,* quoiqu'elles ſoient dentées ou fendues; mais elles ne ſont pas très-entières.

Comme la *conformation des ſtipules* eſt à peu près la même que celle des feuilles, nous renvoyons au mot *FEUILLES* pour faciliter l'intelligence de quelques termes que nous pourrions avoir omis dans cet article, ou que nous avons cru pouvoir nous diſpenſer d'y placer, parce qu'ils ſont peu uſités.

STOLONIFÉRE, qui porte des drageons; *voyez* RACINE, TIGE.

STRIÉ, ÉE; ce dont la ſuperficie eſt recouverte de lignes parallèles qui l'élèvent & l'abaiſſent alternativement, mais qui ſont moins profondes que celles qui recouvrent la ſuperficie ſillonnée. *Voyez* SUPERFICIE, CHAPEAU, FEUILLES & TIGE.

STYLE, *ſtylus.* Le ſtyle eſt figurément au PISTIL, ce que le filet eſt à l'ÉTAMINE; c'eſt cette eſpèce de pédicule grêle *B, fig. 51, pl. IV,* qui ſurmonte l'ovaire ou le germe *A,* & qui porte le ſtigmate *c;* quelquefois l'extrémité inférieure du ſtyle ne peut être diſtinguée de l'ovaire, parce qu'il y a continuité de l'un avec l'autre. La même choſe arrive à ſon extrémité ſupérieure, quand le ſtigmate n'a pas une forme qui le diſtingue de manière qu'on ne ſait où doit finir juſtement ce qui doit porter le nom de ſtyle, ni où doit commencer ce qu'on appelle ſtigmate; dans ce cas, l'extrémité ſupérieure du ſtyle ſe nomme STIGMATE, & l'extrémité inférieure, OVAIRE. On regarde le ſtyle comme faiſant dans le végétal, les mêmes fonctions que le vagin dans l'animal, & le ſtigmate, celles de la vulve. Pour peu que l'on obſerve avec attention les organes de la fructification d'une fleur dont les parties ſont diſtinctes, on trouve en effet beaucoup d'analogie dans leurs fonctions comparées à celles des parties génitales des animaux. *Voyez* ce qui

ce que nous avons dit là-dessus à l'article POUSSIÈRE séminale, FRUC-
TIFICATION.

STYLE bifide, bifurqué ou fourchu, *stylus bifidus*, *bifurcatus* vel
bifurcus, *pl. IV, fig. 45 A, 49 A, 58 B*; celui qui, à son extrémité supérieure, est divisé en deux parties égales ou à peu près égales.

STYLE court, *stylus brevis*, *pl. IV, fig. 44*; celui dont l'extrémité
supérieure s'éloigne peu de l'ovaire; lorsqu'il y a bien peu d'espace entre
le stigmate & l'ovaire, on dit que le style est très-court, *stylus brevissimus*.

STYLE cylindrique, *stylus cylindricus* vel *teres*; celui qui est arrondi
& égal dans toute sa longueur.

STYLE en alêne, *stylus subulatus*; celui qui se termine sensiblement
en une pointe aiguë, depuis sa base jusqu'à son extrémité supérieure ou
jusqu'à son insertion sur le stigmate.

STYLE flétri, *stylus marcescens*: après une gelée, quand les Cultivateurs regardent l'état du style dans les plantes qu'ils cultivent; s'il est
penché, s'il paroît comme fanné avant que le fruit soit noué, ils en
augurent avec raison que ces fleurs ne produiront pas de fruits.

STYLE filiforme, *stylus filiformis*; celui qui est si grêle, qu'on peut
le comparer à un fil.

STYLE long, *stylus longus*; celui dont l'extrémité supérieure sur-
passe en hauteur les étamines ou les pétales, comme on le voit dans la
fleur du lis *AB*, *pl. IV*; lorsqu'il est beaucoup plus long, on dit qu'il
est très-long, *longissimus*: tel est celui de la *pl. III, fig. D*.

STYLE nul, *stylus nullus*: on dit que le style est nul, quand le stigmate repose immédiatement sur l'ovaire.

STYLE plane, *stylus planus*; celui qui est applati de deux côtés sur
toute sa longueur.

STYLE quadrifide, *stylus quadrifidus*; celui qui, à son extrémité supérieure, est divisé en quatre parties.

STYLE quinquefide, *stylus quinquefidus*; celui qui, à son extrémité
supérieure, est divisé en cinq parties.

STYLE sétacé, *stylus setaceus*; celui qui, par sa ténuité, peut être
comparé à un cheveu ou à une soie de cochon.

STYLE solitaire; *stylus solitarius*, *pl. IV, fig. 51*. Quelques plantes
portent, sur le même ovaire, deux, trois, quatre, cinq ou un plus
grand nombre de styles; mais quand l'ovaire ne porte qu'un seul style,
on dit qu'il est solitaire.

STYLE trifide *stylus trifidus*, *pl. IV, fig. 54*; celui qui, à son extrémité supérieure, est divisé en trois parties.

STYLE velu. Remarquez de quelle espèce sont les poils qui le recouvrent ; & *voyez*, pour les différens noms que l'on doit leur donner, l'art. POILS.

SUBDIVISÉ, ÉE, qui est divisé, & dont chaque division est encore divisée une ou plusieurs fois.

SUBEREUX, SE; ce qui est composé d'une substance molle & élastique comme du liège, qui a à peu près la même consistance que du liège; *voyez* CHAIR, SUBSTANCE, CHAPEAU.

SUBMERGÉ, ÉE; ce qui vient sous l'eau, qui ne flotte jamais à sa superficie; *voyez* FEUILLES submergées.

SUBSTANCE, *substantia*. C'est en général la matière dont une chose est composée. Si elle oppose une certaine résistance, on dit qu'elle est solide, *solida* ; si elle n'en oppose que très-peu, on dit qu'elle est molle, *mollis* ; si elle est aqueuse, *aquosa* ; si elle est dure, serrée & compacte, *compacta* ; si elle est cassante, *fragilis* ; si elle est élastique, *elastica* ; spongieuse, *spongiosa*; subereuse, *suberosa*; ligneuse, *lignosa*, *frutescens*; filandreuse, *filamentosa* ; gluante, visqueuse, *viscosa*, *glutinosa*, &c. On la compare encore à mille choses connues, comme à de la terre, du sable, de la viande, de l'herbe, &c.

SUBULÉ, ÉE, qui a la forme d'une alêne; *voyez* FEUILLES subulées.

SUCS des plantes, *plantarum succi* : sous cette dénomination, l'on comprend en général toutes les liqueurs, dont la circulation est nécessaire pour l'entretien des végétaux. Cependant on en excepte la sève : ces sucs sont composés principalement de parties huileuses & de parties salines, à qui nous devons les propriétés des plantes que nous employons à nos différens usages ; mais comme une culture forcée fait aux propriétés des végétaux, ce qu'elle feroit à leur forme & à leurs couleurs; de-là vient que l'emploi que nous en faisons, n'est pas toujours suivi de tout le succès que nous en attendions, parce que les plantes se trouvent altérées par l'art du Cultivateur, ou gâtées par la mal-adresse ou par la mauvaise foi de celui qui en fait commerce.

Outre le suc propre, celui dans lequel résident les qualités de la plante, il se trouve encore quelques autres sucs qui forment, par leur épanchement, les RÉSINES, les GOMMES & les GOMMES-RÉSINES (*voyez* ces mots). On nomme PLANTES lactescentes, celles qui rendent un suc blanc comme du lait, lorsqu'on a fait quelques incisions à leurs tiges, à leurs rameaux, ou à quelques-unes de leurs parties. Autant le suc propre des tithymales, des laitues, des scorsonnères, & de toutes les plantes lactescentes, est remarquable par sa couleur blanche, autant celui de la chélidoine majeure l'est par sa couleur jaune ; celui de la patience sanguine, par sa couleur rouge, &c. *Voyez* VAISSEAUX.

SUCCULENT, TE, qui est rempli de suc. On appelle aussi fruits succulens, ceux dont la chair est fondante, ou dont la pulpe est agréable au goût.

SUJET. Les Cultivateurs appellent ainsi l'arbre qui doit recevoir la GREFFE. *Voyez* ce mot.

SUPERFICIE, *superficies* ; c'est, dans l'acception géométrique, la longueur & la largeur sans profondeur ; mais, en Botanique, c'est la surface proprement dite, l'extérieur d'un corps quelconque. On dit que la superficie est striée, *superficies striata* ; sillonnée, *sulcata* ; rude, *aspera* ; unie, *lævis* ; raboteuse, *rugosa* ; visqueue, *visquosa* ; velue, *pilosa*, &c. Les mots SUPERFICIE & SURFACE sont employés en Botanique comme synonymes.

SUPERFLUE, *voyez* POLYGAMIE, pag. 117 & 151.

SUPÉRIEUR, RE, de deux parties insérées l'une au bout de l'autre, ou l'une sur l'autre, dans une direction perpendiculaire à l'horizon ; l'une est supérieure, & l'autre inférieure ; *voyez* CALICE supérieur, COROLLE supérieure, OVAIRE.

SUPPORTS, *fulcra*. On distingue plusieurs espèces de supports ou de soutiens dans les plantes : la hampe, *scapus* ; le pédicule, *pediculus* vel *stipes* ; le pétiole, *petiolus* ; le pédoncule, *pedunculus*, &c. On pourroit regarder la vrille, *cirrhus*, comme un support, & cela seroit bien moins ridicule, que de mettre dans la classe des supports des plantes, les stipules, les écailles, les poils, les glandes, &c.

SURCOMPOSÉ, ÉE, *qui est composé* ou divisé plus de deux fois ; *voyez* FEUILLES surcomposées.

SURFACE, *superficies* ; c'est en général la partie la plus extérieure d'un corps, celle qui se présente la première. On dit que telle partie d'une plante est raboteuse à sa superficie ou à sa surface ; qu'elle est velue, tomenteuse, veloutée, gluante, humide, sèche, colorée, &c. On trouvera les définitions de tous ces termes, en les cherchant chacun dans le lieu qu'ils doivent occuper dans ce Dictionnaire. La surface des feuilles se nomme *pagina*. On distingue dans une feuille & dans un pétale la surface supérieure, *pagina superior*, & la surface inférieure, *pagina inferior* vel *prona pars*. La surface supérieure est toujours le côté de la feuille qui est tourné vers le ciel ; le côté opposé est la surface inférieure.

SURGEONS ou REJETTONS. On appelle ainsi de petites branches qui poussent sur le tronc des arbres, & principalement vers le pied.

SUTURE, *sutura* ; c'est la jointure de deux parties parallèles ; *voyez* SILIQUE.

SUSPENDU, UE ; ce qui est soutenu en l'air comme un plomb au bout de sa corde.

SYLVESTRE, qui vient dans les bois, dans les forêts, dont le sol est aride.

SYNGENESIE, *singenesia*, de deux mots grecs qui signifient ensemble

& génération. La ſyngénéſie eſt la claſſe XIXe du ſyſtême ſexuel de Linnæus ; elle renferme les plantes qui ont pluſieurs étamines réunies en forme de gaîne ou de cylindre , par leurs anthères , & quelquefois , mais , rarement par leurs filets.

SYNONYMES, *nomina ſynonyma* : ce ſont généralement les noms différens , tant génériques que ſpécifiques , que les plantes ont reçus des différens Auteurs qui les ont décrites. L'art de raſſembler ces noms , de les rapprocher de la plante à laquelle ils appartiennent incluſivement , eſt appelé SYNONYMIE , *ſynonymia.* Perſonne n'a fait un travail auſſi étendu ſur cette partie de la Botanique, que Linnæus dans ſon *Species plantarum* : il a rapporté tous les noms, toutes les phraſes avec citation des figures des plus célèbres Auteurs qui ont écrit ſur la Botanique, & nous a rendu par-là ſon Ouvrage d'une grande utilité. Il ne faut pas confondre la ſynonymie avec la nomenclature ; ces deux mots ne ſignifient point la même choſe La nomenclature eſt ſimplement l'art de donner un nom à une plante nouvelle, ou de trouver , à l'aide d'une méthode , celui qu'on lui a donné ; au lieu que la ſynonymie eſt l'art de rapporter à une plante connue tous les noms que lui ont donnés ceux qui l'ont décrite.

SYSTÉME , *ſyſtema.* Le ſyſtême proprement dit, eſt une eſpèce de méthode artificielle fondée ſur certains principes diverſement combinés , mais deſquels on ne peut jamais s'écarter. La plupart des Auteurs ne font pas de différence entre le ſyſtême & la méthode artificielle proprement dite. Le fait eſt qu'il s'en trouve ordinairement bien peu entre ce que nous regardons en Botanique comme ſyſtêmes & comme méthodes, parce que les meilleures méthodes que nous ayions, tiennent à un ordre ſyſtématique qui les rapproche du ſyſtême , ou bien ce ſont des ſyſtêmes entés ſur des méthodes. Quoi qu'il en ſoit, il y a une différence eſſentielle à faire entre l'un & l'autre : c'eſt que la méthode artificielle peut non-ſeulement varier ſes reſſources , mais encore multiplier à volonté ſes moyens , & en employer de nouveaux, toutes les fois qu'ils ſemblent néceſſaires pour conduire plus ſûrement à l'objet ; au lieu que le ſyſtême ne le peut pas. *Voyez* l'expoſition du Syſtême ſexuel de Linnæus , pag. 114.

T.

TALON ; c'eſt ce qui ſoutient la feuille des orangers. On donne auſſi ce nom à la partie qu'occupoit un œilleton d'artichaut, avant qu'il fût ſéparé du pied.

TEIGNE. On donne ce nom à une certaine maladie qui attaque l'écorce des arbres , & qui les fait périr.

TENACE,

TENACE, se dit en général de tout ce qu'on a peine à séparer.

TERGÉMINÉ, ÉE, géminé trois fois ; *voyez* FEUILLES tergéminées.

TERMINAL, LE ; ce qui se trouve tout à l'extrémité d'une chose, qui termine une chose quelconque ; *voyez* EPINE, FLEUR, PÉDUNCULE terminales, &c.

TERNÉ, ÉE, qui est disposé trois par trois sur le même point d'insertion ; *voyez* FEUILLES ternées.

TERRAIN. M. Duhamel, dans sa préface des arbres fruitiers, dit, tout Cultivateur doit se borner à savoir si sa terre est sèche ou humide, forte ou légère, meuble ou compacte, sablonneuse, glaiseuse ou argileuse. Les yeux & la main suffisent pour juger de ces qualités ; & la fertilité des terres se connoît mieux & plus sûrement par l'expérience que par les analyses les plus recherchées. Le Botaniste doit, aussi bien que le Cultivateur, apprendre à se connoître aux différentes espèces de terrain, afin de pouvoir s'assurer pourquoi les plantes d'une même espèce diffèrent entre elles.

TERRESTRE, qui vient sur la terre ou dans la terre.

TESTICULES des végétaux ; *voyez* à l'art. FRUCTIFICATION, page 86, la comparaison que fait le *Botaniste Suédois*, des anthères des fleurs avec les *testicules des animaux*.

TÊTE, *capitulum* ; c'est un assemblage de fleurs aux extrémités des tiges ou des rameaux, remarquable dans beaucoup de plantes, & particulièrement dans les trèfles ; tantôt elle est nue, *capitulum nudum*, parce qu'on ne remarque entre les fleurs aucunes feuilles florales ; tantôt elle est feuillée, *foliosum*, parce qu'on rencontre des feuilles florales à sa base, ou entre les fleurs qui la composent ; tantôt elle est globuleuse ou arrondie, *globosum*, *subrotundum* ; tantôt arrondie d'un côté & plate de l'autre, *dimidiatum* ; tantôt régulière, *regulare* ; tantôt irrégulière, *irregulare*, &c.

TÉTRADYNAMIE, *tetradynamia*, de deux mots grecs qui signifient quatre puissances. La tétradynamie est la XVe classe du Système sexuel ; elle renferme les plantes qui ont quatre grandes étamines & deux plus courtes & opposées, & dont le fruit est ou une silique ou une silicule.

TÉTRAGONE, qui a quatre angles & quatre côtés égaux ; *voyez* ANTHÈRES, PÉDUNCULE, SILIQUE.

TÉTRAGYNIE, *tetragynia*, de deux mots grecs qui signifient quatre femelles. Les plantes dont on a trouvé la classe au moyen des étamines, en suivant les principes du Système sexuel de Linnæus, sont de l'ordre IVe, tétragynie, quand elles ont quatre pistils.

TÉTRANDRIE, *tetrandria*, de deux mots grecs qui signifient quatre maris. La tétrandrie est la classe IVe du Système sexuel ; elle com-

A a a

prend toutes les plantes qui ont quatre étamines égales en hauteur : les caractères qui déterminent cette classe, sont très-sujets à induire en erreur : les fleurs labiées, si on ne les jugeoit souvent par analogie, au lieu d'être de la didynamie, *didynamia*, se trouveroient rangées dans la tétrandrie, parce que leurs étamines ne sont pas toujours bien sensiblement de grandeur inégale. *Voyez* l'art. MÉTHODE, pag. 115, 116 & 119.

TIGE, *caulis*. La tige est à l'herbe, ce que le tronc est à l'arbre : elle est divisée à une de ses extrémités par les rameaux & leurs dépendances, & à l'autre, par les racines. On remarque dans la tige sa présence ou son absence, sa forme, sa direction, sa consistance, sa durée, sa hauteur comparée à celle des rameaux ou des feuilles ; & la manière dont elle se partage par le haut en branches, & par le bas en racines.

TIGE aiguillonnée, *caulis acculeatus* ; celle dont l a superficie est garnie d'aiguillons ou de piquans qui ne tiennent qu'à l'écorce, comme dans la ronce, le rosier.

TIGE ailée, *caulis alatus* ; celle qui est garnie longitudinalement de membranes qui s'élèvent au-dessus de sa superficie, & qui ne sont ordinairement qu'une prolongation des feuilles, qu'on nomme pour cela FEUILLES décurrentes ; *voyez* ce mot.

TIGE à angles aigus, à angles obtus ; *voyez* TIGE anguleuse.

TIGE anguleuse, *caulis angularis, angulatus* vel *angulosus* ; celle qui a sur toute sa longueur plus de deux angles saillans : elle est triangulaire, *triangularis* vel *trigonus* ; quand elle a trois angles saillans ; *triqueter*, quand elle a trois faces exactement planes & égales ; quadrangulaire, *quadrangularis*, quand elle a quatre angles tranchans ; & *tetragonus*, quand elle a quatre faces exactement planes, & par conséquent quatre angles, &c. (Les jeunes branches de plusieurs arbres sont souvent anguleuses ; mais elles s'arrondissent la plupart en vieillissant). Quand les angles d'une tige sont coupans & aigus, on dit *caulis acutangularis* ; s'ils sont un peu arrondis ou obtus, on dit *obtusé-angularis*.

TIGE âpre ou rude, *caulis scabra* ; celle qui est recouverte de poils courts & épais, ou d'inégalités, qui la rendent rude au toucher.

TIGE arborée, *caulis arboreus* vel *arborescens* ; celle à qui les feuilles & les rameaux rassemblés à l'extrémité supérieure, donnent la forme d'un arbre.

TIGE articulée, *caulis articulatus* ; celle qui a des nœuds de distance à autre, ou qui est remarquable par des gonflemens & des étranglemens alternatifs.

TIGE à supports, *caulis fulcratus* ; celle qui a des SUPPORTS proprement dits, *voyez* ce mot, c'est-à-dire, celle que la Nature a pourvue de vrilles ou de poils rudes & crochus, au moyen desquels elle grimpe sur les corps voisins, & sur lesquels elle étaie sa foiblesse. Les vrilles de la vigne font les fupports des branches de cette plante. Les poils rudes qu'on remarque fur les tiges du houblon, font auffi fes fupports.

TIGE à trois côtes, *caulis triqueter ; voyez* TIGE anguleufe.

TIGE bulbifère, *caulis bulbiferus ;* celle qui, pour racines, porte des bulbes.

TIGE comprimée, *caulis compreffus ;* celle qui eft applatie dans toute fa longueur de deux côtés oppofés.

TIGE cotonneufe; *voyez* TIGE velue.

TIGE couchée, *caulis procumbens ;* celle qui eft couchée fur la terre, foit qu'elle ne puiffe fe foutenir par fa foibleffe, foit que ce foit fa direction naturelle, fans que fa foibleffe y ait aucune part.

TIGE courbée ou penchée, *caulis incurvatus* vel *introrfùm nutans ;* celle dont l'extrémité fe courbe en dedans, c'eft-à-dire, qui étoit d'abord un peu penchée, mais qui regagne la ligne verticale par fon fommet ; quand au contraire elle eft dans une direction perpendiculaire à l'horizon, & qu'elle s'en éloigne un peu à fon fommet, on dit qu'elle eft *nutans*, vel *extrorfùm incurvatus, reflexus.*

TIGE creufe, *caulis excavatus ;* celle qui étoit originairement pleine, mais qui, en vieilliffant, s'eft defféchée à fon centre, ou dans laquelle quelques infectes fe font creufé une habitation. Il ne faut pas confondre la tige creufe avec la tige fiftuleufe ; *voyez* l'art. FISTULEUX.

TIGE crevaffée, *caulis rimofus ;* celle dont l'écorce eft remarquable par des fentes & des crevaffes profondes.

TIGE cuifante ou brûlante, *caulis urens ;* celle dont la fuperficie eft recouverte de poils, qui font autant d'aiguillons, dont la piqûre caufe une démangeaifon douloureufe & une chaleur cuifante.

TIGE cylindrique, *caulis teres ;* celle qui eft parfaitement arrondie fur toute fa longueur, & qui n'a ni angles ni gouttières.

TIGE defcendante, *caulis defcendens* vel *declinatus ;* celle qui étant plus perpendiculaire qu'horizontale, fe courbe beaucoup, & retombe vers la terre en formant l'arc.

TIGE diffufe, *caulis diffufus ;* celle dont les rameaux s'écartent en tous fens, s'étalent fans ordre, & forment avec la tige des angles très-ouverts.

TIGE droite, *caulis erectus ;* celle qui eft plus perpendiculaire à l'horizon, qu'oblique ; quand elle eft non-feulement droite; mais encore qu'elle diminue fenfiblement & par gradation d'une extrémité à l'autre, en confervant une certaine roideur, on la nomme *caulis erectus* vel *frictus.*

TIGE écailleufe, *caulis fquamofus ;* celle qui eft recouverte d'écailles, ou de petites feuilles rangées comme des écailles de poiffons.

TIGE échinée, *caulis muricatus* vel *echinatus ;* celle qui eft recouverte de pointes aiguës & piquantes comme celles de la chauffe-trappe.

TIGE effilée, *caulis virgatus*; celle qui s'élève comme une baguette, & se soutient bien malgré sa foiblesse apparente. Le mot *virgatus* convient aussi à celle qui ne produit que des rameaux très-alongés & très-grêles.

TIGE embriquée, *caulis imbricatus*; celle qui est couverte d'écailles ou de feuilles rangées comme les tuiles le font sur les toits.

TIGE engaînée, *caulis vaginatus* vel *tunicatus*; celle qui est enveloppée d'une espèce de membrane qui lui sert de gaîne.

TIGE entière, *caulis integer*; celle qui n'a ni nœuds, ni articulations, ni divisions quelconques.

TIGE entortillée, *caulis volubilis*; celle qui n'a pas de vrilles, mais qui s'élève en s'entortillant autour des corps qui l'environnent, comme font les tiges du haricot, du houblon.

Parmi les plantes qui ont des tiges entortillées, on remarque que les unes sont constamment roulées de gauche à droite, *caulis sinistrùm volubilis*, comme [C], & d'autres de droite à gauche, *dextrorsùm volubilis*, comme [Ɔ]; *voyez* VRILLE.

TIGE en zig-zag, *caulis flexuosus*; celle qui se plie de côté & d'autre en la manière du Z. Ces espèces de tiges ont de distance à autre des nœuds qui changent leur direction, & qui leur font former alternativement des angles saillans & rentrans.

TIGE épineuse, *caulis spinosus*; celle sur la superficie de laquelle on rencontre des épines qui tiennent au bois & non à l'écorce, & qu'on ne peut détacher de la tige sans les casser, comme dans l'aubépine, le groseiller épineux.

TIGE étalée, *caulis divaricatus*; celle qui produit des rameaux qui forment avec elle des angles obtus. Le mot *divaricatus* convient aussi aux tiges qui, en partant du collet de la racine, forment entre elles des angles obtus, & s'écartent beaucoup de la perpendiculaire à l'horizon.

TIGE fastigiée, *caulis fastigiatus*, *fig. 11*, *pl. X*; celle dont toutes les branches arrivent à la même hauteur, & sont à peu près toutes au même niveau, comme si on les avoit coupées.

TIGE feuillée, *caulis foliatus*; celle qui est garnie de feuilles. On n'emploie ce mot que pour établir un caractère distinctif entre une espèce qui auroit beaucoup de feuilles, & une autre du même genre qui en auroit peu, ou qui n'en auroit point du tout. La tige de l'une seroit nommée *caulis foliatus*, & l'autre *caulis nudus*.

TIGE feuilletée, *caulis tunicatus*; celle qui est composée de membranes ou d'espèces de tuniques appliquées les unes sur les autres, ou bien encore celle qui, sans être composée de tuniques, est seulement recouverte d'une ou de deux membranes, qu'on peut aisément détacher.

TIGE

TIGE fiftuleufe, *caulis fiftulofus*; celle qui eft cylindrique & tubulée, comme la tige de l'oignon, celle de la dent de lion. On ne doit pas confondre la tige fiftuleufe avec la TIGE creufe. *Voyez* ce mot; *voyez* auffi ce que nous avons dit à l'art. FISTULEUX.

TIGE fourchue, *caulis dichotomus* vel *furcatus*, feu *bifurcus*; celle qui fait la fourche, qui fe divife à fon extrémité fupérieure, ou dès fa racine, en deux parties à peu près égales, & dont tous les rameaux fe bifurquent également, & n'ont jamais plus de deux rayons divergens.

TIGE genouillée, *caulis geniculatus*; celle qui fait à chaque nœud le bâton rompu, & dont les nœuds font gonflés.

TIGE glabre, *caulis glaber*; celle qui n'a fur fa fuperficie ni poils, ni duvet, ni aucunes inégalités fenfibles.

TIGE gladiée, *caulis anceps*. Lorfqu'elle eft applatie, & qu'elle a deux angles oppofés & un peu tranchans, comme la lame d'un couteau, qui feroit tranchante des deux côtés.

TIGE grimpante, *caulis fcandens*; celle qui ne peut s'élever qu'à l'aide des corps voifins, foit en s'y entortillant, foit feulement en s'appuyant fur eux. Toutes les tiges farmenteufes font grimpantes; mais on n'appelle tige farmenteufe, *caulis farmentofus*, que la tige grimpante qui perfifte l'hiver, & *caulis fcandens*, celle qui ne perfifte pas.

TIGE haute d'une ligne, d'un pouce, d'une coudée, de fix pieds ou environ, &c. Lorfque l'on cherche à favoir la hauteur moyenne d'une tige ou de quelque autre partie d'une plante, on la compare avec celle de quelque chofe de connu, comme avec l'ongle, le pouce, le bras; ce qui revient à peu près au même que la hauteur géométrique prife comparativement. On appelle *caulis capillaceus*, celle qui n'a pas en hauteur plus du diamètre d'un cheveu; ce qui revient au diamètre d'une ligne tracée avec une pointe. *Caulis linearis*, celle qui n'a pas plus de hauteur que le blanc que l'on trouve à la racine de l'ongle; ce qui fait à peu près la ligne géométrique. *Caulis ungularis*, celle qui a à peu près en hauteur la largeur de l'ongle; ce qui revient à la moitié du pouce géométrique. *Caulis pollicaris* vel *uncialis*, celle qui a en hauteur le diamètre de la plus groffe phalange du pouce; ce qui fait un pouce de Roi ou douze lignes géométriques ou environ. *Caulis palmaris*, celle qui a quatre doigts de hauteur ou environ; ce qui fait près de trois pouces géométriques. *Caulis dodrans* vel *dodrentalis*, celle qui a en hauteur toute l'étendue qui peut être comprife entre l'extrémité du pouce & celle du petit doigt étendus; ce qui peut faire neuf pouces ou environ. *Caulis fpithaméus*, celle qui égale en hauteur l'étendue comprife entre l'extrémité du pouce & celle du doigt index étendus; ce qui fait à peu près fept pouces. *Caulis pedalis*, celle dont la hauteur eft égale à celle comprife depuis la faignée jufqu'à la bafe du pouce; ce qui fait un pied ou environ. *Caulis cubitalis*, celle qui a une coudée de haut, c'eft-

Bbb

à-dire, une longueur égale à celle qui se trouve depuis le coude jusqu'à l'extrémité des doigts ; ce qui fait dix-sept pouces ou environ. *Caulis brachialis*, celle qui est longue comme le bras d'un homme ; ce qui peut revenir à vingt-quatre pouces géométriques. *Caulis orgyalis*, celle qui égale en hauteur un homme d'une bonne taille ; ce qui peut aller de cinq pieds & demi à six pieds.

TIGE herbacée, *caulis herbaceus* ; celle qui n'a pas plus de consistance que de l'herbe, & qui périt tous les ans, comme celle du seigle, du senevé, celle de la tulipe.

TIGE hérissée & rude, *caulis hirtus* vel *scaber* ; celle dont la superficie est couverte de poils rudes plus ou moins longs, & qui la rendent rude au toucher.

TIGE inclinée, *caulis declinatus* ; celle qui est pliée en arc depuis sa base jusqu'à son sommet, sans qu'il y ait de cause de foiblesse ou de surcharge. Si elle s'incline en dedans, on dit *inclinatus* ; en dehors, *reclinatus*.

TIGE lâche, *caulis debilis*, *flaccidus* vel *laxus* ; celle qui n'a point une force proportionnée à sa hauteur, & qui s'écarte de la perpendiculaire, sans qu'il y ait d'autres causes que sa foiblesse. Les tiges des graminées sont des tiges lâches.

TIGE ligneuse, *caulis fruticosus* ; celle qui a la consistance du bois, depuis la racine jusqu'aux extrémités de ses rameaux, & qui subsiste plus de trois ans. *Voyez* la différence qu'il y a entre la tige ligneuse & la tige sous-ligneuse.

TIGE lisse, *caulis lævis* ; celle dont la superficie est égale, unie, sans poils, ni aspérités.

TIGE linéaire, *caulis linearis* vel *capillaris* ; celle qui est très-alongée, & mince comme un fil.

TIGE membraneuse, *caulis membranaceus* ; celle qui est comprimée & applatie comme seroit une feuille.

TIGE montante, *caulis ascendens* vel *adscendens* ; celle qui étant plus horizontale que perpendiculaire, regagne la ligne verticale en se courbant en arc de bas en haut.

TIGE nue, *caulis nudus*. On appelle ainsi celle qui ne se ramifie point, & sur toute la longueur de laquelle on ne trouve ni feuilles, ni fleurs, ni aucune espèce d'articulation. On appelle aussi *caulis nudus* vel *ferè nudus*, tige nue ou presque nue, celle sur laquelle on ne rencontre qu'un petit nombre de rameaux, de feuilles ou de fleurs, en comparaison avec la tige d'une autre espèce du même genre, qui seroit très-rameuse, très-feuillée, &c.

TIGE oblique, *caulis obliquus* ; celle qui s'élève obliquement, &

dont l'extrémité eſt auſſi éloignée de la ligne perpendiculaire à l'horizon, que de l'horizon même.

TIGE ouverte, *caulis patens ;* celle avec laquelle les rameaux forment autant d'angles droits. Le mot *patens* convient auſſi aux tiges qui
divergent entre elles en partant de la racine, & qui forment toujours,
avec la perpendiculaire à l'horizon, des angles peu aigus.

TIGE paniculée, *caulis paniculatus ;* celle qui produit des rameaux
qui, en ſe diviſant & ſe ſubdiviſant diverſement, repréſentent une panicule.

TIGE penchée, *caulis nutans ; voyez* TIGE courbée.

TIGE perpendiculaire, *caulis perpendicularis ;* celle dont la direction
eſt verticale, comme une corde qui ſerviroit à ſuſpendre un pois quelconque.

TIGE prolifère, *caulis prolifer ;* celle qui ne ſe ramifie que vers ſon
extrémité ſupérieure, & dont les rameaux ſont plus nombreux qu'ils ne
doivent l'être naturellement.

TIGE pubeſcente, *caulis pubeſcens ; voyez* TIGE velue.

TIGE quadrangulaire, *caulis quadrangularis ; voyez* TIGE anguleuſe.

TIGE radicante, *caulis radicans ;* celle qui s'attache aux corps qui
l'environnent, au moyen de petites racines qu'elle produit latéralement,
comme ſont les tiges du lierre

TIGE rameuſe, *caulis ramoſus ;* celle qui produit latéralement des
rameaux : lorſqu'elle porte un nombre de branches extraordinaire, on
l'appelle *caulis ramoſiſſimus*, par oppoſition à celle qui n'a qu'un petit
nombre de rameaux, & qu'on appelle *caulis ſubramoſus.*

Lorſque ſes rameaux ſont oppoſés en ſautoir, ou repréſentent une
eſpèce de croix de Saint André, on la nomme *caulis brachiatus :* dans ce
cas ils ſont toujours deux à deux de diſtance en diſtance, & la direction
des premiers croiſe toujours celle des ſeconds.

TIGE rampante, *caulis repens, fig. 6, pl. X ;* celle qui eſt couchée
ſur la terre & qui s'étend au loin : quand ſes rameaux prennent racine,
& produiſent de nouvelles plantes, on la nomme ſtolonifère ou traçante, *caulis ſtolonifer.*

TIGE roide, *caulis rigidus ;* celle qui eſt élaſtique, & qui reprend
avec viteſſe la même direction qu'elle avoit avant qu'on la courbât.

TIGE rubantée, *caulis faſciatus ;* celle qui eſt naturellement applatie en forme de ruban ; quelquefois auſſi cette forme lui eſt accidentelle,
ayant été forcée de paſſer entre deux corps durs, comme dans une
filière, elle a été obligée de changer en une forme applatie ſa figure
cylindrique, & eſt devenue rubantée.

TIGE rude, *caulis scaber*; celle dont la superficie est chargée d'aspérités qui la rendent raboteuse & rude au toucher.

TIGE sans feuilles, *caulis aphyllus*; celle qui n'a pas de feuilles, comme sont les tiges de la prêle d'hiver, celles de tous les champignons. On les nomme aussi tiges nues.

TIGES sans nœuds, *caulis enodis* vel *æqualis*; celle sur laquelle on ne remarque ni nœuds, ni articulations.

TIGE sarmenteuse, *caulis sarmentosus*; celle qui produit des rameaux foibles, eu égard à leur longueur, & garnis, pour l'ordinaire, de vrilles, au moyen desquelles ils s'accrochent aux corps qui les environnent, comme sont les sarmens de la vigne; ceux de la clématite sont aussi sarmenteux; ils persistent l'hiver.

TIGE semi-cylindrique, *caulis semi-teres*; celle qui est ronde d'un côté & applatie de l'autre.

TIGE sillonnée, *caulis sulcatus*; celle qui a sur sa superficie des sillons longitudinaux & profonds. Elle diffère de la tige cannelée, en ce qu'elle n'a pas, comme elle, des cannelures aussi fines, ni aussi nombreuses.

TIGE simple, *caulis simplex*; celle qui ne se ramifie point, ou qui n'a des divisions que vers son sommet. On appelle *caulis simplicissimus*, celle qui ne se ramifie point du tout.

TIGE solide, *caulis solidus*; celle qui est tout-à-fait pleine, & d'une consistance au centre qui égale celle de la circonférence.

TIGE sous-ligneuse, *caulis suffruticosus* vel *subfrutescens*; celle qui ne subsiste que par sa base, & dont les rameaux périssent tous les ans, comme dans la douce amère, dans l'armoise auronne.

TIGE sous-rameuse, *caulis subramosus*; celle qui porte latéralement un très-petit nombre de branches.

TIGE spongieuse, *caulis spongiosus* vel *inanis*; celle dont l'extérieur est ferme & solide, & dont l'intérieur est rempli d'une substance spongieuse, molle ou élastique. Dans les champignons, il y en a dont le pédicule est spongieux; mais ce caractère n'est pas toujours constant; car on observe que dans plusieurs individus de la même espèce, les uns ont le pédicule spongieux, les autres l'ont solide; & on pourroit même regarder comme une règle générale, que leur pédicule est solide dans leur jeunesse, mais qu'il devient spongieux en vieillissant, au contraire des arbres & arbustes dont la substance est d'autant moins spongieuse, qu'ils acquièrent plus d'âge; & tel arbre dont la tige est très-spongieuse dans l'état de jeunesse, devient très-solide dans l'état de vieillesse.

TIGE stipulée, *caulis stipulatus*; celle qui est remarquable par des
stipules

ftipules, comme font les tiges du houblon, & celles d'un grand nombre de plantes légumineufes.

TIGE ftolonifère ou traçante, *caulis ftolonifer*, *fig.* 28, *pl. VII*, & *fig. 1*, *pl. X*; celle qui du collet de fa racine, produit des rameaux qui s'étendent au loin fur la terre, y prennent racine, & produifent de nouvelles plantes *AB*, comme dans le fraifier, la renoncule rampante..

TIGE ftriée, *caulis ftriatus*; celle dont la fuperficie eft remarquable par des cannelures ou des lignes longitudinales, parallèles & peu creufées: telle eft la tige de la prèle, *fig. H*, *pl. VI*.

TIGE fubéreufe, *caulis fuberofus*; celle dont la fubftance eft molle, flexible & élaftique comme le liège, & qui, après avoir reçu la preffion de l'ongle, reprend en peu de temps qu'elle avoit auparavant.

TIGE tombante ou retombante, *caulis reclinatus*; celle qui avoit d'abord une direction droite, mais qui, en avançant en âge, retombe fur la terre. Si fon fommet fe relève un peu vers le ciel, on dit, *reclinatus apice afcendente*; s'il eft comme fufpendu vers la terre, on dit, *reclinatus apice pendente*; s'il eft couché fur la terre, on dit, *caulis reclinatus apice procumbente*.

TIGE tordue ou torfe, *caulis tortus* vel *contortus*; celle qui n'eft point ce qu'on appelle communément *de droit fil*, c'eft-à-dire, celle dont les *fibres longitudinales* qui la compofent, font tournées en fpirales comme la mêche d'un tire-bouchon.

TIGE tortue, *caulis flexuofus*. *Voyez* TIGE en zig-zag.

TIGE traçante; *voyez* TIGE ftolonifère.

TIGE triangulaire, *caulis triangularis* vel *trigonus*; *voyez* TIGE anguleufe.

TIGE velue, *caulis pilofus* vel *hirfutus* feu *hirtus*; hériffée, *hifpidus*; barbue, *barbatus*; ciliée, *ciliatus*; tomenteufe, *tomentofus*; laineufe, *lanatus*; pubefcente, *pubefcens*; foyeufe, *fericeus*. *Voyez*, pour l'intelligence de ces différens termes, l'art. POILS, & les figures qui y correfpondent.

TISSU réticulaire ou cellulaire, *reticulare opus*; c'eft un affemblage de petites outres ou de véficules jointes bout à bout, & rangées très-près les unes des autres; elles rempliffent exactement les intervalles que laiffent les mailles en lozange des vaiffeaux féveux. On appelle tiffu cellulaire, la partie de l'écorce qui eft entre l'enveloppe cellulaire, & le liber.

TOMBANT, TE; ce qui tombe avant, s'exprime en latin par *caducus*; ce qui tombe avec, par *deciduus*; & ce qui ne tombe qu'après, ou ce qui ne tombe pas, s'exprime par le mot *perfiftens*. Le mot TOMBANT fe prend auffi quelquefois pour PENDANT, TE, & fignifie ce qui eft comme fufpendu; alors on emploie les mots *pendens*, *dependens*, *decumbens*, *procumbens*, *reclinatus*, &c. *Voyez* TIGE tombante, FEUILLES, FLEURS, &c.

TORS, SE, ou TORDU, UE, *tortus* vel *contortus*; *voyez* TIGE tordue.

TORTU, UE, ou TORTUEUX, *flexuofus*, qui eft en zig-zag; *voyez* TIGE en zig-zag.

TOURNÉ, ÉE. On dit que le fruit eft tourné, que les grains de raifin font tournés, quand ils font dans un état de *maturation* parfaite.

TRAÇANT, TE, fe prend pour RAMPANT, TE, ou mieux encore pour STOLONIFÈRE; *voyez* TIGE ftolonifère & RACINE rampante.

TRACHÉES, *tracheæ*: c'eft le nom que l'on donne à des vaiffeaux aériens, c'eft-à-dire, à des vaiffeaux deftinés à porter aux différentes parties des plantes, l'air qui doit entretenir la fluidité des fucs néceffaires à leur nourriture, & principalement le mouvement de la sève. Il eft aifé de voir ces trachées dans les dernières pouffes d'un arbre; elles paroiffent fous la forme de vaiffeaux affez gros & formés d'une lame roulée en ruban de queue; fi l'on alonge cette lame avec précaution, & qu'on la laiffe aller enfuite, elle reprend bientôt fa première fituation.

L'air eft néceffaire aux plantes, c'eft ce dont on ne peut douter; mais il y a des plantes à qui il en faut bien peu: on a reconnu, & l'expérience le confirme encore tous les jours, qu'il y avoit des arbres qui, pour être multipliés de boutures, vouloient être privés prefque entièrement d'air, pendant une ou plufieurs années: on les enferme fous de grands châffis ou fous de vaftes cloches; on en arrofe les bords, & on ne les découvre que lorfqu'ils font propres à être tranfplantés, ayant l'attention de ne leur donner l'air que peu à peu.

TRAINÉES. On dit que les plantes font des trainées, quand elles jettent de côté & d'autre des racines ftolonifères, ou bien des jets qui s'implantent dans la terre, qui s'y enracinent, & deviennent autant de nouveaux pieds.

TRANCHANT, TE; ce qui eft applati & remarquable par un côté très-aminci & coupant. On nomme *caulis acuto-angularis*, la tige tranchante.

TRANSPIRATION des plantes. Il y a dans le végétal, comme dans l'animal, des conduits excréteurs, deftinés à pouffer au dehors un air vicié, ou quelques fluides inutiles ou même nuifibles, fous la forme d'une vapeur connue fous le nom de tranfpiration fenfible & infenfible. Ces vaiffeaux paroiffent au microfcope comme autant de petits tuyaux ou de pores de différens calibres, & font plus abondans & plus élargis fur la furface fupérieure des feuilles, que fur toutes les autres *parties* de la plante : la tranfpiration qui fe fait par là eft fi néceffaire au végétal , que lorfqu'on l'arrête en couvrant de quelques corps gras fa fuperficie, on le voit auffi-tôt fe fanner, & peu de temps après périr.

TRANSVERSAL , LE, fe prend ici pour ce qui eft pofé en travers; *voyez* CLOISON.

TRAPÉZIFORME ; ce qui a la forme d'un trapèze, c'eft-à-dire , qui a quatre côtes qui ne fe reffemblent point, ou dont deux au plus font parallèles. *Voyez* FEUILLES trapéziformes.

TRIANDRIE , *triandria*, de deux mots grecs qui fignifient trois maris. La triandrie eft la claffe IIIᵉ du Syftême fexuel ; elle renferme les plantes qui ont trois étamines.

TRIANGULAIRE , qui a trois angles faillans ; *voyez* FEUILLES , TIGE triangulaires.

TRICAPSULAIRE. On appelle fruit tricapfulaire, celui qui eft compofé de trois capfules.

TRIFIDE , qui eft d'une feule piéce, mais divifée ou fendue en trois, plus ou moins profondément.

TRIGONE , qui a trois angles & trois côtés , ou trois faces diftinctes & exactement planes & égales.

TRIGYNIE , *trigynia*, de deux mots grecs qui fignifient trois femelles. Lorfque, par le nombre, la forme, l'infertion ou la grandeur refpective des étamines , on a déterminé la claffe d'une plante felon les principes du Syftême fexuel , cette même plante eft du troifième ordre de fa claffe , fi elle a trois piftils.

TRIJUGUÉ, ÉE. On appelle feuilles trijuguées, celles qui font trois fois conjuguées; *voyez* FEUILLES conjuguées.

TRILOBÉ, ÉE , qui eft divifé en trois lobes ; *voyez* STIGMATE trilobé , FEUILLES lobées.

TRILOCULAIRE , qui eft à trois loges; *voyez* CAPSULE uniloculaire.

TRIPHYLLE, qui eft compofé de trois pièces diftinctes , ou de trois feuilles ; *voyez* CALICE monophylle.

TRISANNUEL , LE , qui dure trois ans ; *voyez* HERBE , PLANTE.

TRITERNÉ , ÉE. On appelle feuilles triternées , *folia triterna* vel *triternata*, celles qui font inférées trois par trois fur les dernières ramifications d'un pétiole commun, comme dans la *pl. IX ,fig. 23.*

TRIVALVE, qui eft compofé de trois valves ou panneaux ; *voyez* CAPSULE univalve.

TRIVIAL. Linnæus appelle *nomen triviale* , le nom par lequel il diftingue l'efpèce du genre : par exemple, il donne à la pédiculaire des marais , *pl. III* , le nom générique *pedicularis* , & le nom trivial ou fpécifique *paluftris* ; mais je crois qu'il vaut mieux traduire l'adjectif *triviale*, par l'adjectif françois (fpécifique), & non pas par l'adjectif (trivial), qui, dans notre langue, a quelque chofe de bas.

TRONC, *truncus*, c'eft la partie d'une tige quelconque qui occupe l'efpace compris entre les racines & les branches ; cependant le tronc, dans l'acception la plus commune, eft pris pour la tige ligneufe des arbres & des arbriffeaux, confidérée fans branches & fans racines. Le lieu où la racine s'unit au tronc, porte le nom de collet, *collum radicale*. On diftin-gue dans le tronc proprement dit, l'EPIDERME, l'ECORCE, l'AUBIER, le BOIS & la MOELLE. On remarque auffi fa forme, fa groffeur compa-rée à celle de fes branches, fa direction, & la manière dont il fe divife pas le bas en racines, & par le haut en branches. Ce que l'on nomme tronc radical, n'eft autre chofe que la *mère racine*, comme les cultivateurs la nomment, c'eft-à-dire, le corps de la racine ou le plus gros brin, d'où partent immédiatemment toutes les ramifications principales.

TRONQUÉ, ÉE ; ce qui fembleroit devoir être plus long, qui fe termine brufquement comme fi on l'eût rogné ou rongé. *Voyez* FEUIL-LES, RACINES tronquées, PÉDICULE & STIGMATE tronqués.

TRUFFE, *tuber*. Il eft malheureux pour le langage de la Botanique, que le mot *truffe*, dont la fignification eft réfervée à défigner un genre de plantes qui viennent fous terre, y *naiffent, y vivent, s'y reprodui-*fent & y meurent fans qu'il en paroiffe rien au dehors ; il eft malheu-reux, dis-je, que ce mot foit devenu fi refpectable par fon ancienneté ; il feroit bien propre à être employé comme fubftantif de ce que nous appelons (racine tubéreufe), qui, dans notre langue, ne peut être ex-primée par un feul mot.

TUBERCULE, *tuberculum* : il fe dit en général de toute excroiffance en forme de boffe ou de grains de chapelets que l'on rencontre fur les feuilles, les tiges, les racines, & particulièrement fur les racines tubéreufes.

TUNIQUE, *tunica*. On appelle ainfi toute efpèce de productions membraneufes, qui fervent d'enveloppe aux différentes parties des plantes, & qui font fufceptibles d'être détachées les unes des autres. Il y a des tiges, des racines, qui ne font compofées uniquement que de tuniques appliquées les unes fur les autres ; & d'autres qui font renfer-mées dans une tunique comme dans une bourfe. *Voyez* ENVELOPPE, BULBE, VOLVA. Ce qu'on appelle TUNIQUE propre, *arillus*, eft une membrane particulière qui recouvre les femences, & qui, lorfqu'elles font dans l'état de germination, eft obligée de fe déchirer pour livrer paffage à la plantule. *Voyez* GERMINATION & EMBRYON. On pourra voir, *pl. V*, un tableau affez curieux fur la *germination*. On verra la tu-nique propre *A* dans la *fig. 5*, dans la *fig. 7 B*, & dans la *fig. 9 E*.

TUNIQUÉ,

TUNIQUÉ , ÉE ; ce qui eft recouvert d'une ou de plufieurs tuniques très-apparentes.

TURBINÉ , ÉE ; ce qui eft court & d'une forme conique , ou qui a quelque reffemblance avec une toupie ou une poire.

TUYAUX. On emploie affez communément ce mot , comme fynonyme de TUBE. Il convient en général à tout ce qui a une forme cylindrique & fiftuleufe , & qui eft percé à jour aux deux bouts.

U.

UMBILIC & mieux OMBILIC , *umbilicus* ; c'eft le nom que l'on donne tantôt à une petite cavité centrale , tantôt à une petite protubérance , ou à un point feulement , que l'on rencontre à la fuperficie de quelques fruits , au centre de quelques feuilles , ou fur d'autres parties encore. On appelle baie ombiliquée , *bacca umbilicata* , celle au centre de laquelle on remarque un ombilic : cet ombilic du fruit , eft toujours formé des débris du ftyle ou de ceux du calice. Sur une feuille , il eft l'extrémité du pétiole central , &c.

UNI , IE , *lævis* ; ce qui eft liffe , égal.

UNICAPSULAIRE , qui n'a qu'une capfule ; *voyez* PÉRICARPE.

UNIFLORE , qui ne porte qu'une fleur ; *voyez* PÉDUNCULE.

UNILATÉRAL , LE , qui ne vient que d'un feul côté ; *voyez* GRAPPE , FLEURS , &c.

UNILOBE , qui n'a qu'un lobe ou cotyledon ; *voyez* SEMENCE.

UNILOCULAIRE , qui n'a qu'une loge ; *voyez* CAPSULE , GOUSSE.

UNIVALVE , qui n'a qu'une valve , ou qui n'eft compofé que d'une valve ; *voyez* CAPSULE univalve.

UNIVERSEL , LE : il s'emploie ici comme fynonyme de GÉNÉRAL , LE ; *voyez* COLLERETTE univerfelle , OMBELLE univerfelle.

USAGES des plantes , *ufus plantarum*. De tous les temps , l'homme a fait jouer tous les refforts de fon imagination , pour tâcher de découvrir dans les productions du règne végétal , quelque chofe qui pût lui être utile : il s'eft approprié toutes les plantes qu'il a pu faire fervir à fe procurer les douceurs de la vie : on les a rangées fous trois divifions principales ; 1°. les plantes alimentaires ; 2°. les plantes médicinales ; & 3°. celles qui font d'ufage dans les arts , dans lefquelles on comprend toutes les plantes que nous faifons fervir à notre agrément , &c.

V.

VAISSEAUX, *vasa*. On distingue dans les plantes trois espéces de vaisseaux. Les vaisseaux séveux destinés à porter la sève aux extrémités des rameaux, & à la reporter aux racines; les vaisseaux propres destinés à contenir le suc propre; & les vaisseaux aériens qui ne contiennent que de l'air. Les premiers sont très-fins, très-simples & disposés suivant la longueur des tiges & des rameaux; les seconds, les vaisseaux propres, sont plus gros, moins nombreux que les vaisseaux séveux; ils sont aussi parallèles à la longueur des tiges, mais ne contiennent que ce qu'on appelle le suc propre, c'est-à-dire, une liqueur colorée, & qui a de la saveur & de l'odeur : ce suc propre, comme nous l'avons déja dit, est blanc dans les tithymales, jaune dans la chélidoine, rouge dans la patience sanguine, doux dans une plante âcre, dans une autre, &c. C'est de ce suc que dépendent les propriétés des plantes. Les troisièmes, les vaisseaux aériens, qu'on nomme trachées, au lieu d'être parallèles à la longueur des tiges ou des rameaux, sont tournés en spirales ou en tire-bourre; ils sont destinés, dit-on, au passage de l'air seulement; ils le transmettent librement aux autres vaisseaux avec lesquels ils s'abouchent, & favorisent par là *le mouvement* & *la préparation* des liqueurs qu'ils contiennent.

On appelle vaisseaux absorbans, *vasa absorbentia*, ceux qui s'abouchent à la surface inférieure des feuilles; c'est autant de suçoirs destinés à pomper l'humidité de l'air; ils sont si nécessaires à l'économie végétale, qu'on auroit beau renverser les feuilles d'une branche saine, de manière que leur surface inférieure fût tournée du côté du ciel, qu'elles se retourneroient toujours. On distingue ceux-ci des vaisseaux excrétoires, *vasa excretoria*, qui comme les glandes, les poils, les anthères, &c. paroissent destinés à transmettre au dehors quelques liqueurs superflues.

VALVES, *valvæ*. On distingue de plusieurs espèces de valves. Les unes que l'on nomme indifféremment VALVES ou VALVULES, sont des espèces de panneaux qui composent la capsule multivalve. *Voyez* CAPSULE univalve. Les autres sont des espèces de paillettes qui, dans les fleurs graminées, sont les fonctions de pétales; celles-ci sont ordinairement transparentes, coriaces, rayées, ovales ou oblongues, pointues & terminées par un filet grêle & plus ou moins alongé, qu'on nomme BARBE; *voyez* ce mot. On dit qu'une bale est à deux, à trois valves, quand elle n'est composée que de deux ou trois paillettes de cette espèce. On distingue de trois espèces de valves dans les fleurs des graminées, les florales, les calicinales & les communes. Les valves florales sont celles qui embrassent immédiatement les étamines & le pistil,

Les valves calicinales font celles qui fe trouvent derrière les valves florales, c'eft-à-dire, celles qui font féparées des parties de la fructification par des valves intermédiaires, & qui ne fervent aux parties fexuelles que d'enveloppe fecondaire. Les valves communes font celles qui font les fonctions de calice commun, c'eft-à-dire, celles qui réuniffent en épilet plufieurs bales qui peuvent avoir chacune leurs valves florales & leurs valves calicinales. *Voyez* EPILET.

VALVULES, *valvulæ*. On appelle valvules ou valves les panneaux de la capfule multivalve; *voyez* CAPSULE univalve.

VARIÉTÉS, *varietates*. On diftingue en Botanique les variétés d'avec les efpèces : la variété n'eft qu'un jeu de la nature, & l'art n'y a pas tant de part que l'on penfe : l'art entretient la variété, la multiplie par différens procédés ingénieux; mais il ne dépend pas de lui de faire changer les couleurs, les formes, quand il le defire; ce qui lui réuffit par hazard une fois, il le répéte inutilement cent autres, & il n'y a rien de certain là-deffus.

VÉGÉTAL. Nous avons parlé féparément de toutes les parties qui compofent les végétaux. Nous les avons développées le plus clairement qu'il nous a été poffible, afin que l'œil du commençant pût faifir fans peine les caractères par lefquels les plantes fe reffemblent ou diffèrent effentiellement. A chaque article de ce Dictionnaire, nous avons montré ce qu'il *importoit de connoître méthodiquement*, pour que *l'étude de la Botanique* devînt plus facile & plus fûre. La forme, la difpofition, la direction, le nombre, la grandeur, foit refpective, foit comparée, la confiftance, la couleur même font autant de détails dans lefquels nous avons tâché de ne rien laiffer à defirer. Il s'agit maintenant de raffembler toutes ces parties confidérées du côté de leur organifation; de les unir par les rapports les plus marqués, & d'en compofer un tableau dans lequel on puiffe fuivre le végétal dans tous fes degrés de développement, depuis le premier inftant de fon exiftence jufqu'au dernier, fe tracer de foi-même un plan méthodique pour fe diriger dans l'étude de la Botanique, & fe faire une jufte idée de l'économie végétale, & de l'organifation des végétaux en général.

On appelle VÉGÉTAUX ou PLANTES, *vegetabilia* vel *plantæ*, tout ce qui vient d'une graine, qui fe développe & vit fans avoir la faculté de fe mouvoir volontairement, & qui perpétue fon efpèce au moyen de fes graines, ou par quelques moyens équivalents, comme par les cayeux, les boutures, &c. Le végétal reffemble au minéral par la privation de fentiment & du mouvement fpontanée; mais il en diffère effentiellement par la vie & l'organifation; car la plante vit & s'accroît par *intus-fufception*, au lieu que le minéral ne vit point, & ce n'eft que par *juxta-pofition* que fon volume augmente. Le végétal reffemble bien plus encore à l'animal, qu'il ne reffemble au minéral; comme lui, il naît, il vit, il s'accroît, fe

reproduit & meurt; mais il n'a pas ce fentiment; cette faculté de vouloir qui diftingue l'animal. Tout ce qui femble approcher le plus de cette
faculté dans le végétal, n'eft que purement mécanique, & n'eft nullement l'effet du fentiment, ni de la réflexion.

C'eft d'après ces différences fi marquées, que l'on a cru
devoir divifer en trois règnes, toutes les productions de
la Nature. Les minéraux compofent le *règne minéral* ; les

**RÈGNE VÉGÉ-
TAL (1).**

végétaux, le *règne végétal* ; & les animaux, le *règne animal*. L'étude du règne végétal fe nomme Botanique ; cette

BOTANIQUE.

fcience a, comme toutes les autres fciences, fes principes,

PRINCIPES.

fon langage particulier. Les connoiffances acquifes d'après
ces principes, forment le Botanifte, qu'il ne faut pas confondre avec le routinier, c'eft-à-dire, avec celui qui con-

BOTANISTE.
Routine.
CARACTÈRES.

noît les plantes fans avoir eu de principes, fans le fecours
de leurs caractères, & fans fuivre aucune méthode.

SEMENCE.

Une graine fe préfente : voilà l'œuf végétal, fi l'on peut
s'exprimer ainfi ; c'eft de cet œuf que va fortir la plante que
nous allons fuivre, à mefure qu'elle prendra fucceffivement différens degrés d'accroiffement.

Toute femence fécondée renferme l'embryon d'une
plante femblable à celle qui l'a produite elle-même. Elle a,
comme toutes les autres parties qui compofent les plantes,
une forme *extérieure qui la diftingue*, & une *organifation*

EMBRYON *de la
plante.*

interne qui lui eft propre. Sa forme *extérieure* fournit
rarement quelques caractères ; mais il n'en eft pas de même
de fon organifation interne, puifqu'on en fait aujourd'hui
la bafe de la Botanique.

SÉMINATION.

Rien n'eft plus fait pour mériter notre attention, que
les moyens que la Nature emploie pour la difperfion des
graines ou leur fémination. Si l'on examine un peu attentivement ce que devient une graine après qu'elle a été fe-
mée, on la voit en peu de temps, fe gonfler, augmenter

GERMINATION.
Tunique propre.
Cotylédons.

confidérablement de volume ; fa tunique propre fe déchire, fes lobes ou cotyledons fortent de leur berceau,
s'écartent, livrent paffage à la plantule, & l'on dit que la
femence eft dans l'état de germination.

Le premier degré de germination s'annonce ordinairement par l'apparition d'une efpèce de petit bec que l'on

Radicule.

appelle la radicule. Ce petit bec fe tourne vers la terre,

---

(1) Pour la facilité du Commençant, on a rappelé dans cet article ce qui conftitue effentiellement
les principes généraux de la Botanique : ces principes, dont on n'a pu dire ici qu'un mot, fe
trouvent mieux développés à chaque article de ce DICTIONNAIRE ; c'eft pourquoi on a mis en
marge les termes qui renvoient à chacun de ces articles.

produit de droite & de gauche des fibrilles latérales deftinées à former le chevelu ou les ramifications de la racine,
dont la radicule eft toujours le pivôt, quel que foit le
degré d'accroiffement que prenne la plante.

RACINE.

Immédiatement après le développement de la radicule,
on voit paroître la plumule : elle tient aux lobes de la femence, jufqu'à ce qu'elle puiffe recevoir, par le moyen
de fes racines, quelques fucs pour l'entretien de fon
exiftence (car on fait que les lobes de la femence fervent, pour ainfi dire, de mamelles à la jeune plante).

Plumule.

La plumule, dis-je, s'élève, quitte fes cotyledons, ou
ne les conferve que fous la forme de feuilles féminales ; & l'on voit toutes les parties de la plantule
augmenter en hauteur par l'alongement des lames qui les
compofent, acquérir tous les jours un diamètre plus grand
par l'épaiffiffement de ces mêmes lames, & toutes fes parties prendre fucceffivement la forme & la direction qui
leur conviennent.

Feuilles féminales.
Plantule.

Si de la graine que nous avons fous les yeux dans l'état
de germination, doit naître une herbe, & que cette herbe
doive avoir une tige, des branches, &c., la plumule s'éle-
vra plus ou moins, prendra la direction qui lui eft propre,
un port, c'eft-à-dire, *une manière d'être particulière à fon*
efpèce ; mais fa tige ne portera point de boutons aux
aiffelles de fes feuilles ; elle reftera toujours herbeufe,
périra tous les ans, ou ne durera que trois ans au plus.

HERBE.

Port.

Si de cette graine doit naître un arbufte ou fous-ar-
briffeau, la plumule deviendra une tige dont la confiftance
fera ligneufe ; elle ne portera pas plus de boutons aux aiffelles de fes feuilles que la tige de l'herbe ; mais elle fera
de plus longue durée, perfiftera tous les hivers, & donnera, à quelques exceptions près, tous les ans des fleurs
& des fruits.

ARBUSTE.

Si la plumule eft deftinée à devenir la tige d'un arbriffeau, elle fe divifera à fa bafe ou dès fon collet, en
plufieurs rameaux à peu près égaux. Ces rameaux feront
d'une confiftance ligneufe, s'éleveront beaucoup moins
que les arbres, mais, comme eux, porteront des boutons.

ARBRISSEAU.

Si enfin cette jeune plante eft deftinée à devenir un arbre, nous la verrons s'élever tout d'un feul jet jufqu'à une
certaine hauteur ; car c'eft le propre de la plupart des arbres.
Nous appellerons l'efpace compris entre la racine & fes
premières branches, tronc ; & branches du premier ordre,
les plus gros rameaux ; branches du fecond, du troifième,

ARBRE.

Tronc.
Rameaux.

du quatrième ordre , leurs diviſions & leurs ſubdiviſions.

Si nous examinons l'organiſation interne du tronc & de ſes diviſions , nous trouverons ſous une peau mince, que l'on nomme épiderme, l'écorce proprement dite : deſſous l'écorce ſe préſentera le livret ; nous verrons que des lames déliées , coniques à leur extrémité ſupérieure , & peu adhérentes entre elles , dont le livret eſt compoſé , s'uniſſent tous les ans aux dernières couches concentriques de l'aubier, lequel n'eſt qu'un bois imparfait , qui, avec le temps , acquerra une dureté d'autant plus grande , que ſes couches concentriques ſeront plus rapprochées , & lequel deviendra enfin d'une nature parfaitement ligneuſe. Au centre du bois, nous trouverons un petit canal rempli d'une ſubſtance médullaire , que l'on appelle moelle. Si nous obſervons au microſcope les différentes parties qui compoſent les couches concentriques du bois , nous appercevrons qu'elles ſont formées de fibres diverſement arrangées, d'une multitude de vaiſſeaux de toute eſpèce, tant excrétoires que ſecrétoires , deſtinés au paſſage de l'air, de la sève, ces deux fluides qui charient tous les autres , & qui les dépoſent dans toutes les parties du végétal où ils ſont attendus pour ſon accroiſſement & ſon entretien.

Quelquefois il paroît au dehors des arbres , des eſpéces de tumeurs cauſées par l'épanchement, l'extravaſation des liqueurs végétales ; ce qui nuit à leur accroiſſement , & qui les rend monſtrueux & languiſſans ; quelquefois même ces maladies ſont terminées par une mort prochaine de l'individu qui en eſt attaqué.

Nous avons commencé à examiner la charpente végétale , ſi l'on peut s'exprimer ainſi : nous avons ſuivi la plantule dans ſes degrés d'accroiſſement, & nous l'avons vu paſſer d'une conſiſtance herbeuſe à une conſiſtance ligneuſe, former le tronc, & ſe diviſer par le bas en racines , & par le haut en rameaux ; mais ce que nous n'avons pas vu encore, & que nous ne verrons qu'avec le plus grand étonnement , c'eſt que les dernières ramifications de la tige d'un arbre , miſes en terre, ou inſérées entre l'écorce & l'aubier d'un autre arbre vivant, peuvent devenir autant de plantes auſſi parfaites que celle à laquelle elles appartenoient. Si l'expérience journalière ne nous offroit ſans ceſſe ce phénomène dans l'art de multiplier par la greffe, par les boutures, je ne ſais pas ſi le croire ne paſſeroit pas pour un excès d'*extravagance*; c'eſt cependant un fait qu'il n'eſt plus poſſible de révoquer en doute. Combien donc

Epiderme.
Ecorce.
Livret.

Aubier.

Bois.

Moelle.

Vaisseaux.

Trachées.

Liqueurs.

Mouvement de la sève.

Maladies des plantes.
Extravaſation des ſucs de plantes.

Multiplication artificielle.

Greffe.
Boutures.

n'éprouveroit-on pas plus de répugnance encore à croire que dans chaque bouton, que l'on trouve placé d'espace en espace sur un rameau, il y a une plante pourvue de tous les organes qui composent la plante la plus parfaite? c'est encore ce que l'expérience confirme tous les jours; & ce qu'elle nous montre dans l'art de multiplier par le moyen

Ecussons. des écussons. Ces boutons dont nous parlons, sont destinés à servir d'abri pendant l'hiver aux parties delicates qu'ils renferment: ils ne contiennent pas tous des rameaux; les

Boutons. uns ne doivent produire que des feuilles; d'autres que des fleurs; mais il y en a qui produisent la même année des feuilles, des fleurs & du bois. Pour avoir occasion d'observer successivement les feuilles, les fleurs, les fruits & les différentes parties qui les composent; nous allons suivre dans ses développemens successifs, le bouton à bois & à fleurs, le bouton mixte proprement dit.

Au renouvellement du printemps, nous le voyons se gonfler; les écailles qui le composent, s'écartent, lais-

Bourgeon. sent un passage libre aux parties qu'elles renferment; voilà cette nouvelle pousse que le Cultivateur appelle bourgeon.

Feuilles. Ce bourgeon est à peine développé, que l'on remarque déja, sur toute sa superficie, des feuilles placées d'espace en espace, & portées chacune par une queue que l'on nomme pétiole; entre chaque pétiole & le rameau, on pourroit déja voir un nouveau bouton semblable à celui d'où cette nouvelle tige vient de sortir; ce bouton, l'année d'ensuite, remplira les mêmes fonctions.

Foliation. On nomme foliation, l'instant où commencent à paroître les feuilles: on les voit prendre la forme & la direction qui leur est propre, & rester attachées aux rameaux jusqu'aux approches de l'hiver; c'est à cet instant, à moins qu'elles

Effeuillaison. ne soient vivaces, qu'elles quittent les rameaux & vont couvrir la terre à laquelle elles rendent avec usure ce qu'elles en avoient reçu.

Pétiole. C'est de l'épanouissement du pétiole que sont formées les nervures que l'on rencontre sur la surface des feuilles, & ces ramifications d'une finesse extrême, dont une substance

Parenchime. pulpeuse que l'on nomme parenchime, remplit les intervalles. On remarque dans la feuille l'extrémité opposée

Sommet. au pétiole, que l'on nomme le sommet, & ce même bord qui, à l'extrémité supérieure de la feuille, se nomme

Côtés. sommet, porte sur les parties latérales le nom de côtés. Une feuille est communément aplatie: on distingue sa sur-

Surface supérieure.
Surface inférieure.

face supérieure d'avec sa surface inférieure; & si elle n'a pas de pétiole, on remarque la manière dont elle est insérée sur la tige ou les rameaux.

Stipules.

Quelquefois on trouve de chaque côté du pétiole deux petites feuilles que l'on nomme stipules; leur forme est tout-à-fait différente de celle des autres feuilles de la plante. Ces mêmes feuilles, si on les rencontre sur un pédoncule, ou à la base d'une fleur, changent de nom; on

Bractées.

les appelle bractées: d'autres fois on trouve sur les côtés du pétiole, ou à son extrémité, une production filamenteuse

Vrille.

& diversement contournée, que l'on nomme vrille; ou

Poils.

bien quelquefois encore on y rencontre des poils, des

Glandes.

glandes, des rugosités, &c.

Pores.

Si l'observateur attentif veut porter ses regards du côté de l'utilité des feuilles relativement à la plante qui en est pourvue, il trouvera qu'elles sont si nécessaires au végétal, que, lorsqu'il en est privé, il devient languissant, & quelquefois même périt; si on les observe au microscope, on voit leur surface ou plutôt leur épiderme, percé d'une infinité de trous d'une finesse extrême, destinés les uns à pomper l'air & l'eau qui doivent servir à entretenir la flui-

Transpiration.

dité de la sève, & les autres à la transpiration sensible & *insensible de la plante.*

Floraison.

Après avoir examiné *les feuilles dont le développe-* ment précède presque toujours l'instant de l'apparition des fleurs que l'on nomme floraison, nous allons entrer dans quelques détails sur la structure de la fleur proprement dite, sur son organisation, & sur ses fonctions tant générales que particulières.

Fleur.

On remarque dans les fleurs quatre parties principales; 1°. le calice; 2°. la corolle; 3°. les étamines; & 4°. les

Complette.

pistils. Une fleur est complette, quand elle a ces quatre parties bien distinctes; elle est incomplette, si elle est

Incomplette.

privée d'une seule de ces parties.

Dans une fleur complette, mais dont toutes les parties sont simples, les pistils occupent le centre, les étamines les entourent, la corolle occupe le second rang, & le calice le troisième. Quelquefois entre les étamines & la corolle, on trouve des espèces de productions minces & colorées, qui ne ressemblent ni aux pétales, ni aux éta-

Nectaire.

mines, ni aux pistils, ni au calice, & que l'on nomme nectaires, mais que quelques Botanistes, dans l'intention de fixer d'une manière déterminée ce que l'on doit entendre par corolle & calice, ont appelé pétales, quand ces petits

corps

corps se sont trouvés placés immédiatement derrière les étamines.

CALICE.

Selon l'acception la plus commune, le calice est cette enveloppe extérieure, & communément verte, que l'on regarde comme une production de l'écorce de la plante. La corolle est cette enveloppe colorée, composée d'une ou de plusieurs pièces, que l'on nomme pétales; elle fait l'ornement de la plante, & l'on croit qu'elle est produite par une extension du liber ; mais ce qu'il y a de malheureux, c'est qu'on n'est encore guère d'accord sur le nom que l'on doit donner à ces deux parties essentielles ; souvent l'un nomme corolle, ce que l'autre appelle calice ou nectaire, & de là naissent des difficultés sans nombre, qui ne manqueroient pas d'embarrasser considérablement celui qui fait les premiers pas dans la carrière de la Botanique, s'il ne savoit se tenir en garde contre ces changemens arbitraires.

COROLLE.
Pétales.

FRUCTIFICA-TION.

La corolle ne s'ouvre que lorsque les organes de la fructification, c'est-à-dire, lorsque les étamines & les pistils approchent de l'instant où doit s'opérer la fécondation. A la base du pistil, on trouve assez ordinairement une petite protubérance, *une petite boule*, que l'on nomme ovaire. C'est dans cette petite boule que sont contenus les rudimens ou les embrions des semences, & c'est là qu'ils sont fécondés par la poussière séminale des étamines. Cette poussière est reçue par le stigmate ; c'est ainsi que l'on nomme la partie supérieure du pistil, & y est si nécessaire, que si l'on coupe les anthères avant l'émission de cette poussière fécondante, ou que l'on s'oppose à ce qu'elle soit répandue sur les stigmates, toutes les graines sont stériles.

FÉCONDATION.

Ovaire.

Embrions des semences.

CASTRATION.

PISTILS.

Les pistils reposent sur l'ovaire ; ils sont composés du style & du stigmate. On remarque leur nombre, leur forme, & leur grandeur même, soit entre eux, soit comparée à celle des étamines ou des pétales.

Style.

Stigmate.

ÉTAMINES.

Les étamines sont insérées ou sur le germe ou sur le placenta, ou sur la corolle ou sur le calice ; elles sont composées du filet & de l'anthère. On remarque le nombre des étamines, leur insertion, leur grandeur respective ou comparée avec celle des pistils ou des pétales, & leur réunion, soit par leurs anthères, soit par leurs filets.

Filet.

Anthère.

SEXES.

La plupart des fleurs sont hermaphrodites, c'est-à-dire, qu'elles ont étamines considérées comme organes mâles, & pistils comme organes femelles ; lorsqu'une fleur n'a que des étamines, elle est unisexuelle mâle ; si elle n'a

Hermaphrodite.

Unisexuelle.
Mâle.

F ff

Femelle.

Effloraison.

Péduncule.

Fruit.

Péricarpe.
Placenta.

Sémination.

Reproduction ou multiplication par les semences.

Age.

Dépérissement

Mort.

Nombre des plantes.

que des piftils fans étamines, elle eft unifexuelle femelle

C'eft ordinairement peu de temps après la fécondation des fleurs qu'arrive l'effloraifon ; les pétales quittent le péduncule ; l'ovaire fe groffit, préfente même quelquefois plus de furface lui feul que toute la plante à laquelle il appartient ; voilà le fruit proprement dit, dans lequel font contenues les femences. On diftingue dans le fruit le péricarpe, le placenta, la graine, & comme dans toutes les autres parties des plantes, la forme, la fituation, la confiftance, &c. Mais ces graines, comment fe féme-ront-elles ? Qui eft-ce qui ira porter chaque graine précifément dans le lieu qui fera le plus propre à favorifer fon développement ? La Nature qui a tout prévu, a difpofé tout pour que rien ne s'oppofât à la fémination des graines; elle a donné en outre à chaque plante la faculté de produire un bien plus grand nombre de femences qu'il n'en auroit fallu, fi elles euffent dû être employées toutes à la reproduction ; mais elle a compté fur ce qu'il en falloit pour la pâture des animaux, pour la nourriture de l'homme même, fur ce qui feroit porté par les vents fur des terrains peu convenables, fur ce qui feroit étouffé par d'autres plantes, fubmergé ou foulé aux pieds, &c. de manière qu'il n'en vient guère à bien que le nombre néceffaire. Leur difperfion ou fémination eft prefque toujours affez bien favorifée par les circonftances; & cet équilibre fi néceffaire entre le dépériffement des végétaux & leur reproduction, fe trouve on ne peut pas plus juftement entretenu.

L'herbe, lorfqu'elle a donné des graines une ou deux fois, périt affez ordinairement : il eft bien rare que fa durée aille au-delà de trois ans; mais il n'en eft pas de même de l'arbre ; il vit prefque toujours un grand nombre d'années, & il y en a même qui vivent pendant plufieurs fiècles; fi l'on en excepte un très-petit nombre, ils donnent tous les ans & des fleurs & des fruits, jufqu'au moment où les fucs nourriciers, ceffant d'être en jufte proportion avec les folides, la réparation n'équivaut plus à la déperdition, & l'arbre, comme l'herbe, prend un air de langueur, fe deffèche, dépérit & meurt.

Il s'en faut bien que l'on fache au jufte le nombre des plantes qui recouvrent la furface de notre globe : on porte déja le nombre des efpèces connues, à vingt mille ou environ, & tous les jours nous en découvrons encore qui n'ont point été comprifes dans cette énumération.

Il eft néceffaire de reculer les limites de fes connoif-

Utilité de la Bo-
tanique.

fances, tant que cela peut tourner au profit de l'humanité ;
mais je crois qu'il feroit fou d'effayer à étudier cette immenfe quantité d'objets, dont l'idée feule effraie ; peut-on
attendre quelque utilité de ce dont on ne peut avoir
qu'une connoiffance auffi fuperficielle ?

Ce qui força
l'homme à s'adonner
à l'étude des plan-
tes.

L'homme obligé de veiller à fa confervation, fut de tout
temps forcé au befoin d'une attention fuivie, dans l'ufage
qu'il fit des productions des trois règnes. Cette attention &
un peu d'expérience lui fuffirent fans doute tant qu'il ne
porta pas fes regards au-delà de ce qui lui étoit purement
néceffaire, de ce qui lui étoit prefcrit par la Nature ; mais
fa curiofité ne tarda pas à l'entraîner plus loin ; en même
temps qu'il vit fes connoiffances fe multiplier, il fentit fes
reffources s'épuifer, & fe trouva plus que jamais expofé
à l'erreur. Obligé de chercher quelques moyens de s'en
garantir, il commença par fe faire un plan méthodique ;
ce plan le guida quelque temps ; mais bientôt encore il lui
devint abfolument inutile ; la première méthode ne fut pas

Invention des mé-
thodes.

plutôt créée, que de nouvelles découvertes la rendirent
infuffifante : une feconde, une troifième *méthode eurent*
à peu près le même fort, parce que l'entreprife fe trouva
toujours au deffus des moyens de l'exécuter. On crut
mieux réuffir en raffemblant des plantes de tous les coins

JARDINS bota-
niques.

du monde, en les cultivant dans des jardins botaniques ;
& de celles qu'on ne put tranfporter ni cultiver, on en

HERBIERS;

fit des herbiers ; mais qu'eft-il arrivé ? Il femble qu'on ait
pris foin de cultiver le champ des autres, pendant qu'on
a laiffé fon propre champ en friche ; car il s'en faut bien
(il eft humiliant d'en faire l'aveu), que ce qui vient fous
nos pas foit connu. Eft-il donc encore un moyen de réparer tout ce temps perdu ? La perte du temps eft irré-
parable ; mais fi l'homme fe contentoit d'étudier ce qui
environne le point qu'il occupe fur la terre ; s'il apprenoit
à connoître, & ce qui peut lui fervir, & ce qui peut lui
nuire, il auroit de bien plus fréquentes occafions d'adoucir
les rigueurs de fon fort. Au milieu de fes poffeffions, il

MÉTHODS,
leur néceffité.

vivroit tranquile, une méthode fimple le mettroit à l'abri
de toute erreur ; il pourroit felivrer à des recherches utiles,
& s'appercevroit bientôt qu'on ne connoît encore que
l'écorce de la Botanique, déguifée fous un appareil fcientifique & impofant.

VÉGÉTATION, *vegetatio* : c'eft le développement fucceffif des
parties qui concourent à la perfection du végétal. On diftingue dans *la*
végétation en général, la GERMINATION ou la GERMINAISON, & l'AC-
CROISSEMENT.

VÉHICULE. On regarde l'air & la chaleur comme les véhicules des sucs nourriciers des plantes. *Voyez* ces mots.

VEINÉ, ÉE, *venosus* : il se dit des parties dans le tissu desquelles on apperçoit distinctement un grand nombre de ramifications, que l'on compare aux divisions & aux subdivisions des artères & des veines des animaux ; il s'emploie aussi pour signifier ce qui est recouvert de nervures fines & superficielles. *Voyez* FEUILLES veinées.

VELU, UE, se dit en général de tout ce qui est recouvert de poils. *Voyez* à l'art. POILS, quels sont les différens noms que l'on doit donner aux plantes ou aux parties qui les composent, lorsque l'on considère les poils qui les recouvrent.

VÉNÉNEUX, SE, *venenosus* ; il se prend ici pour tout ce qui, dans le règne végétal, peut, quoiqu'à petite dose, devenir nuisible ; *voyez* PLANTES vénéneuses, & l'art. PROPRIÉTÉS des plantes.

VENTRU, UE, *gibbus* vel *ventricosus* ; cela ne se dit guère qu'en parlant du calice, lorsqu'il est renflé comme celui de la *fig. 21, pl. II*. On le nomme *calix ventricosus*.

VERTICAL, LE, qui a une direction perpendiculaire à l'horizon, c'est-à-dire, qui est dans la même direction qu'une corde à laquelle un plomb seroit suspendu.

VERTICILLE, *verticillus, pl. X, fig. 5 & fig. 19 ;* c'est un assemblage de feuilles ou de fleurs disposées autour d'une tige ou autour de ses rameaux, comme sur un axe commun ; *voyez* FEUILLES verticillées, FLEURS verticillées. Le verticille est ou sessile, ou pédunculé, ou colleté, ou feuillé, ou nu, ou ramassé.

VERTICILLE colleté, *verticillus involucratus ;* celui qui est garni en dessous d'une espèce de collerette.

VERTICILLE complet, *verticillus completus*, quand il entoure également toute la tige, c'est-à-dire, quand les fleurs ou les feuilles forment, autour de la tige ou des rameaux, une couronne ou un anneau sans interruption : s'il se trouve un intervalle sensible qui partage les fleurs qui le composent, on dit qu'il est incomplet, *verticillus incompletus* vel *secundus*.

VERTICILLE feuillé, *verticillus foliatus* vel *bracteatus ;* celui qui porte à sa base des bractées ou des feuilles qui ne ressemblent point à celles du reste de la tige.

VERTICILLE pédunculé, *verticillus pedunculatus ;* celui qui est composé de fleurs pédunculées.

VERTICILLE nu, *verticillus nudus ;* celui qui ne porte à sa base ni bractées, ni collet. On dit cependant encore que le verticille est nu, lorsqu'il n'est accompagné que de feuilles parfaitement semblables à celles qui se trouvent sur la plante. **VERTICILLE**

VERTICILLE ramaſſé, *verticillus cònfertus ;* celui qui eſt compoſé d'un grand nombre de petites fleurs très-ſerrées les unes contre les autres, & pour ainſi dire, entaſſées.

VERTICILLE ſeſſile, *verticillus ſeſſilis ;* celui qui eſt compoſé de fleurs qui n'ont pas de péduncule.

VERTICILLÉ, ÉE, qui eſt diſpoſé en verticille, ou bien qui porte des verticilles ; *voyez* FEUILLES verticillées, PÉDUNCULES, RAMEAUX verticillés.

VÉSICULAIRE, qui eſt en forme de petite veſſie ; *voyez* GLANDES véſiculaires.

VIE des végétaux, *vita vegetabilium.* La plante, comme l'animal, naît, vit & meurt. A peine l'embryon eſt-il animé & ſorti de la graine, qu'on voit cette jeune plante faire jouer tous les reſſorts de ſon organiſation, chercher autour d'elle le lieu le plus propre à faire les frais de ſon exiſtence. Elle s'accroît en longueur, en largeur, ſe vêtit, prend la direction qui lui eſt propre, devient adulte, travaille, comme l'animal, à la reproduction de ſon eſpèce ; devient mère ; vieillit ; &, comme tout ce qui eſt animé, dépérit enfin & meurt. *Voyez* AGE.

VISQUEUX, SE ; ce qui eſt recouvert d'une eſpèce de *mucilage,* qui en rend la ſuperficie gluante. *Voyez* CHAPEAU, FRUIT, FEUILLES.

VIVACE. Une plante eſt vivace, *planta perennis,* quand la durée de ſa vie va au-delà de trois ans. Parmi les plantes vivaces, il y en a qui perdent leurs tiges tous les hivers, mais dont la racine reproduit tous les ans une tige nouvelle, & d'autres qui conſervent leurs tiges en hiver. *Voyez* PLANTE, HERBE vivace.

VOLVA, bourſe ou chemiſe, *volva ;* c'eſt le nom que l'on donne à l'enveloppe radicale de toutes les eſpèces de champignons, c'eſt une membrane plus ou moins épaiſſe, qui n'eſt qu'une continuation de l'extrémité inférieure du pédicule à qui elle appartient, & qui recouvre entièrement ou en partie ſeulement, le chapeau dans l'état de jeuneſſe ; il y a même une eſpèce de volva, dans lequel le champignon ſe trouve renfermé comme dans une bourſe : cette bourſe ſe déchire par le haut, & le champignon en ſort, comme la plantule ſortiroit d'une graine quelconque dans l'état de germination.

Je diſtingue deux eſpèces de volva, le complet & l'incomplet. J'appelle VOLVA COMPLET, *volva completa,* pl. *VI, fig.* 2, celui qui renferme le champignon dans ſon entier, & qui fait exactement l'office de *tunique propre.* Ce volva eſt obligé de ſe fendre, *fig. 3 A,* comme celui de l'agaric oronge (vraie), pour faciliter le développement du champignon qu'il renferme ; & lorſque le champignon en eſt ſorti, ce *volva* reſte ordinairement attaché au pédicule, ſous la forme d'une membrane

Ggg

diverfement pliffée. J'appelle VOLVA INCOMPLET au contraire, *volva incompleta*, *fig. 4 B*, celui qui ne recouvre point le champignon dans fon entier, qui n'eft point obligé de fe fendre pour lui livrer paffage. Il eft effentiel d'obferver le champignon dans l'état de jeuneffe, pour s'affurer de la forme de fon volva. L'œil exercé pourroit cependant s'en affurer encore, après même que le champignon feroit développé; car la membrane qui compofe le volva complet, duquel le champignon eft forti, eft prefque toujours perfiftante, & a fes bords très-élevés, au lieu que le volva incomplet n'eft compofé que d'un petit rebord *N*, *fig. 5*, qui difparoît ordinairement peu de temps après que le champignon eft développé.

On dit que le VOLVA eft épais, *volva craffa*, quand il eft compofé d'une membrane charnue & épaiffe, comme celui de l'agaric oronge (vraie); qu'il eft mince, *volva tenuis*, quand il eft compofé d'une membrane qui a peu d'épaiffeur; qu'il eft caduc, *volva caduca*, quand il ne perfifte que peu de temps après que le chapeau en eft forti; qu'il eft perfiftant, *volva perfiftens*, quand il perfifte autant que le champignon même, ou qu'il dure long-temps.

Il ne faut pas confondre le VOLVA *d'un champignon avec fon* COLLET; *ces deux parties ont des fonctions très-différentes, & n'ont même aucun rapport entre elles.*

VRILLES ou MAINS, *cirrhi*, *capreoli vel claviculæ* : ce font ces productions filamenteufes & en forme de tire-bouchon, au moyen defquelles les plantes grimpantes & farmenteufes s'attachent aux corps qui les environnent. Dans quelques plantes, les vrilles partent immédiatement de la tige, comme dans la vigne, la bryone; mais on obferve que dans le plus grand nombre des plantes vrillées ou cirrhifères, les vrilles ne font qu'un prolongement des pétioles, & elles portent alors le nom de vrilles pétiolaires, *cirrhi petiolares*. On remarque dans la vrille, fa fituation, fon infertion, la manière dont fes fpires font tournées, & fi elle eft fimple ou divifée.

VRILLE axillaire, *cirrhus axillaris*, *pl. X*, *fig. 14*; celle qui croît à l'aiffelle d'un péduncule, d'un pétiole ou d'un rameau. Elle eft fous-axillaire, *fubaxillaris*, quand elle eft au contraire comme celle de la *fig. 16*.

VRILLE bifide ou bifurquée, *cirrhus bifidus* vel *bifurcatus*; celle qui fe divife en deux parties, *pl. X*, *fig. 16 c*.

VRILLE entière, *cirrhus integer* vel *indivifus*; celle qui ne fe divife point, *fig. 15 D*.

VRILLE folliaire, *cirrhus foliaris*; celle qui vient immédiatement fur la feuille.

VRILLE multifide, *cirrhus multifidus* vel *multoties divifus*, *fig. 15 E;* celle qui fe divife en un nombre indéterminé de parties, ou du moins toujours au-deffus de trois.

VRILLE oppofée aux feuilles, *cirrhus oppofitifolius ;* celle qui a fon point d'infertion du côté de la tige, oppofé à celui où le pétiole d'une feuille a le fien. Si l'on prend pour exemple la vigne où les vrilles font fouvent oppofées aux feuilles, on trouve, d'un côté de la tige, une feuille, & de l'autre, une vrille qui ont toutes deux leur point d'infertion fur le même fœud, mais fur deux côtés oppofés.

VRILLE pédunculaire, *cirrhus peduncularis ;* celle qui vient immédiatement fur les péduncules des fleurs ou des fruits.

VRILLE pétiolaire, *cirrhus petiolaris.* On appelle ainfi la vrille qui eft portée par un pétiole, *fig. 13 & 14, pl. IX.*

VRILLE raccourcie, *cirrhus abbreviatus.* Une vrille s'étend en longueur jufqu'à ce qu'elle puiffe s'accrocher à un corps quelconque; fitôt qu'elle a trouvé un point d'appui, elle s'entortille, fe contracte, tire à elle la branche fur laquelle elle a fon point d'infertion ; &, au bout de quelque temps, on croiroit que cette vrille s'eft raccourcie, parce que l'efpace compris entre la branche & le point d'appui de la vrille, fe trouve beaucoup plus court.

VRILLE radicante, *cirrhus radicans ;* celle qui s'implante en forme de racine fur les murs & fur l'écorce des arbres ; telles font celles du lierre, de la vigne-vierge, &c. Elles font douées d'une forte fuccion, au moyen de laquelle elles pompent des fucs propres à la nourriture de la plante à qui elles appartiennent : fi c'eft fur un individu vivant qu'elles ont prife, elles ne tardent pas à le faire périr : c'eft ce qu'on remarque dans les forêts, fur différens arbres garnis de lierre, dont l'état de dépériffement & de maigreur annonce une mort prochaine.

VRILLE roulée de gauche à droite, *cirrhus convolutus* vel *finiftrorfùm volubilis ;* celle qui fe roule toujours comme la vrille repréfentée *fig. 14 N, pl. X.* Il eft bon de faire obferver que fur la même plante, les vrilles fe trouvent fouvent roulées de gauche à droite & de droite à gauche : on en trouve même qui font roulées moitié d'un côté & moitié de l'autre ; mais il y a auffi des plantes dont les vrilles, ainfi que les tiges, font conftamment roulées du même côté.

VRILLE roulée de droite à gauche, *cirrhus revolutus* vel *dextrorfùm volubilis ;* celle dont les fpires fe roulent toujours dans un fens oppofé au cours du foleil, comme celles de la *fig. 15 M, pl. X.*

VRILLE trifide, *cirrhus trifidus* vel *trifurcatus, fig. 14 F, pl. X ;* celle qui fe divife en trois parties.

VRILLÉ, ÉE ou CIRRHIFÈRE, qui porte une ou plufieurs vrilles.

Z.

ZESTE ; c'est cette espèce de placenta membraneux & coriace que l'on trouve dans une noix , & qui en sépare l'amande en quatre parties égales : on nomme aussi zeste une partie mince que l'on coupe sur le dessus de l'écorce d'une orange , d'un citron.

ZIG-ZAG, *voyez* TIGE en zig-zag ; il s'exprime en latin par l'adjectif *flexuosus.*

F I N.

DICTIONNAIRE

DES TERMES LATINS

CONSACRÉS A L'ÉTUDE DE LA BOTANIQUE.

Dans les articles où il se trouve plusieurs nᵒˢ, le premier indique la page dans laquelle on a donné la définition du terme. Tous les autres nᵒˢ renvoient aux pages dans lesquelles on trouvera des exemples de l'application de ce même terme dans différens cas.

A.

ABBREVIATUS, a, um, RACCOURCI, IE — *abbreviatus cirrhus*, vrille raccourcie, pág. 211
Abortiens, entis, AVORTÉ, ÉE. — Le mot *abortiens* s'emploie quelquefois pour *sterilis*. — *Voyez* l'art. fleur stérile.   84
Abortus, ûs, AVORTEMENT,   9
Abruptè, brusquement, tout d'un coup. — *Abruptè pinnata folia*, feuilles ailées & terminées brusquement sans avoir d'impaire, 55
Absorbens, tis, ABSORBANT, TE. — *Absorbentia vasa*, vaisseaux absorbans, — 198
Acalicinus, a um, qui n'a point de calice.
Acaulis vel *sessilis, le*, seu *acaulos*, ACAULE, qui n'a pas de tige. — *Acaules plantæ*, plantes acaules,   144
Acerbus, a, um, ACERBE, âpre au goût comme un fruit qui n'est pas mûr.
Acerosus, a, um, qui a la forme d'une épingle. — *Acerosa folia*, feuilles en forme d'épingle,   61
Acidus, a, um, ACIDE. — *Sapor acidus*, saveur acide. *Voyez* l'art. qualités des plantes, 158
Acinaciformis, e, qui est en forme de sabre. — *Acinaciformia folia*, feuilles en sabre, 61
Acinus vel *acinum, i*, GRAIN ou petite baie que l'on nomme vulgairement grain, 94
Acotyledon, is, ACOTYLEDONE, qui n'a point de cotyledon. — *Acotyledon semen*, semence acotyledone, 170. — *Acotyledones plantæ*, plantes acotyledones,   39-144
Acris, e, ACRE. On trouve dans plusieurs Auteurs, l'adjectif *acerbus, a, um*, employé comme synonyme d'*acris*. — *Acris sapor*, saveur âcre, 168, & qualités des plantes, 158
Aculeatus, a, um, AIGUILLONNÉ, ÉE, armé de pointes ou d'aiguillons. — *aculeatus caulis*, tige aiguillonnée, 186. — *Aculeata folia*, feuilles piquantes, 67. — *Aculeatus pedunculus*, péduncule armé de pointes, 132. — *Aculeatus petiolus*, pétiole aiguillonné, 139
Aculei, orum, AIGUILLONS, 3, — piquans, 142

Acuminatus, a, um, terminé par une pointe alongée.
Acutangularis, e, vel *acutangulus, a, um*, ce qui est anguleux & coupant, qui a des angles tranchans, ou bien seulement ce qui est terminé par un angle aigu. — *Acutangularis caulis*, tige anguleuse,   186
Acutè dentatus, a, um, DENTÉ, ÉE à dents aiguës. — *Acutè dentatum folium*, feuilles à dents aiguës, 60. — *Acutè emarginatus, a, um*, ECHANCRÉ, ÉE, à divisions aiguës,   60
Acutiusculus, a, um, qui est un peu anguleux, un peu coupant.
Acutus, a, um, AIGU, UE, terminé par un angle aigu; il s'emploie aussi quelquefois pour désigner ce qui est tranchant. — *Acuta folia*, feuilles aiguës, 54, — pointues, 67
Adnatum, i, vel *bulbulus, i*, CAYEU,   26
Adnatus, a, um, ATTACHÉ le long de; — quelquefois on le fait synonyme d'*adnexus*, qui signifie ATTACHÉ à, COHÉRENT, qui tient après. — *Adnata corollæ filamenta*, filets insérés sur la corolle, ou le long de la corolle, 75. — *Adnata* vel *adnexa stipulæ*, stipules appuyées & cohérentes,   178
Adpressus, a, um; il se prend pour signifier qu'une chose est rapprochée d'une autre chose, ou qu'elle est même pressée contre une autre chose. — *adpressa folia*, feuilles appliquées, ou pressées contre,   55
Adscendens vel *ascendens, entis*, REDRESSÉ, RELEVÉ, ÉE; il s'emploie aussi pour désigner ce qui s'élève en formant l'arc, & qui regagne la ligne verticale par son extrémité supérieure. — *Ascendens caulis*, tige montante,   190
Adversus, a, um, (selon Linnæus), est ce qui présente le côté au midi.
Æqualis, e, EGAL, LE; 46, — *Æqualis margo*, bords égaux, 13. — *Æqualia filamenta*, filets

H h h

214 DICTIONNAIRE

égaux, 75. — Æquales pedunculi, péduncules égaux, 136
Æquivalvis, e, qui est composé de valves
égales entre elles.
Æquor, ris, RASE CAMPAGNE.
Æstivalis, le, vel æstivus, a, um, ESTIVAL, LE,
qui vient en été. — Æstivales vel æstivi flores,
fleurs estivales, 80
Æstivatio, nis, l'action de l'été, ou son influence sur la végétation.
Affinis, e, qui à des rapports avec quelque
chose de connu.
Ager, ri; il se prend pour les champs en valeur, les moissons.
Aggregatus, a, um, AGRÉGÉ, ÉE; il se prend
tantôt pour rapproché, tantôt pour rassemblé, ramassé, &c. — Aggregati bulbi, bulbes
rapprochées, 20. — Aggregati flores, fleurs
agrégées, 77 — ramassées, 83
Agrestis, e, AGRESTE.—Agrestes plantæ, plantes
agrestes, 114
Agricultor, ris, AGRICULTEUR, 2.
Agricultura, æ, AGRICULTURE, 3
Ala, æ, AILE, —Alæ corollæ, ailes d'une corolle papilionnacée, 4
Alatus, a, um, AILÉ, ÉE. — Alatus petiolus, pétiole ailé, 139. — Alatum semen, semence
ailée, 169
Albicans, tis, qui tire sur le blanc. — Albicans
flos, 78
Alburnum, i, AUBIER, 9
Albus vel candidus, a, um, BLANC, CHE.—Albus flos, 78
Alimentarius, a, um, ALIMENTAIRE. — Alimentariæ plantæ, plantes alimentaires, 144-156.
Alliaceus, a, um, qui sent l'ail. — Alliaceus
odor, odeur d'ail, 158
Alternatim, ALTERNATIVEMENT.
Alternè pinnata folia, feuilles ailées, folioles
alternes, 55
Alternus, a, um, ALTERNE. —Alterni flores,
fleurs alternes, 77. — Alterna folia, feuilles
alternes, 55. — Alterni rami, rameaux alternes, 163
Amarus, a, um, AMER, RE. — Amarus sapor,
saveur amère, 158
Ambrosiacus, a, um, qui sent l'ambre. — Ambrosiacus odor, odeur d'ambre, 158
Amentaceus, a, um, AMENTACÉ, ÉE, fait en
chaton ou qui porte des chatons. — Amentacei arbores, arbres amentacés, 8. — Amentacea spica, épi faux, épi chatonnier, 48
Amentum, i, vel julus, i, CHATON 31
Amplexicaulis, e, AMPLEXICAULE. —Amplexicaulis petiolus, pétiole amplexicaule, 140.
— Amplexicaules bracteæ, bractées amplexicaules, 18. — Amplexicaulia folia, feuilles
amplexicaules, 55. — Amplexicaules stipulæ,
stipules amplexicaules, 178
Ampliatus, a, um, ELARGI, IE, ETENDU, UE.
Amplius, oris, PLUS GRAND, PLUS GRANDE.
Analogia, æ, ANALOGIE, 4

Analysis plantarum, ANALYSE des plantes, 4
Anatome, es, vel dissectio, nis, plantarum, ANA
TOMIE végétale, 5
Anceps, itis, GLADIÉ, ÉE; ce dont les deux
côtés opposés sont anguleux. — Anceps caulis, tige gladiée, 189
Androgynus, a, um, ANDROGYNE OU MONOI
QUE. — Flores androgyni vel monoici, fleurs
monoiques, 82. —Androgynæ plantæ, plantes androgynes ou monoiques, 144
Angulatus vel angulosus, a, um, ANGULEUX, SE.
— Angulatus caulis, Tige anguleuse, 186
Angulatus; vel angulosus calix, calice anguleux, 21. — Angulata capsula, capsule
anguleuse, 24. —Angulosa folia, feuilles anguleuses, 55
Angulus, i, ANGLE. Voyez l'art. sinus, 173
Angustifolius, a, um, qui porte des feuilles
étroites.
Angyospermia, æ, ANGYOSPERMIE, 116
Annulatus, a, um, ANNULLÉ, ÉE. — Annulatus stipes, pédicule annullé, 131
Annuus, a, um, ANNUEL, LE, qui ne dure
qu'un an. — Annua radix, racine annuelle.
—Annua herba, herbe annuelle, 97-98-144
Annulus, i, COLLET, 33
Anomalus, a, um, ANOMAL, LE. — Anomali
flores, fleurs anomales, 77
Anthera, ANTHÈRE, voyez l'art. étamines.
Antherifer, a, um, qui porte des anthères, c'està-dire, des étamines sans filets.
Apertio, nis, corollæ, EPANOUISSEMENT d'une
corolle, 48
Apetalus, a, um, APÉTAL, LE, qui n'a pas de
pétale (il est opposé à petalodes.
Apertura, æ corollæ, OUVERTURE, ENTRÉE
d'une corrolle.
Apex, SOMMET, extrémité supérieure, 174.
— Sommet d'une feuille, 54
Aphyllus, a, um, qui est sans feuilles. — Aphyllus caulis, tige sans feuilles, 191
Apophysis, APOPHYSE; excroissance plus ou
moins alongée, qui vient sur une partie
quelconque.
Appendiculatus, a, um APPENDICULÉ, ÉE.—
Appendiculatus petiolus, pétiole appendiculé, 140
Approximatus, a, um, RAPPROCHÉ, ÉE. —
Approximata folia, feuilles rapprochées, 68.
— Approximati petioli, pétioles rapprochés, 142
Aqueus, a, um, qui est limpide & sans couleur
comme de l'eau.
Aquosus, a, um, AQUEUX, SE, qui n'a plus
de goût ni de consistance que de l'eau.—
Sapor aquosus, 158.—Aquosa substantia, 182
Araneosus, a, um, ARANÉEUX, SE, ou rétiforme, qui ressemble à une toile d'araignée.
—araneosus annulus, collet aranéeux, 33
Arbor, ris, ARBRE, arbores, arbres, 8. Voyez
aussi l'art. plante, 144
Arboreus, a, um, vel arborescens, tis, qui a la

(forme d'un arbre. — *Arboreus caulis*, tige arborée, 186

Arbuscula, æ, synonyme de *suffrutex*, 8

Arbustivus, a, um, qui a la forme d'un arbuste.

Arcens, entis, qui écarte, qui empêche d'approcher.

Arcuatim, en arc.

Arenosus, a, um, qui vient dans les terrains sablonneux. — *Arenosæ plantæ*, 145

Argenteus, a, um, ARGENTÉ, ÉE.

Argila, æ, ARGILE, terrain argileux.

Argyrocomus, a, um, qui est d'un blanc argenté & comme satiné. — *Flos argyrocomus*, 78

Aridus, a, um, ARIDE, SCARIEUX, SE. — *Arida folia*, feuilles scarieuses, 70

Arillus, li, TUNIQUE propre, 196.

Arista, æ, BARBE, 10.

Arma plantarum, ARMES des plantes; voyez AIGUILLONS, 5, POILS, 149

Aromaticus, a, um, AROMATIQUE, qui sent les aromates. — *Aromaticus odor*, odeur aromatique, 158

Arrectus, a, um, s'emploie quelquefois pour *erectus*, a, um; il signifie ce qui est droit & roide.

Articulatio, nis, ARTICULATION, 8

Articulatus, a, um, ARTICULÉ, ÉE. — *Articulatus bulbus*, bulbe articulée, 19; — *Articulata radix*, racine articulée, 159. — *Articulata folia*, feuilles articulées, 55. — *Articulatum legumen*, légume articulé, 95; — *Articulatus caulis*, tige articulée, 186

Articulus, i, c'est le coude que fait à chacun de ses nœuds une tige en zig-zag, 188

Artificialis, e, ARTIFICIEL, LE, qui n'a rien de naturel, qui ne dépend que de l'art. *Artificialis methodus*, méthode artificielle, 109

Arvensis, e, qui vient dans les terres labourables qu'on laisse reposer. — *Arvenses plantæ*, 145

Arvum, i, terre labourable qui n'est point ensemencée.

Arundinaceus, a, um, ARUNDINACÉ, ÉE, qui a quelque ressemblance avec les tiges du roseau.

Ascendens vel *adscendens*, tis, ASCENDANT, TE, qui va en montant. Il se prend aussi souvent pour *rectus*, a, um. — *Ascendentia folia*, 56.

— *Ascendens pedunculus*, pédoncule montant, 134. — *Ascendens caulis*, tige montante, 190

Asper, a, um, RUDE, RABOTEUX, SE. — *Aspera folia*, feuilles rudes, 69. — *Aspera superficies*, superficie rude, 183

Asperifolius, a, um, qui a les feuilles rudes au toucher.

Assimilans, tis, qui a quelque ressemblance avec une chose connue.

Assurgens, tis, RELEVÉ, ÉE, MONTANT, TE, qui s'élève en formant un peu l'arc, 166. — *Assurgentia folia*, 68. — *Assurgens petiolus*, pétiole montant, 14?

Ater vel *niger*, ra, rum, NOIR, RE. — *Niger flos*, 78

Atropurpureus, a, um, qui est d'un pourpre noirâtre, 78

Attenuatus, a, um, ATTÉNUÉ, ÉE, AMINCI, IE. *Attenuatus pedunculus*, pédoncule aminci, 132

Attingens, tis, qui égale en hauteur, ou bien qui touche à une chose quelconque.

Auctus, tis, ALONGEMENT, AUGMENTATION.

Aulæum, i floris, c'est la corolle considérée comme lit nuptial.

Aurantiatus, a, um, ORANGÉ, ÉE, qui est de couleur orangée. *Aurantiacus flos*, 78

Aureus, a, um, DORÉ, ÉE.

Auritus, a, um, OREILLÉ, ÉE. — *Aurita folia*, feuilles oreillées, 56. — *Auritum petalum*, pétale oreillé, 99

Autumnatio, nis, se prend pour le temps de la maturité des graines, pour le temps de l'EFFEUILLAISON, & pour toute influence sensible de l'automne sur la végétation.

Autumnalis, e, qui vient en automne. — *Autumnales flores*, fleurs automnales, 77

Avenius, a, um, sans aucuns vaisseaux ni nervures.

Axillaris, e, AXILLAIRE, qui vient dans l'aisselle, 9. — *Axillares flores*, fleurs axillaires, 77. — *Axillares bracteæ*, bractées axillaires, 17. — *Axillares spinæ*, épines axillaires, 49. — *Axillaria folia*, feuilles axillaires, 56. — *Axillaris pedunculus*, pédoncule axillaire, 132

Axis, is, axe, 9

B.

Bacca, æ, BAIE, 9

Baccifer, a, um, BACCIFÈRE, qui porte des baies. — *Bacciferæ planta*, plantes baccifères, 145

Barbatus, a, um, BARBU, UE. — *Barbatus* vel *barbata margo*, bord barbu — 14, *barbata superficies*, superficie barbue, 149

Basis, is, BASE, 10. — Base d'une feuille, 54

Bicapsularis, e, BICAPSULAIRE, *bicapsulare pericarpium*, péricarpe bicapsulaire, 138

Bicornis, e, qui a deux cornes qui font la fourche.

Bicuspidatus, a, um, vel *bicuspes idis*, BICUSPIDÉ, ÉE, qui se termine par deux pointes. — *Bicuspida* vel *bicuspidata folia*, 69

Bibulus, a, um, qui attire, qui pompe l'eau.

Bidens, tis, vel *bidentatus*, a, um, qui a deux dents.

Biennis, e, qui ne dure que deux ans,

Bifariàm, en deux façons, de deux manières différentes.

Bifer, *a*, *um*, BIFÈRE, qui donne deux fois chaque année des fleurs & des fruits. — *Bife- ræ plantæ*, plantes biferes, 145

Bifidus, *a*, *um*, BIFIDE, qui est d'une seule pièce, mais fendue en deux. — *Bifida corol- la*, corolle bifide. *Voyez* l'art. COROLLE mo- nopétale, 37. *Bifida folia*, feuilles bifides, 62

Biflorus, *a*, *um*, BIFLORE, qui a deux fleurs. — *Biflorus pedunculus*, péduncule biflore, 132. — Péduncule uniflore, 136

Biforus, *a*, *um*, qui a deux trous, deux cavités.

Bifurcatio, *nis*, BIFURCATION, 11

Bifurcatus, *bifurcus*, vel *dichotomus*, *a*, *um*, BIFURQUÉ, ÉE, FOURCHU, UE, ou DICHO- TOME, qui fait la fourche. — *Bifurca radix*, racine dichotome ou bifurquée, 160

Bigeminatus vel *bigeminus*, *a*, *um*, BIGEMINÉ, ÉE. — *Bigemina folia*, feuilles bigeminées, 56

Bijugus vel *bijugatus*, *a*, *um*, BIJUGUÉ, ÉE. — *Bijuga folia*, feuilles bijuguées, 56-58.

Bilabiatus, *a*, *um*, qui est à deux lèvres.

Bilamellatus, *a*, *um*, qui est à deux lames, qui est composé de deux lames, ou qui est dou- blement lamellé.

Bilobus, *a*, *um*, BILOBÉ, ÉE, qui a deux lobes. — *Biloba siliculæ*, silicules bilobées, 172. — Quelquefois il s'emploie comme syno- nyme de DICOTYLEDONE. — *Bilobum* vel *di- cotyledon semen*, semence dicotyledone ou bilobe, 170

Bilocularis, *e*, BILOCULAIRE, qui a deux loges. — *Bilocularis capsula*, capsule biloculaire, 24. — *Legumen biloculare*, legume ou gousse biloculaire, 93

Binatus, vel *binus*, *a*, *um*, BINÉ, ÉE, ou deux à deux à chaque articulation. — *Binata folia*, feuilles binées ou géminées, 56

Binervius, *a*, *um*, qui a deux nervures très- apparentes. — *Binervia folia*, 65

Bipartitus, *a*, *um*, qui est divisé ou partagé en deux jusqu'à la base; il s'emploie souvent, mais très-improprement, comme synonyme de *bifidus*. — *Bipartitus calix*, calice de deux pièces, ou divisé en deux parties jus- qu'à sa base, 25. *Bipartita folia*, 66

Bipinnatus, *a*, *um*, BIPINNÉ, ÉE, ou deux fois ailé, ée. — *Bipinnata folia*, feuilles bipin- nées, 56.

Bisannuus, *a*, *um*, BISANNUEL, LE, *bisannua herba*, herbe bisannuelle, 11-97-98-144.

Biternatus, *a*, *um*, BITERNÉ, ÉE. — *Biternata folia*, feuilles biternées, 56

Bivalvis, *e*, BIVALVE. — *Bivalvis capsula*, cap- sule bivalve, 24-25.

Bivascularis, *e*, BIVASCULAIRE, qui est à deux loges en forme de cornets ou de godet.

Botanica, *æ*, BOTANIQUE, 15

Botanicus, *i*, BOTANISTE, 15-16.

Brachialis, *le*, qui égale en hauteur le bras d'un homme, ou bien qui a vingt-quatre pouces de hauteur ou environ. — *Brachialis caulis*, 189

Brachiatus, *a*, *um*, qui est disposé comme les bras d'un homme. — *Decussatim brachiati ra- mi*, rameaux disposés en croix. — *Brachia- tus caulis*, 191

Bractea, *æ*, BRACTÉE ou FEUILLE FLORALE, 17

Bracteatus, *a*, *um*, BRACTEIFERE, qui porte des bractées, 18. — *Bracteatus pedunculus*, péduncule bracteifère, 132

Bracteiformis, *e*, BRACTEIFORME. — *Bractei- formia folia*, feuilles bracteiformes, 56

Brevis, *e*, COURT, TE, 40. — *Brevis pedunculus*, péduncule court, 133. — *Brevis stylus*, 181

Brevissimus, TRÈS-COURT, TE, *brevissima folia*, feuilles très-courtes, 71. — *Brevissima fila- menta*, filets très-courts, 76. — *Brevissimus pedunculus*, péduncule très-court, 136. — *Brevissimus petiolus*, pétiole très-court, 141

Brumalis vel *hyemalis*, *le*, qui a quelques rap- ports à l'hiver, au solstice d'hiver.

Bulbiferus, *a*, *um*, BULBIFÈRE, qui porte une bulbe. — *Bulbiferus caulis*, tige bulbifère, 187

Bulbosus, *a*, *um*, BULBEUX, SE, *bulbosus stipes*, pédicule bulbeux, 131. *Bulbosa radix*, racine bulbeuse, 159-160

Bulbulus, *i*, CAYEU, ou petite bulbe, 26

Bulbus, *bi*, BULBE, 18-19-20

Bullatus, *a*, *um*, BULLÉ, ÉE, qui est relevé en bossettes. — *Bullata folia*, feuilles bullées, 57,

C.

Caducus, *a*, *um*, CADUC, QUE, qui tombe avant, 20-193. — *Caducus calix*, calice caduc, 20. — *Caduca corolla*, corolle cadu- que, 36. — *Caducum stigma*, stigmate ca- duc, 176

Cæruleo-purpureus, *a*, *um*, qui est de couleur violette.

Cæruleus vel *cyalinus*, *a*, *um*, qui est de cou- leur bleue. — *Cyalinus flos*, 78

Cæsius, *a*, *um*, qui est d'un vert pâle &

bleuâtre : on le fait quelquefois synonyme de glaucus. — *Cæsius flos*, 78

Cæspitosus vel *cespitosus*, *a*, *um*, TOUFFU, UE, ramassé en touffe. — *Cæspitosæ plantæ*, plantes touffues, 148

Calamus, *i*, CHALUMEAU, tige fistuleuse des roseaux, des graminées, d'où l'on a formé la *calamarius*, & l'on appelle *calamariæ plantæ* les plantes arundinacées qui ont quelques rap- ports avec les roseaux, les joncs, &c.

Calcar,

Calcar, is, efpèce de nectaire creux d'une forme alongée & conique, & qui fe recourbe affez fouvent comme un ergot de coq.

Calcaratus, a, um, qui eft en forme d'ergot ou d'éperon. — *Calcarata corolla*, corolle à éperon, 36

Calendarium, ii, floræ, CALENDRIER DE FLORE, 20

Calicinus, vel *calycinus a, um*, feu *calicinalis, e*, CALICINAL, LE, qui vient fur le calice, ou qui en fait partie, 23.—*Calicinales fpinæ*, épines calicinales, 49

Caliculatus, a, um, CALICULÉ, qui eft garni d'un fecond petit calice extérieur.—*Caliculatus calix*, calice caliculé, 22

Caliculus, i, efpèce de petit calice extérieur qui accompagne un autre calice.

Calidus, a, um, CHAUD, DE; on appelle auffi les plantes des pays chauds, *plantæ calidæ*.

Calix vel *calyx, cis*, CALICE, 20

Calycinus, a, um; voyez calicinus.

Calyptra, æ, COIFFE, 32

Calyptratus, a, um, qui porte une coiffe.

Campaniformis, e, vel *campanaceus*, feu *campanulatus, a, um*, CAMPANULÉ, ÉE, ou CAMPANIFORME, 23.—*Campaniforme pileum*, chapeau campaniforme, 28.—*Campaniformis corolla*, corolle campaniforme, 36. — *Campanulati flores* fleurs campanulées, 77

Campeftris, e, CHAMPÊTRE, qui vient dans les champs incultes, *plantæ campeftres*, 145

Campus, i, TERRAIN inculte & découvert.

Canaliculatus, a, um, CANALICULÉ, ÉE, 23. — *Canaliculata folia*, feuilles canaliculées, 57 — 93. *Canaliculatus petiolus*, pétiole canaliculé, 140

Cancellatus, a, um, qui eft difpofé comme un treillage, qui a la forme d'une grille.

Candelaris, re, qui eft en forme de luftre.

Capillaceus, a, um, CHEVELU, UE, qui a beaucoup de fibres qui reffemblent à des cheveux.

Capillaris, e, CAPILLAIRE, 23—189. *Capillaria folia*, feuilles capillaires, 57. *Capillaria filamenta*, filets capillaires, 74

Capitatus, a, um, qui eft terminé en tête ou qui eft ramaffé en tête. — *Capitati flores*, 83. *Capitatum ftigma*, ftigmate en tête, 176

Capitulum, i, TÊTE, 185

Capitulum, i, vel *pileum, ei*, fe prend auffi pour le CHAPEAU d'un champignon, 27

Capreolus vel *cirrhus, i*, VRILLE OU MAIN, 210

Capfula, æ, CAPSULE, 23

Carina, æ, CARÈNE, 26

Carinatus, a, um, CARINÉ, ÉE, 26. — *Carinata folia*, feuilles carinées, 57

Carinulatus, a, um, qui eft fait en forme de carène.

Carneus, a, um, qui eft de couleur de chair. — *Carneus flos*, 78

Carnofus, a, um, CHARNU, UE, 31. — *Carnofa folia*, feuilles charnues, 57

Caro, nis, CHAIR, 27

Cartilagineus, a, um, CARTILAGINEUX, SE, qui a de la reffemblance avec un cartilage. — *Cartilaginea folia*, feuilles cartilagineufes, 57

Caryophylleus vel *caryophyllatus, a, um*, CARYOPHILLÉ, ÉE, qui a quelques rapports avec un œillet. — *Caryophillati flores*, fleurs caryophyllées, 78

Catalepticus, a, um, CATALEPTIQUE, 26. — *Catalepticæ plantæ*, plantes cataleptiques, 145

Catharticus, a, um, PURGATIF, VE.

Cauda, æ, QUEUE, voyez PÉTIOLE, 139, PÉDUNCULE, 132

Caudex, icis, TRONC d'arbre. Il fe prend auffi pour l'extrémité inférieure d'une tige quelconque, laquelle fert à former le tronc de la racine.

Caulefcens, entis, CAULESCENT, TE, qui a une tige bien diftincte. — *Caulefcentes plantæ* plantes caulefcentes, 14,

Caulinus, a, um, CAULINAIRE, qui appartient à la tige. — *Caulina folia*, feuilles caulinaires, 57. — *Caulinus pedunculus*, péduncule caulinaire, 132

Caulis, TIGE, 186

Cellulæ, arum, CELLULES, 27

Centralis, e, CENTRALE, qui occupe le centre. *Centralis ftipes*, pédicule central, 131

Cera, æ, CIRE, 31

Cerealis, e, qui fert à faire du pain. — *Cerealia femina*, femences avec lefquelles on fait du pain.

Cernuus, a, um, vel *nutans, tis*, PENCHÉ, ÉE, 137. — *Cernui flores*, fleurs penchées, 82 — *Cernuus pedunculus*, péduncule penché, 134

Cefpitofus, a, um; Voyez cæfpitofus.

Character, is, CARACTÈRE. — *Characteres plantarum*, caractères des plantes, 25

Chryfocomus, a, um, qui eft d'un jaune orangé. — *Chryfocomus* vel *aurantiacus flos*, 78

Cichoraceus, a, um, CHICORACÉ, ÉE. Il fe dit de toutes les plantes qui ont quelque affinité avec les chicorées.

Ciliatus, a, um, CILIÉ, ÉE, 31. — *Ciliata fuperficies*, fuperficie ciliée. — *Ciliata margo*, bords ciliés, 14. — *Ciliata folia*, feuilles ciliées, 57

Cinereus, a, um, CENDRÉ, ÉE, qui eft de couleur cendrée. — *Flos cinereus*, 78

Cingens, tis, qui entoure, qui environne.

Circinalis, e, ROULÉ tranfverfalement comme une boucle de cheveux fur un compas.

Circinctus, a, um, ARRONDI, IE.

Circumferentia, æ, CIRCONFÉRENCE, 31

Circumnafcens, tis, qui naît autour.

Circumpofitio, nis, MARCOTTE, 108

Circumfciffus, a, um, PARTAGÉ, ÉE, horizontalement en deux valves ou deux hémifphères comme une boite à favonnette.

Circumfcriptio, nis, fe prend pour la circonférence d'une feuille, 54

Circumfepiens, tis, qui environne, qui entoure.

Cirrhifer vel *cirrhiferus* feu *cirrhofus, a, um*,

Iii

CIRRHIFÈRE, qui porte une ou plusieurs vrilles, 31. — *Cirrhiferus pedunculus*, pédoncule cirrhifère., 132 ; cependant on emploie aussi le mot *cirrhosus* pour signifier ce qui est en forme de vrille. — *Cirrhosa folia*, feuilles vrillées, 55-73.—*Cirrhosi rami*, rameaux cirrhifères,163

Cirrhus vel *cirrus*, VRILLE, 210-183

Classis, *is*, CLASSE. — *Classes botanicæ*, classes botaniques, 31

Clausus, *a*, *um*, CLOS, SE, FERMÉ, ÉE.

Clavatus a, *um*, qui a la forme d'une massue. — *Clavatus pedunculus*, pédoncule en massue, 133 — *Clavatum stigma*, stigmate en massue, 176

Clavicula, *æ*, pour *cirrhus* ; *voyez* ce mot.

Clima, *tis*, CLIMAT ; partie de la terre ou règne le même degré de température.

Clypeatus, *a*, *um*, qui est en forme de bouclier.

Coadnatus, *coadunatus*, *coalitus* vel *connatus*, *a*, *um*, CONNÉ, ÉE ; plusieurs choses réunies en tout ou en partie ; & qui semblent avoir été collées ; cependant on fait quelquefois servir *coadnatus*, pour signifier ce qui est rapproché, mais qui ne se touche point. — *Coadnata folia*, feuilles coadnées, 57

Coarctatus vel *coarctus*, *a*, *um*, SERRÉ, ÉE, RESSERÉ, RAPPROCHÉ, RAMASSÉ. — *Coarctata panicula*, panicule serrée, 130. — *Coarcti pedunculi*, pédoncules serrés, 137. — *Coarcti rami*, rameaux serrés. 164

Coherens, *tis*, qui fait partie de ; il est opposé à *adherens*, *tis*, qui signifie ce qui est *comme* collé sur.

Coccineus, *a*, *um*, qui est d'un rouge écarlate. — *Coccineus flos*, 78

Collinus, *a*, *um*, qui vient sur les collines.

Collum, *i*, COL. — *Collum tubi*, le col, la partie supérieure du tube d'une fleur.

Color, *is*, COULEUR, 39

Coloratus, *a*, *um*, COLORÉ, ÉE, 134. — *Colorati flores*, fleurs colorées, 77-78. — *Colorata margo*, bords colorés, 13. — *Coloratæ bracteæ*, bractées colorées, 17. — *Coloratus calix*, calice coloré, 22. — *Colorata folia*, feuilles colorées, 57

Columella, *æ*, petite COLONNE ; quelquefois on emploie ce mot pour signifier, dans une capsule, ce qui forme une communication des semences avec les cloisons, ou réunit les valves.

Columnaris, *e*, qui est en colonne, qui forme une colonne.

Columnifer, *a*, *um*, COLUMNIFÈRE. On appelle *plantæ columniferæ*, les plantes dont les organes de la fructification sont disposés en colonne.

Communis, *e*, COMMUN, NE à plusieurs, 34.— *Communis pedunculus*, pédoncule commun, 133. — *Communis calix*, calice commun, 22. *Communis petiolus*, pétiole commun, 140. — *Commune receptaculum*, réceptacle commun, 165

Comosus, *a*, *um*, CHEVELU, UE, qui a la forme d'une chevelure. — *Comosæ bracteæ*, bractées chevelues, 17.— *Comosa radix*, racine chevelue, 16

Compactus, *a*, *um*, COMPACTE, qui est composé de parties très-serrées, très-rapprochées.

Completus, *a*, *um*, COMPLET, TE. — *Completus verticillus*, verticille complet, 208. — *Completi flores*, fleurs complètes, 79. — *Completum pistillum*, pistil complet, 143. — *Completa volva*, volva complet, 209

Compositus, *a*, *um*, COMPOSÉ, ÉE, qui est formé de plusieurs. — *Compositus bulbus*, bulbe composé, 19. — *Racemus compositus*, grappe composée, 94.—*Compositæ spinæ*, épines composées, 48. — *Composita folia*, feuilles composées, 58

Compressus, *a*, *um*, COMPRIMÉ, ÉE de deux côtés opposés. — *Compressa folia*, feuilles comprimées, 58. — *Compressum vel planum germen*, ovaire aplati ou comprimé, 129

Concavus, *a*, *um*, CONCAVE, CREUX, SE, 34. — *Concavum pileum*, chapeau concave, 27. — *Concava folia*, feuilles concaves, 58

Conceptaculum, *i*, COQUE ou FOLLICULE, 35.

Concisus, *a*, *um*, COUPÉ, DÉCHIRÉ, ÉE.

Concolores, plusieurs choses qui sont de même couleur.

Conduplicatus, *a*, *um*, qui est plié en double de deux côtés opposés, ou qui est en double seulement.

Confertus, *a*, *um*, RAMASSÉ, ÉE, RASSEMBLÉ, ou RAPPROCHÉ en touffe ou par pelotons, 163. — *Conferta folia*, feuilles ramassées, 68. — *Conferti flores*, fleurs rassemblées. *Voyez* fleurs glomérulées, 81.— *Conferti rami*, 164.

Confluens, *entis*, CONFLUANT, TE, réuni par la base, ou ce qui paroit réuni. — *Folia confluentia*, feuilles confluantes, 58

Conformis, *e*, CONFORME à une chose quelconque soit dans le port, soit dans la direction.

Congeneres plantæ, plantes CONGÉNÈRES, 35

Congestus, *a*, *um*, s'emploie pour *aggregatus*, RASSEMBLÉ, RAMASSÉ en paquets. — *Flores congesti* vel *aggregati*, 83

Conglobatus, *a*, *um*, CONGLOBÉ, ÉE.

Conglomeratus vel *glomeratus*, *a*, *um*, CONGLOMÉRÉ, ÉE ou GLOMÉRÉ, qui est rassemblé en tête, à l'extrémité d'une tige ou d'un pédoncule.

Congregatus, *a*, *um* ; *voyez* aggregatus.

Congruens, *tis*, qui s'unit à une chose quelconque.

Conicus, *a*, *um*, CONIQUE, qui a la forme d'un pain de sucre. — *Conicum pileum*, chapeau conique, 28

Conifer, *a*, *um*, CONIFÈRE, qui porte des cônes,35

Conjugatus, *a*, *um*, CONJUGUÉ, ÉE. — *Conjugata folia*, feuilles conjuguées, 58

Connatus, *coadnatus*, *coadunatus* vel *coalitus*, *a*, *um*, CONNÉ, ÉE, RÉUNI, IE. — *Connatæ* vel *coalitæ antheræ*, anthères connées, 7.— *Connata folia*, feuilles connées, 58. — *Connata filamenta*, filets réunis, 75

Connivens, *entis*, CONNIVENT, TE, OU RAPPRO-
CHÉ, ÉE, 35-164. — *Conniventes laminæ*,
feuillets connivens, 73. — *Conniventes antheræ*, anthères conniventes, 6.—*Conniventia
filamenta*, filets connivens, 74

Confimilis, *e*, qui ressemble à telle ou telle chose.

Contingens, *tis*, qui se touche. On le fait quelquefois synonyme de *connivens*. — *Antheræ
contingentes*, anthères conniventes ou rapprochées, 6

Contiguitas, *tis*, CONTIGUITÉ, 35

Contiguus, *a*, *um*, CONTIGU, UE avec, 35. —
Laminæ pileo vel pediculo contiguæ, feuillets
contigus, 73. — *Contiguum pileum*, chapeau
contigu, 28. — *Contiguus stipes*, pédicule contigu, 131

Continuitas, *tis*, CONTINUITÉ, 35

Continuus, *a*, *um*, CONTINU, UE avec, 35. —
Laminæ pileo vel *pediculo continuæ*, feuilles
continus, 73. — *Continuum pileum*, chapeau
continu, 28. — *Continuus stipes*, pédicule continu, 131

Contortus, *a*, *um*, TORS, SE, CONTOURNÉ, ÉE.
— *Contorta capsula*, capsule torse, 24. —
Contortum legumen. *Voyez* l'art. gousse, 93

Contrarius, *a*, *um*, CONTRAIRE, qui vient dans
un sens opposé.

Contractus, *a*, *um*, s'emploie pour signifier ce
qui s'est raccourci ou rétréci.

Convexus, *a*, *um*, CONVEXE, qui est bombé. —
Convexum pileum, chapeau convexe, 28. —
Convexa folia, feuilles convexes.

Convolutus, *a*, *um*, ROULÉ, ÉE en spirale &
en dedans d'un bord à l'autre, en forme de
cornet de papier.

Conus, *i*, vel *strobilus*, CÔNE, 34

Corculum, *i*, EMBRYON, 46-126-148

Cordato-ovatus, *a*, *um*, qui est cordiforme &
ovale en même temps.

Cordatus, *a*, *um*, vel *cordiformis*, *e*, CORDI-
FORME, qui est en forme de cœur.— *Cordata
vel cordiformia folia*, feuilles cordiformes, 58

Corolla, *æ*, COROLLE, 35

Corolliferus vel *corollifer*, *a*, *um*, COROLLIFÈRE,
38.— *Corollifer calix*, calice corollifère, 22.

Corollinus, *a*, *um*, qui ressemble à une corolle.

Corollula, *æ*, petite COROLLE. — *Corollula ligulata*, demi-fleuron, 42

Corona, *æ*, COURONNE.

Coronarius, *a*, *um*, qui forme la couronne.

Coronatus, *a*, *um*, COURONNÉ, ÉE, 40. — *Coronatum semen*, semence couronnée, 169

Coronula, *æ*, petite COURONNE de certaines
semences; on l'emploie quelquefois comme
synonyme d'aigrette.

Cortex, *icis*, ÉCORCE.

Corticalis, *e*, CORTICAL, LE, qui a rapport à
l'écorce.

Corymbifer, *a*, *um*, CORYMBIFÈRE, qui porte ses
fleurs en corymbes.

Corymbosus, *a*, *um*, qui est disposé en corymbe.
— *Corymbosi flores*, fleurs en corymbe, 38

Corymbus, *i*, CORYMBE, 38

Cotyledon, *nis*, COTYLEDON.— *Cotyledones*, cotyledons ou lobes de la semence, 39

Crassus, *a*, *um*, EPAIS, SE.—*Crassa margo*, bords
épais, 13. — *Crassa folia*, feuilles épaisses, 61

Crenatus, *a*, *um*, CRENÉ, CRENELÉ, ÉE; ce qui
est denté, mais dont les dents sont arrondies
en forme de petits creneaux.

Creta, *æ*, CRAIE. *Cretaceus*, *a*, *um*, qui a du
rapport avec la craie, ou qui vient dans les
terrains crayeux.

Crispus, *a*, *um*, CRÊPU, UE; il se prend aussi
pour FRISÉ, ÉE. — *Crispa margo*, bords frisés,
13.— *Crispa folia*, feuilles crêpues ou fri-
sées, 62

Cristatus, *a*, *um*, qui a la forme d'une crête de
coq.

Croceus, *a*, *um*, qui a la couleur du safran, qui
est d'un jaune foncé. — *Croceus flos*, 78

Cruciatim oppositus vel *brachiatus*, OPPOSÉ, ÉE
en croix. — *Cruciatim opposita folia*, feuilles
croisées, 59

Cruciatus, *a*, *um*, CROISÉ, ÉE, mis en croix.
On emploie quelquefois, mais à tort, *cruciformis* comme synonyme. Ce mot est réservé pour
la corolle.

Crucifer, *a*, *um*, CRUCIFÈRE, 40

Cruciformis, *e*, CRUCIÉ, ÉE, ou CRUCIFORME,
qui a la forme d'une croix. — *Cruciformis corolla*, corolle cruciforme, 36

Cryptogamia, *æ*, CRYPTOGAMIE, 40-116

Cryptogamus, *a*, *um*, CRYPTOGAME. — *Cryptogamæ plantæ*, 145

Cubitalis, *e*; ce qui a une coudée de haut, ou dix-
sept à dix-huit pouces environ. — *Cubitalis
caulis*, 189

Cucullatus, *a*, *um*, qui a la forme d'un capuchon.
— *Cucullata folia*, feuilles en capuchon, 61
— *Cucullatum petalum*, pétale en forme de
capuchon, 139. — Quelquefois on le fait
synonyme de *calcaratus*. *Voyez* ce mot.

Cucullus, *i*, espèce de nectaire qui ressemble à
un capuchon ou à un cornet de papier.

Cucurbitaceus, *a*, *um*, CUCURBITACÉ, ÉE, qui
a quelques rapports avec les courges, les
melons.

Culinaris, *e*, qui est d'usage dans la cuisine.

Culmifer, *a*, *um*, qui a pour tige un chaume.

Culmineus, *a*, *um*, qui a du rapport avec les graminées.

Culmus, *i*, CHAUME, tige des graminées, 31

Cultivator, *is*, CULTIVATEUR, 40

Cultura, *æ*, CULTURE, 40

Cultus, *a*, *um*, CULTIVÉ, ÉE.— *Culta plantæ*,
plantes cultivées, ou, selon quelques-uns,
plantes qui croissent naturellement dans les
terrains cultivés, 145

Cuneiformis, *e*, CUNÉIFORME, 41. — *Cuneiforme
semen*, semence cunéiforme, 170. — *Cuneiformia folia*, feuilles cunéiformes, 59

Cupulæ, *arum*, CUPULES, 41

Cupularis, *e*, CUPULAIRE, qui a la forme d'un

godet ou d'une petite coupe.—*Cupulares glandulæ*, *nis*, 92

Curvatio, *nis*, COURBURE.

Cuspidatus, le même qu'*acuminatus*, *a*, *um*, CUSPIDÉ, ÉE, terminé par une pointe fétacée & un peu roide. Ses compofés font *bicuspidatus*, *tricuspidatus*, &c. — *Cuspidata folia*, feuilles cuspidées, 59-67

Cuticula, *æ*, EPIDERME ou SURPEAU, 48

Cyalinus vel *cæruleus* vel *cyaneus*, *a*, *um*, *Cyalinus flos*, 78

Cyathiformis, *e*, qui a la forme d'un gobelet ou d'un ciboire.

Cylindricus, *a*, *um*, vel *teres*, *tis*, CYLINDRIQUE, 41 — *Cylindrica capfula*, capfule cylindrique, 24. — *Cylindrica folia*, feuilles cylindriques, 59

Cyma, *æ*, CYME, le fommet d'une plante.

Cymofus, *a*, *um*, qui a plufieurs cymes. On appelle auffi *flores cymofi*, les fleurs qui font portées par des péduncules multiflores qui partent d'un même point, fe ramifient, & arrivent à peu près à la même hauteur.

Cynarocephalus, *a*, *um*, CYNAROCÉPHAL, LE. — *Cynarocephalæ plantæ*, plantes qui ont quelque reffemblance avec l'artichaut.

D.

DEBILIS, *e*, vel *flaccidus*, *laxus*, *a*, *um*, LACHE, FOIBLE.—*Debilis caulis*, tige lâche, 190

Decandria, *æ*, DÉCANDRIE, 41-115

Decaphyllus, *a*, *um*, qui eft compofé de dix pièces.

Decemfidus, *a*, *um*; ce qui eft d'une feule pièce, mais fendue en dix parties.

Decemlocularis, *e*, qui a dix loges.

Deciduus, *a*, *um*, qui tombe avec, 20-193. — *Deciduus calix*, calice tombant avec la corolle, 20

Declinatus vel *deflexus*, *a*, *um*, INCLINÉ, ÉE, qui retombe en formant l'arc.— *Declinatus pedunculus*, pédoncule incliné, 134.— *Declinatus caulis*, tige inclinée, 190. On l'emploie auffi quelquefois pour fignifier ce qui eft plié en nacelle.— *Folia declinata*, feuilles pliées en deffous en forme de nacelle renverfée.

Decompofitus, *a*, *um*, RECOMPOÉE, ÉE, 165

Decorticans, *tis*, fufceptible d'être pelé. — *Decorticans ftipes*, 132. — *Decorticans pileum*, chapeau fufcepticle d'être pelé, 30

Decumbens, *tis*, qui retombe.

Decurrens, *tis*, DÉCURRENT, TE, 41. — *Decurrens pedunculus*, pédoncule décurrent, 133.— *Decurrentia folia*, feuilles décurrentes, 59.— *Decurrens petiolus*, pétiole décurrent, 140.— *Decurrentes ftipulæ*, ftipules décurrentes, 178

Decurfivè pinnatus, *a*, *um*, AILÉ, ÉE avec décurrence. — *Decurfivè pinnata folia*, feuilles ailées, folioles décurrentes, 55

Decuffatim, en fautoir, par paires croifées.

Decuffatus, *a*, *um*, qui eft difpofé par paires croifées d'un bout de la tige à l'autre. — *Decuffata folia*, feuilles croifées, 59

Deflexus, *a*, *um*, qui retombe en formant un peu l'arc vers la terre.—*Deflexi rami*, rameaux courbés en dehors, 163

Defloratus, *a*, *um*, vel *deflorefcens*, *tis*, DÉFLEURI, IE.

Defoliatio, *nis*, EFFEUILLAISON ou DÉFOLIATION, 46

Dehifcens, *tis*, qui fe fépare, s'entrouvre.

Deltoideus, *a*, *um*, DELTOIDE. La figure vraiment deltoïde, eft celle qui approche du *delta* des Grecs, & qui conftitue la forme triangulaire ; mais, en Botanique, c'eft une efpèce de lofange, dont les deux angles latéraux font abaiffés.—*Deltoidea folia*, feuilles deltoïdes, 59

Demerfus vel *fubmerfus*, *a*, *um*, SUBMERGÉ, ÉE. — *Demerfa folia*, feuilles fubmergées, 71

Demonftrationes botanicæ, DÉMONSTRATIONS botaniques, 42

Denominatio vel *nomenclatura*; voyeç ce mot.

Denfus, *a*, *um*, EPAIS, SE; ce qui eft fourré, mis en touffe.

Dentatus, *a*, *um*, DENTÉ, ÉE: ce font les angles faillans qui forment les dents, — *Dentata folia*, feuilles dentées, 59.— *Dentatæ bracteæ*, bractées dentées, 17

Denticulatus, *a*, *um*, DENTÉ, ÉE finement.

Denudatus, *a*, *um*, qui eft dépouillé, découvert.

Deorfum, vers le bas.

Dependens, *tis*, PENDANT, TE, qui eft comme fufpendu. — *Dependentia folia*, feuilles pendantes, 66

Depreffus, *a*, *um*, COMPRIMÉ, ÉE, ou DÉPRIMÉ, ÉE. — *Depreffa folia*, feuilles déprimées, 60

Defcendens, *tis*; il fe prend pour fignifier ce qui defcend en terre telle ou telle direction. — *Caudex defcendens horizontaliter*, tronc de la racine qui s'enfonce en terre horizontalement, *verticaliter*, verticalement.

Defcriptio, *nis*. *Defcriptiones botanicæ*, DESCRIPTIONS botaniques, 42

Defficcatio, *nis*, DESSICCATION, 42

Deffccuus, *a*, *um*, qui fe deffèche, qui eft fufceptible d'être defféché.—*Deffccuum pileum*, chapeau fufceptible d'être deffèché, 30

Deftitutus, *a*, *um*, qui manque d'une chofe quelconque. — *Villis deftitutus caulis*, tige fans poils.

Dextrorfum, de droite à gauche. — *Caulis dextrorfum volubilis*, tige roulée de droite à gauche, 188: on fe fuppofe pour cela au centre de la fpirale. — *Cirrhus dextrorfum volubilis*, 211

Diadelphia, *æ*, DIADELPHIE, 43-115

Diandria, *æ*, DIANDRIE, 43-115

Dichotomus, *bifidus* vel *bifurcatus*, *a*, *um*, DICHOTOME, FOURCHU. — *Dichotomus caulis*, tige fourchue, qui fait la fourche, 189.—*Dichotoma* vel *bifurca radix*, racine dichotome, 160
Dicotyledon,

Dicotyledon, *nis*, DICOTYLEDON, qui a deux cotyledons. — *Dicotyledon semen*, semence dicotyledone ou bilobe, 170. — *Dicotyledones plantæ*, plantes dicotyledones, 39-146

Didymus, *a*, *um*, DIDYME, 43. Deux parties qui n'ont qu'un même point d'insertion, sont didymes. — *Antheræ didymæ*, anthères didymes, *fig.* 13...16, *pl.* IV.

Didynamia, *æ*, DIDYNAMIE, 43-115-186

Difformis, *e*, DIFFORME, inégal en grandeur & en proportion. Il se prend aussi pour signifier le peu de ressemblance qu'une chose a avec une autre chose à laquelle elle devroit ressembler.

Diffusus, *a*, *um*, DIFFUS, SE, ETALÉ, ÉE. — *Diffusa panicula*, panicule diffuse, 130. — *Diffusus caulis*, tige diffuse, 187

Digitatus, *a*, *um*, DIGITÉ, ÉE, 43. — *Digitata folia*, feuilles digitées. *Voyez palmatus*, 60

Digonus, *a*, *um*; il signifie la même chose qu'*anceps*.

Digynia, *æ*, DIGYNIE, 43

Dilatatus, *a*, *um*, DILATÉ, ÉE, OUVERT, TE.

Dilutè-carneus, qui tire sur la couleur de chair. — *Dilutè-purpureus*, qui tire sur le pourpre. — *Dilutè-virescens*, qui tire sur le vert. *Voyez* la page 78.

Dimidiatus, *a*, *um*, d'une façon d'un côté, & d'une autre façon de l'autre. — *Dimidiatum capitulum*, tête arrondie d'un côté, & plate de l'autre, 185. — *Dimidiaté obvestiens*, qui recouvre une chose d'un seul côté.

Dimittens, *tis*, qui pousse au dehors.

Diœcia, *æ*, DIŒCIE, 43. — *Dioici flores*, fleurs dioïques, 79-116. — *Dioicæ plantæ*, plantes dioïques, 146

Dipetalus, *a*, *um*, DIPÉTALE, qui a deux pétales. — *Dipetala corolla*, corolle dipétale, 38-139

Diphyllus, *a*, *um*, DIPHYLLE, qui est de deux pièces, 43. — *Diphyllus calix*, calice diphylle, 22. — *Diphyllum involucrum*, collerette diphylle, 33. — *Diphyllum perianthium*, périanthe diphylle, 137

Dipsasceus, *a*, *um*, DIPSACÉ, ÉE, qui a quelque ressemblance avec le chardon à bonnetier.

Directio, *nis*, DIRECTION, 43

Discoideus, *a*, *um*, qui a plusieurs fleurs portées sur un disque commun.

Discolores paginæ. *Voyez pagina*.

Discus, *ci*, 44. — Disque d'une feuille, 54. — Disque d'une fleur, 163

Dispermus, *a*, *um*, DISPERME, qui a deux semences, 44.— *Disperma bacca*, baie disperme, 10

Dispositio, *nis*, DISPOSITION, 43

Dissectus vel *incisus*, *a*, *um*, INCISÉ peu profondément; quelquefois cependant on le fait synonyme de *laciniatus*.

Disseminatus, *a*, *um*, CLAIR-SEMÉ, ÉE. — *Disseminati flores*, fleurs rares & clair-semées, 83

Dissepimentum, *i*, CLOISON, 32

Distans, *tis*, seu *remotus*, *a*, *um*, DISTANT, TE, qui s'éloigne.

Distichus, *a*, *um*, DISTIQUE, 42, qui est disposé sur deux rangs opposés, ou bien encore qui est à deux étages. — *Distichi rami*, rameaux distiques, 163. — *Disticha folia*, feuilles distiques, 60

Distinctus, *a*, *um*, DISTINCT, TE, qui est très-apparent. — *Distinctæ antheræ*, anthères distinctes, 6

Diurnus, *a*, *um*, qui ne dure qu'un jour au plus. Il se prend aussi pour signifier qui fleurit pendant le jour.

Diurna plantæ, plantes diurnes, 146

Divaricatus vel *remotus*, *a*, *um*, ETALÉ, ÉE, à angles aigus & très-ouverts, 49; il se prend aussi pour ce qui est éloigné, écarté. — *D. varicatus caulis*, tige étalée, 188. — *Divaricati* vel *remoti petioli*, pétioles écartés, 141. — *Divaricati rami*, rameaux étalés, 163

Divergens, *tis*, DIVERGENT, TE, qui s'écarte d'un point quelconque. On l'emploie quelquefois comme synonyme de *patulus*. — *Divergens petiolus*, pétiole divergent, 140. — *Divergentes rami*, rameaux divergens, 163

Divisus, *a*, *um*, DIVISÉ, ÉE en plusieurs parties, 44

Dodecandria, *æ*, DODÉCANDRIE, 44-115

Dodecaphyllus, *a*, *um*, qui est composé de douze pièces.

Dodrans, *dodrantalis*, *is*, qui a un neuf pouces de haut ou environ. — *Dodrans caulis*, 189

Dolabriformis, *e*, qui est en forme de doloir. — *Dolabriformia folia*, feuilles en doloir, 61

Dorsalis, *e*, DORSAL, E, qui s'insère sur le dos d'une chose.

Dorsifer, *a*, *um*, DORSIFÈRE, 44

Dorsum, *i* corollæ, se dit de la partie d'une corolle labiée, à laquelle les filets des étamines sont attachés.

Drupa, *æ*, FRUIT A NOYAU, 89. Il se prend aussi pour le noyau. 125

Drupaceus, *a*, *um*, DRUPACÉ, ÉE, qui porte des fruits à noyau.

Dubius, *a*, *um*, DOUTEUX, SE; ce qui laisse de l'incertitude. — *Dubiæ plantæ*, plantes douteuses, 146

Dulcis, *e*, DOUX, CE. — *Sapor dulcis*, saveur douce, 158

Dumosus, *a*, *um*, qui est couvert de buissons. Il se prend aussi quelquefois pour signifier ce qui est en forme de buisson.

Dumus, *i*, vel *dumetum*, *i*, BUISSON, 18

Duodecemfidus, *a*, *um*, qui est d'une seule pièce, mais fendue en douze parties.

Duplex, *cis*, DOUBLE, 44. — *Duplex bulbus*, bulbe double, 19.— *Duplex calix*, calice double, 22. — *Duplices flores*, fleurs doubles, 79

Duplicatò-dentatus, *a*, *um*, SURDENTÉ, ÉE, qui a des dents dentées elles-mêmes. — *Duplicatò-dentatum folium*, 60

Duplicatò-pinnatus, *a*, *um*, BIPINNÉ, ÉE, ou doublement AILÉ, ÉE, ailé deux fois, 56

Duplicatò-ternatus, *a*, *um*, BITERNÉ, ÉE, ou doublement TERNÉ, ÉE, terné deux fois, 56

Duplicatus, *a*, *um*, DOUBLE, DOUBLÉ, ÉE.

K kk

E.

Eburneus, a, um, qui eſt blanc comme de l'ivoire.

Echinatus, a, um, ECHINÉ, ÉE, hériſſé, armé de pointes ou de piquans. 45

Effoliatio, nis, EFFEUILLAISON, 46

Efflorescentia, æ, FLEURAISON ou FLORAISON, 85

Elaſticus, a, um, ELASTIQUE, qui a du reſſort, qui ſe remet dans ſon premier état, lorſque la compreſſion ceſſe. — *Elaſtica ſubſtantia*, ſubſtance élaſtique, 182

Elementa Botanicæ, ELÉMENS ou PRINCIPES de Botanique, 46-153

Elliptico-ovatus, a, um, OVALE elliptique.

Ellipticus, a, um, ELLIPTIQUE.—*Elliptica folia*, feuilles elliptiques, 60

Emarginatus, a, um, ECHANCRÉ, ÉE, 45. — *Emarginata folia*, feuilles échancrées, 60. *Voyez* l'art. SINUS, 173

Enervis, e, qui eſt ſans nervures. — *Enervia folia*, feuilles ſans nervures, 70

Enneandria, æ, ENNÉANDRIE, 47-115

Enneaphyllus, a, um, qui eſt compoſé de neuf pièces.

Enodis, e, qui n'a pas de nœuds. — *Enodis caulis*, tige ſans nœuds, 191

Enſatus, a, um, vel *enſiformis, e*, ENSIFORME, 47. — *Enſiformia folia*, feuilles enſiformes, 61

Ephemerus, a, um, EPHÉMÈRE, qui eſt de courte durée. — *Ephemeri flores*, fleurs éphémères, 80. — *Ephemeræ plantæ*, plantes éphémères, 146

Epicrocus, a, um, JAUNE, qui a la couleur du ſafran.

Epidermis, is, EPIDERME, 48

Equitans, tis, ſe dit d'une feuille extérieure qui embraſſe entièrement une feuille intérieure.

Equinoxialis, e, EQUINOXIAL, LE. — *Equinoxiales flores*, fleurs équinoxiales, 80-174

Erectus, a, um, qui ſe tient droit, qui eſt redreſſé, 166. — *Erectus petiolus*, pétiole redreſſé, 141. — *Erecta folia*, feuilles droites, 60. — *Erecti flores*, fleurs droites, 79

Ericetus, a, um, qui vient dens les bruyères.

Erinaceus, a, um, ERINACÉ, ÉE, qui a la forme d'un hériſſon. — *Erinaceum pileum*, chapeau doublé de pointes, 29

Erosus, a, um, RONGÉ, ÉE. — *Erosa folia*, feuilles rongées, 69

Esculentus, a, um, qui eſt bon à manger.

Escuſſus, a, um, SECOUÉ, ÉE. — *Excuſſi fructus*, fruits diſperſés.

Essentialis, e, ESSENTIEL, LE, qui ne peut varier, qui conſtitue invariablement la manière d'être d'une choſe, & qui la diſtingue de tout.

Eunuchus, a, um, qui n'eſt pas propre à la fécondation.—*Eunuchi flores*, fleurs neutres, 82

Exasperatus, a, um, RUDE au toucher.

Excavatus, a, um, CREUX, SE. — *Excavatus caulis*, tige creuſe 187,

Exercitatio quotidiana, ROUTINE, 167

Exherens, tis, qui montre, qui fait paroître au dehors.

Exfoliatio, EXFOLIATION, 51

Exoticus, a, um, EXOTIQUE, qui n'eſt point naturel au climat. — *Exoticæ plantæ*, plantes exotiques, 52-146

Exsertus, a, um, qui paroît au dehors, qui ſe montre.

Externus, a, um, EXTERNE, qui eſt en dehors.

Extimus, a, um, ce qui ſe trouve aux extrémités, ce qui eſt le plus haut.

Extrafoliaceus, a, um, qui vient plus haut ou plus bas que les feuilles, ou en dehors des feuilles. — *Extrafoliaceus pedunculus*, 135. *Extrafoliaceæ ſtipulæ*, ſtipules en dehors des feuilles, 179-180

Extravaſatio, nis, EXTRAVASATION, 52. *Voyez auſſi* l'art. GALE, 90

F.

FACIES, ei plantæ, vel *facies exterior plantæ*, PORT d'une plante, 152

Factitus, a, um, FACTICE, qui n'eſt point naturel.

Falcatus, a, um, qui eſt tourné comme un fer de faux.

Falſus, a, um, FAUX, SE.

Familia plantarum, FAMILLES des plantes, 52

Farctus, a, um, FOURRÉ, ÉE, qui forme une touffe, ou qui eſt garni de.

Farinoſus, a, um, FARINEUX, SE, qui eſt comme poudré, 53. — *Farinoſum pileum*, chapeau farineux, 29

Fascicularis, e, *fasciatus* vel *fasciculatus, a, um*, FASCICULÉ, ÉE, qui eſt raſſemblé en faiſceaux, 53. — *Fasciculati flores*, fleurs faſciculées, 80.

Fasciculata folia, feuilles faſciculées, 62. — *Fasciculata radix*, racine faſciculée, 160. — Quelquefois, mais aſſez improprement, on emploie le mot *fasciatus* pour le mot *tænianus*; dans ce ſens, il ſignifie ce qui eſt rubanté. — *Fasciatus caulis*, tige rubanté, 191

Fasciculus, i, FAISCEAU, 52

Faſtigiatus, a, um, FASTIGIÉ, ÉE; ce qui eſt terminé par des rameaux égaux, en hauteur & au même niveau.—*Faſtigiatus caulis*, tige faſtigiée, 188. — *Faſtigiati flores*, fleurs en niveau, 38

Faux, cis, GORGE d'une corolle, 93

Favosus, a, um, ALVÉOLÉ, ÉE. — *Favosum receptaculum*, réceptacle alvéolé, 165

Fecondatio, nis, FÉCONDATION, 55

Fecundus, *a*, *um*, FÉCOND, DE, ou FERTIL, LE.
— *Fecundi flores*, fleurs fertiles, 81

Femineus, *a*, *um*, FEMELLE, qui est du sexe
féminin. — *Feminei flores*, fleurs femelles, 81.
— *Femineæ plantæ*, 147

Ferè, PRESQUE. — *Ferè nudus caulis*, tige presque nue, 190

Ferrugineus, *a*, *um*, FERRUGINEUX, SE, qui est
de couleur de rouille. — *Ferrugineus flos*, 78

Fertilis, *e*, FERTIL, LE. — *Flores fertiles vel fecundi*, fleurs fertiles ou fécondes, 81

Ferulaceæ, *arum*, FÉRULACÉES. On nomme ainsi
les plantes qui ont de l'affinité avec les férules.

Fetidus, *a*, *um*, PUANT, TE, qui sent mauvais.

Fetus vel *fœtus*, *a*, *um*, FÉCONDÉ, ÉE.

Fibra, *æ*, FIBRE. — *Fibræ*, fibres, 74

Fibrosus, *a*, *um*, FIBREUX, SE; ce qui est composé de fibres. — *Fibrosa radix*, racine fibreuse,
160

Figura, *æ*, FIGURE. Il se prend quelquefois pour
forma, pour *habitus*; ce qu'on entend par le
PORT, 152; & quelquefois aussi il se prend
pour *effigies*, *imago*, *icon*. — *Icones plantarum*,
FIGURES ou IMAGES des plantes, 74

Filamentosus, *a*, *um*, FILAMENTEUX, SE, qui
se partage en filets, ou laisse échapper des filets.
— *Filamentosa radix*, racine filamenteuse, 160

Filamentum, *i*, FILET de l'étamine, 49. — *Filamenta*, filets, 74-75-76

Filices, FOUGÈRES; sous cette dénomination,
sont comprises toutes les plantes qui composent, dans l'ordre naturel, la famille des
fougères *Voy.* la note à la fin de ce DICTIONN.

Filiformis, *e*, FILIFORME, 76. — *Filiformis pedunculus*, pédoncule filiforme, 134. — *Filiformes antheræ*, anthères filiformes, 7. — *Filiformia folia*, feuilles capillaires ou filiformes,
57-62. — *Filiformia filamenta*, filets capillaires, 74

Fimbriatus, *a*, *um*, FRANGÉ, ÉE. 86

Fimerarius, *a*, *um*, qui vient sur le fumier.

Fissus, *a*, *um*, FENDU, UE, divisé par des fentes
linéaires, 53. On a fait delà *bifidus*, *trifidus*,
quadrifidus, *quinquefidus*, *sexfidus*, *multifidus*.
Voyez ces mots. — *Fissa folia*, feuilles fendues, 62

Fistulosus, *a*, *um*, FISTULEUX, SE, 76. — *Fistulosus caulis*, tige fistuleuse, 188

Flaccidus, *a*, *um*, vel *debilis*, *e*, FOIBLE,
FLASQUE, FANNÉ, qui est aisément entraîné
par son propre poids. — *Flaccidus pedunculus*,
pédoncule foible, 134. — *Flaccidus caulis*,
tige lâche, 190

Flammeus, *a*, *um*, qui est de couleur de feu ou
de flamme.

Flavus, vel *luteus*, *a*, *um*, JAUNE, qui est de
couleur jaune. — *Flavus flos*, fleur jaune, 78

Flexuosus, *a*, *um*, COUDÉ plusieurs fois, ou TOR-
TUEUX, SE, 194, qui va en serpentant, en
zig-zag: quelquefois aussi, mais à tort, on le
fait synonyme de *volubilis*.—*Flexuosus caulis*,
tige en zig-zag, 188

Flexus, *a*, *um*, COUDÉ une seule fois, ou PLIÉ, ÉE,
149

Floralis, *e*, FLORAL, LE, qui appartient à la
fleur. — *Florales spinæ*, épines florales, 49. —
Floralia folia, feuilles florales, 62

Florescens, *tis*, qui fleurit.

Floribundus, *a*, *um*, qui donne des fleurs apparentes.

Florifer, *a*, *um*, qui porte des fleurs ou qui est
destiné à en porter.—*Florifera gemma*, bouton
à fleurs, 17

Flos, *ris*, FLEUR. — *Flores*, fleurs, 76

Flosculosus, *a*, *um*, FLOSCULEUX, SE. — *Flores
flosculosi*, fleurs flosculeuses, 81

Flosculus, *i*, FLEURON, 76

Fluviatilis, *e*, FLUVIATILE, qui vient dans les
fleuves.

Foliaceus, *a*, *um*, qui a la forme d'une feuille,
qui ressemble à une feuille. *Foliaceum stigma*,
stigmate feuillé, ou en forme de feuille, 177

Foliarius, *a*, *um*, & mieux *foliaris*, *e*, FOLIAIRE,
qui appartient aux feuilles. — *Foliaris pedunculus*, pédoncule foliaire, 134. — *Foliares
spinæ*, épines foliaires, 49.—*Foliaris cirrhus*,
vrille foliaire, 210

Foliatio, *nis*, FOLIATION ou FEUILLAISON, 85

Foliatus, *a*, *um*, FEUILLÉ, ÉE, garni de feuilles.
—*Foliatus pedunculus*, pédoncule feuillé, 133.
Foliatus caulis, tige feuillée, 188

Foliiferus vel *foliifer*, *a*, *um*, qui porte des
feuilles, ou qui est destiné à en porter. — *Foliifera gemma*, bouton à feuilles, 17

Foliolum, *i*, FOLIOLE. — *Foliola*, folioles, 85

Folium, *ii*, FEUILLE. — *Folia*, feuilles, 53

Folliculus, *i*, FOLLICULE ou COQUE, 35

Fongositas, *tis*, FONGOSITÉ, 86

Fontinalis, *e*, qui vient dans les fontaines.

Foraminulosus, *a*, *um*, PERCÉ d'un grand nombre de petits trous.

Foratus, *a*, *um*, CREUSÉ ou PERCÉ, ÉE.

Forma, *æ*; c'est la forme, la figure extérieure
d'un corps quelconque, 86; il se prend aussi
pour le PORT, 152

Fornicatus, *a*, *um*, VOUTÉ, ÉE.

Fragilis, *e*, FRAGILE, qui se rompt aisément &
sans plier.—*Fragilis substantia*, 182

Fragrans, *tis*, qui flatte, qui cause une sensa-
tion agréable. — *Fragrans odor*, odeur douce
& agréable, 158

Frigidus, *a*, *um*, FROID, DE, *Frigidæ plantæ*;
On nomme ainsi les plantes naturelles aux
pays froids.

Frequens, *tis*, FRÉQUENT, TE: il s'emploie quelquefois comme synonyme de *vulgaris*, &
quelquefois comme l'opposé de *rarus*.

Frondescens, *tis*, qui commence à se garnir de
feuilles.

Frondescentia, *æ*, FOLIATION ou FEUILLAI-
SON, 85

Frons, *dis*, FEUILLAGE. Linnæus emploie le
mot *frons*, pour signifier une espèce de
tronc entouré de feuilles ou de rameaux réunis.

Fructescentia, *æ*, MATURATION, 108

Fructifer, *a*, *um*, qui rapporte du fruit, ou qui est destiné à en produire. — *Fructifera gemma*, bouton à fruits, 17. — *Fructiferi rami*, branches à fruits, 18

Fructificatio, *nis*, FRUCTIFICATION, 86

Fructus, *ús*, FRUIT, 89

Frumentaceus, *a*, *um*, FRUMENTACÉ, ÉE, qui a du rapport avec les bleds.

Frustraneus, *a*, *um*; ce qui peut tromper; il signifie aussi FAUX, SE. — *Polygamia frustranea*, polygamie fausse.

Frutescens, *tis*, vel *suffruticosus*, *a*, *um*, SOUS-LIGNEUX, SE, 174

Frutex, *cis*, vel *planta fruticosa*, ARBRISSEAU, 144. — *Frutices*, arbrisseaux, 8

Fruticosus, *a*, *um*, LIGNEUX, SE. — *Fruticosus caulis*, tige ligneuse, 190. — *Fruticosa radix*,

racine ligneuse, 161. — *Fruticosa planta*, 144

Fulcra, *orum*, SUPPORTS, 183

Fulcratus, *a*, *um*, qui a des supports. — *Fulcrati rami*, rameaux à supports; quand ils ont pour supports des vrilles, on les appelle *rami cirrhosi*, 163. — *Fulcratus caulis*, tige à supports, 186

Fulvus, *a*, *um*, qui est de couleur fauve. — *Fulvus color*, 78

Furcatus vel *furcus*, *a*, *um*, FOURCHU, UE. On fait *bifurcus*, synonyme de *furcatus*.

Fuscus, *a*, *um*, vel *nigricans*, *tis*, BRUN, NE, bistré ou plombé, qui est d'une couleur mêlée de noir & de jaune, ou qui a quelque ressemblance avec la suie. — *Fuscus flos*, 78

Fusiformis, *e*, FUSIFORME, 90. — *Fusiformis stipes*, pédicule fusiforme, 132. — *Fusiformis radix*, racine fusiforme, 160

G.

GALEA, *Æ*, CASQUE, 26

Galeatus, *a*, *um*, qui est en forme de casque. On nomme *flores galeati*, les fleurs en masque.

Geminus, vel *gemineus*, seu *geminatus*, *a*, *um*, GÉMINÉ, ÉE, deux par deux, 90. — *Geminæ bracteæ*, bractées géminées, 17. — *Geminæ stipulæ*, stipules géminées, 179. — *Gemina folia*, feuilles binées ou géminées, 56-62. — *Geminati pedunculi*, pédoncules géminés, 156

Gemma, *æ*, BOUTON ou BOURGEON, 17

Gemmatio, seu *gemnatio*, *nis*, CONSTRUCTION des boutons.

Gemmiparæ plantæ. On appelle plantes gemmipares, toutes celles qui portent des boutons aux aisselles de leurs feuilles.

Generatio, *nis*, GÉNÉRATION, 91

Genericus, *a*, *um*, GÉNÉRIQUE, qui appartient au genre, ou qui détermine le genre, 91

Geniculatus, *a*, *um*, GENOUILLÉ ou GÉNICULÉ, ÉE. — *Geniculata filamenta*, filets géniculés, 75. — *Geniculatus caulis*, tige genouillée, 189

Genitalis, *e*, GÉNITAL, LE, destiné à la génération.

Genitura, *æ*. Quelquefois il s'emploie comme synonyme de *generatio*; mais le plus souvent il désigne une nouvelle production.

Gens, *tis*, RACE. — *Gens plantarum*, se prend pour une famille de plantes.

Genus, *ris*, GENRE. — *Genus plantarum*, genre des plantes, 91

Germen, *nis*, OVAIRE, 47-129. Il se prend aussi quelquefois pour le rudiment de la graine contenu dans l'ovaire, ou pour l'embryon de la plante contenu dans la graine.

Germinatio, *nis*, GERMINATION, 92

Gibbus, *a*, *um*, RENFLÉ, ÉE. — *Folia gibba*, feuilles renflées, 68

Gilvus, *a*, *um*, CENDRÉ, ÉE, qui est de couleur grise, & comme cendrée. — *Flos gilvus*, 78

Glaber, *ra*, *rum*, GLABRE, qui n'a ni duvets, ni

poils. — *Glaber petiolus*, pétiole glabre, 140 — *Glabra margo*, bords glabres, 13. — *Glabra folia*, feuilles glabres, 63

Glabretus, *a*, *um*, qui vient dans les terrains arides & découverts.

Gladiatus, *a*, *um*, GLADIÉ, ÉE ou ENSIFORME, 92. — *Gladiata folia*, feuilles gladiées, 61-63.

Glandula, *æ*, GLANDE. — *Glandulæ*, glandes, 92

Glandulatio, *nis*, DISPOSITION des glandes.

Glandulosus vel *glandulifer*, *a*, *um*, GLANDULEUX, SE, 92. — *Glandulosa folia*, feuilles glanduleuses, 63

Glaucus vel *glaucinus*, *a*, *um*, GLAUQUE, qui est d'un vert blanchâtre, d'un vert de mer. — *Glauca folia*, feuilles glauques, 63. — *Glaucus flos*, fleur glauque, 78

Globosus, vel *globulosus*, *a*, *um*, seu *globularis*, *e*, GLOBÉ, ÉE, ou GLOBULEUX, SE, qui est en forme de globule, ou qui est chargé de globules. — *Globosa capsula*, capsule globuleuse, 24. — *Globosa radix*, racine globuleuse, 160. *Globosum semen*, semence globuleuse, 170

Glochides pili, POILS doubles & courbés en hameçon, 150

Glomeratus, *glomerulatus*, vel *conglomerulatus*, *a*, *um*, GLOMÉRÉ, GLOMÉRULÉ, ou CONGLOMÉRÉ, ÉE, qui est ramassé en tête. — *Glomerulati flores*, fleurs glomérulées, 81-83-92

Gluma, *æ*, BALE, 10

Glumosus vel *glumaceus flos*, fleur glumacée, assemblage de plusieurs fleurs réunies dans une bale commune.

Gluten, *nis*, HUMEUR tenace comme de la glu.

Glutinositas, *tis*; qualité résultante de la présence du gluten.

Glutinosus, vel *viscidus*, seu *viscosus*, *a*, *um*, GLUANT, TE, VISQUEUX, SE, 92. — *Folia glutinosa*, feuilles visqueuses, gluantes, 73

Gracilis, *e*, GRÊLE, 96

Gramina

Gramina, *num*, se prend pour les semences de toutes les plantes graminées, comme le froment, le seigle, l'orge, qui composent la famille naturelle des graminées, *gramineæ*.

Graminifolius, *a*, *um*, qui porte des feuilles qui ressemblent à celle des plantes graminées.

Grandiflorus, *a*, *um*, qui a de grandes fleurs.

Granulatus, *a*, *um*, GRANULÉ, ÉE, qui est composé de parties qui ressemblent à des grains.

Graveolens, *tis*, qui a une odeur forte.

Grumosus, *a*, *um*, GRUMELEUX, SE, 96. — *Grumosa radix*, racine grumeleuse, 161

Gullioca, *æ*, BROU, mais il est vieux, 18

Gummi, *vel gummis*, *is*, GOMME, 92

Gummi-resina, *æ*, GOMME-RÉSINE, 93

Gymnospermia, *æ*, GYMNOSPERMIE, 96

Gynandria, *æ*, GYNANDRIE, 96-116

H.

Habitatio, *nis plantarum*, s'emploie pour signifier le lieu où croit naturellement une plante.

Habitualis, *e*, HABITUEL, LE, qui dépend de la forme, du port considéré en général.

Habitus, *ûs plantæ*, PORT d'une plante, 151

Hamiplantæ, *arum*, HAMIPLANTES, 97

Hamosus, *a*, *um*, COURBÉ, ÉE en hameçon. — *Pili hamosi. Voyez* AGRAFFES & POILS crochus, 2-150

Hamulosus, *a*, *um*, qui a la forme d'un petit hameçon.

Hamus, *i*, HAMEÇON, crochet, agraffe. *Hami*, agraffes, 2-40

Hastatus, *a*, *um*, HASTÉ, ÉE, qui a la forme d'un fer de pique, 97. — *Hastata folia*, feuilles hastées, 63

Hemisphericus, *a*, *um*, qui n'est convexe que d'un côté.

Heptandria, *æ*, HEPTANDRIE, 97-115

Herba, *æ*, HERBE, 97

Herbaceus vel herbosus, *a*, *um*, HERBACÉ, ÉE, ou HERBEUX, SE. *Herbaceus caulis*, tige herbacée, 190

Herbarium, *ii*, HERBIER, 98

Herborarius, *ii*, HERBORISTE, 101

Herborisatio, *nis*, HERBORISATION, 101

Hermaphroditus, *a*, *um*, HERMAPHRODITE, qui est de deux sexes, 102. — *Hermaphroditi flores*, fleurs hermaphrodites, 81

Hexagynia, *æ*, HEXAGYNIE, 102

Hexandria, *æ*, HEXANDRIE 102-115

Hexapetalus, *a*, *um*, HEXAPÉTALE, qui a six pétales. — *Hexapetala corolla*, corolle hexapétale, 38

Hexaphyllus, *a*, *um*, HEXAPHYLLE, qui est composé de six pièces distinctes. — *Hexaphyllum involucrum*, collerette hexaphylle, 33

Hians, *tis*, BAILLANT, TE, qui est entr'ouvert.

Hilum, *i*, c'est en général l'ombilic des graines.

Hircinus vel hircosus, *a*, *um*, qui a quelque rapport avec la forme ou l'odeur du bouc. — *Hircinus odor*, odeur de bouc.

Hirtus, *hirsutus*, *a*, *um*, VELU, UE, qui est couvert de poils distincts, mais qui ne sont ni durs, ni mous. *Voyez* l'art. POILS, 149

Hispidus, *a*, *um*, HÉRISSÉ, ÉE, qui est recouvert de poils rudes & fragiles. Quelquefois, mais à tort, on le fait synonyme d'*hirtus*. *Voyez* l'art. POILS, 149

Hiulcans, *tis*, qui fait entr'ouvrir, qui fait bâiller.

Hiulcus, *a*, *um*, qui est entr'ouvert.

Holeraceus, *a*, *um*, *Voyez* oleraceus.

Horarius, *a*, *um*, qui ne dure qu'une heure.

Horæus, *a*, *um*, qui vient en été. — *Horæi fructus*, fruits d'été.

Horizontalis, *e*, HORIZONTAL, LE. — *Horizontalis radix*, racine horizontale, 161. — *Horizontalia folia*, feuilles horizontales, 63

Horologium, *ii Floræ*, HORLOGE de Flore, 102

Horsum versum, de côté & d'autre.

Hortus, *ûs*, JARDIN, 104

Humidus, *a*, *um*, *vel humens*, *tis*, HUMIDE, ce dont la superficie est mouillée. — *Humidum pileum*, chapeau humide, 29

Humifusus, *a*, *um*, COUCHÉ, ÉE par terre.

Humilis, *e*, qui s'élève peu.

Humor, *ris plantarum*, se prend pour la sève, 171

Humus, *i*, c'est la partie de la terre, la plus propre à fournir aux plantes les premiers sucs nécessaires à leur développement.

Hyalinus, *a*, *um*, qui est sans couleur, & qui a la transparence du verre ou de l'eau. — *Flos hyalinus*, 78

Hybernaculum, *i*, ABRI pour l'hiver. Linnæus comprend en général sous cette dénomination, ce qui sert d'abri aux parties délicates des plantes, comme les boutons, les cayeux. *Voyez* l'art. BOUTONS, 17

Hybernalis, *e*, HIVERNAL, LE, qui vient en hiver. — *Hybernales flores*, 81

Hybridus, *a*, *um*, HYBRIDE ou POLYGAME. — *Hybridæ plantæ*, plantes hybrides ou polygames, 146

Hypocrateriformis, *e*, HYPOCRATÉRIFORME, qui est en forme de bassin ou de soucoupe.

I.

Icones plantarum, FIGURES des plantes, 74

Icosandria, *æ*, ICOSANDRIE, 102-115

Imberbis, *e*, qui est sans barbe, sans poils.

Imbibitio, *nis*, IMBIBITION, 103

Imbricans, *tis*, ce qui recouvre une partie quelconque, à peu près dans le même ordre que des tuiles recouvrent un toit.

Imbricatus, *a*, *um*, EMBRIQUÉ ou TUILÉ, ÉE,

qui eſt recouvert de parties diſpoſées à peu près comme des tuiles ſur un toit.—*Imbricatus calix*, calice embriqué, 22. — *Imbricata folia*, feuilles embriquées ou tuilées, 60.— *Imbricatus caulis*, tige embriquée, 188

Immutabilis, *e*, qui ne change point de forme.

Impari, vel cum impari pinnatus, a, um, AILÉ, ÉE avec une impaire. — *Impari pinnata folia*, feuilles ailées avec une impaire, 55

Imperfectus, a, um, IMPARFAIT, TE, 103

Improprius, a, um, IMPROPRE. — *Improprius annulus*, collet impropre, 33

Inapertus, a, um, qui n'eſt pas ouvert, qui eſt creux, mais ſans ouverture.

Inæqualis, e, INÉGAL, LE, 103. — *Inæqualis margo*, bords inégaux, 13. — *Inæqualia filamenta*, filets inégaux, 75. — *Inæquales pedunculi*, pédoncules inégaux, 136

Inæquivalvatus, a, um, & mieux *inæquivalvis, e*, qui eſt compoſé de valves inégales ; il eſt oppoſé à *æquivalvis*.

Inanis, e, qui eſt vide, qui n'eſt pas exactement rempli, ou qui n'eſt rempli que d'une ſubſtance molle. — *Inanis caulis*, tige ſpongieuſe, 192

Incanus, a, um, qui eſt recouvert de poils blanchâtres qui donnent un aſpect argenté. — *Incanus flos*, 78

Incarcerans, tis, qui renferme, qui tient caché.

Incarnatus, a, um, qui eſt de couleur de chair. — *Incarnatus flos*, 78

Incisus, a, um, INCISE, ÉE, qui eſt découpé peu profondément. Quelquefois cependant on le fait ſynonyme de *laciniatus*.

Inclinatus vel inflexus, a, um, qui s'élève obliquement, & ſe rapproche de la tige par ſon extrémité ſupérieure. *Voyez inflexa folia*, feuilles obliques, 65

Includens, tis, qui renferme.

Incompletus, a, um, INCOMPLET, TE. — *Incompletus vel ſecundus verticillus*, verticile incomplet, 208. — *Incompleti flores*, fleurs incomplètes, 79.— *Incompletum piſtillum*, piſtil incomplet, 143. — *Incompleta volva*, volva incomplet, 209

Inconspicuus, a, um, qui n'eſt pas bien apparent.

Incraſſatus, a, um, EPAISSI, IE, qui augmente ſenſiblement depuis une extrémité juſqu'à l'autre. — *Incraſſatus pedunculus*, pédoncule épaiſſi, 133

Incrementum, i, ACCROISSEMENT, AUGMENTATION. — *Plantarum incrementum*, accroiſſement des plantes, 1

Incumbens, tis, ce qui eſt comme ſuſpendu. Linnæus appelle *anthera incumbens vel verſatilis*, une anthère qui eſt vacillante, parce qu'elle eſt attachée par le côté au filet, comme celles des *fig. 12, 14, 17, pl. IV*. Il appelle *anthera erecta*, celle qui eſt attachée par ſa baſe au filet, comme celles des *fig. 5, 6, 7* repréſentent.

Incurvatus vel incurvus, a, um, qui ſe recourbe en dedans, mais qui a peu d'ouverture. —

Incurvi aculei, aiguillons courbés en dedans, 3. — *Incurvata capſula*, capſule courbée en dedans, 24. — *Incurvata folia*, feuilles courbées en dedans, 59

Indigenus, a, um, INDIGÈNE, 103. — *Indigenæ plantæ*, plantes indigènes, 52-146

Individuum, i, INDIVIDU, 103

Indiviſus, a, um, qui n'eſt point diviſé, qui n'a aucunes diviſions ſenſibles.

Indureſcens, tis, qui ſe durcit, & devient coriace. — *Indureſcentes ſtipulæ*, ſtipules dures, 179

Inermis, e, vel *muticus, a, um*, qui eſt ſans épines ou ſans arêtes.

Inferus, a, um, INFÉRIEUR, RE. — *Inferus calix*, calice inférieur, 22.— *Infera corolla*, corolle inférieure, 37.— *Inferum germen*, ovaire inférieur, 129

Infernè, en bas, par le bas ; *ſupernè*, vers le haut.

Infimus, a, um; ce qui eſt le plus bas, ce qui eſt le plus près de la terre. Il eſt oppoſé à *extimus*.

Inflatus, a, um, RENFLÉ, ÉE, VÉSICULEUX ou VÉSICULAIRE. — *Inflatum legumen*, légume renflé & véſiculaire, 93

Inflexus, a, um, qui s'élève obliquement en formant l'arc à ſon ſommet, & en ſe rapprochant de la tige. — *Inflexa folia*, feuilles courbées en dedans, 59-65-68

Inflorescentia, æ, FLORAISON, 85

Infundibuliformis, e, INFUNDIBULIFORME, qui a la forme d'un entonnoir. — *Infundibuliforme pileum*, chapeau infundibuliforme, 29. — *Infundibuliformis corolla*, corolle infundibuliforme, 37

Inodorus, a, um, INODORE, qui n'a pas d'odeur, 103

Inſerere vel inoculare, ſe prend ici pour greffer ou enter. *Voyez* les procédés les plus uſités dans l'art de la greffe, p. 94 & ſuiv.

Inſertio, nis, INSERTION, 103. Il ſe prend auſſi pour l'opération de la greffe.

Inſertus, a, um, INSÉRÉ, ÉE ſur. Lorſque la partie inſérée n'eſt que comme collée ſur la partie qui la reçoit, on ſe ſert du mot *inſerus vel adhærens*. Lorſque cette partie fait corps avec celle ſur laquelle elle a ſon point d'inſertion, on emploie le mot *cohærens vel adnatus*. *Voyez* pétiole adhérent, 139, pétiole cohérent, 140

Inſidens, tis, qui repoſe ſur une choſe quelconque.

Inſignitus, a, um, REMARQUABLE par.

Inſtructus, a, um, qui eſt garni, pourvu d'une choſe quelconque. — *Villis inſtructus caulis*, tige garnie de poils.

Integer, ra, rum, ENTIER, RE. — *Integra folia*, feuilles entières, 61

Integerrimus, a, um, TRÈS-ENTIER, RE. — *Integerrima folia*, feuilles très-entières, 72. — *Integerrimæ bracteæ*, bractées très-entières, 18. —*Integerrimum petalum*, pétale très-entier, 139

Interceptus, a, um; ENTRECOUPÉ, ÉE.

Interfoliaceus, a, um, qui vient parmi les feuilles. — *Interfoliaceus pedunculus*, 135

Intermedius, a, um, INTERMÉDIAIRE, qui se trouve entre deux choses, & qui empêche qu'elles se touchent.

Internodium, ii, ENTRE-NŒUD, espace compris entre deux nœuds.

Internus, a, um, interne, qui est en dedans.

Interpositus, a, um, qui se trouve parmi ou entre plusieurs choses, & qui les sépare.

Interruptè pinnatus, a, um, AILÉ, ÉE avec interruption. — *Interruptè pinnata folia*, feuilles ailées avec interruption, 55

Interruptus, a, um, qui est interrompu, qui n'est pas continu dans la disposition de ses parties.

Intimus, a, um, qui se trouve au centre.

Intorsio, nis; c'est l'état d'une chose qui est entortillée.

Intrafoliaceus, a, um, qui vient entre les feuilles ou en dedans des feuilles. — *Intrafoliaceæ stipulæ*, stipules en dedans des feuilles, 179

Intùs vel introrsùm, en dedans; il est opposé à *extrorsùm*.

Intus-susceptio, nis, INTUS-SUSCEPTION; c'est l'introduction au dedans des plantes, des sucs nécessaires à leur accroissement.

Inundatus, a, um, qui est submergé, qui reste caché sous l'eau. Il est opposé à *natans*.

Invertens, tis; ce qui replie un corps dans un sens opposé, ou qui le force à se replier.

Involucellum, i, pour *involucrum partiale*, COLLERETTE partielle. *Voyez* COLLERETTE, 32

Involucratus, a, um; ce qui est entouré d'une enveloppe. — *Involucratus verticillus*, verticille colleté, 208

Involucrum, i. On donne assez communément ce nom à toutes espèces d'enveloppes; cependant, quand on trouve le mot *involucrum* seul, il signifie presque toujours collerette, 32

Involutus, a, um, ROULÉ, ÉE en dedans ou en dessus, 167. — *Involuta margo*, bords roulés en dessus, 14. — *Involuta folia*, feuilles roulées en dessus, 69-167

Involvens, tis, qui enveloppe une chose en s'entortillant autour d'elle.

Irregularis, e, IRRÉGULIER, RE, 104. — *Irregularis corolla*, corolle irrégulière, 37 — *Irregularia filamenta*, filets irréguliers, 75.

Irritabilitas, tis plantarum, IRRITABILITÉ des plantes, 172

Juliferus, a, um, qui porte des chatons. — *Juliferi arbores*, arbres amentacés ou à chatons.

Julus, i, vel *amentum, i*, CHATON, 31

L.

Labiatus, a, um, LABIÉ, ÉE, qui est à deux lèvres. — *Labiata corolla*, corolle labiée, corolle en gueule, 97. — *Labiati flores*, fleurs labiées. *Voyez* FLEURS en mufle, 80

Labium, ii, LÈVRE. — *Labia* vel *labiæ*, se prend pour les lèvres d'une corolle monopétale, lorsqu'elle est irrégulière, & qu'elle représente un mufle à deux lèvres, 105

Labyrinthiformis, e, LABYRINTHIFORME, qui est tortueux comme les routes d'un labyrinthe.

Lacerus, a, um, ce qui est comme déchiré, ou ce dont les bords sont divisés irrégulièrement par des segmens difformes. — *Lacera folia*, feuilles déchirées, 59

Laciniæ, arum; ce sont des espèces de lanières qui partagent plus ou moins profondément une partie quelconque, considérée comme étant d'une seule pièce.

Laciniatus, a, um, LACINIÉ, ÉE, ou DÉCHIQUETÉ, ÉE; ce qui est profondément découpé en plusieurs parties, dont chaque partie est encore découpée sans ordre. — *Laciniata margo*, bords laciniés, 14. — *Laciniata folia*, feuilles déchiquetées, laciniées, 59-63

Lactescens, tis, vel *lactifluus, a, um*, LACTESCENT, TE, LAITEUX, SE, qui donne du lait. — *Lactescens pileum*, chapeau laiteux. 29. *Lactescentes plantæ*, plantes lactescentes, 146

Lacteus, albus vel *niveus, a, um*, qui est blanc comme du lait.

Lacunosus, a, um, LACUNEUX, SE, qui a des lacunes, des vides remarquables.

Lacustris, e, LACUSTRE, qui vient dans les lacs. — *Lacustres plantæ*, plantes lacustres, 145

Lævis, e, UNI, IE, 106. — *Lævis margo*, bords lisses, 14. — *Læve pileum*, chapeau lisse, 29. *Lævia folia*, feuilles lisses, 63

Lamellatus vel *lamellosus, a, um*, LAMELLÉ, ÉE, 105. — *Lamellatum pileum*, chapeau lamellé ou doublé de feuillets, 28

Lamina; æ, LAME d'un pétale, 105. On se sert aussi du mot *Lamina* pour désigner ces espèces de feuillets qui tapissent la surface interne des chapeaux des agarics. — *Laminæ*, FEUILLETS des agarics, 73

Lanatus, lanuginosus vel *laniger, a, um*, LAINÉ ou DRAPÉ, ÉE, 105. — *Lanata superficies*, superficie laineuse, 150. — *Lanata margo*, bords laineux, 14. *Voyez* l'art POILS, 149

Lanceolatus, a, um, LANCÉOLÉ, ÉE, qui est terminé en pointe aux deux extrémités, 105. — *Lanceolata folia*, feuilles lancéolées, 63

Laterifolius, a, um, qui vient sur le côté des feuilles. — *Flores laterifolii*, fleurs insérées sur le côté des feuilles, ou sur le côté de leur pétiole.

Latifolius, a, um, qui est à larges feuilles.

Latitans, tis, qui se cache, qui est caché.

Latus, ris, CÔTÉ. — *Latera folii*, côtés d'une feuille, 54

Lateralis, e, LATÉRAL, LE, qui vient sur le côté, 105. — *Lateralis stipes*, pédicule latéral, 131. — *Lateralis spica*, épi latéral, 48. — *Laterales bracteæ*, bractées latérales, 18

Laxus, a, um, LACHE, qui n'est pas serré, 104. On en a composé les mots *laxè-ramosus, a, um, laxè-spicatus, laxè imbricata*, &c.

Legumen, is, LÉGUME ou GOUSSE, 93

Leguminosus, a, um, LÉGUMINEUX, SE, 105. — *Leguminosi flores*, fleurs légumineuses, 82

Lenticularis, e, LENTICULAIRE, 105. — *Lenticulares glandulæ*, glandes lenticulaires, 92

Liber, ri, LIBER ou LIVRET, 105-106

Liber, ra, rum, LIBRE, 105. — *Libera filamenta*, filets libres, 75

Lignifer, a, um, qui rapporte du bois, ou qui est destiné à en produire. — *Ligniferi rami*, branches qui ne donnent que du bois, 18

Lignosus, a, um, qui a la consistance du bois, LIGNEUX, SE, 106. — *Lignosa substantia*, substance ligneuse, 183

Lignum, i, BOIS, 12

Ligulatus, a, um, LIGULÉ, ÉE, qui est en languette, 106. — *Ligulati flores*, fleurs ligulées, 106. — *Ligulata corollula*, demi-fleuron, 42. — *Ligulata folia*, feuilles ligulées, 63

Liliaceus, a, um, LILIACÉ, ÉE. — *Liliacei flores*, fleurs liliacées ou fleurs en lis, 82

Limbus, i, LIMBE, 106

Linea alba, LIGNE blanche qu'on remarque sur toute la longueur de quelques feuilles. — *Folium lineâ albâ notatum.*

Linearis, e, LINÉAIRE, étroit comme un fil, 106. *Linearis pedunculus*, pédoncule linéaire, 134. — *Linearia folia*, feuilles linéaires, 63. — *Linearis petiolus*, pétiole linéaire, 141. Quelquefois aussi on emploie le mot *linearis*, pour signifier ce qui n'a qu'une ligne de hauteur, 189

Lineatus, a, um; ce qui est marqué de lignes qui ne sont ni creusées, ni relevées en bosse. — *Lineata folia*, feuilles marquées de lignes, 64

Linguiformis, e, vel *ligulatus seu lingulatus, a, um*, LIGULÉ, ÉE, qui a la forme d'une langue. *Linguiformia folia*, feuilles ligulées, 63

Litoralis, e, qui vient sur les bords des rivières, des fleuves. Il s'emploie plus souvent pour désigner ce qui vient sur les bords de la mer.

Lividus, a, um, LIVIDE, PLOMBÉ, ÉE. — *Lividus color*, couleur plombée.

Lobatus, a, um, LOBÉ, DIVISÉ, ÉE profondément en plusieurs parties distantes. On en a composé *bilobus, trilobus, quadrilobus, quinquelobus, multilobus.* — *Lobata folia*, feuilles lobées, 64

Lobus, i, LOBE. On distingue ceux des semences d'avec ceux des pétales, des feuilles, &c. 106

Loculamentum, i, BOITE, étui, trou, loge.

Loculus, i, BOURSE, étui.

Locus, i insertionis, se prend pour le lieu de l'insertion, la place qu'occupe une chose qui s'insère sur une autre.

Locusta, æ, vel *spicula, æ*, EPILET, petit épi, 49.

Longifolius, a, um, qui porte de longues feuilles.

Longissimus, a, um, TRÈS-LONG, UE. — *Longissimus petiolus*, pétiole très-long, 141. — *Longissimus pedunculus*, pédoncule très-long, 136. — *Longissima folia*, feuilles très-longues, 72. — *Longissima filamenta*, filets très-longs, 76

Longus, a, um, LONG, UE, 107. — *Longus pedunculus*, pédoncule long, 134. — *Longus petiolus*, pétiole long, 141. — *Longus stylus*, style long, 181

Lucidus, a, um, BRILLANT, LUISANT, TE. — *Lucida folia*, feuilles luisantes, 64

Lumen, nis, LUMIÉRE, 107

Lunatus vel *Lunulatus, a, um*, LUNULÉ, ÉE, 107. *Lunata folia*, feuilles lunulées, 64. — *Lunulatæ siliculæ*, silicules lunulées, 172

Luridus, a, um, qui est d'un jaune pâle. — *Luridus flos*, 78

Lutescens, tis, qui tire sur le jaune. — *Lutescens flos*, 78

Luteus vel *flavus, a, um*, JAUNE, qui est de couleur jaune. — *Luteus flos*, 78

Luxurians, antis. On appelle *flos luxurians*, une fleur dont les organes de la fructification sont changés en pétales. *Voyez* FLEURS pleines, 82

Lyratus, a, um, LYRÉ, ÉE, 107. — *Lyrata folia*, feuilles lyrées, 64. Ses composés sont *lyratodentatus, a, um*, denté en lyre. — *Lyrato-pinnatus*, ailé en forme de lyre.

M.

Maceratio, nis, MACÉRATION, 107

Maculatus, a, um, TACHÉ, ÉE. — *Albò-maculatus*, taché de blanc. — *Nigrò-maculatus*, taché de noir.

Mammosus, a, um, MAMELONNÉ, ÉE, 108. — *Mammosum pileum*, chapeau mamelonné, 29

Manifestus, a, um, qui est en évidence, qui est très-apparent.

Marescens vel *marcescens, tis*, qui se flétrit ou qui est flétri. — *Marescentes flores*, fleurs flétries, 81. — *Stylus marcescens*, style flétri, 181.

Margo, inis, BORDS, BORDURE, 12. On le fait masculin ou féminin *ad libitum*.

Marginatus, a, um, qui a un rebord saillant.

Marinus, a, um, qui vient en pleine mer.

Maritimus, a, um, qui vient sur les bords de la mer. — *Maritimæ plantæ*, 145

Mas, ris, MÂLE, 108. — *Flores mares* vel *masculi*, fleurs mâles, 82-147

Masculus, a, um, MÂLE, qui est du sexe masculin. — *Masculi flores*, fleurs mâles, 82

Maturus, a, um, MUR, RE, 123

Medicinalis,

Medicinalis, *e*, MÉDICINAL, LE. — *Medicinales plantæ*, plantes médicinales, 146-156

Mediocris, *e*, ce qui, comparé à telle ou telle partie, est de grandeur ou de grosseur médiocre. — *Mediocris petiolus*, pétiole médiocre, 141

Medius, *a*, *um*, MOYEN, NE, ou MÉDIAT, TE. — *Medius pedunculus*, pédoncule médiat, 134

Medulla, *æ*, MOELLE, 120

Mellifer, *a*, *um*, qui porte le miel.

Membranaceus, *a*, *um*, MEMBRANEUX, SE, 108. — *Membranacea margo*, bords membraneux, 14. — *Membranacea folia*, feuilles membraneuses, 64. — *Membranaceus petiolus*, pétiole membraneux, 141

Menstruus, *a*, *um*, qui se renouvelle à chaque mois.

Meteoricus, *a*, *um*, MÉTÉORIQUE. — *Flores meteorici*, fleurs météoriques, 82-174

Methodus Botanica, MÉTHODE BOTANIQUE, 108. — Exposition de la méthode de TOURNEFORT, 110, 114. — Exposition du système sexuel de LINNÆUS, 115-120

Miliaris, *e*, MILIAIRE, 120

Mimosus, *a*, *um*, MIMEUX, SE, 120

Miniatus, *a*, *um*, qui est d'un rouge de vermillon.

Minutissimus, *a*, *um*, qui est très-menu, très-fin.

Mixtus, *a*, *um*, qui est composé de plusieurs choses différentes. — *Mixta gemma*, bouton mixte, 17

Mobilis, *e*, MOBILE, VACILLANT, TE, 100

Mollis, *e*, MOU, MOLLE. — *Mollis substantia*, 182

Monadelphia, *æ*, MONADELPHIE, 115-120

Monandria, *æ*, MONANDRIE, 115-121

Monocotyledon, *is*, MONOCOTYLEDONE, qui n'a qu'un cotyledon ou un lobe. — *Monocotyledones plantæ*, plantes monocotyledones, 39-146 — *Monocotyledon semen*, semence monocotydone, 170

Monœcia, *æ*, MONŒCIE, 116-121

Monogamia, *æ*, MONOGAMIE, 121

Monogynia, *æ*, MONOGYNIE, 116-121

Monoicus, *a*, *um*, MONOIQUE, 121. — *Flores monoici vel androgyni*, fleurs monoiques ou androgynes, 82-121. — *Monoicæ vel androgynæ plantæ*, plantes monoiques ou androgynes, 147

Monopetalus, *a*, *um*, MONOPÉTALE, qui n'a qu'un pétale, 121. — *Monopetala corolla*, corolle monopétale, 37-121

Monophyllus, *a*, *um*, MONOPHYLLE, qui n'est que d'une pièce, 121. — *Monophyllus calix*, calice monophylle, 22-121. — *Monophyllum involucrum*, collerette monophylle, 33. — *Monophyllum perianthium*, périanthe monophylle, 137

Monopyrenus, *ra*, *um*, qui ne renferme qu'un noyau ou une amande. — *Monopyrenus fructus*, fruit qui ne renferme qu'un noyau. — *Monopyrena nux*, noix qui ne renferme qu'une amande.

Monospermus, *a*, *um*, MONOSPERME, 121.

Monosperma bacca, BAIE monosperme, 10

Monostachius caulis, TIGE qui ne porte qu'un épi.

Monstruosus, *a*, *um*, MONSTRUEUX, SE. — Monstres végétaux, 121

Montanus, *a*, *um*, qui vient sur les montagnes, dans les lieux montagneux. — *Montanæ plantæ*, 145

Mucidus, *a*, *um*, MOISI, CHANSI, IE, ou qui ressemble à de la moisissure.

Mucosus, *a*, *um*, MORVEUX, SE, qui est recouvert, ou même qui est composé d'un mucilage qui ressemble à de la morve.

Mucro, *nis*, POINTE.

Mucronatus, *a*, *um*, MUCRONÉ, ÉE, ce qui est pointu. — *Mucronata folia*, feuilles mucronées, 64

Multangularis, *e*, qui a plusieurs angles.

Multicapsularis, *e*, MULTICAPSULAIRE, 122. — *Multicapsulare pericarpium*, péricarpe multicapsulaire, 138

Multicaulis planta, plante qui produit plusieurs tiges.

Multifer, *a*, *um*, MULTIFÈRE, qui rapporte plusieurs fois dans la même année des fleurs & des fruits. *Plantæ multiferæ*, plantes multifères, 147

Multifidus, *a*, *um*, MULTIFIDE, qui est d'une seule pièce, mais fendue en plusieurs parties. — *Multifida corolla*, corolle multifide, 37. — *Multifidæ bracteæ*, bractées multifides, 18. — *Multifida folia*, feuilles multifides, 62

Multiflorus, *a*, *um*, MULTIFLORE, qui porte plusieurs fleurs. — *Multiflorus pedunculus*, pédoncule multiflore, 135-136

Multilobus, *a*, *um*, qui est à plus de cinq lobes.

Multilocularis, *e*, MULTILOCULAIRE, qui a plus de six loges, ou qui en a un nombre indéterminé, 122. — *Multilocularis capsula*, capsule multiloculaire, 24

Multipartitus, *a*, *um*, qui est partagé jusqu'à la base, ou presque jusqu'à la base, en plus de cinq parties. — *Multipartitus calix*, calice à plus de cinq divisions, 23. — *Multipartita folia*. Voyez feuilles partagées, 66

Multiplex, *cis*, qui est composé d'un grand nombre, ou qui se trouve en grand nombre.

Multiplicatio, *nis*, MULTIPLICATION, 122

Multiplicatus, *a*, *um*, MULTIPLIÉ, ÉE; ce qui est en nombre extraordinaire. On appelle *Flores multiplicati*, les fleurs monstrueuses, dont le nombre des pétales se trouve multiplié aux dépens des organes de la fructification.

Multisiliquosus vel multisiliquus, *a*, *um*, qui porte plusieurs siliques qui partent d'un même point.

Multivalvis, *e*, MULTIVALVE, qui a plus de cinq valves ou panneaux, 123. — *Multivalvis capsula*, capsule multivalve, 25

Multoties divisus pour *multifidus*, *a*, *um*, qui est divisé en un nombre indéterminé de parties. — *Multoties divisus cirrhus*, vrille multifide, 210

Muricatus vel echinatus, *a*, *um*, HÉRISSÉ, ÉE, garni de pointes.

M m m

Muscariformis, *e*, qui a la forme d'un émouchoir, d'un petit balai.

Muticus, *a*, *um*, qui n'a point de piquans.—*Mu-*

tica folia. Voyez l'art. FEUILLES épineuses, 62

Mutilatus vel *mutilus*, *a*, *um*, MUTILÉ, 123. —*Mutilati flores*, fleurs mutilées, 82

N.

Nanus, *a*, *um*, NAIN, NAINE.—*Arbores nani*, arbres nains, 8

Napiformis, *e*, NAPIFORME, 123. *Napiformis radix*, racine napiforme, 161

Natans, *tis*, qui surnage, qui flotte sur l'eau. — *Natantia folia*, feuilles flottantes, 62

Naturalis, *e*, NATUREL, LE, 123. — *Naturalis Methodus*, méthode naturelle, 109. — *Naturalis ordo*, ordre naturel, 127

Nauseosus, *nauseus* vel *nauseabundus*, *a*, *um*, NAUSEUX, SE.—*Nauseus odor*, odeur nauseuse, 158

Navicularis, *e*, NAVICULAIRE, 123

Nectarifer, *a*, *um*, qui porte des nectaires.

Nectarium, *ii*, NECTAIRE ou NECTAR, 123

Nemorosus, *a*, *um*, qui vient dans les bois, dont le sol & l'exposition sont favorables à la végétation. — *Nemorosæ plantæ*, 145

Nervosus, *a*, *um*, NERVEUX, SE, qui a des nervures, 124, Ses composés sont *binervius*, *trinervius*, *quadrinervius*, *quinquenervius*, &c. *Nervosa folia*, feuilles nerveuses, 65

Neuter, *ra*, *rum*, NEUTRE.—*Neutri flores*, fleurs neutres, 82

Nidorus vel *nidorosus*, *a*, *um*, qui sent le brûlé.

Nidulans, *tis*, qui est disposé comme des œufs dans un nid. — *Semina per pulpam baccæ nidulantia*, semences éparses dans la pulpe molle d'une baie.

Niger, *ra*, *rum*, NOIR, RE. — *Niger flos*, fleur noire, 78

Nigricans, *tis*, vel *fuscus*, *a*, *um*, qui a une couleur plombée, bistrée, comme enfumée ou noirâtre. — *Nigricans flos*, 78

Nigro-cœruleus, *a*, *um*, qui est d'un bleu noirâtre, 78

Nigro-maculatus, *a*, *um*, qui est taché de noir.

Nitidus, *a*, *um*, LUISANT, BRILLANT, TE. — *Nitida folia*, feuilles luisantes, 64

Niveus, *a*, *um*, qui est blanc comme de la neige.

Nodosus, *a*, *um*, NOUEUX, SE, 125. — *Nodosa radix*, racine noueuse, 161

Nodus, *i*, NŒUD, Il se prend aussi quelquefois pour ARTICULATION, 124

Nomenclatura, *æ*, NOMENCLATURE, 124

Nomina synonyma, SYNONYMES, 184

Nostras, *tis*, NOSTRATE. — *Nostrates plantæ*, plantes nostrates, 147

Notabilis, *e*, vel *notatus*, *a*, *um*, REMARQUABLE par une chose quelconque.

Nucamentum, *i*, vel *julus*, CHATON, 31

Nucleus, *ei*, NOYAU. Il se prend aussi pour l'amande contenue dans une coque osseuse.

Nudus, *a*, *um*, NU, E, 125.—*Nudus pedunculus*, pédoncule nu, 134.—*Nudus caulis*, tige nue, 190. — *Nuda folia*, feuilles nues, 65. — *Nudum receptaculum*, réceptacle nu, 165. — *Nudum semen*, semence nue, 170. — *Nudus verticillus*, verticille nu, 208

Nullus, *a*, *um*, qui n'existe pas. — *Calix nullus*. — *Pericarpium nullum*, 125

Numerosi, *æ*, *a*, NOMBREUX, SES, 124. *Numerosa stigmata*, stigmates nombreux, 176. — *Numerosæ spicæ*, épis nombreux, 48

Numerosissimi, *a*, *a*, TRÈS-NOMBREUX, SES. *Numerosissima folia floralia*, 62. — *Numerosissima lamina*, feuilles très-nombreux, 73

Numerus, *i*, NOMBRE.—*Numerus determinatus*; c'est le nombre fixe, comme quatre, six, huit, &c. — *Numerus indeterminatus*; c'est un grand nombre, plusieurs, beaucoup, &c.

Nummularius, *a*, *um*, NUMMULAIRE, qui a la forme d'une pièce de monnoie. — *Nummularia folia*, feuilles rondes, 69

Nutans, *tis*, qui se penche. — *Nutans introrsum*; qui se penche en dedans, *extrorsum*; en dehors. — *Nutantes flores*, fleurs penchées, 82. — *Nutans caulis*, tige courbée ou penchée, 187

Nutatio, *nis*, NUTATION, 125

Nutritio, *nis*, NUTRITION, 125

Nux, *cis*, NOIX, ou coque osseuse, 124

O.

Obcordatus vel *obverse-cordatus*, *a*, *um*, qui est en cœur renversé.

Obliquus, *a*, *um*, OBLIQUE, qui n'est ni horizontal ni vertical, mais dont la direction approche autant de l'un que de l'autre, 125. — *Obliqua folia*, feuilles obliques, 65

Oblongus, *a*, *um*, OBLONG, UE, ALONGÉ, ÉE, 125.—*Oblongum pileum*, chapeau alongé, 27.

Oblongo folia, feuilles oblongues, 65

Oblongo-ovatus, *a*, *um*, qui a une forme ovale alongée.

Obovatus, *a*, *um*, ce qui a une forme ovale, plus large par le haut.

Obscuré, OBSCURÉMENT. *Obscuré-virentia folia*, feuilles d'un vert obscur.

Obsoleté, joint à un mot quelconque, diminue de

fa fignification. — *Obfoletè-angulatus*, qui eft anguleux, mais dont les angles font peu faillans. — *Obfoletè-lobatus*, qui eft lobé, mais dont les lobes font peu marqués. — *Obfoletè-ferratus*, denté en fcie, mais dont les dents font émouffées, &c.

Obtusè-dentatus, *a*, *um*, DENTÉ, ÉE, & dont les dents font obtufes. — *Obtusè-dentatum folium*, 59. — *Obtusè-emarginatus*, *a*, *um*, échancré, & dont les divifions font obtufes, 60

Obtusò-angularis, *e*, qui a des angles obtus. — *Caulis obtusò-angularis*, 186

Obtufus, *a*, *um*, OBTUS, SE, ou EMOUSSÉ, ÉE, 47-126. *Obtufa folia*, feuilles obtufes, 65

Obtufus, *a*, *um*, cum acumine; ce qui eft obtus, mais furmonté d'une pointe. — *Obtufa cum acumine folia*, 65. — *Obtufus ftrobilus*, CÔNE obtus, 34

Obverfè-cordatus vel *obcordatus*, *a*, *um*; ce qui a la forme d'un cœur renverfé, c'eft-à-dire, dont la pointe eft en bas. Il en eft de même, d'*obverfe-ovatus* vel *obovatus*, qui défigne une figure ovale dont la pointe eft en bas.

Obvolutus, *a*, *um*; c'eft lorfque deux parties s'enveloppent, s'embraffent alternativement.

Occlufus, *a*, *um*, RENFERMÉ, ÉE dans une partie quelconque.

Octandria, *œ*, OCTANDRIE, 115-126

Octofidus, *a*, *um*, qui eft d'une feule pièce, mais fendue en huit parties.

Octolocularis, *e*, qui a huit loges.

Octopetalus, *a*, *um*, OCTOPETALE, qui a huit pétales.

Octophyllus, *a*, *um*, qui eft compofé de huit pieces.

Oculus, *i*, BOUTON, 17

Odor, *ris*, ODEUR, 126-158-168

Odoratus, *a*, *um*, ODORANT, TE, 126

Officinalis, *e*, OFFICINAL, LE. — *Officinales*

plantæ, plantes officinales (les SIMPLES) 173.

Oleraceus, *a*, *um*, qui s'emploie comme herbes potagères. — *Oleraceæ herbæ*, herbes potagères.

Operculatus, *a*, *um*, COUVERT d'une opercule.

Operculum, *i*, OPERCULE, 127

Oppofitè-pinnatus, *a*, *um*, AILÉ, ÉE avec oppofition. — *Oppofitè-pinnata folia*, feuilles ailées & oppofées, 55

Oppofiti-folius, *a*, *um*, qui eft oppofé aux feuilles. — *Oppofiti-folius cirrhus*, vrille oppofée aux feuilles, 210

Oppofitus, *a*, *um*, OPPOSÉ, ÉE, 127. — *Oppofita filamenta*, filets oppofés, 75. *Oppofita folia*, feuilles oppofées, 65-127. — *Oppofiti pedunculi*, péduncules oppofés, 136

Oppofitus, *a*, *um*, Decuffatim vel cruciatim, feu brachiatus, OPPOSÉ, ÉE en croix. — *Decuffatim vel cruciatim oppofita folia*, 127

Orbicularis, *e*, vel *orbiculatus*, *a*, *um*, ORBICULAIRE ou ARRONDI, 127. — *Orbiculare pileum*, chapeau orbiculaire, 30. — *Orbiculatus ftrobilus*, cône fphérique ou orbiculaire, 34. — *Orbiculata folia*, feuilles orbiculaires, 65

Ordo, *nis*, ORDRE, 157

Orgyalis, *e*; ce qui égale en hauteur un homme d'une bonne taille. — *Orgyalis caulis*, 189

Os, *ris corollæ*, ENTRÉE d'une corolle.

Officulus vel *offculum*, *i*, fe prend ici pour un petit noyau. — *Fructus mollis cum officulo*, 157

Ovalis, *e*, vel *ovatus*, *a*, *um*, OVALE, LE, qui a la forme d'un œuf, 129. — *Ovatus ftrobilus*, cône oval, 34. — *Ovata folia*, feuilles ovales, 66

Ovarium, *ii*, OVAIRE ou GERME, 129

Ovum, *i vegetabile*, ŒUF végétal, la GRAINE proprement dit.

P

Pagina, *æ* (*pagina fuperior folii*) fe prend pour le deffus d'une feuille (*pagina inferior*) pour le deffous, 54. — *Pagina fuperior*, *pagina inferior* vel *prona pars folii*, furface fupérieure & inférieure d'une feuille, 183. — *Paginæ folii concolores*, feuille colorée également des deux côtés. — *Difcolores*, d'une couleur d'un côté, & d'une autre couleur de l'autre.

Palatum, *i*, PALAIS. — *Palatum corollæ*, palais de la corolle, 130

Palea, *æ*, PAILLE, 129

Paleaceus, *a*, *um*, garni de paillettes.

Palmaris, *e*, qui a à peu près trois pouces de hauteur. — *Palmaris caulis*, 189

Palmatus, *a*, *um*, PALMÉ, ÉE. — *Palmata radix*, racine palmée, 161. — *Palmata folia*, feuilles palmées, 60-66. — Linnæus appelle *folium palmatum*, la feuille fimple fendue prefque jufqu'à fa bafe, en plufieurs parties prefque

égales, comme celles des *fig.* 21, 22, 24, *pl. VIII*. Celles qu'il nomme *folia digitata*, font celles que l'on appelle feuilles quaternées, quinées, ou qui portent fur le même point plus de cinq folioles étalées.

Paluftris, *e*, vel *paludofus*, *a*, *um*, qui vient dans les marais. — *Paluftres plantæ*, 145

Panduriformis, *e*, PANDURIFORME, qui a la forme d'un violon. — *Panduriformia folia*, feuilles panduriformes, 66

Panicula, *æ*, PANICULE, 130

Paniculatus, *a*, *um*, PANICULÉ, ÉE, difpofé en panicule, — *Paniculatus caulis*, tige paniculée, 191. — *Paniculati flores*, fleurs en panicule, 89

Papilionaceus, *a*, *um*, PAPILIONNACÉ, ÉE, 130. — *Papilionacei flores*, fleurs papilionnacées, 82. — *Papilionacea corolla*, corolle papilionnacée, 37

Papillosus, a, um, MAMELONNÉ, ÉE, garni de mamelons. — *Papillosa folia,* feuilles mamelonnées, 64

Papposus, a, um, AIGRETTÉ, ÉE. — *Papposum semen,* semence aigrettée, 169

Pappulosus, a, um, GARNI de points véficulaires, de tubercules, de boutons.

Pappus, i, AIGRETTE, 3-169

Parabolicus, a, um, PARABOLIQUE. — *Apice parabolicus,* qui fe rétrécit depuis le fommer jufqu'à la bafe. — *Bafi parabolicus,* en parabole renverfée qui fe rétrécit depuis la bafe jufqu'au fommet, à peu près comme dans la fig. 6, pl. VIII. — *Parabolica folia,* feuilles en parabole, 61

Parallelus, a, um, PARALLÈLE, 130. — *Caulis æquori parallelus,* tige parallèle à l'horizon ou horizontale. — *Parallelum diffepimentum,* cloifon parallèle, 32

Parafiticus, a, um, PARASITE, 130. *Parafiticæ plantæ,* plantes parafites, 147. — *Parafitica radix,* racine parafite, 161

Partialis, e, PARTIEL, LE. — *Partialis umbella,* ombelle pàrtielle, 126. — *Partiale involucrum,* collerette partielle, 32. — *Partialis pedunculus,* péduncule partiel, 134

Partibilis, e, qui eft fusceptible d'être détaché, féparé en plufieurs parties.

Partitus, a, um, PARTAGÉ ou DIVISÉ en plufieurs parties prefque jufqu'à la bafe. Ses composés font *bipartitus, tripartitus, quadripartitus, quinquepartitus, multipartitus.* — *Partita spinæ,* épines divifées, 48. — *Partita folia,* feuilles partagées, 66

Pafcuus, a, um, qui concerne les paturages, la nourriture du betail en général.

Paffim, çà & là, de côté & d'autre. — *Paffim Rubiginofus,* taché de rouille par places.

Patens, tis, OUVERT, TE, mais qui fait encore un angle aigu à fon infertion. — *Patens pedunculus,* péduncule ouvert, 134. — *Patens caulis,* tige ouverte, 190. — *Patentia folia,* feuilles ouvertes, 66. — *Patens petiolus,* pétiole montant, 141

Patentiffimus, a, um, TRÈS-OUVERT, qui eft ouvert à angle droit, ou prefqu'à angle droit.

Patulus, a, um, ÉTALÉ, ÉE fans ordre. On le fait quelquefois fynonyme de *divergens.*

Pauci, æ, a, qui font en petit nombre. — *Pauca folia floralia,* feuilles florales en petit nombre, 62

Pauci-florus, a, um, qui a peu de fleurs.

Peculiaris, e, s'emploie comme fynonyme de *proprius. Voyez* ce mot.

Pedalis, e, ce qui a un pied de haut ou environ. — *Pedalis caulis,* 189

Pedatus, a, um, PÉDIAIRE. — *Pedata folia,* feuilles pédiaires, 66

Pedicellatus, a, um, qui a un petit péduncule particulier, outre un péduncule commun. — *Germen pedicellatum,* ovaire porté par un petit péduncule particulier.

Pedicellus, i; c'eft un petit péduncule propre aux fleurs qui ont en outre un péduncule commun.

Pediculatus feu flipitatus, a, um, PÉDICULÉ, ÉE. — *Pediculatæ glandulæ,* glandes pédiculées, 192. — *Pediculatum pileum,* chapeau pédiculé, 30. — *Pediculatum stigma,* ftigmate pédiculé, 176

Pediculus, i, vel flipes, itis, PÉDICULE, 131-183.

Peduncularis, e, PÉDUNCULAIRE, qui vient fur le péduncule.

Pedunculatus, a, um, PÉDUNCULÉ, ÉE, 137. — *Pedunculati flores,* fleurs pédunculées, 82

Pedunculus, i, PÉDUNCULE, 132-183

Peltatus vel clypeatus, a, um; ce qui eft arrondi comme un plateau ou comme une efpèce de bouclier, que l'on nomme rondache. — *Peltata folia,* feuilles en rondache & ombiliquées, 65. — *Peltatum stigma,* ftigmate en plateau, 176

Pendulus, a, um, vel pendens, tis, PENDANT, TE, 137. — *Pendulus bulbus,* bulbe fufpendue, 19. — *Pendulus pedunculus,* péduncule pendant, 135. — *Penduli rami,* 163

Penicilliformis, e, qui eft en forme de pinceau.

Pentagonus, a, um, qui a cinq côtés remarquables ou cinq faces, & par conféquent cinq angles.

Pentagynia, æ, PENTAGYNIE, 116-137.

Pentandria, æ, PENTANDRIE, 115-137.

Pentangularis, e, qui a cinq angles.

Pentapetalus, a, um, PENTAPÉTALE, qui a cinq pétales. — *Pentapetala corolla,* corolle péntapétale, 38-139

Pentaphyllus, a, um, PENTAPHYLLE, qui eft de cinq feuilles ou de cinq pièces. — *Pentaphyllus calix,* calice pentaphylle, 23. — *Pentaphyllum involucrum,* collerette pentaphylle, 33. — *Pentaphyllum perianthium,* périanthe pentaphylle, 138

Peregrinus, a, um, qui eft étranger.

Perennis, e, VIVACE, PERSISTANT, TE, 209. — *Perennis planta,* plante vivace, 144. — *Perennis radix,* racine vivace, 162

Perexilis, e, qui eft fort mince, fort délié : il s'emploie comme fynonyme de *gracilis.*

Perfectus, a, um, PARFAIT ou COMPLET, TE.

Perfoliatus, a, um, PERFOLIÉ, ÉE, 137. — *Perfoliata folia,* feuilles perfoliées, 66

Perforatus, a, um, TROUÉ, ÉE, ou feulement qui eft creufé, percé à jour.

Perianthium, ii, PÉRIANTHE, 137

Pericarpium, ii, PÉRICARPE, 138

Perpendicularis, e, vel strictus, a, um, PERPENDICULAIRE, ou qui eft très-droit, 138. — *Perpendicularis pedunculus,* péduncule perpendiculaire, 135. — *Perpendicularis radix,* racine pivotante & perpendiculaire, 161

Perpufillus, a, um, qui s'élève très-peu.

Perfiftens, tis, STABLE, qui perfifte, qui dure long-temps, 175-20-138. — *Perfiftentes bracteæ,* bractées perfiftantes, 17. — *Perfiftens calix*

Calix, calice perfiftant, 20-25. — *Perfiftens annulus*, collet perfiftant, 33. — *Perfiftens corolla*, corolle perfiftante, 38. — *Perfiftentia folia*, feuilles perfiftantes, 66

Perfonatus, a, um, PERSONNÉ, ÉE, qui a quelque reffemblance avec le mufle d'un animal, 82. *Voyez* aufli corolle en mafque, 36.

Pertufus, a, um, PERCÉ, ÉE de part en part.

Petaliformis, e, PÉTALIFORME, qui a la forme d'un pétal. — *Petaliforme ftigma*, ftigmate pétaliforme, 177

Petalinus, a, um, qui tient au pétale.

Petalodes, PÉTALÉ, ÉE, qui a a un ou plufieurs pétales; il eft oppofé à *apetalus*, 139

Petalum, i, vel *petalos, odis*, PÉTALE, 139

Petiolaris, e, PÉTIOLAIRE, qui appartient au pétiole, ou qui vient fur le pétiole. — *Petiolaris pedunculus*, pédoncule pétiolaire, 135

Petiolatus, a, um, PÉTIOLÉ, ÉE. — *Petiolatæ braëteæ*, bractées pétiolées, 18. — *Petiolata folia*, feuilles pétiolees, 67

Petiolus, i, PÉTIOLE, 139

Phitologia, æ, PHITOLOGIE, 142-15

Phitologicus, a, um, qui eft conforme aux principes de la Botanique.

Phitologica phrafis, phrafe botanique, 142

Phœniceus, a, um, qui eft d'un rouge foncé ou de couleur pourpre.

Phrafis, fis, PHRASE. — *Phrafis phitologica*, phrafe botanique, 142

Piceus, a, um, qui eft d'un noir bleuâtre comme la poix. — *Piceus flos*, 78

Pileum, ei, CHAPEAU d'un champignon, 27

Pili, orum, POILS, 149

Pilofus, a, um, VELU, UE, garni de poils diftinëts. — *Pilofa margo*, bords velus, 14. — *Pilofa fuperficies*, fuperficie velue. *Voyez* l'art. POILS, 149

Pinguis, e, vel *unëtuofus, a, um*, ONCTUEUX, SE, GRAS, SE. — *Pinguis fapor*, faveur graffe, 158

Pinnatifidus, a, um, PINNATIFIDE, partagé profondément par des découpures horizontales, difpofées comme les folioles d'une feuille ailée. — *Pinnatifida folia*, feuilles pinnatifides, 62-67

Pinnatus, a, um, PINNÉ, ÉE, ou AILÉ, ÉE. — *Pinnata folia*, feuilles ailées ou pinnées, 54-67

Piperatus, a, um, qui a le goût du poivre.

Piftillum, i, PISTIL, 143

Placenta, æ, vel *receptaculum feminale*, PLACENTA, 143

Placentatio, nis, fe prend pour la difpofition des cotyledons avant ou pendant la germination.

Planta, æ, PLANTE, 144

Plantula, æ, PLANTULE, 148

Planus, a, um, PLAN, NE, qui eft applati & uni, 148. — *Plana filamenta*, filets planes, 75. — *Plana folia*, feuilles planes, 67. — *Planum* vel *compreffum germen*, ovaire applati ou comprimé, 129

Plenus, a, um, PLEIN, NE, 148. — *Pleni flores*, fleurs pleines, 82

Plicatus, a, um, PLISSÉ, ÉE en différens fens, 149. — *Plicata folia*, feuilles pliffées, 67

Plumbeus, a, um, PLOMBÉ, ÉE, qui eft de la couleur du plomb.

Plumofus, a, um, PLUMEUX, SE, 149. — *Plumofus pappus*, aigrette plumeufe, 3-169. — *Plumofi pili*, poils plumeux, 150. — *Plumofum ftigma*, ftigmate plumeux, 177

Plumula, æ, PLUMULE, 149

Plurimi, æ, a, qui font en grand nombre.

Pollen, inis, POUSSIÈRE féminale, 152-153.

Pollicaris, e, qui a un pouce de haut. — *Pollicaris* vel *uncialis caulis*, 189

Polyadelphia, æ, POLYADELPHIE, 115-150

Polyandria, æ, POLYANDRIE, 115-151

Polycotyledon, is, POLYCOTYLEDONE. — *Polycotyledon femen*, femence qui a, ou qui femble avoir plus de deux cotyledons.

Polygamia, æ, POLYGAMIE, 116-151

Polygamus, a, um, POLYGAME. — *Polygami flores*, fleurs polygames ou hybrides, 83. — *Polygama plantæ*, plantes polygames ou hybrides, 146-147

Polygonus, a, um, POLYGONE, 151

Polygynia, æ, POLYGYNIE, 116-151

Polypetalus, a, um, POLYPÉTALE, 151. — *Polypetala corolla*, corolle polypétale, 38-139

Polyphyllus, a, um, POLYPHYLLE, qui eft compofé de plufieurs parties, ou qui eft de plufieurs pièces, 151. — *Polyphyllum involuurum*, collerette polyphylle, 33. — *Polyphyllus calix*, calice polyphylle, 151.

Polypyrenus, a, um, qui renferme plufieurs noyaux ou plufieurs amandes. — *Polypyrenus nucleus*, noyau à plufieurs amandes. — *Polypyrenus fruëtus*, fruit charnu qui renferme plufieurs noyaux ou plufieurs femences.

Polyfpermus, a, um, POLYSPERME, 151. — *Polyfperma*, (*bacca*) BAIE polyfperme, 10

Polyftacius caulis, tige qui porte plufieurs épis.

Pomifer, a, um, qui porte des fruits à pepin.

Pomum, i, fe prend pour toute forte de fruits à pepin en général, 90

Pori, um, PORES, 151

Porofus, a, um, POREUX, SE, garni de pores ou de tuyaux très-fins. — *Porofum pileum*, chapeau doublé de pores, 29

Præcox, cis, PRÉCOCE, qui eft mûr avant le temps.

Præmorfus, a, um, MORDU, UE, RONGÉ, ÉE, qui a l'air d'avoir été rogné avec les dents, 167. — *Præmorfa radix*, racine tronquée, 162

Prafinus, a, um, qui eft d'un vert de porreau. — *Prafinus flos*, 78

Pratenfis, e, qui vient dans les prés. — *Pratenfes plantæ*, plantes des prairies, 145

Preciæ plantæ. On appelle ainfi des plantes qui font précoces, qui donnent des fleurs avant les autres.

Premens, tis, qui preffe, qui fe ferre contre une chofe.

N n n

Prifmaticus , *a* , *um* , qui a la forme d'un prifme.

Procerus , *a* , *um* , qui s'élève beaucoup.

Probofcides , *is* , qui eft en forme de trompe.

Procumbens , *entis* , qui retombe.

Profundè laciniatus vel *differtus* , qui eft profondèment découpé.

Prolifer, *a* , *um* , PROLIFERE. — *Prolifer caulis* , tige prolifère , 191. — *Proliferi flores* , fleurs prolifères ,   83

Prolificatio , *nis* , PROLIFICATION ,   155

Prominens , *tis* , qui domine , qui furpaffe en hauteur.

Prominulus , qui domine un peu.

Propago , *nis* , fe prend communément pour le provin de la vigne ; mais Linnæus donne ce nom aux femences qui n'ont pas de tunique propre : il cite pourexemple celles des mouffes.

Propendens , *tis* , qui penche , qui femble être prêt à tomber.

Proprietates plantarum , PROPRIÉTÉS des plantes,   156

Proprius , *a* , *um* , vel *peculiaris* , *e* , PROPRE , 155.—*Proprius pedunculus* , péduncule propre, 135.— *Proprius petiolus* , pétiole propre, 141. *Proprius calix* , calice propre, 23. — *Proprium involucrum* , enveloppe propre , & mieux , tunique propre ,   47

Proximus , *a* , *um* ; il fe prend ici pour IMMÉDIAT , TE. — *Proximus petiolus* , pétiole immédiat ,   140

Prunus , *i* , vel *drupa* , *æ* , fe prend pour toute efpèce de fruit à noyau.

Pruriens , *entis* , qui donne des démangeaifons : il y a des poils qui ont cette propriété.

Pubes , *is* , DUVET.

Pubefcens , *tis* , PUBESCENT , TE , couvert de duvet. — *Pubefcens fuperficies* ; voyez l'art. POILS , 150. — *Pubefcens margo* , bords pubefcens ,   14

Pullus , *a* , *um* , qui eft d'une couleur terne & brunâtre.

Pulpa , *æ* , PULPE ,   157

Pulpofus , *a* , *um* , PULPEUX , SE , 157. —*Pulpofa folia*, feuilles pulpeufes ,   67

Pulverulentus , *a* , *um* , POUDREUX , SE , couvert de pouffière.

Pulvis feminalis , vel *pollen* , *nis* , POUSSIÈRE fécondante ou féminale ,   152

Pumilus , *a* , *um* , fynonyme de *nanus* , *a* , *um* , NAIN , NAINE ,   123-8

Punctatus , *a* , *um* , PONCTUÉ , ÉE , garni de points planes ou creufés , ou feulement colorés, 151.—*Punctata folia*, feuilles ponctuées,67

Pungens , *entis* , qui eft piquant comme une aiguille.

Puniceus vel *coccineus* , *a* , *um* , qui eft d'un rouge écarlate. — *Puniceus flos* ,   78

Purpurafcens , *tis* , qui tire fur le pourpre.

Purpureus , *a* , *um* , POURPRÉ , ÉE , qui eft de couleur pourpre. — *Purpureus flos* ,   78

Pufillus , *a* , *um* , qui s'élève peu.

Putamen , *inis* , fe prend pour la coquille de la noix , ou d'un noyau en général.

Putrefcibilis , *e* , qui fe corompt en peu de temps , que l'on ne peut garder. *Pileum putrefcibile*, 30

Pyramidalis , *e* , PYRAMIDAL , LE ,   157

Q.

Quandrangularis , *e* , vel *quadrangulus* , *a* , *um* , QUADRANGULAIRE , 157. — *Quadrangularia folia* , feuilles quadrangulaires ,   67

Quadricapfularis , *e* , QUADRICAPSULAIRE , 157

Quadrifidus , *a* , *um* , QUADRIFIDE , qui eft d'une feule pièce , mais fendue en quatre. — *Quadrifida corolla* , corolle quadrifide , 37. —*Quadrifida folia* , feuilles quadrifides ,   62

Quadriflorus , *a* , *um* , QUADRIFLORE. — *Quadriflorus pedunculus* , péduncule quadriflore,   135

Quadrijugus , *a* , *um* , QUADRIJUGUÉ , ÉE , 157. — *Quadrijuga folia* , feuilles quadrijuguées ,   58-67

Quadrilobus , *a* , *um* , QUADRILOBÉ , ÉE. — *Quadriloba folia* , feuilles quadrilobées ,   64

Quadrilocularis , *e* , QUADRILOCULAIRE , qui a quatre loges.—*Quadrilocularis capfula* , capfule quadriloculaire ,   24

Quadrinervius , *a* , *um* , qui a quatre nervures trèsapparentes. — *Quadrinervia folia* ,   65

Quadripartitus , *a* , *um* , PARTAGÉ , ÉE en quatre parties jufqu'à la bafe. — *Quadripartita folia* ,

66. — *Quadripartitus calix* , calice divifé en quatre parties ,   23

Quadryphyllus vel *tetraphyllus* , *a* , *um* , QUADRYPHYLLE ou TÉTRAPHYLLE , qui eft de quatre pièces diftinctes , 157. — *Quadriphyllum involucrum* , collerette quadriphylle , 33. — *Quadriphyllum perianthium* , périanthe quadriphylle ou tétraphylle ,   137

Quadriqueter , *a* , *um* , qui a quatre faces ou quatre côtés planes.

Quadrifpermus vel *tetrafpermus* , *a* , *um* , qui a quatre femences.

Quadrivalvis , *e* , QUADRIVALVE , qui a quatre valves ou panneaux , 158. — *Quadrivalvis capfula* , capfule quadrivalve ,   25

Quadrivafcularis , *e* , qui a quatre loges en forme de cornets ou de godets.

Qualitates plantarum , QUALITÉS des plantes, 158

Quaternatus vel *quaternus* , *a* , *um* , QUATERNÉ , ÉE , 158. — *Quaternata folia* , feuilles quaternées ,   60-67

Quinatus vel *quinus* , *a* , *um* , QUINÉ , ÉE , difpofé cinq par cinq à chaque articulation , ou fur le

même point d'infertion, 158. — *Quina vel quinata folia*, feuilles quinées, 67
Quinquangularis, *e*, QUINQUANGULAIRE, 158
Quinquecapfularis, *e*, qui a cinq capfules.
Quinquefidus, *a*, *um*, qui eft d'une feule pièce, mais fendue en cinq parties. — *Quinquefida corolla*, corolle quinquefide, 37. — *Quinquefida folia*, feuilles quinquefides, 62
Quinqueflorus, *a*, *um*, QUINQUEFLORE. — *Quinqueflorus pedunculus*, péduncule qui porte cinq fleurs, 135
Quinquelobus, *a*, *um*, QUINQUELOBÉ, ÉE, qui eft à cinq lobes. — *Quinqueloba folia*, feuilles quinquelobées, 64

Quinquelocularis, *e*, QUINQUELOCULAIRE, qui a cinq loges. —*Quinquelocularis capfula*, capfule quinqueloculaire, 24
Quinquenervius, *a*, *um*, qui a cinq nervures très-apparentes. — *Quinquenervia folia*, 65
Quinquepartitus, *a*, *um*, DIVISÉ, PARTAGÉ, ÉE en cinq parties jufqu'à la bafe, ou prefque jufqu'à la bafe. — *Quinquepartita folia*, 66. —
Quinquepartitus calix, calice divifé en cinq, 23
Quinquevalvis, *e*, QUINQUEVALVE, qui a cinq valves ou panneaux. — *Quinquevalvis capfula*, capfule quinquevalve, 25
Quinquevafcularis, *e*, qui a cinq loges en forme de cornets ou de godets.

O.

Racemofus, *a*, *um*, qui eft difpofé en grappe. — *Racemofi flores*, fleurs en grappe, 80-94
Racemus, *i*, GRAPPE, 94
Rachis, *is*, RAPE, RAFFE ou RAFLE, 164
Radiatus, *a*, *um*, RADIÉ ou RAYONNÉ, ÉE, 163. —*Radiata folia*, feuilles radiées ou verticillées, 73. — *Radiati flores*, fleurs radiées, 83. — *Radiatum ftigma*, ftigmate rayonné, 177
Radicalis, *e*, RADICAL, LE, 162. — *Folia radicalia*, feuilles radicales, 68
Radicans, *antis*, RADICANT, TE, qui prend racine, qui produit des racines. — *Radicans caulis*, tige radicante, 191. — *Radicantia folia*, feuilles radicantes, 68. — *Radicans cirrhus*, vrille radicante, 211
Radicatio, *nis*, fe prend pour la difpofition des racines, en général.
Radicatus, *a*, *um*, pour *radicans*. Voyez ce mot.
Radicula, *æ*, vel *roftellum*, *i*, RADICULE, 162
Radius, *ii*, RAYON, 165
Radix, *cis*, RACINE, 159-162
Rameus, *a*, *um*, RAMÉAL, LE, 103. — *Rameus pedunculus*, péduncule raméal, 135. —*Ramea folia*, feuilles raméales, 68
Ramifer, *a*, *um*, qui produit des rameaux, ou qui eft deftiné à en produire.—*Ramifera gemma*, bouton à bois, 17
Ramificatio, *nis*, RAMIFICATION, 164
Ramofus, *a*, *um*, RAMEUX, SE, 164.—*Ramofus caulis*, tige rameufe, 191. — *Ramofa radix*, racine rameufe, 162.—*Ramofus pappus*, aigrette rameufe, 169. — *Ramofa fpica*, épi rameux, 48.—*Ramofi pilei*, poils rameux, 150
Ramofiffimus, *a*, *um*, TRÈS-RAMEUX, SE.
Ramus, *i*, BRANCHE, RAMEAU, 18. *Rami*, rameaux ou branches & leurs divifions, 163-164
Rarus, *a*, *um*, RARE, qui eft en petit nombre. *Rara folia*, feuilles rares & éloignées fur la tige, 60. — *Raræ laminæ*, feuillets rares, 73. — *Rari flores*, fleurs rares & clairfemées, 83
Rariflorus, *a*, *um*, qui ne porte qu'un petit nombre de fleurs.
Rarifolius, *a*, *um*, qui ne porte qu'un petit nombre de feuilles.

Receptaculum, *i*, RÉCEPTACLE, 165
Reclinatus, *a*, *um*, RENVERSÉ, ÉE. — *Reclinata folia*, 65-69
Reclufio, *nis*; c'eft l'inftant où une fleur fe referme.
Recompofitus, *a*, *um*, RECOMPOSÉ, ÉE, qui eft compofé deux fois. — *Recompofita folia*, feuilles recompofées, 68
Reconditus, *a*, *um*, CACHÉ, ÉE
Rectus vel erectus, *a*, *um*, DROIT, TE, 44
Recurvatus, *a*, *um*, RECOURBÉ, ÉE en dehors, 165.— *Recurvatus petiolus*, pétiole recourbé, 141.— *Recurvata capfula*, capfule courbée en dehors, 24
Recutitus, *a*, *um*; ce qui eft comme écorché, ce dont il fembleroit qu'on a ôté la peau.
Recurvus, *a*, *um*, RECOURBÉ ou COURBÉ, ÉE en dehors.—*Recurvi aculei*, aiguillons courbés en dehors, 3
Reflexus, *a*, *um*, vel *dependens*; *tis*, RETOMBANT, TE, qui eft réfléchi ou rabattu, 159-166. — *Reflexi rami*, rameaux réfléchis, 164. — *Reflexa margo*, bords réfléchis, 14. — *Reflexa folia*, feuilles tombantes ou pendantes, 66-68
Regnum vegetabile, RÈGNE végétal, 166
Regularis, *e*, RÉGULIER, RE, 166. — *Regularis corolla*, corolle régulière, 38
Remotus, *a*, *um*, ELOIGNÉ, ÉE. — *Remota folia*, feuilles éloignées, 60
Reniformis, *e*, RÉNIFORME, 166. — *Reniformia folia*, feuilles réniformes, 68. — *Reniforme femen*, femence réniforme, 170
Repandus, *a*, *um*, GODRONNÉ, ÉE. *Repanda folia*, feuilles godronnées, 63
Repens, *entis*, REMPANT, TE, 164. — *Repens radix*, racine rempante ou traçante, 162. — *Repens caulis*, tige rempante, 191
Reproductio, *nis*, REPRODUCTION, 166
Res herbaria, *æ*, pour *Botanica*, *æ*, BOTANIQUE, 15
Refinæ, *arum*, RÉSINES, 166
Reftans, *tis*, eft employé par Linnæus au lieu de *perfiftens*.—*Pedunculi reftantes*, péduncules qui reftent attachés à la plante après la chûte des organes de la fructification.
Refupinatio, *nis floris*, fe prend pour l'état d'une

fleur dont la lèvre où le pétale supérieur devient l'inférieur.

Resupinatus, *a*, *um*, RETOURNÉ, ÉE. — *Resupinata folia*, feuilles retournées, 69. — *Resupinatus pedunculus*, pédoncule retourné, 135

Reticularis, *e*, RÉTICULAIRE, qui ressemble à un rets. — *Reticulare opus*, tissu réticulaire, 193

Retiformis, *e*, RÉTIFORME, 167. — *Retiformis radix*, racine rétiforme, 162. — *Retiformis annulus*, collet rètiforme, 33. — *Retiformia folia*, feuilles rétiformes, 69

Retroflexus, *a*, *um* ; il se prend pour signifier ce qui est replié sur lui-même.

Retrorsò-dentatus, *a*, *um*, DENTÉ, ÉE, & dont les dents sont tournées à rebours. — *Retrorsò-dentatum folium*, feuille dentée à rebours, 60

Retusus, *a*, *um*, EMOUSSÉ, ÉE, & terminé par un sinus obtus & peu profond. — *Retusa folia*, feuilles émoussées, 61

Revolutus, *a*, *um*, ROULÉ, ÉE en dessous, 167. *Revoluta folia*, feuilles roulées en dessous, 69

Rhombeus, *a*, *um*, vel *rhomboidalis*, *e*, RHOMBOIDE, RHOMBOIDAL, LE, 167. — *Rhombea folia*, feuilles rhomboïdes, 59-69

Rictus, *ûs*, GUEULE ouverte : il se prend pour l'écartement des deux lèvres d'une corolle labiée, & pour l'espace compris entre les bords ou le limbe des pétales des autres espèces de corolle.

Rigidus, *a*, *um*, ROIDE. — *Rigidus caulis*, tige roide, 191. — *Folia rigida*, feuilles roides, 69

Rimosus, *a*, *um*, CREVASSÉ, ÉE. — *Rimosus caulis*, tige crevassée, 187

Ringens, *entis*, qui est à deux lèvres ouvertes. — *Ringens corolla*, corolle en masque, 36

Roridus, *a*, *um*, qui est remarquable par une humidité qui sembleroit avoir été produite par la rosée.

Rosaceus, *a*, *um*, ROSACÉ, ÉE, qui a la forme d'une rose. — *Rosacea corolla*, corolle rosacée, 38. — *Rosacei flores*, 84

Roseus, *a*, *um*, qui est de couleur de rose. — *Roseus flos*, 78

Rostellum, *li*, RADICULE, 162

Rostratus, *a*, *um*, qui est en forme de bec.

Rotatus, *a*, *um*, qui est fait en roue, qui fait la roue. — *Rotata corolla*, corolle en roue, 37

Rotundus vel *rotundatus*, *a*, *um*, ROND, ARRONDI, SPHÉRIQUE, ORBICULAIRE.

Ruber, *ra*, *rum*, ROUGE. *Voyez* l'article COULEUR, 39

Rubiginosus, *a*, *um*, qui est de couleur de rouille.

Rubrò-maculatus, *a*, *um*, TACHÉ, ÉE de noir.

Rugosus, *a*, *um*, RIDÉ, ÉE, RABOTTEUX, SE, 167. — *Rugosum pileum*, chapeau ridé, 30. — *Rugosa superficies*, superficie rabotteuse, 183

Ruderalis, *e*, vel *Ruderatus*, *a*, *um*, qui vient autour des maisons & parmi les gravois. — *Ruderales plantæ*, 145

Runcinatus, *a*, *um*, RUNCINÉ, ÉE, 168. — *Folia runcinata*, feuilles runcinées, 69

Rupestris, *e*, qui vient sur les rochers.

S.

Sagittatus, *a*, *um*, SAGITTÉ, ÉE, 168. — *Sagittata folia*, feuilles sagittées, 69. — *Sagittatæ stipulæ*, stipules en fer de flèche, 179

Salsus, *a*, *um*, SALÉ, ÉE. — *Salsus sapor*, saveur salée, 158

Sanguineus, *a*, *um*, qui est d'un rouge de sang.

Sapidus, *a*, *um*, qui a une saveur quelconque.

Sapor, *ris*, SAVEUR, 158-168

Sarmentosus vel *sarmentaceus*, *a*, *um*, SARMENTEUX, SE. — *Sarmentosus caulis*, tige sarmenteuse, 192. — *Sarmentosæ plantæ*, plantes sarmenteuses, 168

Sarmentum, *i*, SARMENT, 168

Scaber, *ra*, *rum*, RABOTEUX, SE, 159-168. — *Folia scabra*, feuilles rudes ou raboteuses, 69. — *Scaber pedunculus*, pédoncule rude, 135. — *Scabri pili*, poils rudes, 150

Scabrities, *ei*, & mieux, *scabritia*, *æ*, se prend pour la rudesse d'une chose quelconque.

Scandens, *entis*, GRIMPANT, TE. — *Scandens caulis*, tige grimpante, 189

Scapus, *i*, HAMPE, 97-183

Scariosus, *a*, *um*, SCARIEUX, SE, 168. — *Folia scariosa*, feuilles scarieuses, 70

Scissilis, *e*, qui se rompt facilement.

Scrotiformis, *e*, SCROTIFORME, qui ressemble au scrotum, 168. — *Scrotiformis capsula*, capsule scrotiforme, 24

Scutellatus, *a*, *um*, qui a la forme d'une écuelle.

Sectator, *ris*, SECTATEUR, 168

Secretio, *nis*, SÉCRÉTION, 168

Sectio, *nis*, SECTION, *sectiones botanicæ*, 169

Secundus, *a*, *um*, qui est composé de parties penchées ou tournées d'un seul côté. On emploie quelquefois les mots *secundus & unilateralis*, comme synonymes, quoiqu'à la rigueur ils aient une signification très-différente. — *Secundi* vel *unilaterales flores*, fleurs unilatérales, 85

Segmentum, *i*, SEGMENT. *Segmenta*, 169

Segregatus, *a*, *um*, SÉPARÉ, ÉE. — *Polygamia segregata*, polygamie séparée (*Phil. B.*).

Semen, *nis*, SEMENCE OU GRAINE, 169

Semi-amplexicaulis, *e*, SEMI-AMPLEXICAULE, qui n'embrasse la tige qu'à moitié.

Semi-cylindraceus, *a*, *um*, vel *semi-teres*, *tis*, semi-cylindrique, 24

Semi-duplex, *cis*, SEMI-DOUBLE. — *Semi-duplices flores*, fleurs semi-doubles, 84

Semi-flosculosus,

Semi-flofculofus, *a*, *um*, SEMI-FLOSCULEUX, SE, 170. — *Semi-flofculofi flores*, fleurs femi-flofculeufes, 84

Semi-flofculus, *i*, DEMIFLEURON, 42

Semi-inferus, *a*, *um*, DEMI-INFÉRIEUR, RE. — *Semi-inferum germen*, ovaire demi-inférieur, 129

Seminalis, *e*, SÉMINAL, LE, 170, qui a quelque rapport avec la femence. —*Seminalia folia*, feuilles féminales, 70. —*Seminale receptaculum*, placenta, 143

Seminatio, *nis*, *a*, SÉMINATION, difperfion des femences, 170

Seminifer, *a*, *um*, qui porte des femences.

Semi-teres, *tis*, DEMI-CYLINDRIQUE OU SEMI-CYLINDRIQUE, 42, 170. — *Semi-teres pedunculus*, péduncule femi-cylindrique, 133

Semi-uncialis, *e*, qui n'a que fix lignes de hauteur.

Sempervirens, *entis*, qui eft toujours vert.—*Sempervirentes arbores*, arbres toujours verts, 8. — *Sempervirentia folia*, 66

Senfilis vel *fenfibilis*, *e*, qu'on apperçoit aifément.

Senus, *a*, *um*, SIX par SIX. — *Sena folia*; c'eft felon Linnæus, une feuille compofée, qui porte fix folioles fur le même point d'infertion.

Sericeus, *a*, *um*, SOYEUX, SE, SATINÉ, ÉE, qui reffemble à du fatin, ou qui eft comme argenté. — *Sericeus flos*, 78. — *Sericea margo*, bords foyeux, 14.—*Sericea fuperficies*, fuperficie foyeufe, 150

Serotinus, *a*, *um*, TARDIF, VE; il eft oppofé à *præcox*.

Serratò-ferratus, *a*, *um*, DENTÉ, ÉE en fcie, & dont chaque dent eft encore dentée en fcie.

Serratus vel *ferratò-dentatus*, *a*, *um*, DENTÉ, ÉE en fcie. — *Serratæ bracteæ*, bractées dentées en fcie, 17. — *Serratum folium*, feuille dentée en fcie, 60

Seffilis, *e*, qui n'a pas de pied, de tige ou de pédicule, &c. 171. — *Seffilis bulbus*, bulbe adhérente à la tige, 19. — *Seffile pileum*, chapeau feffile, 30.—*Seffilia folia*, feuilles feffiles, 70. — *Seffiles flores*, fleurs feffiles, 84. — *Seffile germen*, ovaire feffile, 129. — *Seffilis pappus*, aigrette feffile, 169. — *Seffile ftigma*, ftigmate feffile, 176

Setaceus, *a*, *um*, SÉTACÉ, ÉE, qui reffemble à de la foie de porc, 171. — *Setacea folia*, feuilles fétacées, 70. — *Setaceus ftylus*, ftyle fétacé, 181

Setæ, *arum*; on donne ce nom à certains poils rudes comme de la foie de porc.

Setofus, *a*, *um*, qui eft garni de poils rudes.

Sexangularis, *e*, qui a fix angles.

Sexfidus, *a*, *um*, qui eft d'une feule pièce, mais fendue en fix.

Sexflorus, *a*, *um*, qui porte fix fleurs. — *Sexflorus pedunculus*, 135

Sexjugus, *a*, *um*. *Voyez* FEUILLES conjuguées, 58

Sexlocularis, *e*, SEXLOCULAIRE, qui a fix loges.

Sexlocularis capfula, capfule fexloculaire, 24

Sexus, *ûs plantarum*, SEXE des végétaux, 171

Sexvalvis, *e*, qui eft compofé de fix valves ou panneaux.

Siccus, *a*, *um*, SEC, SÈCHE, qui n'eft ni humide, ni pulpeux. — *Siccum pileum*, chapeau fec, 30

Silicula, *æ*, SILICULE, 172.

Siliqua, *æ*, SILIQUE, 172

Siliquofæ plantæ, plantes qui ont des filiques pour fruits.

Simplex, *cis*, SIMPLE, 173. — *Simplex bulbus*, bulbe fimple, 19. — *Simplex calix*, calice fimple, 23. — *Simplex fpica*, épi fimple, 48. — *Simplices fpinæ*, épines fimples, 48. — *Simplicia folia*, feuilles fimples, 70. — *Simplices flores*, fleurs fimples, 84. — *Simplex pedunculus*, péduncule fimple, 135. —*Simplex pappus*, aigrette fimple, 169

Simpliciffimus, *a*, *um*, TRÈS-SIMPLE.

Siniftrorfùm, de gauche à droite. — *Caulis finiftrorfùm volubilis*, 188. — *Cirrhus finiftrorfùm volubilis*, 211

Sinuatus, *a*, *um*, SINUÉ, ÉE, 173; il fe prend auffi quelquefois pour FESTONNÉ, ÉE. — *Sinuata folia*, feuilles finuées, 70. — *Sinuata margo*, bords feftonnés, 13. *Voyez* l'article SINUS, 173

Sinus, *ûs*, SINUS OU ECHANCRURE, 54-173

Situs, *ûs*, SITUATION, 173

Solares plantæ, PLANTES SOLAIRES. 174

Solidus, *a*, *um*, SOLIDE, qui a de la confiftance. *Solidus caulis*, tige folide, 192. — *Solidus bulbus*, bulbe folide, 19. — *Solida fubftantia*, fubftance folide 182

Solitarius, *a*, *um*, SOLITAIRE, qui eft feul. — *Solitarius pedunculus*, péduncule folitaire, 135. — *Solitaria bractea*, bractée folitaire, 17. — *Solitarii flores*, fleurs folitaires, 84. — *Solitaria fpica*, épi folitaire, 48. — *Solitarium ftigma*, ftigmate folitaire, 176. — *Solitarius ftylus*, ftyle folitaire, 181

Solum, *i*, SOL, 173

Somnus, *i plantarum*, SOMMEIL des plantes, 174

Sordidè-albicans, *tis*, qui eft d'un blanc fale. — *Sordidè-lutefcens*, d'un jaune fale. — *Sordidè-purpureus*, *a*, *um*, d'un pourpre fale.—*Sordidè-virefcens*, d'un vert fale, 78

Spadiceus, *a*, *um*, SPADICÉ, ÉE.—*Spadici flores*, fleurs fpadicées. On nomme ainfi les fleurs qui font portées fur une colonne que l'on nomme poinçon, lequel étoit renfermé en entier dans un ou plufieurs fpathes, comme cela fe remarque dans les *arum*, les *palmiers*.

Spadix, *cis*, POINÇON. 150

Sparfus, *a*, *um*, ÉPARS, SE, 48. — *Sparfi flores*, fleurs éparfes, 80. — *Sparfi pedunculi*, péduncules épars, 136.—*Sparfa folia*, feuilles éparfes, 62. — *Sparfi rami*, rameaux épars, 163

Spatha, *æ*, SPATHE, 175

Spathaceus, *a*, *um*, qui eft pourvu d'un fpathe, ou qui a la forme d'un fpathe.

O o o

Spathulatus, *a*, *um*, SPATULÉ, ÉE. — *Spathulata folia*, feuilles fpatulées,   71

Species, *ei*, ESPÈCE,   49

Specificus, *a*, *um*, SPÉCIFIQUE, qui caractérife l'efpèce,   175

Spica, *æ*, ÉPI,   48

Spicatus, *a*, *um*, qui eft en épi, qui forme l'épi. — *Spicati flores*, fleurs en épi,   79

Spicula vel *locufla*, *æ*, ÉPILLET, petit ÉPI,   49

Spinæ, *arum*, EPINES,   48-142

Spinefcens, *entis*, qui pique comme une épine. — *Spinefcentes ftipulæ*, ftipules dures & piquantes,   179

Spinofus vel *fpinifer*, *a*, *um*, EPINEUX, SE. — *Spinofus pedunculus*, péduncule épineux, 133.

Spinofa folia, feuilles épineufes,   62

Spiralis, *e*, qui eft contourné en forme de limaçon ou de tire-bourre.

Spithamalis, *e*, vel *fpithameus*, *a*, *um*; ce qui a fept à neuf pouces de hauteur ou environ. — *Caulis fpithameus*,   189

Splendens, *tis*, BRILLANT, RELUISANT, TE.

Spongiofus, *a*, *um*, SPONGIEUX, SE, qui a quelque reffemblance avec une éponge. — *Spongiofa f..bftantia*, fubftance fpongieufe,   182

Sponfalia plantarum, fe prend pour la réunion des fexes des plantes.

Spontaneus, *a*, *um*, SPONTANÉE,   175

Spurius, *a*, *um*, BATARD, DE, ou FAUX, SE. — Polygamia fpuria, polygamie fauffe. — *Spuriæ plantæ*, plantes bâtardes,   145

Squamæ, ECAILLES,   45

Squamofus, *a*, *um*, ECAILLEUX, SE, qui a garni d'écailles, ou bien qui eft difpofé comme des écailles fur le dos d'un poiffon : on l'emploie auffi pour fignifier ce qui eft en forme d'écailles. — *Squamofus bulbus*, bulbe écailleufe, 19. — *Squamofum pileum*, chapeau écailleux, 29. — *Squamofa folia*, feuilles embriquées, 60-61

Squarrofus, *a*, *um*, RUDE, RABOTEUX, SE; il s'emploie auffi quelquefois pour fignifier ce qui eft recouvert d'écailles difpofées fans ordre. — *Squarrofus calix*, calice raboteux,   23

Stabilis, *e*, STABLE. — *Stabilia folia*, feuilles ftables,   71

Stamen, *nis*, ÉTAMINE. *Stamina*, étamines, 49

Stamin.us, *a*, *um*, fe prend tantôt pour STAMINIFÈRE, tantôt pour STAMINIFORME. — *Staminei flores*, fleurs à étamines,   77

Staminifer, *a*, *um*, STAMINIFÈRE, qui porte des étamines. — *Staminifer calix*, calice ftaminifère, 23. — *Staminiferum petalum*, pétale ftaminifère, 139. — *Staminiferum fligma*, ftigmate ftaminifère,   177

Staminiformis, *e*, STAMINIFORME, qui reffemble à une étamine. — *Staminiforme fligma*, ftigmate ftaminiforme,   177

Stellatus, *a*, *um*, ETOILÉ, ÉE. — *Stellati pili*, poils étoilés, 150. — *Stellatum femen*, femence étoilée,   170

Sterilis, *e*, STÉRILE. — *Steriles flores*, fleurs ftériles,   84

Stigma, *tis*, STIGMATE,   179

Stimuli, *orum*, POINTES extrêmement fines, dont la piqûre caufe des démangeaifons ou une cuiffon qui approche de la brûlure.

Stipes, *itis*, vel *pediculus*, *i*, PÉDICULE des champignons ; il fe prend auffi pour la tige des fougères, des palmiers,   13

Stipitatus, *a*, *um*, PÉDICULÉ, ÉE, porté fur un pied. — *Stipitatus pappus*, aigrette pédiculée, 3. — *Stipitatæ glandulæ*, glandes pédiculées, 92

Stipticus, voyez *flypticus*, *a*, *um*.

Stipula, *æ*, STIPULE,   177

Stipulaceus, *a*, *um*, qui renferme des ftipules.

Stipularis, *e*, qui vient fur les ftipules.

Stipulatio, *nis*, fe prend pour la difpofition des ftipules.

Stipulatus, *a*, *um*, qui a des ftipules, qui porte des ftipules. — *Stipulatus caulis*, tige qui porte des ftipules.   178

Stolones, *um*, vel *taleæ*, *arum*, DRAGEONS ou REJETS,   44-166

Stolonifer, *a*, *um*, STOLONIFÈRE, 180. — *Stolonifer caulis*, tige ftolonifère, 193. — *Stolonifera radix*, racine ftolonifère,   162

Striatus, *a*, *um*, STRIÉ, CANNELÉ, ou RAYÉ, ÉE. — *Striata folia*, feuilles cannelées ou ftriées, 57. — *Striata fuperficies*, fuperficie ftriée,   183

Strictus, *a*, *um*, vel *perpendicularis*, *e*, DROIT, TE, ou parfaitement PERPENDICULAIRE. — *Strictus pedunculus*, péduncule droit, 135. — *Stricta folia*, feuilles droites,   60

Strigofus, *a*, *um*, PIQUANT, TE, ou bien qui eft couvert de poils fecs & piquans. — *Strigofa folia*, feuilles piquantes,   67

Strobilaceus, *a*, *um*, qui eft en forme de cône.

Strobilus, *i*, CÔNE,   34

Stylus, *i*, STYLE,   180

Stypticus vel *Stipticus*, *a*, *um*, STIPTIQUE ou STYPTIQUE. — *Stipticus fapor*, faveur ftiptique,   158

Suavè, AGRÉABLEMENT. — *Suavè olens*, qui a une odeur agréable.

Subalaris, *e*, AXILLAIRE. Linnæus le fait fynonyme d'*axillaris* ; il appelle indifféremment *fubalaris* vel *axillaris*, tout ce qui vient dans l'angle ou au dehors de l'angle que forme une partie quelconque à l'endroit de fon infertion fur la tige ou fur les rameaux. — Je penfe qu'il faudroit appeler *axillaris*, ce qui vient dans l'angle intérieur, & *fub-axillaris* vel *fubalaris*, ce qui vient dans l'angle extérieur.

Sub, SOUS. Lorfque la prépofition *fub* fe trouve jointe à un adjectif, elle fert, à quelques exceptions près, à en diminuer la fignification : c'eft ainfi que *fub-cœruleus* fignifie ce qui eft d'un bleu clair ; *fub-cordatus*, ce qui approche de la forme d'un cœur ; *fub-corymbofus*, ce qui eft prefque en corymbe ; *fub-frutefcens*, ce qui eft prefque ligneux ; *fub-nudus*, ce qui eft prefque nu ; *fub-feffilis*, ce qui eft prefque feffile.

Suberofus , *a* , *um* , SUBÉREUX , SE , qui reffemble à du liège , 182. — *Suberofus caulis* , tige fubereufe , 193. — *Suberofum pileum* , chapeau fubéreux , 30. — *Suberofus ftipes* , pédicule fubéreux , 132

Submerfus vel *demerfus* , *a* , *um* , SUBMERGÉ , ÉE. —*Demerfa folia* , feuilles fubmergées , 71

Suborbicularis , *e* , vel *fubrotundus* , *a* , *um* , SOUSORBICULAIRE ; ce qui approche de la figure ronde , 174. —*Suborbiculare folium* , feuille fous-orbiculaire , 174

Subftantia , *æ* , SUBSTANCE , 182

Subterraneus , *a* , *um* , SUBTERRANÉ , ÉE. — *Subterraneæ plantæ* , plantes fubterranées , 148

Subtùs , en deffous , au deffous , par deffous. — *Subtùs lanatus* , laineux en deffous.

Subulatus , *a* , *um* , SUBULÉ , ÉE ,182.—*Subulata folia* , feuilles fubulées , 71.—*Subulatæ ftipulæ* , ftipules en forme d'alène , 179

Succi plantarum , SUCS des plantes , fluides néceffaires à la végétation , 162-85

Succofus vel *fucculentus* , *a* , *um* , SUCCULENT , TE , ou PULPEUX , SE , 182

Suffrutex , *cis* , SOUS-ARBRISSEAU ou ARBUSTE. *Suffrutices* , fous-arbriffeaux , 144-174

Suffruticofus , *a* , *um* , vel *frutefcens* , *tis* , SOUSLIGNEUX , SE , 174. — *Suffruticofus caulis* , tige fous-ligneufe , 192

Suffugium , *ii* , ABRI.—*Plantarum fuffugium* , abri des plantes , 1

Sulcatus , *a* , *um* , SILLONNÉ , ÉE, 173. — *Sulcatus caulis* , tige fillonnée , 192. — *Sulcata folia* , feuilles fillonnées , 70. — *Sulcata fuperficies* , fuperficie fillonnée , 183

Sulphureus , *a* , *um* , qui a la couleur du foufre.

Superá parte , fe prend pour EN DESSUS , comme *proná parte* pour en deffous.

Superans , *tis* , qui furpaffe en hauteur.

Superficies , *ei* , SUPERFICIE , 34-183

Superfluus , *a* , *um* , SUPERFLU , UE. — *Polygamia fuperflua* , polygamie fuperflue (SYST. VEG. LIN.)

Superus , *a* , *um* , SUPÉRIEUR , RE , 183. — *Superus calix* , calice fupérieur , 23. — *Supera corolla* , corolle fupérieure , 38. — *Superum germen* , ovaire fupérieur , 129

Suprà-decompofitus , *a* , *um* , SURCOMPOSÉ , ÉE , compofé plus de deux fois , 183. — *Suprà-decompofita folia* , feuilles furcompofées , 71

Suprà-foliaceus , *a* , *um* , qui vient plus haut que les feuilles. — *Suprà-foliaceus pedunculus* , 135

Surculus , *i* , BOURGEON , JET ou jeune pouffe , 104

Sutura , *æ* , SUTURE , 183

Sylveftris , *e* , vel *fylvaticus* , *a* , *um* , qui vient dans les bois peu élevés , dont le terrain eft aride. — *Sylvaticæ plantæ* , 145

Syngenefia , *æ* , SYNGENESIE , 116-183

Synonymia , *æ* , SYNONYMIE , 184. — *Synonyma nomina* , fynonymes , *idem*.

Synopfis , *is*. Il s'emploie quelquefois comme fynonyme de *figura* , d'*icon* , & fignifie deffin , peinture , gravure même ; d'autres fois on l'emploie pour fignifier une defcription confidérée comme peinture verbale d'un fujet quelconque.

Syftema , *tis* , SYSTÈME , 109-184. — *Syftema fexuale* , fyftème fexuel , 114

Syftematicus , *a* , *um* , qui tient , qui a rapport , ou qui eft conforme à un fyftème.

T.

Tænianus , *a* , *um* , RUBANTÉ , ÉE , qui a la forme d'un ruban , 168

Talea , *æ* , BOUTURE , 17. — Il fe prend auffi pour le rejet , avant d'être détaché du corps de l'arbre qui l'a produit. — *Taleæ* vel *ftolones* , rejettons , 166

Tectus , *a* , *um* , COUVERT , TE. — *Tectum femen* , femence couverte , 170

Tegens , *tis* , qui recouvre.

Tenellus , *a* , *um* , DÉLICAT , TE , qui eft fort tendre , fort fragile.

Tenuifolius , *a* , *um* , qui eft à feuilles étroites.

Tenuis , *e* , AMINCI , IE , MINCE.—*Tenuis margo* , bords amincis , 13. — *Tenue pileum* , chapeau mince , 30

Teretiufculus , *a* , *um* , qui eft un peu cylindrique.

Teres , *etis* , CYLINDRIQUE. — *Teres pedunculus* , péduncule cylindrique , 133.—*Teretia folia* , feuilles cylindriques , 59

Tergeminus vel *triplicatò-geminus* , *a* , *um* , TERGÉMINÉ , ÉE.— *Tergemina folia* , feuilles tergéminées , 71

Terminalis , *e* , TERMINAL , LE , qui termine , qui fe trouve aux extrémités. — *Terminalis fpica* , épi terminal , 48. — *Terminales flores* , fleurs terminales , 84. — *Terminales fpinæ* , épines terminales. — *Terminalis pedunculus* , péduncule terminal , 136

Ternatus , *ternus* vel *trinus* , *a* , *um* , TRINÉ ou TERNÉ , ÉE , 185. *Ternata folia* , feuilles ternées , 71

Terraneus , *a* , *um* , qui appartient à la terre.

Terreus , *a* , *um* , qui eft compofé de terre. — Il s'emploie auffi pour fignifier ce qui eft de couleur de terre.—*Terreus flos* , 78

Teffellatus , *a* , *um* , qui eft difpofé par carreau , ou qui eft coloré par petits carreaux , comme un habit d'arlequin.

Teter , *ra* , *rum* , qui a une odeur puante & vireufe.

Tetradynamia , *æ* , TÉTRADYNAMIE , 115-185

Tetragonus , *a* , *um* , TÉTRAGONE , qui a quatre faces égales. — *Tetragona filiqua* , filique tétragone , 173

Tetragynia , *æ* , TÉTRAGYNIE , 185

Tetrandria, *a*, TÉTRANDRIE, 185
Tetrapetalus, *a*, *um*, TÉTRAPÉTALE, qui a quatre pétales. — *Tetrapetala corolla*, corolle tétra-pétale, 38-139
Tetraphyllus vel *quadriphyllus*, *a*, *um*, TÉTRA-PHYLLE, qui eſt de quatre pièces. — *Tetra-phyllus caulis*, calice tétraphylle, 23. — *Te-traphyllum* vel *quadriphyllum involucrum*, col-lerette quadriphylle, 33. — *Tetraphyllum* vel *quadriphyllum perianthium*, périanthe quadri-phylle ou tétraphylle, 137
Tetraſpermus, *a*, *um*, TÉTRASPERME, qui a quatre ſemences. — *Tetraſperma bacca*, baie tétraſperme, 10
Thalamus, *i*; c'eſt le calice conſidéré comme lit nuptial des plantes.
Thyrſoideus, *a*, *um*, DISPOSÉ en bouquet. — *Thyrſoidei flores*, fleurs en bouquet, 79
Thyrſus, *i*, BOUQUET, 16-94
Tinctorius, *a*, *um*, qui ſert à faire de la teinture.
Tomentoſus, *a*, *um*, TOMENTEUX, SE, ou CO-TONNEUX, SE. — *Tomentoſa margo*, bords to-menteux, 14. — *Tomentoſa ſuperficies*, ſuper-ficie tomenteuſe, 150
Tomentum, *i*, DUVET.
Toroſus vel *toruloſus*, *a*, *um*, qui eſt relevé en boſſe.
Torſio, *nis*, ſe prend pour la direction d'une plante, ſoit d'un côté, ſoit d'un autre, lorſqu'elle s'écarte de la ligne verticale.
Tortilis, *e*, qui ſe tortille, qui ſe contourne.
Tortus vel *contortus*, *a*, *um*, TORDU, UE. — *Tortus caulis*, tige tordue ou torſe, 193
Tracheæ, *arum*, TRACHÉES, 194
Tranſverſus, *a*, *um*, TRANSVERSAL, LE, 195. — *Tranſverſum diſſepimentum*, cloiſon tranſver-ſale, 32
Trapeziformis, *e*, TRAPÉZIFORME. — *Trapezi-formia folia*, feuilles trapéziformes, 71
Triandria, *æ*, TRIANDRIE, 115-195
Triangularis, *e*, TRIANGULAIRE, 195. — *Trian-gularia folia*, feuilles triangulaires, 72
Trianthera filamenta, FILETS qui portent trois an-thères.
Tricapſularis, *e*, TRICAPSULAIRE, 195. — *Tri-capſulare pericarpium*, péricarpe tricapſulaire, 138
Tricoccus, *a*, *um*, qui eſt à trois coques.
Tricuſpidatus, *a*, *um*, vel *tricuſpes*, *dis*, TRI-CUSPIDÉ, ÉE, qui porte trois pointes. — *Tri-cuſpida* vel *tricuſpidata folia*, feuilles tricuſ-pidées, 67-72
Triduus vel *triduanus*, *a*, *um*, qui dure trois jours.
Trifidus, *a*, *um*, TRIFIDE, qui eſt d'une ſeule pièce, mais fendue en trois, 195. — *Trifida corolla*, corolle trifide, 37. — *Trifida folia*, feuilles trifides, 62. — *Trifidum ſtigma*, ſtig-mate trifide, 177
Triflorus, *a*, *um*, TRIFLORE, qui porte trois fleurs. — *Triflorus pedunculus*, péduncule triflore, 136
Triglochides pili, poils diviſés en trois parties qui font le crochet, 150

Trigonus, *a*, *um*, TRIGONE, qui a trois angles bien ſaillans, 195
Trigynia, *æ*, TRIGYNIE, 165
Trijugus, *a*, *um*, TRIJUGUÉ, ÉE. — *Trijugata* vel *trijuga folia*, feuilles trijuguées, 58-72
Trilobus, *a*, *um*, TRILOBÉ, ÉE, 195. — *Triloba folia*, feuilles trilobées, 64
Trilocularis, *e*, TRILOCULAIRE, qui a trois loges, 195. — *Trilocularis capſula*, capſule triloclu-laire, 24. — *Triloculare pericarpium*, péricarpe triloculaire, 138
Trinervius, *a*, *um*, qui a trois nervures princi-pales & très-apparentes. — *Trinervia folia*, 65
Trinus, *a*, *um*, TRINÉ, ÉE. — *Trina folia*, feuilles trinées, 72
Tripartitus, *a*, *um*, PARTAGÉ, ÉE en trois, di-viſé ou fendu en trois juſqu'à la baſe. — *Tri-partitus calix*, calice de trois pièces, ou partagé en trois, 23. — *Tripartita folia*, 66
Tripetalus, *a*, *um*, TRIPÉTALE, qui a trois pétales. — *Tripetala corolla*, corolle tripétale, 38-139
Triphyllus, *a*, *um*, TRIPHYLLE, qui eſt de trois pièces, 159. — *Triphyllus calix*, calice tri-phylle, 23. — *Triphyllum involucrum*, collc-rette triphylle, 33. — *Triphyllum perianthium*, périanthe triphylle, 137
Tripinnatus, *a*, *um*, TRIPINNÉ, ÉE. — *Tripinnata* vel *triplicato-pinnata folia*, feuilles tripin-nées, 72
Triplicato-geminus, *a*, *um*, pour *tergeminus*. *Voyez* ce mot.
Triplicato-ternatus vel *triternatus*, *a*, *um*, TRI-TERNÉ, ÉE. — *Triplicato-ternata folia*, feuilles triternées, 72
Triplinervius, *a*, *um*, qui a trois nervures qui ſe diviſent chacune en trois autres nervures.
Triqueter vel *priſmaticus*, *a*, *um*, qui a trois an-gles & trois faces planes. — *Triquetra folia*, feuilles à trois côtés, 56. — *Triqueter petiolus*, 140
Triſannuus, *a*, *um*, TRISANNUEL, LE, qui dure trois ans. — *Herba triſannua*, herbe triſan-nuelle, 37-98-144
Triſpermus, *a*, *um*, TRISPERME, qui a trois ſe-mences. — *Triſperma bacca*, baie triſperme.
Triſtis, *e*, qui eſt d'une couleur ſale, ou qui n'a rien qui flatte dans l'enſemble.
Triternatus; voyez *triplicato-ternatus*.
Trivalvis, *e*, TRIVALVE, qui a trois valves ou panneaux. — *Trivalvis capſula*, capſule tri-valve, 25
Trivaſcularis, *e*, qui eſt à trois loges en forme de cornets ou de godets.
Triviale nomen, nom ſpécifique. *Voyez* l'article TRIVIAL, 195
Tropiceus, *a*, *um*, TROPIQUE. — *Tropicei flo-res*, fleurs tropiques, 84-174
Truncatus vel *præmorſus*, *a*, *um*, TRONQUÉ, ÉE, 169. — *Truncata folia*, feuilles tronquées, 72. — *Truncata* vel *præmorſa radix*, racine tronquée, 262
Truncus, *i*, TRONC, 196

Tuber,

Tuber, eris, TRUFFE, 196

Tuberculum, i, TUBERCULE, 196

Tuberofus, a, um, TUBÉREUX, SE. — *Tuberofa radix,* racine tubéreufe, 162

Tubulatus vel *tubulofus, a, um,* TUBULÉ, ÉE. *Tubulatus calix,* calice tubulé, 23. — *Tubulofa folia,* feuilles tubulées, 72

Tubus, i, TUBE. *Tubus corollæ,* tube d'une corolle; voyez l'art. LIMBE, 106

Tunica, æ, TUNIQUE, 196

Tunicatus, a, um, TUNIQUÉ, ÉE, qui eft recouvert d'une ou de plufieurs tuniques, ou compofé de tuniques. — *Tunicatus caulis,* tige feuilletée, 188

Turbinatus, a, um, TURBINÉ, ÉE, qui a la forme d'une toupie. — *Turbinatum germen,* ovaire turbiné, 129. — *Turbinata radix,* racine turbinée, 162

Turgidus vel *inflatus, a, um,* GONFLÉ, ou RENFLÉ, ÉE, VÉSICULEUX, SE.—*Turgidum legumen,* gouffe gonflée, 93

Turio, nis, BOURGEON : ce mot s'emploie comme fynonyme de *furculus.*

U.

Uliginofus, a, um, qui vient dans les lieux humides.

Umbella, æ, OMBELLE, 126-127

Umbellatus, a, um, OMBELLÉ, ÉE, difpofé en ombelle. — *Umbellati flores,* fleurs ombellées ou en ombelle, 80

Umbellifer, a, um, OMBELLIFÈRE ou OMBELLÉ, ÉE.—*Umbelliferæ plantæ,* plantes ombellifères, 147

Umbellula, æ, OMBELLULE ou OMBELLE PARTIELLE, 126

Umbilicatus, a, um, OMBILIQUÉ, ÉE, 127. — *Umbilicatum pileum,* chapeau ombiliqué, 30. *Umbilicata folia,* feuilles ombiliquées, 65

Umbo vel *difcus folii,* fe prend pour le centre d'une feuille.

Umbilicus, i, OMBILIC, 127-197

Uncialis, e, qui a un pouce de hauteur. — *Uncialis* vel *pollicaris caulis,* 189

Uncinatus vel *hamofus, a, um,* qui eft courbé en hameçon ou en crochet. — *Uncinatum* vel *hamofum ftigma,* ftigmate en crochet, 176

Uuctuofus, a, um, vel *pinguis, e,* ONCTUEUX, SE, GRAS, SE. — *Unctuofus fapor,* faveur graffe, 158

Undatus vel *undulatus, a, um,* ONDÉ, ONDULÉ, ÉE. Ces deux mots, quoique l'un foit un diminutif de l'autre, s'emploient fouvent comme fynonymes, 127.—*Undata* vel *undulata folia,* feuilles ondées, 65

Ungui-ularis vel *ungularis, e,* qui a la forme, la hauteur ou la largeur de l'ongle.—*Caulis ungularis,* 189

Unicapfulus, a, um, vel *unicapfularis, e,* UNICAPSULAIRE, qui n'a qu'une feule capfule. —

Unicapfulare pericarpium, péricarpe unicapfulaire, 138

Unguis, is, ONGLET, 127

Unicus, folus vel *folitarius, a, um,* qui vient feul.

Uniflorus, a, um, UNIFLORE, qui ne porte qu'une fleur. — *Uniflorus pedunculus,* péduncule uniflore, 136

Uniformis, e, UNIFORME, qui fe trouve partout de même.

Unilateralis, e, UNILATÉRAL, LE, 197, ce qui eft inféré d'un feul côté. — *Unilaterales flores,* fleurs unilatérales, 85. — *Secundus* vel *unilateralis racemus,* grappe unilatérale, 94

Unilocularis, e, UNILOCULAIRE. — *Uniloculare legumen,* légume ou gouffe uniloculaire, 93. — *Unilocularis capfula,* capfule uniloculaire, 24

Unifexus, d'un feul fexe. — *Flores unifexus,* fleurs unifexuelles, 85

Univalvis, e, UNIVALVE. — *Univalvis capfula,* capfule univalve, 24-25

Univafcularis, e, qui n'eft qu'à une loge en forme de cornet.

Univerfalis, e, UNIVERSEL, LE. — *Univerfalis umbella,* ombelle univerfelle, 127. — *Univerfale involucrum,* collerette univerfelle, 32

Unus vel *folitarius, a, um,* qui vient feul à feul.

Upocarpius flos, fleur dans le milieu de laquelle on voit le fruit en entier.

Urceolatus, a, um, qui eft en forme de burette.

Urens, tis, BRULANT, CUISANT, TE. — *Urens pedunculus,* péduncule cuifant, 133

Ufus plantarum, USAGES des plantes, 197

Utricularis, e, UTRICULAIRE, qui a la forme d'une outre ou d'un petit fac. — *Utriculares glandulæ,* 92

Utriculus, i, UTRICULE, petite OUTRE.

V.

Vagina, æ, GAINE, 90

Vaginans, tis, qui fait la gaine, qui a la forme d'une gaine. — *Vaginans petiolus,* pétiole terminé en gaine, 141.—*Vaginantia folia,* feuilles en gaine, 61. — *Vaginantes ftipulæ,* ftipules en gaine, 179

Vaginatus, a, um, VAGINÉ, ÉE, qui eft renfermé dans une efpèce de gaine. — *Vaginatus ftipes,* pédicule vaginé, 131.—*Vaginatus caulis,* tige engaînée, 188

Valva vel *valvula, æ,* VALVE ou VALVULE, *Valvæ,* valves & leurs différentes efpèces, 198

Valvatus, a, um, qui eft entouré de, ou compofé de valves.

Valvula, *æ*, voyez *valva*.

Variatio, *nis*, CHANGEMENT produit par un accident quelconque.

Variegatus, *a*, *um*, PANACHÉ, ÉE, qui eſt de couleurs variées. — *Variegatus flos*, 78

Varietas, *tis*, VARIÉTÉ. — *Varietates*, 199

Vaſa, *orum*, ſe prend en général pour les vaiſſeaux des plantes deſtinés au paſſage des liqueurs, 198

Vegetabilia, *um*, VÉGÉTAUX ; voyez l'art. végétal, 199

Vegetatio, *nis*, VÉGÉTATION, 207

Venenoſus, *a*, *um*, VÉNÉNEUX, SE, 208. — *Venenoſæ plantæ*, plantes vénéneuſes, 148-156

Venoſus, *a*, *um*, VEINÉ, ÉE, 208. — *Venoſa folia*, feuilles veinées, 72

Ventricoſus vel *gibbus*, *a*, *um*, VENTRU, UE, 208

Vernatio, *nis*, ſe prend pour la diſpoſition des feuilles dans les boutons.

Vernalis, *e*, vel *vernus*, *a*, *um*, PRINTANIER, RE. — *Flores verni*, fleurs printanières, 83

Verrucoſus, *a*, *um*, VERRUQUEUX, SE, garni de verrues.

Verſatilis, *e*, vel *incumbens*, *tis*, VACILLANT, TE. — *Verſatiles antheræ* : on appelle ainſi les anthères, lorſqu'elles ſont portées par un filet, comme celles des fleurs 5-7, *pl. II.*

Vertex, *icis*, CIME, SOMMET, 31

Verticalis, *e*, VERTICAL, LE, 208. — *Verticalia folia*, feuilles verticales, 73. — *Verticales flores*, fleurs verticales, 85

Verticillatus, *a*, *um*, VERTICILLÉ, ÉE, 209. — *Verticillata* vel *radiata folia*, feuilles verticillées, 73. — *Verticillati flores*, fleurs verticillés, 85. — *Verticillati pedunculi*, pédoncules verticillés, 137. — *Verticillati rami*, 164

Verticillus, *i*, VERTICILLE, 208

Veſicularis, *e*, VÉSICULAIRE, qui a la forme d'une veſſie. — *Glandulæ veſiculares*, 92

Vexillum, *i*, ÉTENDARD, 51

Vigiliæ plantarum, veilles des plantes.

Villoſus, *a*, *um*, ſelon ſa véritable acception, c'eſt ce qui eſt couvert de poils mous & très-

diſtinéts ; mais on le fait quelquefois ſynonyme de *piloſus*—*Villoſum receptaculum*, réceptacle velu, 165

Violaceus, *a*, *um*, VIOLET, TE, qui eſt de couleur violette. — *Violaceus flos*, 78

Vires plantarum, ſe prend pour les propriétés des plantes.

Vireſcens, *tis*, qui tire ſur le vert.

Virgatus, *a*, *um*, qui a des rameaux très-foibles & inégaux. On l'emploie auſſi pour ſignifier ce qui eſt grêle & effilé. — *Virgatus caulis*, tige effilée, 187

Viridis, *e*, VERT, TE. *Viridis flos*, fleur verte, 78

Viroſus, *a*, *um*, PUANT, TE, VIREUX, SE. — *Odor viroſus*, odeur puante, 158

Viſcoſitas, *tis*, HUMEUR gluante & épaiſſe, qui recouvre quelques plantes, & qui poiſſe les doigts.

Viſcidus, *viſcoſus* vel *glutinoſus*, *a*, *um*, GLUANT, TE, VISQUEUX, SE, 209. — *Viſcida* vel *glutinoſa folia*, feuilles viſqueuſes, 73. — *Viſcoſum pileum*, chapeau viſqueux, 30. — *Viſcoſus ſapor*, ſaveur gluante & viſqueuſe, 158. — *Viſcoſa* vel *glutinoſa ſubſtantia*, 182

Vita vegetabilium, VIE des végétaux, 209

Vitreus, *a*, *um*, qui eſt tranſparent & ſans couleur comme du verre,

Vivipar, *a*, *um*, VIVIPARE. On appelle *vivipara ſemina*, les ſemences qui germent ſur la plante qui les a produites.

Vivi rádices, PLANTS enracinés, 148

Volubilis, *e*, qui ſe roule en ſpirales. — *Volubilis pedunculus*, 136. — *Volubilis caulis*, tige entortillée, 188. — *Volubilis dextrorſum*, qui ſe roule de droite à gauche ; *ſiniſtrorſum*, de gauche à droite.

Volva, *æ*, VOLVA, enveloppe radicale des champignons, 17-209

Vulgaris, *e*, VULGAIRE ; ce qui eſt le plus connu : on l'emploie auſſi comme ſynonyme de *frequens* ; il ſignifie en ce ſens que l'on trouve communément.

Fin du Dictionnaire des Termes latins.

Quelques Lecteurs auroient peut-être deſiré qu'on eût mis au rang des termes latins conſacrés à l'étude de la Botanique, les *oligantheræ*, les *cryptantheræ* de ROYE. ; les *diploſtemones*, les *mejoſtemones* de HALL. ; les *palloploſtemonopetalæ*, les *tetramacroſtemones* de WACH, &c. &c. mais nous les prions de vouloir bien obſerver que ces termes n'ayant été employés que par ceux qui les ont créés, il auroit fallu, avant de pouvoir ſe flatter d'en rendre l'intelligence facile, donner l'expoſition des méthodes botaniques dans leſquelles ils déſignent des familles particulières ; ce qui nous auroit beaucoup éloigné de notre objet. On ſeroit plus fondé à nous faire ce reproche au ſujet des familles naturelles de M. de Juſſieu ; mais, nous propoſant de donner par la ſuite une liſte de ces familles pour la diſtribution des plantes de l'HERBIER DE LA FRANCE, on entendra mieux chacun de ces termes, parce qu'il ſera préſenté dans l'ordre qui lui eſt aſſigné, ſuivant les principes de cette ſavante méthode.

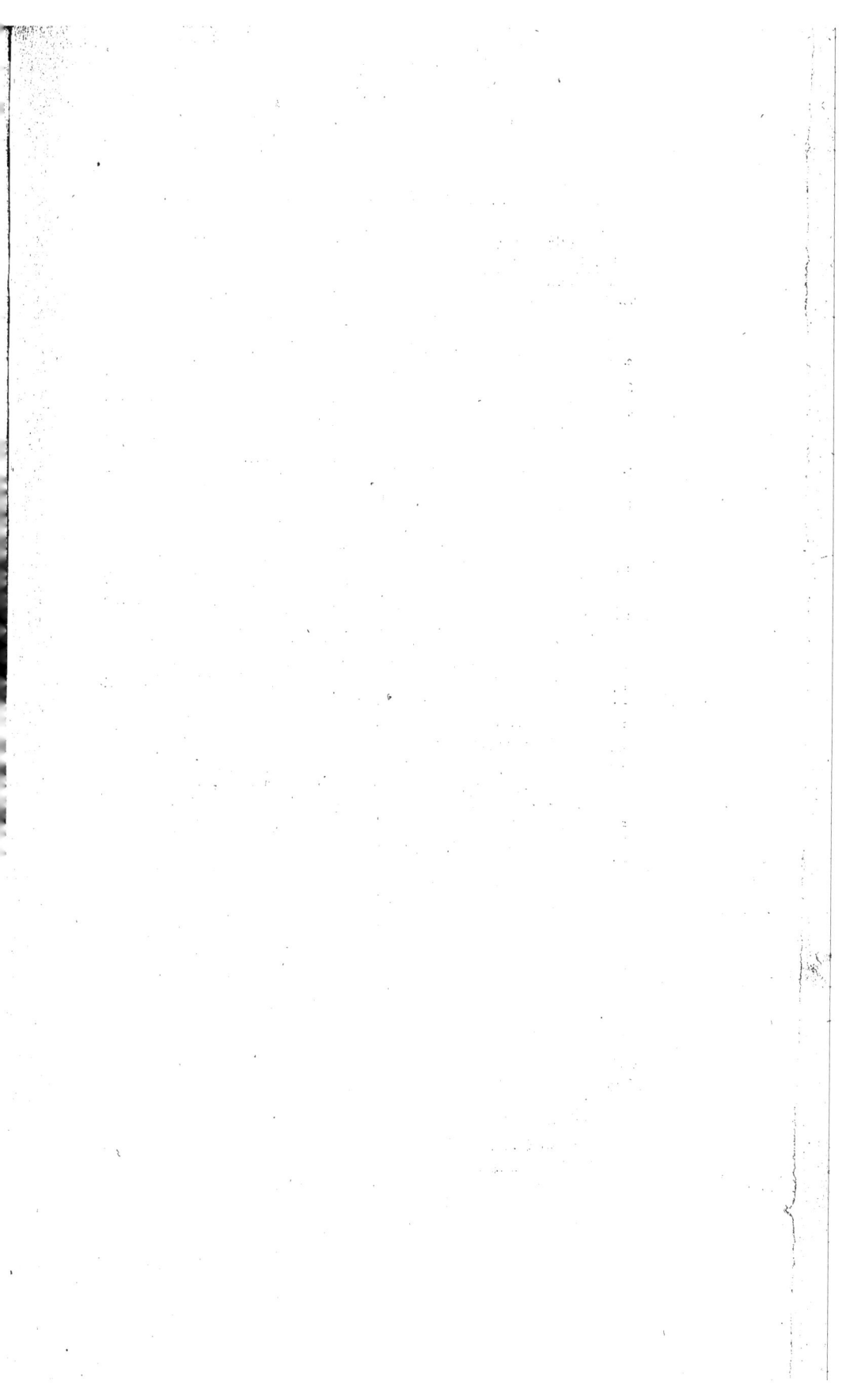

EXPLICATION DES FIGURES de la Planche IV.

FLEUR du lis mordoré... Fleur incomplette parce qu'elle n'a pas de calice... Stigmate trilobé *A*.. Style alongé *B*... fix Etamines vacillantes *c D*... Six pétales réfléchis *EFGHIK*.

FIG. 1. Plan d'une fleur fimple & complette... Rang que doit occuper le calice *A*... Rang que doit occuper la corolle *B*... Rang qu'occupent les étamines *c*... Centre de la fleur deftiné au piftil *D*.

2. Fleur hermaphrodite... Etamines alternes avec les pétales... Ovaire ou germe fuperieur.

3. Etamine dont l'anthère eft alongée & continue.

4. Etamine dont l'anthère eft filiforme & continue.

5. Etamine dont l'anthère eft arrondie

6. Etamine dont l'anthère eft arrondie, fillonnée, & le filet velu.

7. Etamine chargée de pouffière prolifique *A B*... Anthère alongée droite *c*... Filet un peu élargi à fa bafe *D*.

8. Etamine dont l'anthère eft cordiforme.

9. Etamine dont l'anthère eft réniforme.

10. Etamine dont l'anthère eft cordiforme, horizontale, vacillante & folitaire... Filet applati & ailé.

11. Etamine dont le filet porte deux anthères, une de chaque côté... Anthères latérales s'ouvrant longitudinalement.

12. Etamine dont l'anthère eft vacillante.

13. Etamine dont les anthères font binées, didymes ou géminées.

14. Etamine dont l'anthère eft vacillante.

15. Etamine dont le filet porte une anthère trinée.

16. Etamine dont le filet géniculé porte une anthère binée ou didyme.

17. Etamine dont l'anthère eft anguleufe.

18. Etamine dont l'anthère cornue ou fourchue repréfente un chevron brifé.

19. Etamine dont l'anthère fourche repréfente un acolade.

20. Etamine dont l'anthère eft fagittée.

21. Anthères feffiles inférées immédiatement fur la corolle... Corolle anthérifère.

22. Etamine à deux panneaux qui s'ouvrent de bas en haut.

23. Etamine dont l'anthère eft pliffée en zig-zag.

24. Etamine dont l'anthère fimple eft contournée.

25. Etamine dont le filet porte deux anthères didymes, pliffées en zig-zag & horizontales.

26. Etamine dont le filet ne porte qu'une anthère fimple. Cette étamine fe trouve dans les fleurs cucurbitacées, avec quatre autres, comme celle de la *fig*. 25.

27. Etamines réunies par un appendice particulier; elles font remarquables dans les fleurs de fauge.

28. Cinq étamines réunies en gaîne par leurs anthères.

29. Cinq étamines réunies en un corps par leurs anthères.

30. Etamines feffiles *L*... réunies à leur bafe, & inférées fur l'ovaire... Ovaire inférieur *M*.

31. Etamines réunies en un corps par la bafe de leurs filets.

32. Etamines réunies en un corps par leurs filets, & formant une gaîne.

33. Etamines ayant leurs anthères portées fur une colonne.

34. Etamines libres diftinctes, inférées fur le ftyle *B*... Poinçon *C*... Ovaires ramaffés en tête *A*.

35. Etamines libres diftinctes, inférées fur le réceptacle... Stigmate applati *M*.

36. Etamines libres diftinctes, inférées fur le réceptacle *c*... (pour qu'un calice foit polyphylle, il faut que plufieurs pièces, comme celle *B*, foient inférées au lieu *A*). Fruit tricapfulaire *D*.

FIG. 37. Corolle monopétale divifée peu profondément en quatre parties, portant huit étamines alternes entre elles, & difpofées fur deux rangs. Elle eft inférieure au germe, puifqu'elle le renferme en entier.

38. Corolle monopétale... ftaminifère, ou mieux anthérifère... régulière.

39. Corolle monopétale... ftaminifère... irrégulière... Quatre étamines dont deux grandes & deux petites.

40. Quatre étamines; deux petites & deux grandes inférées le long de la corolle, *adnata*.

41. Etamines réunies par leurs filets en trois corps.

42. Anthères connivantes qui femblent réunies, mais qui ne font que rapprochées.

43. Calice ftaminifère, monophylle, quinquefide.

44. Ovaire fphérique, furmonté d'un ftyle court.. Stigmate orbiculaire.

45. Ovaire alongé... Style court... Stigmate bifurqué *A*.

46. Ovaire furmonté de trois ftigmates feffiles, terminés en pointe.

47. Ovaire furmonté de deux ftigmates feffiles & plumeux.

48. Ovaire fcrotiforme & chagriné.

49. Quatre graines nues au fond d'un calice... Calice monophylle à cinq divifions... Stigmate bifide *H*.

50. Stigmates foliacés, feuillés ou mieux pétaliformes, bifides & dentés.

51. Ovaire ou germe *A*... Style folitaire *B*..' Stigmate fphérique & Pédiculé *c*.

52. Stigmate feffile... canaliculé... triangulaire... fendu peu profondément en trois parties à fon fommet.

53. Calice monophylle fupérieur... Corolle fupérieure *N*... Ovaire inférieur *A*.

54. Ovaire inférieur. Stigmates trifides, ftaminiformes, réfléchis *o*.

55. Demi-fleuron neutre.

56. Demi-fleuron hermaphrodite.

57. Anthères réunies en gaîne, comme dans la *fig*. 58 *A*, & *fig*. 28.

58. Fleuron hermaphrodite... Anthères réunies en gaîne ou connées *A*... Stigmate bifide *B* (la réunion de plufieurs fleurons de cette efpèce, forme les fleurs compofées *flofculeufes*).

59. Style & ftigmate du fleuron, *fig*. 58: il repofe fur fon ovaire qui devient une femence couronnée... Aigrette fimple.

60. Demi-fleuron femelle (la réunion de plufieurs demi-fleurons de cette efpèce, forme les fleurs compofées *femi-flofculeufes*).

61. Demi fleuron mâle.

62. Faux-fleuron (ce font des fleurons de cette efpèce qui compofent les fleurs agrégées).

63. Faux-demi fleuron... ou faux-fleuron liguté.

64. Ovaire ou germe portant un ftigmate en plateau, rayonné & feffile.

65. Calice proprement dit *propre ou particulier* & monophylle.

66. Calice proprement dit *commun*, doublé & poliphylle.

67. Fleur filiacée ayant un nectaire qui entoure les étamines... Calice improprement dit: cette efpèce de calice porte le nom de fpathe *T*.

68. Partie d'un tronc d'arbre, coupé verticalement & horizontalement. Aubier *A*... Ecorce *B*... Au centre on apperçoit la moelle.

69. Pétale fupérieur de la fleur papillonnacée, repréfentée *fig*. 70. On le nomme *étendard*.

70. Corolle papillonnacée. Ailes *A*... Calice monophylle *B*... Etendard *c*... Carène *D*.

71. Un des pétales latéraux de la fleur papillonnacée, repréfenté *fig*. 70. On les nomme *ailes*.

72. Calice monophylle *R*. Carène *s*; c'eft le pétale inférieur de la fleur papillonnacée, *fig*. 70. Il contient dix étamines réunies en deux corps.

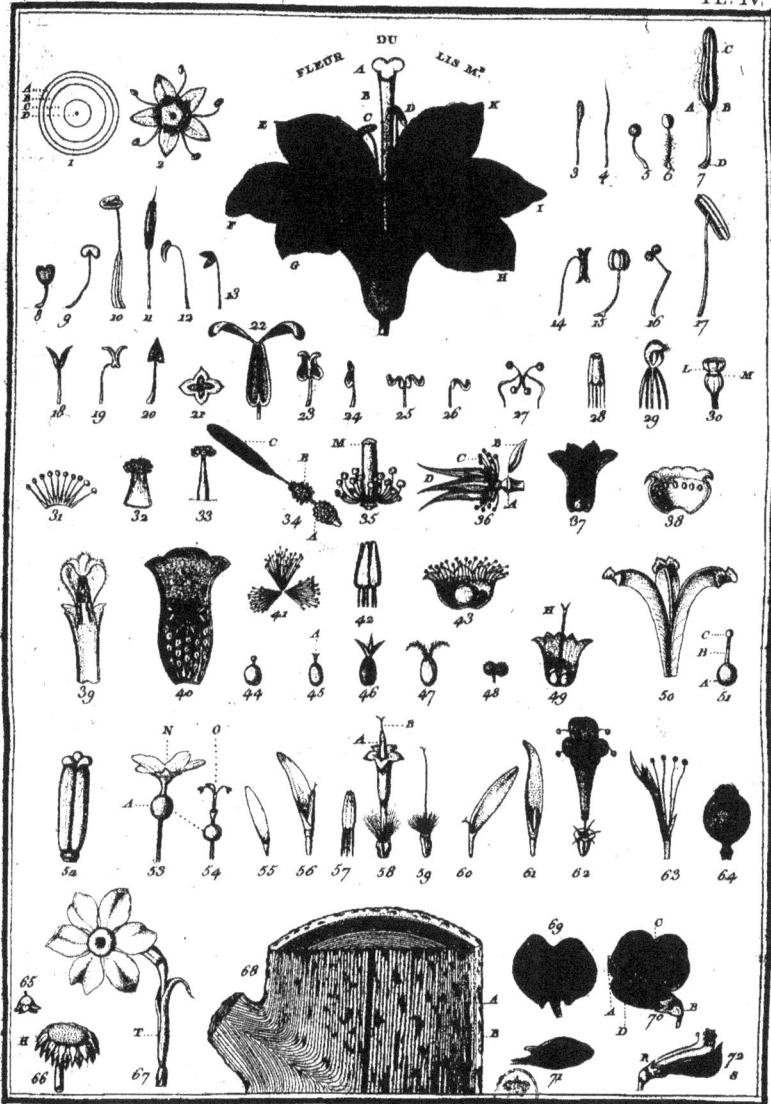

FLEUR DU LIS M.ᵉ

EXPLICATION de la Planche V.

FIG. 1. SEMENCE nue. . . . Les semences de cette espèce, lorsqu'elles sont produites par une plante graminée, comme le *froment*, le *seigle*, l'*orge*, se nomment grains, &c.

2. Sorte de semences que l'on nomme *pepin*, lorsqu'elle a été produite par un fruit pulpeux. Il faut encore que sa tunique propre soit coriace, & qu'elle soit susceptible d'être enlevée en entier.

3. Semence cunéiforme *A*... arrondie *B*.. cordiforme *c*... réniforme & ponctuée *D*.

4. Germination de l'orge... Semence monocotyledone... Plumule *A*...Radicule *B*... La tunique propre a été enlevée.

5. Germination de la même graine que celle qui est représentée *fig. 4*, mais plus avancée... Tunique propre *A*.

6. Germination du pois... Graine dicotyledone... La radicule commence à paroître.

7. Germination du haricot.... Graine dicotyledone. . . La tunique propre *B* est déchirée, & l'on voit la radicule & la plumule.

8. Germination du cerisier... Graine dicotyledone. On voit un cotyledon *c*, qui porte encore la tunique propre... Plumule *I*.

9. Germination d'une graine dicotyledone, la même que celle de la *fig. 6*, mais plus avancée. On voit sa tunique propre *E*... Sa plumule *F*... Sa radicule *D*.

10. Germination d'une graine dicotyledone, dont la tunique propre a été enlevée. Plumule *G*... Les deux lobes ou cotyledons *H*.

11. Germination du chanvre... Graine dicotyledone. Lobes changés en feuilles séminales *A B*... Plumule *L*... Radicule *M*.

12. Deux semences réunies... striées.. crenelées... couronnées par les débris du calice, & surmontées de deux styles persistans.

13. Semence aigrettée... Aigrette simple sessile *A*.

14. Semence aigrettée... Aigrette simple pédiculée *B*.

15. Semence échinée ou hérissée.

16. Semence aigrettée... Aigrette pédiculée & plumeuse *A*.

17. Semence ailée d'un seul côté.

18. Semence membraneuse ailée de deux côtés opposés *B*... Semence étoilée *A*.

19. Capsule uniloculaire . . . s'ouvrant en travers.

FIG. 20. Capsule quinqueloculaire.

21. Capsule couronnée.

22. Capsule triloculaire.

23. Coque ou follicule.

24. Différentes espèces de silique... Dans la première on voit les panneaux *AB* qui se détachent de dessus la cloison de bas en haut... Dans la seconde ces mêmes panneaux se détachent de haut en bas... La silique qui est au dessous, n'a pas de cloison, mais seulement deux panneaux... La quatrième est une silique articulée.

25. Silique applatie ; elle a deux panneaux & une cloison.

26. Différentes espèces de silicules. On voit dans la silicule du *thlaspi bursa*, les deux panneaux *VV*, détachés de la cloison *L*.

27. Gousses ou légumes... Gousses gonflées.

28. Gousses contournées, roulées en dedans, striées, échinées, articulées. Calice simple monophylle *L*.

29. Gousses articulées.

30. Noyau : on nomme semence couverte la graine qu'il renferme.

31. Fruit à noyau coupé en travers... Noyau *R*.

32. Fruit à noyau dans son entier... sillonné d'un côté... Péduncule très-long inséré dans un enfoncement.

33. Fruit à noyau... Superficie égale, ayant cependant un enfoncement pour l'insertion du péduncule.

34. Le même fruit que celui représenté *fig. 33* ; il est coupé en travers : on voit son noyau *A*, & le même noyau dessiné séparément *B*.

35. Espèce de fruit à noyau que l'on nomme *noix* : on n'en voit que la moitié.

36. Fruit à pepin, la *pomme* proprement dite : elle a un ombilic formé par les débris du calice persistant.

37. Le même fruit que celui représenté *fig. 36*, coupé horizontalement & en travers : on voit à son centre les loges qui contiennent les pepins.

38. Baies disposées en grappe *BB*... Baie coupée en travers (elle est polysperme *A*).

39. Baie portant ses graines *c* éparses sur la superficie de sa pulpe, & non pas attachées à un péricarpe.

40. Baies ayant un péricarpe continu avec le calice *D*. Les semences sont attachées sur ce péricarpe.

41. Cône.

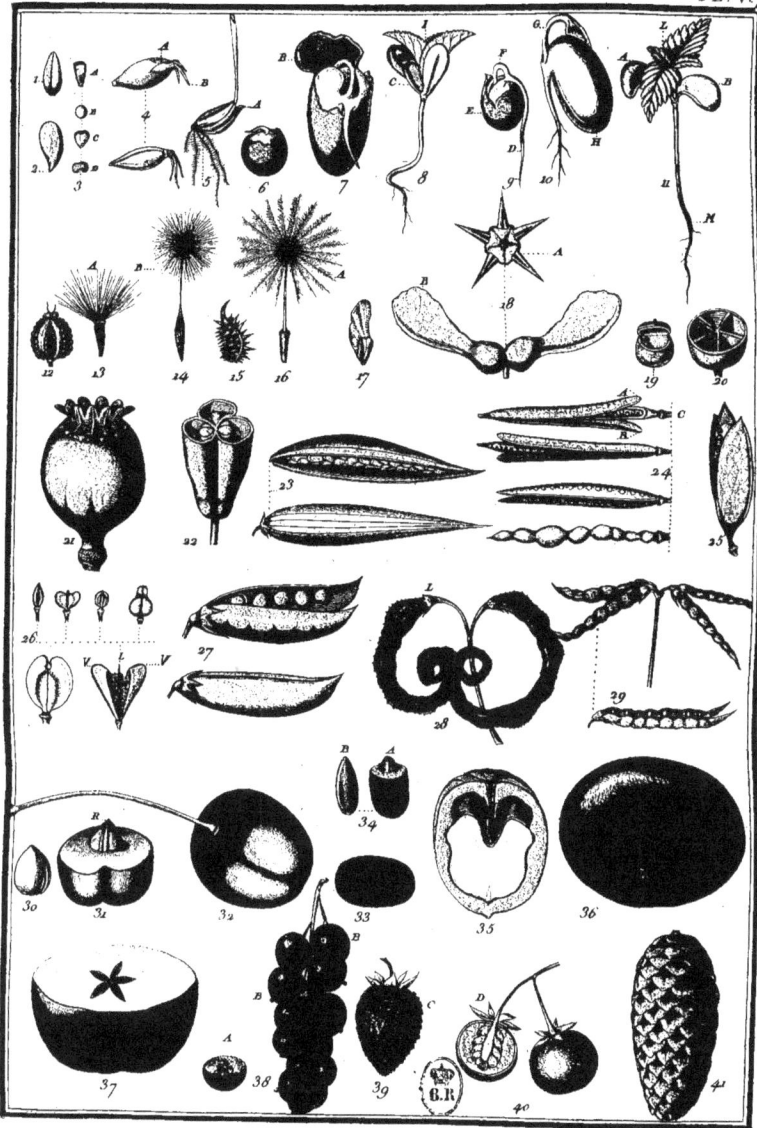

EXPLICATION DES FIGURES de la Planche VI.

Organes de la fructification des fougères.

FIG. A. CAPSULE bivalve, obfervée au microfcope fur une feuille de fougère. Les capfules de cette efpèce, lorfqu'elles s'ouvrent, laiffent échapper un grand nombre de petites graines.
B. Plufieurs capfules réunies en un petit paquet arrondi, vu à la loupe.
C. Plufieurs paquets, comme celui de la *fig. B*, difpofés fur le dos d'une feuille.
D. Ces mêmes capfules difpofées par tas informes.
E. Plufieurs petites capfules difpofées par lignes.
F. Difpofition de ces lignes fur le dos d'une feuille de *fcolopendre*.
G. Ces mêmes capfules difpofées en ourlet fur le bord d'une feuille.
H. Plufieurs capfules difpofées en une tête terminale... Tige cannelée & colletée.
I. Un grand nombre de petites capfules difpofées en épi terminal.

Organes de la fructification des mouffes.

FIG. K. Pédicule furmonté d'une urne.
L. Plufieurs pédicules furmontés chacun d'une petite urne recouverte d'une coiffe
M. Coiffe qui fert à recouvrir l'urne : les coiffes des mouffes font de formes très-variées.
N. Urne ayant un opercule *o*.
O. Opercule ; différence qu'on en doit faire avec la coiffe *P*.
P. Si l'urne, *fig. N*, a un opercule o fans coiffe *P*, cette urne eft celle d'un *lycopode*. Si cette même urne a un opercule o, &que cet opercule foit encore recouvert d'une coiffe, l'urne *N* eft celle d'une *mnie* ou d'un *polytrice*.
Q. R. Bouton en rofette, que quelques Botaniftes regardent comme les fleurs femelles des mouffes.
S. Coiffe courbée en crochet, & prête à fe détacher de l'urne.
T. t. Pouffière féminale qui fort des urnes.

Organes de la fructification des algues.

FIG. U. Cupules arrondies & concaves.
V. Plateau pédiculé, rayé à fa fuperficie ; il furpaffe en hauteur des efpèces de godets, qui font probablement néceffaires à la fécondation.
X. Cupule cruciée.
Y. Cupules en trompes ou en cornets.

Organes de la fructification des champignons.

FIG. 1. Agaric dont le chapeau eft continu avec le pédicule... Bords roulés en deffous *AB*... Pédicule creux.
2. Agaric renfermé dans un volva complet. Il commence à fe développer dans la *fig. 3*.
3. Agaric renfermé dans un volva complet. On voit le volva *A* qui commence à fe déchirer... Pédicule continu avec le chapeau. On voit fon collet détaché des feuillets & des bords du chapeau.
4. Agaric à volva incomplet *B* ; il ne recouvre point le champignon en entier.
5. Agaric à volva incomplet *N*... à collet impropre *M*... Pédicule bulbeux... continu avec le chapeau.
6. Agaric ayant un collet propre *R* fans volva. Chapeau lamellé... membraneux à fes bords... contigu avec le pédicule... Pédicule fiftuleux c... Collet impropre *A*... Collet propre *B*.
7. Feuillets papillonnacés.
8. Feuillets décurrens.
9. Feuillets compofés de deux lames.
10. Feuillets compofés d'une feule membrane pliffée en zig-zag... Ils font repréfentés vus au microfcope. On voit la pouffière qui tombe d'entre les feuillets.
11. Les mêmes feuillets que ceux de la *fig. 10*, deffinés de grandeur naturelle.
12. Pouffière prolifique des agarics, vue au microfcope. On en voit de deux efpèces fur les deux lentilles *A*... Bords roulés en deffus *H*.
13. Feuillets élargis & dentés.
14. Feuillets bifides.
15. Feuillets ondés ou ondulés.
16. Tubes très-fins, alongés, égaux, contigus entre eux, & contigus avec la chair du chapeau.
17. Tubes ou pores très-fins, égaux, continus avec la chair du chapeau, & continus entre eux.
18. Chapeau doublé de pores, de tuyaux ou de tubes très fins & réguliers.
19. Chapeau doublé de pores courts, inégaux en largeur & en profondeur.
20. Chapeau doublé de fentes tortueufes & labyrinthiformes.
21. Chapeau doublé de pores ou de tuyaux extrêmement fins, difpofés fur deux ou plufieurs rangs, & en partie contigus, en partie continus entre eux & avec la chair.
22. Chapeau doublé de tubes alvéolés & inégaux en largeur & en profondeur.
23. Chapeau doublé de pointes.
24. Veffe-loup repréfentée dans fon développement parfait. On regarde la pouffière qui s'en échappe, comme la pouffière féminale de cette plante.
25. Veffe-loup coupée verticalement. Il y en a qui n'ont point d'épaiffeur à leur bafe, lorfque toute la pouffière qu'elles renfermoient en eft fortie, & d'autres qui reftent tré té-paiffes.
26. Cette plante fingulière, que l'on met au rang des pezizes, & que l'on croit être une variété de la *petite à lentilles*, mériteroit de former un genre nouveau ; fon organifation fingulière femble même l'exiger. Chaque godet *AB* eft plein d'un mucilage limpide, & recouvert d'une membrane qui ne difparoiffent l'un & l'autre que lorfque les graines *W* font parvenues à leur degré de maturité... Je me propofe d'obferver cette plante, & d'en parler plus amplement dans le DISCOURS SUR LES CHAMPIGNONS.
27. Clavaier. Sous fon écorce, on trouve dans de petites loges verruqueufes, une pouffière affez femblable à celle des veffe-loups.
28. Agaric comeftible... Efpèces de bourgeons ou de cayeux *ss*, par lefquels il femble que ce champignon fe reproduit.

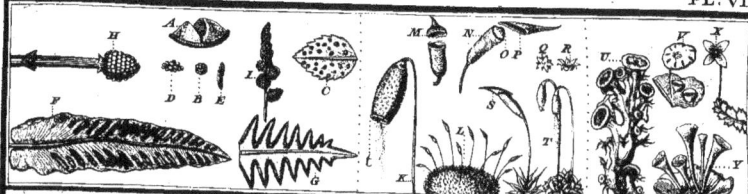

FRUCTIFICATION DES FOUGERES.   DES MOUSSES.   DES ALGUES.

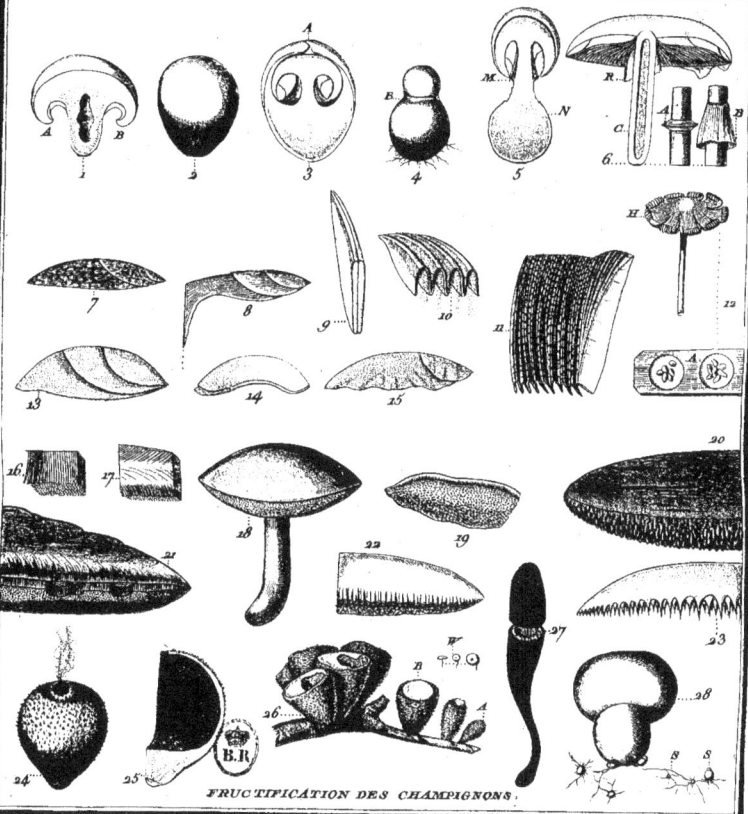

FRUCTIFICATION DES CHAMPIGNONS.

FIG. 1. Bouton à bois ou à feuilles.

2. Bouton à fleurs & à fruits.

3. Bouton mixte, c'est-à-dire, qui doit produire un rameau avec feuilles & fleurs.

4. Sujet préparé pour différentes espèces de greffe... Greffe en fente A B... Greffe en fente en la manière de la greffe en écusson C... Greffe en coin E.

5. Greffe préparée comme il convient pour pratiquer la greffe en fente, comme on le voit, *fig. 4* AB.

6. Ecusson prêt à être inséré sous l'écorce du sujet, *fig. 7.*

7. Sujet préparé pour recevoir la greffe en écusson D & la greffe en coin E.

8. 9. Ecussons de différentes formes FG, enlevés à l'emporte-pièce.

10. Greffes préparées pour greffer en sifflet... Celle *fig. I*, a deux yeux... celle *fig. K*, n'a qu'un œil; c'est ainsi qu'on les fend quand elles se trouvent trop larges pour le sujet.

11. Greffe préparée à son extrémité inférieure H, pour pratiquer la greffe en coin, comme on le voit *fig. 7* E.

12. Greffe taillée comme il convient pour pratiquer la greffe en couronne L... Différentes greffes insérées sur le sujet MNOR.

13. Greffe par approche.

14. Greffe par entaille.

15. Greffe en flûte ou en sifflet... La greffe Q est préparée comme il convient, pour être insérée sur le sujet R dépouillé de son écorce.

FIG. 16. Racine bulbeuse.... La bulbe simple proprement dite... Excroissance charnue A, de laquelle partent les fibrilles radicales.

17. Bulbe composée.... Excroissance charnue B, de laquelle partent les fibrilles radicales.

18. Racine tubereuse tronquée.

19. Racine tubereuse tronquée & articulée.

20. Racine bulbeuse coupée horizontalement : elle est entièrement composée de tuniques concentriques... Excroissance charnue d'où partent toutes les fibrilles radicales BI.

21. Racine tubereuse coupée.

22. Racine palmée.

23. Racine fasciculée, & en partie grumeleuse.

24. Racine entièrement grumeleuse.

25. Racine rameuse.

26. Racine noueuse.

27. Racine chevelue.

28. Racine horizontale... rampante... stolonifère.

29. Racine fusiforme... Collet radical B.

30. Racine horizontale... rampante.

31. Racine articulée... horizontale, garnie de tuniques.

32. Bulbe double & scrotiforme.

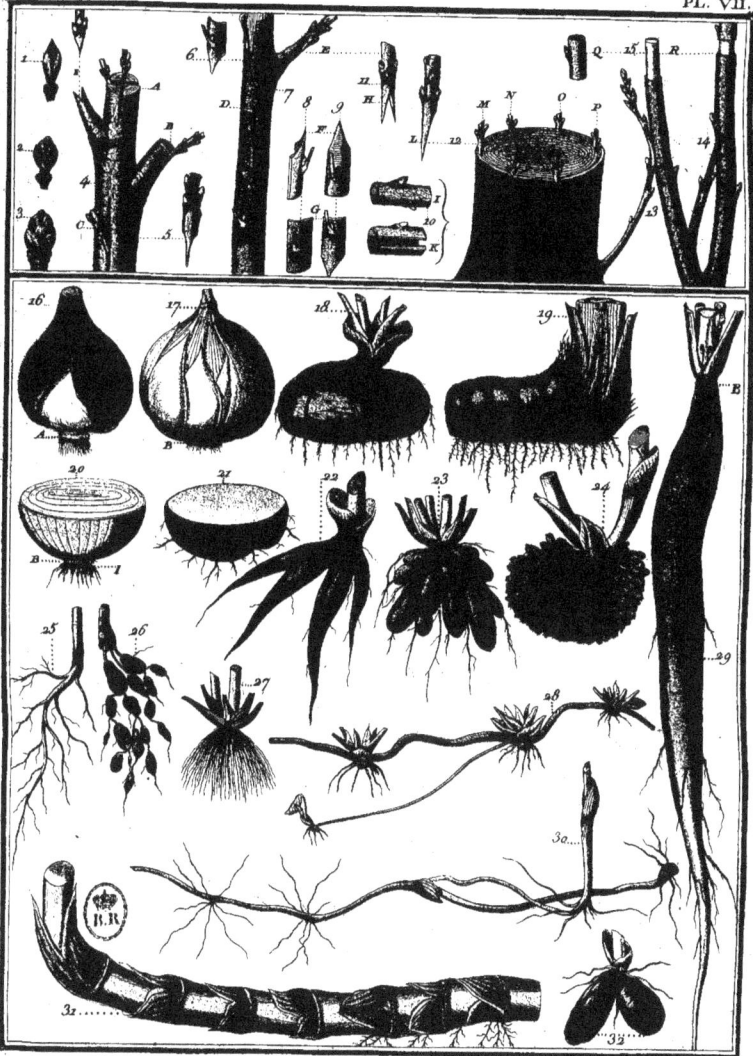

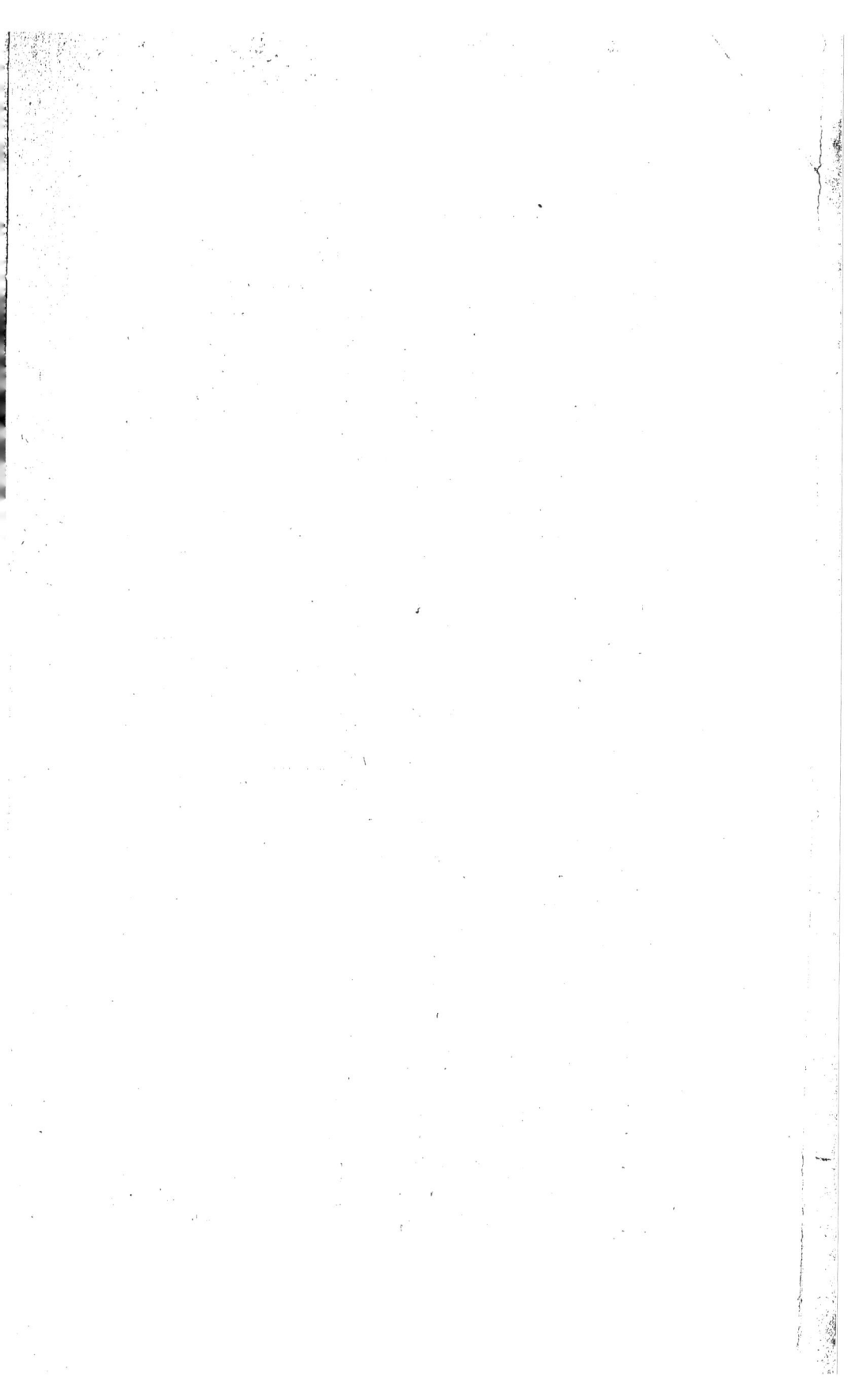

EXPLICATION DES FIGURES de la Planche VIII.

FIG. 1. FEUILLE alongée .... étroite....
linéaire.

2. Feuilles ligulées...épaiſſes...charnues.
3. Feuille étroite & lancéolée.
4. Feuille ſubulée.
5. Feuille oblongue alongée.
6. Feuille ovale renverſée.
7. Feuille ovale ou ovoïde.
8. Feuille elliptique tronquée, très-entière : *ſi le ſommet étoit comme celui
de la fig. 7, elle ſeroit elliptique ovale.*
9. Feuille ronde ou orbiculaire...entière.
10. Feuille arrondie ou orbiculaire ...
échancrée à ſa baſe.
11. Feuille réniforme.
12. Feuille lunulée.
13. Feuille triangulaire ou deltoïde ...
tricuſpidée.
14. Feuille ſagittée & comme mucronnée.
15. Feuille ſagittée en cœur.
16. Feuille haſtée ou en fer de pique.
17. Feuille cordiforme fendue peu profondément à ſon ſommet.
18. Feuille trilobée... Les lobes peuvent
être plus ou moins profondément
échancrés, & plus ou moins marqués.
19. Feuille quadrilobée, ou ſi l'on veut
trilobée, mais ayant ſon lobe ſupérieur fendu ou échancré profondément.
20. Feuille quinquelobée... quinquefide.
21. Feuille digitée... ou palmée.
22. Feuille échancrée & comme rongée.
23. Feuille quinquelobée ... quinquefide... digitée... Lobes ſupér. parallèles.
24. Feuille multilobée ... multifide ...
palmée ou preſque pinnatifide.
25. Feuille ſinuée, multilobée... Lobes
dentés (*ſi les lobes, au lieu d'être diviſés par des ſinus égaux, étoient déchiquetés ou découpés ſans ordre,
cette feuille ſeroit laciniée.*)
26. Feuille lyrée... dentée à rebours...
Appendices A B.
27. Feuille ſinuée & dentée ou crenelée.
28. Feuille quinquelobée.... liſſe en
deſſus ... ridée en deſſous.
29. Feuille ſinuée profondément ...par-
tagée en cinq lobes, dont les trois
A B C ſont émouſſés & même un peu
échancrés
30. Feuille pliſſée ... fendue... multilobée... dentée en ſcie.
31. Feuille crépue en ſes bords.
32. Feuille ovale alongée ... elliptique...
crenelée ou dentée... bullée... Dents
obtuſes.
33. Feuille arrondie, crenelée ou dentée.
Dents obtuſes.
34. Feuille arrondie, crenelée ou dentée... Dents aiguës, mais ſans être
courbées.
35. Feuille obtuſe ... dentée en ſcie &
ſurdentée en ſcie.
36. Partie d'une feuille cylindrique...fiſtu-
leuſe ou tubulée.
37. Extrémité ſupérieure de la feuille cy-

lindrique repréſentée *fig. 36*; elle eſt
terminée en pointe inſenſiblement.

FIG. 38. Feuille ovale dentée finement &
régulièrement en ſcie.
39. Feuille alongée, étroite, dentée en
ſcie... Dents rares & élargies.
40. Partie d'une feuille godronnée A...
ondée ou ondulée B.
41. Feuille cordiforme, dentée en ſcie
très-finement.
42. Feuille ovale alongée, dentée en
ſcie ... mucronnée.
43. Feuille en rondache...ombiliquée...
entière... un peu godronnée.
44. Feuille en rondache...ombiliquée...
très-entière.
45. Feuille rhomboïde... Quatre angles
à peu près égaux. *Abaiſſez les deux
angles A B, & vous aurez une feuille
deltoïde.*
46. Feuille cunéiforme, échancrée ou
fendue peu profondément à ſon ſommet... Diviſions obtuſes.
47. Feuille ovale alongée ou cunéiforme
renverſée, échancrée à ſon ſommet... Diviſons aiguës.
48. Feuille en doloir.
49. Feuille ponctuée... pétiolée...cor-
diforme... Sommet obtus.
50. Feuille elliptique, aiguë à ſon ſommet & maculée.
51. Feuille ovale pointue & trinervée.
52. Feuille ovale & mucronnée.
53. Feuille ovale arrondie ayant cinq
nervures principales.
54. Feuille elliptique pointue...rétrécie
en un pétiole amplexicaule.
55. Feuille ligulée ... Echancrée.
56. Feuille ſpatulée... mamelonnée.
57. Feuille charnue... épaiſſe...graſſe...
La partie ſupérieure A eſt trigone, &
deltoïde ſur toutes ſes faces, & l'inférieure B eſt triangulaire, & non pas
trigone, parce que ſes trois faces,
au lieu d'être planes, ſont creuſées.
Cette figure eſt idéale.
58. Feuille panduriforme... échancrée
ou ſinuée ſur ſes côtés...Sinus obtus.
59. Feuille partagée en cinq lobes...
runcinée ... ſinuée.
60. Feuille ſinuée... Sinus inégaux.
61. Feuille ovale alongée... obtuſe...
crenelée ou dentée à dents obtuſes.
62. Feuille laciniée découpée profondément... Découpures inégales.
63. Feuille runcinée ſinuée...Lobes horizontaux.
64. Feuille pinnatifide... Appendices L M.
65. Feuille triangulaire, rongée en ſes
bords... veinée.
66. Feuilles connées... réunies ... oppoſées... ſeſſiles.
67. Feuille ſpatulée ... oreillée ayant
deux appendices L M.
68. Feuille perfeuillée ...ovale ...ſeſſile.
69. Feuilles amplexicaules ou embraſſantes... alternes... ſeſſiles.
70. Feuille gladiée B, terminée par une
gaîne amplexicaule A.

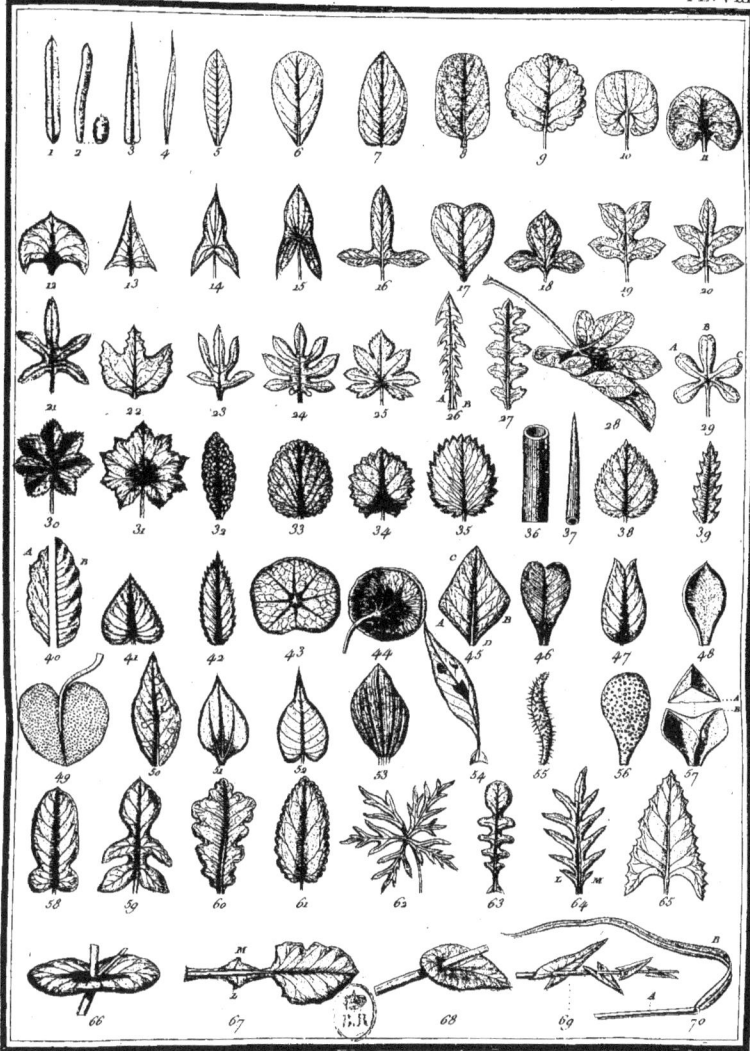

EXPLICATION DES FIGURES de la Planche IX.

Fig. 1. FEUILLE géminée.... Deux folioles insérées à l'extrémité d'un pétiole commun.

2. Feuille ternée ou trinée... Trois folioles insérées à l'extrémité d'un pétiole commun.

3. Feuille quaternée... Quatre folioles insérées à l'extrémité d'un pétiole commun.

4. Feuille quinée... Cinq folioles *ABCDE*, rétrécies en pétioles comme celle *A*, & insérées à l'extrémité d'un pétiole commun.

5.6. Feuille palmée ou digitée... Ce sont les feuilles de cette espèce, que Linnæus appelle *folia digitata*, dans son *Phil. Bot.* ; mais souvent il s'écarte de cette règle... Plus de cinq folioles insérées à l'extrémité supérieure d'un pétiole commun, & disposées comme les branches d'un éventail. *Il ne faut pas confondre la feuille digitée ou palmée composée, avec la feuille digitée ou palmée simple.*

7. Feuille pédiaire. Pétiole commun bifurqué dans le haut, & élargi à sa base.

8. Feuille ailée avec une impaire... Folioles opposées.

9. Feuille ailée avec interruption & une impaire... Folioles opposées.

10. Feuille ailée avec une impaire... Folioles alternes.

11. Feuille quadrijuguée ailée sans impaire... Folioles opposées.

12. Feuille ailée sans impaire... Folioles alternes.

13. Feuille vrillée... quinquejuguée... ailée... Folioles opposées... Pétiole vrillé.

14. Feuille vrillée... ailée... conjuguée... Pétiole vrillé... *Si, au lieu de deux folioles A, il y en avoit encore deux autres disposées selon la ligne B, la feuille se nommeroit bijuguée. S'il y en avoit encore deux de plus disposées selon la ligne C, la feuille se nommeroit feuille trijuguée, &c.*

15. Feuille articulée.

16. Feuille ailée... trijuguée... Folioles décurrentes sur le pétiole commun.

17. Feuille biternée.

18. Feuille deux fois ailée irrégulièrement.

19. Feuille bipinnée ou deux fois ailée régulièrement... deux fois ailée sans impaire. Folioles opposées... *On remarque toujours dans les feuilles de cette espèce, si les folioles sont alternes, ou si elles sont opposées, & s'il y a une impaire ou si elles sont ailées sans impaire*

20. Feuille bipinnée ou deux fois ailée... Folioles finement découpées.

21. Feuille tripinnée ou trois fois ailée... trois fois ailée avec une impaire... Folioles opposées. *On remarque dans les feuilles de cette espèce, si les folioles sont alternes, ou si elles sont opposées, & s'il y a une impaire ou si elles sont ailées sans impaire.*

22. Feuille quadripinnée ou plus de trois fois ailée... Folioles capillaires.

23. Feuille triternée... Folioles ovoïdes disposées trois par trois sur les troisièmes divisions d'un pétiole commun.

Feuilles composées. { (figures 1–16)

Feuilles recomposées. { (figures 17–23)

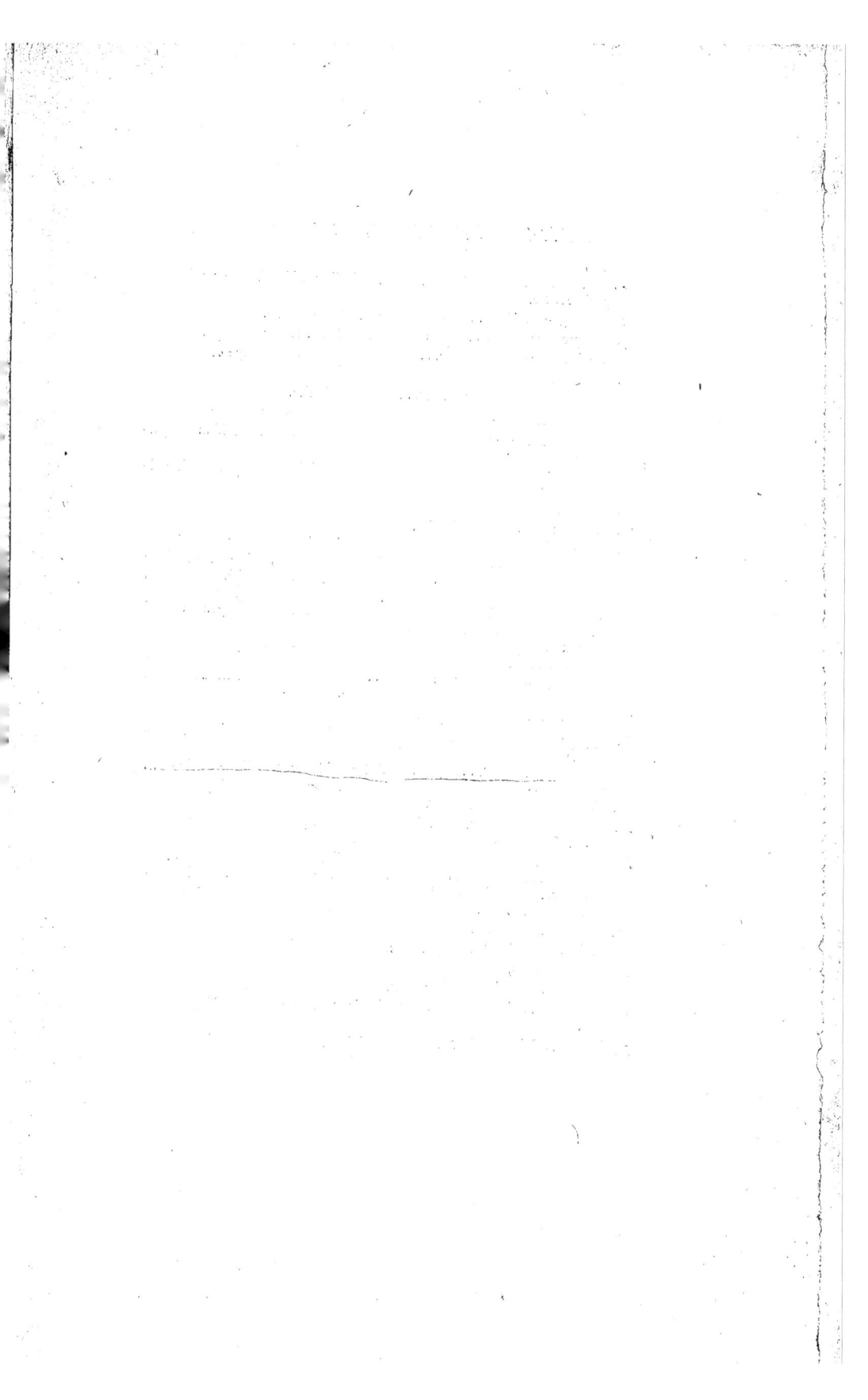

EXPLICATION DES FIGURES de la Planche X.

Fig. 1. Tige ſtolonifère... Drageons *AB*... Feuilles trifoliées ou en trèfle, & pétiolées *CD*.

2. Fleurs glomérulées... ramaſſées en une tête terminale.

3. Epi proprement dit. ..Fleurs diſpoſées en épi...Epi interrompu.

4. Epi faux, ou épi chatonnier... Epilets *AB* inſérés ſur la rape *c*.

5. Feurs verticillées.

6. Tige rampante... Hampes *FF*... Feurs terminales.

7. Fleurs en grappe... Péduncule commun & pendant *R*.

8. Fruits en grappe... Péduncule commun & pendant *R*... Péduncule partiel *S*.

9. Ombelle vraie... Ombelle & collerette univerſelle *A*... Ombelle & collerette partielle *B*.

10. Ombelle fauſſe.

11. Fleurs en corymbe ou faſtigiées.

12. (*A*) Poils diſtinéts, qui ne rendent la ſuperficie qu'ils recouvrent, ni rude, ni douce au toucher... (*B*) Poils diſtinéts, durs & fragiles, qui rendent hériſſée la ſuperficie qu'ils recouvrent... (*c*) Poils durs, courts, parallèles, diſtinéts, qui rendent barbue la ſuperficie qui en eſt recouverte... (*D*) Poils longs, diſtinéts, terminés inſenſiblement en une pointe alongée & un peu courbée, qui rendent la ſuperficie ciliée... (*E*) Poils doux, nombreux, rapprochés, peu diſtinéts, qui rendent la ſuperficie tomenteuſe... (*F*) Poils moins doux, moins nombreux & plus entrelacés que ceux de la *fig. E*, ce ſont eux qui rendent la ſuperficie laineuſe ou drapée... (*G*) Poils extrêmement doux, qui rendent la ſuperficie pubeſcente ou duvetée.

13. Tige ailée... Feuilles diſtiques.

14. Vrille trifide *F*, axillaire, roulée de gauche à droite *N* (*ſiniſtrorsùm volubilis*).

15. Vrilles oppoſées *BB*... Stipules géminées axillaires *A*... Vrille entière *D*... multifide *E*... roulée de droite à gauche *M* (*dextrorsùm volubilis*).

16. Vrille ſous-axillaire, bifide *c*.

17. Rameaux axillaires *AA*... Feuilles axillaires *EE*... Rameaux ſous-axillaires *FF*... Feuilles ſous-axillaires *BB* & *GG*.

18. Direétion & ſituation des feuilles... Feuilles oppoſées *ABCDEF*... alternes *GH*... roulées en deſſus *A*... roulées en deſſous *B*... courbées en dedans *c*... courbées en dehors ou renverſées *D*... droites ou aſcendantes *E*... ouvertes *F*... horizontales *G*... pendantes *H*.

19. Feuilles verticillées... Feuilles embriquées *M*.

20. Feuilles oppoſées *A*... oppoſées en croix ou brachiées *B*.

21. Feuilles éparſes.

22. Aiguillons courbés en dedans *ABC*.

23. Aiguillons courbés en dehors *DEF*. La *fig. E* en repréſente un détaché de la tige.

24. Epines... Epine ſimple *G*... Epine diviſée *H*... Epine compoſée *I*.

CORRECTIONS ET ADDITIONS.

Page.   *ligne.*

2,   6 , *fig. 6* , lifez *fig. 5*.

     8 , plantule , *lifez* plumule.

23 ,   17 , ftaminifer , *lifez* ftaminifère.

     19 , *pl. I* , *fig. 18 B* , lifez *pl. II* , *fig. 28.*

     25 , *pl. II* , *fig. 28* , lifez *pl. I* , *fig. 18 B.*

29 ,   2 , *pl. V* , lifez *pl. VI.*

30 ,   34 , *vifquofum* , lifez *vifcofum.*

32 ,   15 , après *operculum* , ajoutez , felon quelques Botaniftes.

36 ,   28 , régulière ou non , *effacez* ou non.

37 ,   37 , *fig. 32* , lifez *fig. 45.*

45 ,   5 , *fquammæ* , lifez *fquamæ.*

49 ,   30 , *ftaminæ* , lifez *ftamina.*

56 ,   15 , après fous-axillaires , ajoutez , *fubalaria* vel *fubaxillaria.*

     16 , après appelle , *ajoutez* , indifféremment *folia axillaria* vel *fubalaria.*

59 ,   32 , *delthoidea* , lifez *deltoidea.*

     33 , inférieurs , *lifez* latéraux.

63 ,   37 , *fig. 21* , lifez *fig. 1.*

68 ,   5 , après FEUILLES radicales , ajoutez , *folia radicalia ;* celles qui partent immédiate-ment de la racine : il ne faut pas les confondre avec les feuilles radicantes.

71 ,   8 , *fpatulata* , lifez *fpathulata.*

78 ,   18 , *lucidus* , lifez *luridus.*

87 ,   25 , *fig. c* , lifez *fig. G.*

115 ,   24 , après *icofandria* , ajoutez plus de douze , ou

     27 , après *polyandria* , ajoutez plus de douze , ou depuis douze jufq.

126 ,   33 , *ombella* , lifez *umbella.*

130 ,   1 , *palatium* , lifez *palatum.*

166 ,   9 , *vegetale* , lifez *vegetabile.*

180 ,   10 , *fubalaria* vel *fubaxillariæ* , lifez *fubalares* vel *fubaxillares.*

186 ,   31 , *fcabra* , lifez *fcaber.*

189 ,   36 , *dodrentalis* , lifez *dodrantalis.*

AVIS AU RELIEUR.

Le Relieur aura l'attention de mettre du papier propre entre les épreuves coloriées, avant de les battre. S'il s'étoit fait quelques plis aux épreuves , il pourroit les mouiller à grande eau , & les mettre fécher enfuite entre deux cartons fous preffe.

Il placera la *PLANCHE I* en face de la page 112 ; la *Pl. II* en face de la page 116 ; la *Pl. III* en face de la page 118. Pour ce qui eft des *Pl. IV, V, VI, VII, VIII, IX, X*, il les placera de fuite en face de leur explication, après le Dictionnaire des termes latins.

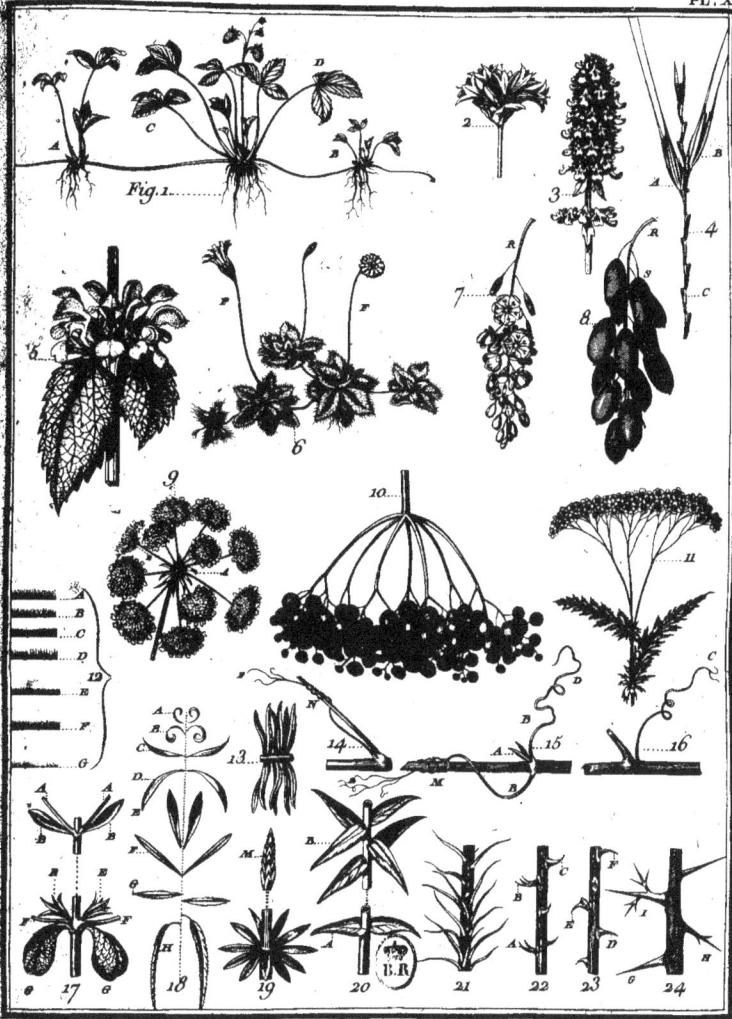

Fig.1

www.ingramcontent.com/pod-product-compliance
Lightning Source LLC
Chambersburg PA
CBHW070251200326
41518CB00010B/1755

www.ingramcontent.com/pod-product-compliance
Lightning Source LLC
Chambersburg PA
CBHW070251200326
41518CB00010B/1755